21 世纪高等院校规划教材

信息安全导论

印润远　编　著

中国铁道出版社有限公司
CHINA RAILWAY PUBLISHING HOUSE CO., LTD.

内 容 简 介

随着社会的信息化进程进一步加快，随之而来的网络安全、计算机安全、信息安全正越来越显示出其脆弱的一面。本书从信息安全的基本原理出发，对信息安全技术，如信息加密技术、数字签名技术、鉴别与防御技术、入侵检测技术、防火墙技术、VPN 技术、身份认证技术、信息隐藏技术及信息安全的体系结构和安全等级等做了详细的介绍，旨在让读者在学习的过程中清楚地了解信息安全的方方面面。

全书采用理论与实践相结合的编写风格，准确、详细地阐述每一个概念，推导每一个原理公式，并与现实生活相关联。

本书适合作为高等院校计算机、信息类等相关专业“信息安全”课程的教材，也可作为相关技术人员的参考用书。

图书在版编目（CIP）数据

信息安全导论 / 印润远编著. —北京：中国铁道出版社，2011.3（2019.7 重印）

21 世纪高等院校规划教材

ISBN 978-7-113-12227-0

Ⅰ.①信… Ⅱ.①印… Ⅲ.①信息系统－安全技术－高等学校－教材 Ⅳ.①TP309

中国版本图书馆 CIP 数据核字（2011）第 019640 号

书　　名：信息安全导论

作　　者：印润远　编著

策划编辑：严晓舟　杨　勇

责任编辑：秦绪好

特邀编辑：梁卫红

封面设计：付　巍

版式设计：于　洋

读者热线电话：（010）63550836

编辑助理：包　宁

封面制作：白　雪

责任印制：郭向伟

出版发行：中国铁道出版社有限公司（100054，北京市西城区右安门西街 8 号）

印　　刷：三河市航远印刷有限公司

版　　次：2011 年 3 月第 1 版　　2019 年 7 月第 3 次印刷

开　　本：787mm×1092mm　1/16　印张：22.5　字数：538 千

印　　数：3 401～4 400 册

书　　号：ISBN 978-7-113-12227-0

定　　价：34.00 元

前言

FOREWORD

互联网与生俱来的开放性、交互性和分散性特征使人类所憧憬的信息共享、开放、灵活和快速等需求得到满足。网络环境为信息共享、信息交流、信息服务创造了理想空间。网络技术的迅速发展和广泛应用，为人类社会的进步提供了巨大推动力。然而，正是由于互联网的上述特性，产生了许多安全问题。随着我国国民经济信息化进程的推进，各行各业对计算机技术和计算机网络的依赖程度越来越高，这种高度依赖将使社会变得十分“脆弱”，一旦信息系统受到攻击，不能正常工作，甚至全部瘫痪时，就会使整个社会陷入危机。人类对计算机技术和计算机网络的依赖性越大，信息安全知识的普及要求就会越高。因此，计算机类专业和非计算机类专业的学生学习信息安全的课程，是十分重要和必要的。现在，在校的学生是一个国家中接受过良好教育并将对国家未来走向产生巨大影响的群体，其网络素质如果跟不上时代的发展，那么整个国家也很难在未来的数字经济时代成为强国。对此，教育和引导大学生树立信息安全法律观念，正确运用网络已成为推动社会进步的重要举措。

信息安全包括了设备安全和数据安全。设备安全涉及了计算机和网络的物理环境和基础设施的安全，数据安全涉及的面较广，有日常的数据维护、保密措施、病毒防治、入侵检测及侵害后的处理、数据受损后的恢复等。其中安全法规、安全技术和安全管理，是信息安全的三个部分。

本书首先对信息安全的理论进行了详细介绍，并从理论与实践相结合的指导思想出发，分析了相关领域的安全问题及相应的解决方案。

全书共分两大部分，第1～14章是第一部分，第15章是第二部分。第一部分以信息理论为核心，讲述信息安全的基础理论，包括信息系统安全概述、信息论与数学基础、信息加密技术与应用、数字签名技术、鉴别与防御黑客入侵、入侵检测、防火墙技术、虚拟专用网、病毒的防范、PKI/PMI技术、信息隐藏技术和信息安全法律法规等内容；第二部分以信息安全实验为重点，介绍信息安全学在互联网中的应用实践，包括密码系统、攻防系统、入侵检测系统、防火墙系统、VPN系统、病毒系统、PKI系统和安全审计系统等实验内容。

本书的特点是：为了照顾到不同层次和不同水平的读者，在内容安排上由浅入深，循序渐进，同时各章的习题难度也兼顾不同的需求；理论与实践相结合，经典与前沿相结合。理论方面，着重强调基本概念、重要定理的阐述和推导，每个定理和算法都举例说明；应用方面，在不失系统性的前提下，编写了密码系统、攻防系统、入侵检测系统、防火墙系统、VPN系统、病毒系统、PKI系统和安全审计系统八个实验指导，有助于读者从理论与实践的结合上掌握信息安全学。

本书是编者[①]根据多年来在国内外信息安全领域的设计和工程经验，以及近几年在高等院校信息安全学课程上的一线教学成果，并参阅了大量国内外科技文献后编写而成的。在编写过程中，广泛征求了业内专家、研究生、高年级本科生的意见和建议，力求把本书写成一本既反映学科前沿，又具有较高理论水平和实用价值的教科书。

本书适合作为高等院校计算机及相关专业学生的教材，也可作为计算机工作者的参考资料或计算机爱好者的自学读物。

由于编写时间仓促，作者水平所限，书中疏漏和不妥之处在所难免，欢迎广大读者、教师、同行和专家批评指正。

本书提供教学用的电子教案，读者可到中国铁道出版社网站 http://edu.tqbooks.net 免费下载。

感谢中国铁道出版社为本书的出版给予的支持，感谢全国高等学校计算机教育研究会理事、华东高等院校计算机基础教学研究会理事、上海市计算机基础教育协会理事薛万奉教授对本书编写提出的宝贵意见，感谢几十年来理解和支持我的事业的家人，也感谢给我支持的朋友、同仁和学生们。

编　者

2011 年 2 月

① 本书的编者毕业于上海交通大学计算机科学系，现为上海海洋大学教授，硕士生导师。编者主要研究方向：网络技术应用及信息安全，并承担了数据通信与计算机网络、软件工程、管理信息系统及信息安全、网络操作系统等多门计算机主干课程的本科和研究生的教学工作。编者多年在兵器工业部门从事计算机技术的应用与开发，曾获得多项优秀软件设计奖。在 20 世纪 90 年代中叶进入高校从事教学和科研，曾规划和实施过校园网的建设，在信息安全领域颇有研究。对本科生和硕士生的教学，不断探索、完善教学内容和实践方法，并加以总结。

目录

CONTENTS

第1章　信息安全概述……1
1.1　信息系统及其安全的基本概念……1
1.1.1　计算机信息系统……1
1.1.2　计算机信息系统安全……2
1.2　计算机信息系统面临的威胁及其脆弱性……4
1.2.1　计算机信息系统面临的威胁……4
1.2.2　计算机信息系统受到的威胁和攻击……6
1.2.3　计算机信息系统的脆弱性……8
1.3　信息系统安全保护概念……11
1.3.1　信息系统安全保护的基本概念……11
1.3.2　信息系统保护的基本目标和任务……14
1.4　我国信息系统安全保护的基本政策……16
1.4.1　我国信息化建设的总指导方针……16
1.4.2　信息系统安全保护的基本原则……17
1.4.3　我国信息系统安全保护的总政策……18
1.5　计算机信息安全监察……20
1.5.1　信息系统的安全监督检查的总体目标……20
1.5.2　信息安全监察工作的指导方针……21
1.5.3　实施安全监督检查……21
1.5.4　信息安全监察的业务范围……22
小结……22
思考题……23
第2章　安全体系结构与安全等级……24
2.1　安全体系结构……24
2.1.1　ISO/OSI 安全体系结构……24
2.1.2　动态的自适应网络安全模型……26
2.2　网络安全体系……27
2.2.1　五层网络安全体系……28
2.2.2　六层网络安全体系……30
2.2.3　基于六层网络安全体系的网络安全解决方案……31
2.3　安全等级与标准……34
2.3.1　TCSEC 标准……35
2.3.2　欧洲 ITSEC……36

2.3.3 加拿大 CTCPEC 评价标准 37
2.3.4 美国联邦准则 FC 37
2.3.5 CC 标准 37
2.3.6 英国 BS 7799 标准 38
2.4 我国计算机安全等级划分与相关标准 42
小结 43
思考题 43
第 3 章 信息论与数学基础 44
3.1 信息论 44
3.1.1 熵和不确定性 44
3.1.2 语言信息率 45
3.1.3 密码体制的安全性 45
3.1.4 唯一解距离 46
3.1.5 信息论的运用 46
3.1.6 混乱和散布 47
3.2 复杂性理论 47
3.2.1 算法的复杂性 47
3.2.2 问题的复杂性 48
3.2.3 NP 完全问题 49
3.3 数论 49
3.3.1 模运算 49
3.3.2 素数 51
3.3.3 互为素数 51
3.3.4 取模数求逆元 52
3.3.5 欧拉函数 52
3.3.6 中国剩余定理 52
3.3.7 二次剩余 53
3.3.8 勒让德符号 53
3.3.9 雅可比符号 54
3.3.10 Blum 整数 54
3.3.11 生成元 55
3.3.12 有限域 56
3.3.13 GF(p^m)上的计算 56
3.4 因子分解 56
3.4.1 因子分解算法 57
3.4.2 模 n 的平方根 58
3.5 素数生成元 58
3.5.1 Solovag -Strassen 方法 59
3.5.2 Rabin-Miller 方法 59

3.5.3 Lehmann 方法 60
3.5.4 强素数 60
3.6 有限域上的离散对数 60
3.6.1 离散对数基本定义 60
3.6.2 计算有限群中的离散对数 61
小结 61
思考题 61
第 4 章 信息加密技术 63
4.1 网络通信中的加密方式 63
4.1.1 链路-链路加密 64
4.1.2 结点加密 64
4.1.3 端-端加密 64
4.1.4 ATM 网络加密 65
4.1.5 卫星通信加密 65
4.1.6 加密方式的选择 66
4.2 密码学原理 67
4.2.1 古典密码系统 67
4.2.2 对称密码系统 72
4.2.3 公钥密码系统 80
4.3 复合型加密体制 PGP 98
4.3.1 完美的加密 PGP 98
4.3.2 PGP 的多种加密方式 98
4.3.3 PGP 的广泛使用 99
4.3.4 PGP 商务安全方案 100
4.4 微软的 CryptoAPI 101
4.5 对加密系统的计时入侵 103
4.6 加密产品与系统简介 103
小结 104
思考题 104
第 5 章 数字签名技术 105
5.1 数字签名的基本原理 105
5.1.1 数字签名与手书签名的区别 105
5.1.2 数字签名的组成 106
5.1.3 数字签名的应用 107
5.2 数字签名标准（DSS） 107
5.2.1 关注 DSS 107
5.2.2 DSS 的发展 108
5.3 RSA 签名 109

5.4 DSS签名方案 110
5.4.1 Elgamal签名方案 110
5.4.2 DSS签名方案 115
5.5 盲签名及其应用 116
5.5.1 盲消息签名 116
5.5.2 盲参数签名 117
5.5.3 弱盲签名 117
5.5.4 强盲签名 118
5.6 多重数字签名及其应用 118
5.7 定向签名及其应用 119
5.7.1 E1gamal定向签名 119
5.7.2 MR定向签名方案 119
5.8 世界各国数字签名立法状况 120
5.9 数字签名应用系统与产品 121
小结 122
思考题 123
第6章 鉴别与防御“黑客”入侵 124
6.1 攻击的目的 124
6.1.1 进程的执行 124
6.1.2 攻击的目的 124
6.2 攻击的类型 126
6.2.1 口令攻击 126
6.2.2 社会工程 128
6.2.3 缺陷和后门 129
6.2.4 鉴别失败 133
6.2.5 协议失败 133
6.2.6 信息泄露 134
6.2.7 拒绝服务 135
6.3 攻击的实施 135
6.3.1 实施攻击的人员 135
6.3.2 攻击的三个阶段 136
6.4 黑客攻击的鉴别 137
6.4.1 最简单的“黑客”入侵 137
6.4.2 TCP劫持入侵 137
6.4.3 嗅探入侵 138
6.4.4 主动的非同步入侵 139
6.4.5 Telnet会话入侵 142
6.4.6 进一步了解ACK风暴 142

6.4.7 检测及其副作用 143
6.4.8 另一种嗅探——冒充入侵 143
6.5 超链接欺骗 144
6.5.1 利用路由器 144
6.5.2 冒充 E-mail 145
6.5.3 超链接欺骗 145
6.5.4 网页作假 149
小结 152
思考题 152
第 7 章 入侵检测 153
7.1 入侵检测原理与技术 153
7.1.1 入侵检测的起源 153
7.1.2 入侵检测系统的需求特性 154
7.1.3 入侵检测原理 154
7.1.4 入侵检测分类 156
7.1.5 入侵检测的数学模型 158
7.1.6 入侵检测现状 159
7.2 入侵检测的特征分析和协议分析 159
7.2.1 特征分析 159
7.2.2 协议分析 162
7.3 入侵检测响应机制 163
7.3.1 对响应的需求 164
7.3.2 自动响应 164
7.3.3 蜜罐 165
7.3.4 主动攻击模型 165
7.4 绕过入侵检测的若干技术 166
7.4.1 对入侵检测系统的攻击 166
7.4.2 对入侵检测系统的逃避 167
7.4.3 其他方法 167
7.5 入侵检测标准化工作 167
7.5.1 CIDF 体系结构 168
7.5.2 CIDF 规范语言 169
7.5.3 CIDF 的通信机制 170
7.5.4 CIDF 程序接口 171
小结 171
思考题 171
第 8 章 防火墙技术 172
8.1 防火墙的基本概念 172

8.1.1 有关的定义 173
8.1.2 防火墙的功能 173
8.1.3 防火墙的不足之处 174
8.2 防火墙的类型 174
8.2.1 分组过滤路由器 174
8.2.2 应用级网关 175
8.2.3 电路级网关 175
8.3 防火墙的体系结构 176
8.3.1 双宿主机模式 176
8.3.2 屏蔽主机模式 176
8.3.3 屏蔽子网模式 177
8.4 防火墙的基本技术与附加功能 177
8.4.1 基本技术 177
8.4.2 附加功能 180
8.5 防火墙技术的几个新方向 181
8.5.1 透明接入技术 181
8.5.2 分布式防火墙技术 181
8.5.3 以防火墙为核心的网络安全体系 182
8.6 常见的防火墙产品 182
8.6.1 常见的防火墙产品 182
8.6.2 选购防火墙的一些基本原则 184
小结 184
思考题 185
第 9 章 虚拟专用网（VPN） 186
9.1 虚拟专用网的产生与分类 186
9.1.1 虚拟专用网的产生 186
9.1.2 虚拟专用网的分类 186
9.2 VPN 原理 187
9.2.1 VPN 的关键安全技术 187
9.2.2 隧道技术 189
9.2.3 自愿隧道和强制隧道 190
9.3 PPTP 协议分析 191
9.3.1 PPP 协议 191
9.3.2 PPTP 协议 192
9.3.3 L2TP 协议分析 193
9.3.4 IPSec 协议分析 195
9.4 VPN 产品与解决方案 200
9.4.1 解决方案一 200

9.4.2 解决方案二 200
小结 201
思考题 202
第 10 章 病毒的防范 203
10.1 病毒的发展史 203
10.2 病毒的原理与检测技术 206
10.2.1 计算机病毒的定义 206
10.2.2 计算机病毒的特性 206
10.2.3 计算机病毒的命名 207
10.2.4 计算机病毒的分类 207
10.2.5 关于宏病毒 211
10.2.6 计算机病毒的传播途径 214
10.2.7 计算机病毒的检测方法 215
10.3 病毒防范技术措施 218
10.3.1 单机的病毒防范 219
10.3.2 小型局域网的防范 221
10.3.3 大型网络的病毒防范 224
10.4 病毒防范产品介绍 224
10.4.1 计算机病毒防治产品的分类 225
10.4.2 防杀计算机病毒软件的特点 225
10.4.3 对计算机病毒防治产品的要求 226
10.4.4 常见的计算机病毒防治产品 227
小结 227
思考题 227
第 11 章 身份认证与访问控制 228
11.1 口令识别 228
11.1.1 用户识别方法分类 228
11.1.2 不安全口令的分析 229
11.1.3 一次性口令 230
11.1.4 Secur ID 卡系统 231
11.2 特征识别 231
11.2.1 签名识别法 232
11.2.2 指纹识别技术 233
11.2.3 语音识别系统 237
11.2.4 网膜图像识别系统 238
11.3 识别过程 238
11.3.1 引入阶段 238
11.3.2 识别阶段 238

11.3.3 折中方案 239
11.4 身份识别技术的评估 239
11.4.1 Mitre 评估研究 239
11.4.2 语音识别 240
11.4.3 签名识别 240
11.4.4 指纹识别 241
11.4.5 系统间的比较 241
11.4.6 身份识别系统的选择 242
11.5 访问控制 242
11.5.1 访问控制的概念与原理 242
11.5.2 访问控制策略及控制机构 243
11.5.3 访问控制措施 244
11.5.4 信息流模型 246
11.5.5 访问控制类产品 247
小结 250
思考题 250
第 12 章 PKI 和 PMI 技术 251
12.1 理论基础 251
12.1.1 可认证性与数字签名 252
12.1.2 信任关系与信任模型 254
12.2 PKI 的组成 257
12.2.1 认证机关 257
12.2.2 证书库 260
12.2.3 密钥备份及恢复系统 260
12.2.4 证书作废处理系统 260
12.2.5 PKI 应用接口系统 260
12.3 PKI 的功能和要求 261
12.3.1 证书、密钥对的自动更换 261
12.3.2 交叉认证 261
12.3.3 PKI 的其他一些功能 262
12.3.4 对 PKI 的性能要求 262
12.4 PKI 相关协议 263
12.4.1 X.500 目录服务 263
12.4.2 X.509 264
12.4.3 公钥证书的标准扩展 265
12.4.4 LDAP 协议 265
12.5 PKI 的产品、应用现状和前景 266
12.5.1 PKI 的主要厂商和产品 267

12.5.2 PKI 的应用现状和前景 269
12.6 PMI 270
12.6.1 PMI 简介 270
12.6.2 PERMIS 工程 272
12.6.3 PERMIS 的权限管理基础设施（PMI）的实现 272
小结 274
思考题 275
第 13 章 信息隐藏技术 276
13.1 信息隐藏技术原理 276
13.1.1 信息隐藏模型 276
13.1.2 信息隐藏系统的特征 277
13.1.3 信息隐藏技术的主要分支与应用 278
13.2 数据隐写术 278
13.2.1 替换系统 279
13.2.2 变换域技术 282
13.2.3 扩展频谱 283
13.2.4 对隐写术的一些攻击 284
13.3 数字水印 285
13.3.1 数字水印的模型与特点 285
13.3.2 数字水印的主要应用领域 286
13.3.3 数字水印的一些分类 287
13.3.4 数字水印算法 287
13.3.5 数字水印攻击分析 288
13.3.6 数字水印的研究前景 289
小结 290
思考题 291
第 14 章 信息系统安全法律与规范 292
14.1 信息安全立法 292
14.1.1 信息社会中的信息关系 292
14.1.2 信息安全立法的基本作用 293
14.2 国外信息安全立法概况 294
14.2.1 国外计算机犯罪与安全立法的演进 294
14.2.2 国外计算机安全立法概况 294
14.3 我国计算机信息系统安全保护立法 296
14.3.1 《中华人民共和国计算机信息系统保护条例》 296
14.3.2 新《刑法》有关计算机犯罪的条款 300
小结 301
思考题 302

第 15 章 实验指导 303
实验 1 密码系统 303
实验 2 攻防系统 306
实验 3 入侵检测系统 312
实验 4 防火墙系统 316
实验 5 VPN 系统 324
实验 6 病毒系统 329
实验 7 PKI 系统 333
实验 8 安全审计系统 337
参考文献 345

第1章 信息安全概述

随着计算机网络技术的成熟，计算机网络应用迅速普及，从而宣告了第三次工业革命浪潮的到来。第三次工业革命就是以计算机与通信系统实现信息的快速传输和共享为标志的信息技术革命。伴随着我国国民经济信息化进程的推进和信息技术的普及，各行各业对计算机网络的依赖程度越来越高，这种高度依赖性使社会变得十分“脆弱”，一旦计算机网络受到攻击，不能正常工作，甚至全部瘫痪，就会使整个社会陷入危机。尤其是互联网广泛应用以来，涉及国家安全与主权的重大问题屡屡发生。人们在为信息技术带来巨大经济利益而欣喜的同时，必须居安思危。

安全法规、安全技术和安全管理，是信息系统安全保护的三大组成部分，它们相辅相成、相通互补。制定法规的根本目的或作用，在于引导、规范及制约社会成员的行为。安全法规以其公正性、权威性、规范性和强制性而应成为实施社会信息安全管理的准绳和依据；安全技术是维护信息系统的有力保障。安全管理的直接目标，是保障信息系统的安全。

根据国内外大量的调查统计表明，人为或自然灾害所造成的信息系统的损坏中，管理不善所占的比例高达70%以上。安全法规的贯彻、安全技术措施的实施都离不开强有力的管理。增强管理意识，强化管理措施，是做好信息系统安全保护工作的有力保障，而安全管理的关键因素是人。

同时，信息系统安全又是动态的。攻击与反攻击、威胁与反威胁是永恒的矛盾，安全是相对的，没有一劳永逸的安全防范措施。信息系统安全管理工作必须常抓不懈、警钟长鸣。

信息是人类社会的宝贵资源。功能强大的信息系统，是推动社会发展前进的加速剂和倍增器，它正日益成为社会各部门不可缺少的生产和管理手段。信息与信息系统的安全，已经成为崭新的学科技术领域；信息与信息系统的安全管理，也已经成为社会公共安全工作的重要组成部分。

1.1 信息系统及其安全的基本概念

为了深刻理解后续章节信息系统及其安全保护的有关内容，本节首先介绍有关计算机信息系统及其安全的基本概念。

1.1.1 计算机信息系统

所谓计算机信息系统是指“由计算机及其相关的配套设备、设施（含网络）构成的，按照一定的应用目标和规则对信息进行采集、加工、存储、传输和检索等处理的人机系统”。

信息是客观事物运动状态及运行方式的表征，能使人们由未知变为已知。信息按其内容的价值，大体上可分为三类：消息、资料和知识。消息可理解为单条信息的记录，例如报纸上的消息报导；资料可理解为相关信息记录的集合，具有相对较大的参考价值，例如报刊文摘、统计报表；知识则是在大量资料的基础上，经过分析研究所总结出来的客观规律或法则，是人类文明进步的结晶，例如论文、论著等。1996年，联合国教科文组织把信息化社会的知识结构表述为图1-1所示的知识结构金字塔。

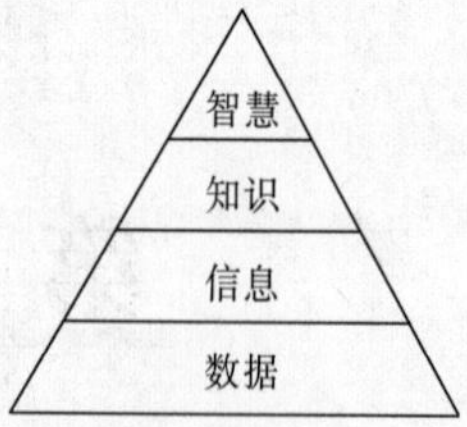

图1-1 知识结构

在这个知识结构的金字塔中，数据（Data）是信息的原材料，是一堆数字或符号的总括；信息（Information）是以某种目的组织起来，经加工处理并具有一定结构的数据的总括；知识（Knowledge）是经过整理、分析、评论和验证的信息；智慧（Intelligence）是经历客观现实验证而得到的充实的知识，是金字塔的顶端。

计算机系统的出现，是人类历史上相当重要的一次信息革命。计算机从1946年诞生至今，经历了科学计算、过程控制、数据加工、信息处理和人工智能等应用发展过程，功能逐步完善，现已进入普及应用的阶段。

计算机信息系统是一个人机系统，其基本组成是：计算机系统实体、信息和人。

所谓计算机系统实体，是指计算机系统的硬件部分，应包括计算机本身的硬件和各种接口，也应包括各种外部设备，还应包括形成计算机网络的通信设备、线路和信道。

在计算机信息系统中，信息的形成包括操作系统、数据库、网络功能及各种功能的应用程序。计算机系统实体是在形成了计算机信息系统之后才派上用场的。计算机系统实体本身是有价的；而信息系统则是无价的，信息的损害，往往是无法弥补、难以挽回的。

计算机信息系统的发展是要经历一个过程的。20世纪70年代以来，大体上是计算机网络的开发、应用和发展阶段。网络技术的应用，使得原先在空间、时间上分散独立的信息，形成庞大的统计信息资源系统。网络资源的共享，无可估量地提高了信息系统中信息的有效使用价值。

20世纪90年代以来，多媒体技术的蓬勃发展，大大拓宽了计算机系统所处理的信息的范围，从而使计算机信息系统在各行各业及日常生活领域中广泛应用，展现出了令人鼓舞的前景。

1.1.2 计算机信息系统安全

计算机信息系统安全包括实体安全、运行安全及信息安全等。下面就从这几个方面作一下简单介绍。

1. 实体安全

在计算机信息系统中，计算机及其相关的设备、设施（含网络）统称为计算机信息系统的实体。实体安全则是指为保护计算机设备、设施（含网络）及其他媒体免遭地震、水灾、火灾、有害气体和其他环境事故（如电磁污染等）破坏而采取的措施及过程。实体安全包括环境安全、设备安全和媒体安全三个方面。

对计算机信息系统实体的威胁和攻击，不仅会造成国家财产的重大损失，而且会使信息系统的机密信息遭到严重泄露和破坏。因此，保护计算机信息系统实体安全是防止对信息系统进行威胁和攻击的第一步，也是防止对信息进行威胁和攻击的天然屏障。

2. 运行安全

计算机信息系统的运行安全包括系统风险管理、审计跟踪、备份与恢复及应急四个方面。系统的运行安全是保护计算机信息系统安全的重要环节，它保障系统功能的安全实现，并提供一套安全措施来保护信息处理过程的安全，其目标是保证系统能连续、正常地运行。

3. 信息安全

所谓计算机信息系统的信息安全是指防止信息财产被故意地或偶然地非法授权泄露、更改、破坏或使信息被非法系统辨识、控制，即确保信息的保密性、完整性、可用性和可控性。针对计算机信息系统中信息的存在形式和运行特点，信息安全可包括操作系统安全、数据库安全、网络安全、病毒防护、访问控制、加密与鉴别等 7 个方面。

下面列出对信息构成威胁的一些行为：

（1）对可用性的威胁

- 破坏、损耗或者污染。
- 否认、拒绝或延迟使用或者访问。

（2）对完整性的威胁

- 输入、使用或生成错误数据。
- 修改、替换或重排序。
- 歪曲。
- 否认（当成不真实的而拒绝）。
- 误用或没有按要求使用。

（3）对保密性的威胁

- 访问。
- 泄露。
- 监视或监听。
- 复制。
- 偷盗。

为了更好地领会信息安全的要素，下面列举了几个信息安全性遭到破坏的案例。

（1）可用性遭到破坏

用户的一个数据文件被别有用心的人移到了另一个子目录中。该计算机用户在运行其应用程序时，由于在程序指定的子目录中数据文件已不存在，因此系统肯定要出错。

在这个事件中，信息的可用性遭到破坏，而信息的完整性和保密性未遭到破坏。

（2）完整性遭到破坏

一个软件公司在交货时，将一个没有包含重要记账控制机制的应用程序提供给了一家客户，而该软件技术说明书里有这个控制机制。客户将该软件用在了生产线上。然而，客户公司里的一名会计发现，这款应用软件中并没有记账控制，该会计利用这一疏漏，参与了一次巨大的可付账的公款盗用，使客户公司蒙受了巨大的经济损失。

除记账控制疏漏之外，该软件应用程序如期完成。但程序是不完善的，该软件产品缺少了完整性，而可用性和保密性没有受影响。

（3）保密性遭到破坏

某用户一份秘密文件被人复制，因而他的秘密被侵犯了。但在保密性被破坏的情况下，可用性、完整性没有受影响。虽然用户对信息的独占性丢失了，但他仍然掌握和拥有这些信息。

1.2 计算机信息系统面临的威胁及其脆弱性

信息社会化与社会信息化，使广泛应用的计算机信息系统在推动社会发展的同时，也面临着形形色色的威胁和攻击。外因是条件，内因是根本，外因必须通过内因才能起作用。计算机信息系统本身，无论是存取、运行的基本原理，还是系统本身的设计、技术、结构和工艺等方面都存在着亟待完善的缺陷。或者说，计算机信息系统本身的脆弱性，成为被攻击的目标或被利用为有效的攻击途径。

1.2.1 计算机信息系统面临的威胁

计算机信息系统面临的威胁主要来自自然灾害的威胁、人为或偶然事故构成的威胁、计算机犯罪的威胁、计算机病毒构成的威胁及信息战的威胁等几个方面，下面逐一简单介绍。

1．自然灾害构成的威胁

自然灾害构成的威胁主要是指火灾、水灾、风暴、地震等的破坏，以及环境（温度、湿度、振动、冲击及污染等）的影响。

据有关方面调查，我国不少的机房，没有防震、防火、防水、避雷、防电磁泄露或干扰等措施，接地系统考虑不周，抵御自然灾害和意外事故的能力较差，事故不断，因断电而造成设备损坏、数据丢失的现象也屡见不鲜。

2．人为或偶然事故构成的威胁

常见的事故如下：

① 硬、软件的故障引起策略失效。

② 工作人员的错误操作使系统出错，使信息遭到严重破坏或无意中让别人看到了机密信息。

③ 自然灾害的破坏，如洪水、地震、风暴和泥石流等，使计算机系统受到严重破坏。

④ 环境因素的突然变化，如高温或低温及各种污染造成的空气洁净度的破坏，使电源突然掉电或过载造成系统信息出错、丢失或破坏。

3．计算机犯罪的威胁

计算机犯罪是利用暴力和非暴力形式，故意泄露或破坏系统中的机密信息，以及危害系统实体和信息安全的不法行为。暴力形式是指对计算机设备和设施进行物理破坏，如使用武器摧毁计算机设备，炸毁计算机中心建筑等。而非暴力形式是指利用计算机技术知识及其他技术进行犯罪活动。我国颁布的《中华人民共和国刑法》（以下简称《刑法》）就对犯罪作了明确的定义，从新刑法的描述来看计算机犯罪有两类形式：一类是利用计算机技术知识进行犯罪活动（见《刑法》第二百八十七条），计算机信息系统被作为犯罪的工具，如同枪支、交通工具一样；另一类是针对计算机信息系统的犯罪（见《刑法》第二百八十五条、第二百八十六条），这种犯罪行为是将计算机信息系统作为犯罪的对象。

（1）计算机犯罪的类型

人为地利用计算机实施危害及犯罪活动，始于20世纪60年代末，在20世纪70年代迅速增长，到20世纪80年代形成威胁，成为发达国家和发展中国家不得不予以关注的社会公共安全问题。计算机犯罪的主要类型如下：

① 计算机滥用。

② 非法入侵计算机信息系统。利用窃取口令等手段，渗入计算机系统，以干扰、篡改、窃取或破坏计算机信息系统。

③ 利用计算机传播反动和色情等有害信息。

④ 针对电子出版物和计算机软件的侵权。

⑤ 利用计算机实施贪污、盗窃、诈骗和金融犯罪等活动。

⑥ 破坏计算机系统。

（2）计算机犯罪常用的技术手段

① 数据欺骗：非法篡改数据或输入假数据。

② 特洛伊木马术：非法装入秘密指令或程序，由计算机实施犯罪活动。

③ 香肠术：利用计算机从金融信息系统中一点一点地窃取存款，如窃取各账户上的利息尾数，积少成多。

④ 逻辑炸弹：输入犯罪指令，以便在指定的时间或条件下删除数据文件或破坏系统的功能。

⑤ 陷阱术：利用程序中为便于调试、修改或扩充功能而特设的断点，插入犯罪指令或在硬件中相应的地方增设犯罪用的装置。总之，是利用计算机硬、软件的某些断点或接口插入犯罪指令或装置。

⑥ 寄生术：用某种方式紧跟享有特权的用户进入系统或在系统中装入“寄生虫”。

⑦ 超级冲杀：用共享程序突破系统防护，进行非法存取或破坏数据及系统功能的活动。

⑧ 异步攻击：将犯罪指令掺杂在正常作业程序中，以获取数据文件。

⑨ 废品利用：从废品资料、磁盘或磁带中提取有用信息或进一步分析系统密码等。

⑩ 伪造证件：伪造他人信用卡、磁卡和存折等。

（3）计算机犯罪行为的特点

① 损失巨大，发生率的上升势头前所未有。据有关方面统计，美国、德国、英国等国家每年由于计算机犯罪而遭受到巨大损失。我国的计算机犯罪，近几年发展也很快，上升幅度较大。

② 危害领域不断扩大。最初，危害领域主要是金融系统。现在，已发展到邮电、科研、卫生及生产等几乎所有使用计算机的领域。受害的往往是整个地区、行业系统、社会或国家，以致被称为公害。

③ 计算机违法犯罪社会化。原先主要是内部的计算机专业技术人员作案，现在非计算机专业技术人员和部门内熟悉业务及其他外部人员作案增多。在作案过程中，也并非完全使用高技术手段，多为内外勾结，共谋作案。

④ 危害国际化。过去作案，主要在一个国家内，现在，则通过互联网或计算机技术产品和媒体等，跨国作案，且成功率很高，势头见长。

⑤ 危害目的多样化。计算机信息系统，已日益成为各个行业、各个地区和国家核心机密的集散部位。以前作案，多以获取钱财为目的；现在，各政治经济集团、敌对势力之间，纷纷利用各种计算机危害手段来达到各自的目的。国外甚至有人声称，计算机战争的威胁，远远超过核武器，包括计算机病毒在内的各种危害手段，已受到国外军方的高度重视。

⑥ 计算机犯罪者年轻化，并且转化为恶性案件的比例在增多。

⑦ 危害手段更趋隐蔽和复杂。

⑧ 能不留痕迹地瞬间作案。

计算机犯罪的高技术，使许多犯罪的实施可在瞬间完成，往往不留痕迹。现有的规章制度、法律和人们的观念，难以对他们进行制约、界定和制裁，这也是计算机危害日益严重的重要原因之一。因此，法规的制定刻不容缓，安全管理必须加强，安全技术措施应当跟上，计算机安全教育和职业道德教育势在必行，这已成为国内外专家学者、有识之士及深受其害的广大用户的共识。

（4）计算机病毒对计算机信息系统构成的威胁

计算机病毒，是指编制或者在计算机程序中插入的破坏计算机功能或者毁坏数据，影响计算机使用，并能自我复制的一组计算机指令或者程序代码。

计算机病毒是通过连接来扩散的。计算机病毒就像其他程序一样是一种计算机程序，因为这些程序的很多特征是模仿疾病病毒，所以我们使用“病毒”一词。这些特征包括：① 潜伏与自我复制能力。计算机病毒程序把自己附着在其他程序上，当这些程序运行时，病毒进入到系统中。② 扩散能力。③ 造成损害。一台计算机感染上病毒后，轻则系统运行效率下降，部分文件丢失，重则造成系统死机。正是因为计算机病毒有如此大的危害性，所以恐怖主义者也利用计算机病毒来制造破坏。目前，一些国家的军事和安全部门已将计算机病毒作为重要的信息战武器来研究。

研制、传播计算机病毒的目的，是危害或破坏计算机系统的资源，中断或干扰计算机系统的正常运行。计算机病毒是危害计算机系统的新手段，防不胜防。据不完全统计，美国在 1988 年，约有 9 万台计算机被病毒感染；仅在当年 11 月份，病毒感染造成的损失就超过 1 亿美元。

一份市场调查报告表明，目前我国约有 90%的局域网用户，曾遭到计算机病毒的侵袭，其中大部分用户因此而受到损失，这比西方国家的约 50%的病毒感染率高出了许多。例如，1996 年夏天，武汉证券机构的 NetWare 网络环境，遭到“夜贼”（Burglar）DOS 型病毒的侵袭，该病毒首先影响了双向卫星通信，接着造成网络瘫痪，使得当天的直接经济损失高达 500 多万元。

（5）信息战的严重威胁

所谓信息战，就是指为了国家和军事战略取得信息优势，而干扰敌方的信息和信息系统，同时保卫自己的信息和信息系统所采取的行动。这种对抗形式的目标并不是集中打击敌方的人员或战斗技术装备，而是集中打击敌方的计算机信息系统，使其神经中枢似的指挥系统瘫痪。

当前，某些发达国家期望借助现代信息技术，并将其作为信息武器，达到对敌方施加军事和政治压力的目的。信息技术将从根本上改变进行战争的方法，就像坦克的运用引起了第一次世界大战战争艺术的变革一样。继原子武器、生物武器和化学武器之后，信息武器已被列为第四类战略武器。据有关媒介报导，发达国家，特别是美国，每年用于信息安全研究的费用高达 150 亿美元。同时已建立起一支以信息战为目标的部队。

信息武器大体可分为三类：

① 具有特定骚扰或破坏功能的程序。计算机病毒就是典型的例子，因此，一些国家的国防部高价征集高性能的病毒程序。

② 具有扰乱或迷惑性的数据信号。

③ 有针对性地进行信息擦除或干扰运行的噪声信号。

1.2.2 计算机信息系统受到的威胁和攻击

以上从几个方面介绍了计算机信息系统所面临的威胁。对信息的人为威胁称为攻击。下面介绍计算机信息系统被威胁和攻击的主要方式。

1．威胁和攻击的对象

按被威胁和攻击的对象划分，可分为两类：一类是对计算机信息系统实体的威胁和攻击；另一类是对信息的威胁和攻击。计算机犯罪和计算机病毒则包括了对计算机系统实体和信息两个方面的威胁和攻击。

（1）对实体的威胁和攻击

对实体的威胁和攻击主要指对计算机及其外部设备和网络的威胁和攻击，如各种自然灾害与人为的破坏、设备故障、场地和环境因素的影响、电磁场的干扰或电磁泄露、战争的破坏、各种媒体的被盗和散失等。

对信息系统实体的威胁和攻击，不仅会造成国家财产的重大损失，而且会使信息系统的机密信息遭到严重泄露和破坏。因此，对信息系统实体的保护是防止对信息进行威胁和攻击的首要一步，也是防止对信息进行威胁和攻击的天然屏障。

（2）对信息的威胁和攻击

对信息的威胁和攻击主要有两种：一种是信息的泄露；另一种是信息的破坏。

① 信息泄露。信息泄露是指偶然地或故意地获得（侦收、截获、窃取或分析破译）目标中的信息（特别是敏感信息），从而造成泄露事件。

② 信息破坏。信息破坏是指由于偶然事故或人为破坏，使信息的正确性、完整性和可用性受到破坏，从而使系统的信息被修改、删除、添加、伪造或非法复制，造成大量信息被破坏、修改或丢失。

人为破坏有以下几种手段：

- 利用系统本身的脆弱性。
- 滥用特权身份。
- 不合法地使用。
- 修改或非法复制系统中的数据。

信息破坏方面的例子屡见不鲜，造成的损失是很大的。例如，1987 年 1 月 1 日，美国马萨诸塞州技术学院一名学生在使用 PDP－11 计算机时，连入了政府机构的数据网。该网与麻省理工学院的计算机相连，因而使得该生入侵到政府的几个信息系统中，非法复制了北美战略防空司令部和美国空军司令部的大量机密信息，并造成政府数据网阻塞，导致系统崩溃。

2．主动攻击与被动攻击

就攻击的方式而言，可归纳为被动攻击和主动攻击两类。

被动攻击是在不干扰系统正常工作的情况下进行侦收、截获、窃取系统信息，以便破译分析；利用观察信息、控制信息的内容来获得目标系统的设置、身份；通过研究机密信息的长度和传递的频度获得信息的性质。被动攻击不容易被用户察觉出来，因此它的攻击持续性和危害性都很大。

被动攻击的主要方法如下：

（1）直接侦收

利用电磁传感器或隐藏的收发信息设备直接侦收或搭线侦收信息系统的中央处理机、外围设备、终端设备、通信设备或线路上的信息。

（2）截获信息

系统及设备在运行时，散射的寄生信号容易被截获。如离计算机显示终端（CRT）百米左右，辐射信息强度可达 30dBuV 以上，因此，可以在那里接收到稳定、清晰可辨的信息图像。此外，短波、超短波、微波和卫星等无线电通信设备有相当大的辐射面，市话线路、长途架空明线等电磁辐射也相当严重，因此可利用系统设备的电磁辐射截获信息。

（3）合法窃取

利用合法的用户身份，设法窃取未授权的信息。例如，在统计数据库中，利用多次查询数据的合法操作，可推导出不该了解的机密信息。

（4）破译分析

对于已经加密的机密信息，利用各种破译分析手段来获得。

（5）从遗弃的文本中获取信息

如从信息中心遗弃的打印纸、各种记录和统计报表或丢失的软盘片中获得有用信息。

主动攻击是指篡改信息的攻击。它不仅是窃密，而且威胁到信息的完整性和可靠性。它以各种各样的方式，有选择地修改、删除、添加、伪造和复制信息内容，造成信息破坏。

主动攻击的主要方法如下：

① 窃取并干扰通信线路中的信息。

② 返回渗透。有选择地截取系统中央处理机的通信，然后将伪造信息返回给系统用户。

③ 线间插入。当合法用户已占用信道而终端设备还没有动作时，插入信道进行窃听或信息破坏活动。

④ 非法冒充。采取非常规则的方法和手段，窃取合法用户的标识，冒充合法用户进行窃取或信息破坏。

⑤ 系统人员的窃密和毁坏系统数据、信息的活动等。

有意威胁（攻击）的主要目的，有以下几种：

- 企图获得系统中的机密信息，为其国家或组织所用。
- 企图修改、添加、伪造用户的机密信息，以便从中得到好处。
- 企图修改、删除或破坏系统中的信息，达到不可告人的目的。
- 获得任意使用数据通信中信息处理系统的自由。

1.2.3 计算机信息系统的脆弱性

如上所述，计算机信息系统面临着种种威胁，而计算机系统本身也存在着一些脆弱性，抵御攻击的能力较弱，自身的一些缺陷常被非授权用户利用。这种非法访问会使系统中存储的信息的完整性受到威胁，会使信息被修改或破坏而不能继续使用；更为严重的是，系统中有价值的信息会被非法篡改、伪造、窃取或删除而不留任何痕迹。另外，计算机还容易受各种自然灾害和各种错误操作的破坏。认识计算机系统的这种脆弱性，就可以找出有效的措施保护计算机系统的安全。

1. 信息处理环节中存在的不安全因素

计算机信息系统的脆弱性可从几个角度来分析。首先从信息处理的各个环节看，都可能存在不安全因素。例如：

① 数据输入部分。数据通过输入设备进入系统，输入数据容易被篡改或输入假数据。

② 数据处理部分。数据处理部分的硬件容易被破坏或盗窃，并且容易受电磁干扰或因电磁辐射而造成信息泄露。

③ 数据传输。通信线路上的信息容易被截获，线路容易被破坏或盗窃。

④ 软件。操作系统、数据库系统和程序容易被修改或破坏。

⑤ 输出部分。输出信息的设备容易造成信息泄露或信息被窃取。

⑥ 存取控制部分。系统的安全存取控制功能还比较薄弱。

2. 计算机信息系统自身的脆弱性

从计算机信息系统自身的体系结构方面分析，也存在着先天的不足，而这些缺陷在短时间内是无法解决的。其中包括：

（1）计算机操作系统的脆弱性

计算机操作系统的脆弱性是信息不安全的重要原因。

① 操作系统脆弱的首要原因是操作系统结构体系造成的。操作系统的程序是可以动态连接的，包括 I/O 的驱动程序与系统服务，都可以用打补丁的方式进行动态连接。虽然进行这些操作需要被授予特权。许多 UNIX 操作系统的版本升级开发，都是采用打补丁的方式进行开发的。这种方法开发者可用，“黑客”也可用。另外，这种动态连接也是计算机病毒产生的环境。一个靠渗透与打补丁开发的操作系统是不可能从根本上解决安全问题的。然而，操作系统支持程序动态连接与数据动态交换是系统集成和系统扩展的需要，很显然，系统集成与系统安全是矛盾的。

② 操作系统支持在网络上传输文件，包括可以执行的文件映像，即在网络上加载程序。

③ 操作系统不安全的原因还在于它允许创建进程，甚至支持在网络的结点上进行远程进程的创建与激活，更为重要的是被创建的进程还继承创建进程的权限。本条与上一条结合起来，构成了在远程服务器上安装“间谍”软件的条件。再加上第一条，就还可以把这种“间谍”软件以打补丁的方式在一个合法的用户上，尤其嵌入在一个特权用户上，这样可以做到系统进程与作业的监视程序都看不到它的存在。

④ 操作系统通常都提供 DAEMON 软件，这种软件实际上都是一些系统进程，它们总在等待一些条件的出现，一旦条件出现，程序便可以运行下去。这些软件通常都是“黑客”利用的手段。问题不在于有没有 DAEMON，而在于这种 DAEMON 软件在 UNIX、Windows NT 操作系统中具有与其他操作系统核心层软件同等的权力。

⑤ 操作系统提供远程过程调用（RPC）服务。操作系统提供 NFS 服务，NFS 服务是基于 RPC 网络文件系统的，而开放远程过程调用服务可以为攻击者所利用。

⑥ 操作系统存在 Debug 与 Wizard。许多从事系统软件开发的人员，他们的基本技能就是开发补丁和系统调试，有了这两样技术，几乎可以研究“黑客”的所有事情。

⑦ 操作系统安排的无口令入口，实际上是为系统开发人员提供的便捷入口。另外，操作系统还有隐蔽信道。

（2）计算机网络系统的脆弱性

最初 ISO 7498 网络协议的形成，基本上就没有顾及到安全的问题。到了后来，才加进去五种安全服务和八种安全机制，形成了 ISO 7498—2 开放系统互连安全体系结构。

互联网的 TCP/IP 也存在着类似的问题。

网络层 IP 对来自物理层的数据包，并没有对发送顺序和内容是否正确进行必要的确认，因此，IP 数据包是不可靠的。

高层的 TCP 和 UDP 服务在接收数据包时，通常总是默认数据包中的源地址是有效的，这为源主机创造了能够随意填写、冒名顶替的机会。

UDP 与 TCP 位于同一层，它对包的错误不作修正，对包丢失也不要求重传，而 UDP 又没有建立初始化的连接，因此，UDP 包容易遭到欺骗。

由于 Internet/Intranet 的出现，网络的安全问题更加严重。可以说，基于 TCP/IP 协议的网络提供的 FTP、Telnet、E-mail、NFS 及 RPC 等都包含许多不安全的因素，存在着许多漏洞。

"黑客"对防火墙通常采用 SourcePorting、Source Routing、SOCK 和 TCP 序列预测，采用远程调用进行直接扫描等方法对防火墙进行攻击。

另外，连接信息系统的通信有不少弱点，如通过未受保护的外部线路可以从外界访问到系统内部的数据；通信线路和网络可能被搭线窃听或破坏。这种威胁增加了通信和网络的不安全性。

（3）数据库管理系统的脆弱性

数据库管理系统的安全必须结合操作系统的安全，例如，如果 DBMS 的安全级别是 B2 级，那么操作系统的安全级别也应当是 B2 级。数据库的安全管理也是建立在分级管理概念上的，也要依靠 TCB 方式，所以，DBMS 的安全也是脆弱的。

3．其他不安全因素

信息的处理方法也存在许多不安全因素，从而使计算机信息系统表现出种种脆弱性。主要表现在以下几个方面：

（1）存储密度高

在一张磁盘或一条磁带中可以存储大量信息，并且它们很容易放在口袋中带出去，因而容易遭到损坏或丢失，从而造成信息的大量丢失。

（2）数据可访问性

数据信息可以很容易地被复制而不留任何痕迹。一台远程终端上的用户可以通过计算机网络连到信息中心的计算机上，在一定的条件下，终端用户可以访问到系统中的所有数据，并可以按他的需要将其复制、删改或破坏。

（3）信息聚生性

信息系统的特点之一，就是能将大量信息收集在一起进行自动、高效的处理，以产生很有价值的结果。当信息以分离的小块形式出现时，它的价值往往不大，但当大量信息聚集在一起时，由于信息之间的相关性，这些信息将极大地显示出它们的重要价值。信息的这种聚生性与其安全密切相关。

（4）保密困难性

计算机系统内的数据都是可用的，尽管可以利用许多方法在软件内设定一些关卡，但对一个熟悉计算机的人来说，下一些功夫就可能突破这些关卡，因此想要保密是很困难的。

（5）介质的剩磁效应

存储介质中的信息有时擦除不干净或不能完全擦除掉，会留下可读信息的痕迹，它们一旦被利用，就会泄密。另外，在大多数的信息系统中，所谓删除文件的操作，删除的仅仅是该文件在目录中的文件名，并相应地释放其存储空间，而文件的真正内容还原封不动地保留在存储介质上。因而利用这一特性，可以窃取机密信息。

（6）电磁泄露性

计算机设备工作时能够辐射出电磁波，任何人都可以借助仪器设备在一定的范围内收到它，尤其是利用高灵敏度仪器可以清晰地看到计算机正在处理的机密信息。

电磁泄露是计算机信息系统的一大隐患。各种设备之间的连接电缆、计算机连网的通信线路等，就存在着严重的电磁泄露。不少外部设备，例如键盘、打印机、显示器和印制电路板等，都存在着同样的问题。电磁泄露的主要危害之一是造成信息的泄露，它为信息的侦截提供了方便；另一主要危害是干扰其他电磁设备的正常工作，这已为人们所熟知。

信息的电磁泄露与侦截，是无线电技术领域里的老课题。利用计算机及其外围设备的电磁泄露，侦截各种情报资料，是驾轻就熟的情报战的新热点。“黑客”利用电磁泄露侦截信息，渗入计算机系统，进行干扰、篡改、窃取或破坏信息的活动，也已屡见不鲜。

（7）信息介质的安全隐患

在磁盘信息恢复技术方面，我国已达到在硬盘被格式化多遍的情况下，其残留信息仍能被恢复的水平；在我们的磁盘“以坏换新”时，大多数人并没有注意这种形式的信息外泄。

1.3　信息系统安全保护概念

《中华人民共和国计算机信息系统安全保护条例》第三条，规范了计算机信息系统安全保护的概念：“计算机信息系统的安全保护，应当保障计算机及其相关的设备、设施（含网络）的安全，保障运行环境的安全，保障信息的安全，保障计算机功能正常发挥，以维护计算机信息系统的安全运行”。

计算机信息系统的安全保护是综合性、高科技的系统工程，必须树立法制观念，运用系统工程的思想方法，努力提高管理水平，制定和实施科学化的安全管理措施，实现计算机信息系统的规范化和科学化管理，以确保信息系统的安全运行，最大限度地发挥计算机信息系统的应用功能。

这一节着重介绍有关计算机信息系统安全保护的基本概念及其基本特点、基本目标和任务。

1.3.1　信息系统安全保护的基本概念

信息系统安全保护主要包括两个方面的内容：一方面是国家实施的安全监督管理；另一方面是信息系统使用单位自身的保护措施。实施信息系统安全保护的措施包括安全法规、安全管理和安全技术三个方面。

1. 安全法规

信息系统保护的安全法规，事实上有着多种层次的具体内容，形成的是从宏观的法律规范到技术规范标准和管理规章制度的制度化法规体系，是一个包括技术行为在内的信息系统安全保护的行为规范层次。或者说，从国家宏观管理的角度，需要强制性规范一些社会行为关系，这就是国家的法律层次；围绕法律规范的具体贯彻，作为主管部门，需要制定相应的行政法规，例如，安全专题管理的行政法规，安全技术、产品的技术规范标准等；各个地区，需要制定符合当地实情的地方法规；对于计算机信息的使用单位，当然需要以上述法律规范标准为依据，结合本单位安全保护的实际需要和可能，制定出行之有效的规章、制度，具体体现技术和行政的安全保护范围和力度。这一制度化的法律、规范、标准、规章体系如图 1–2 所示。

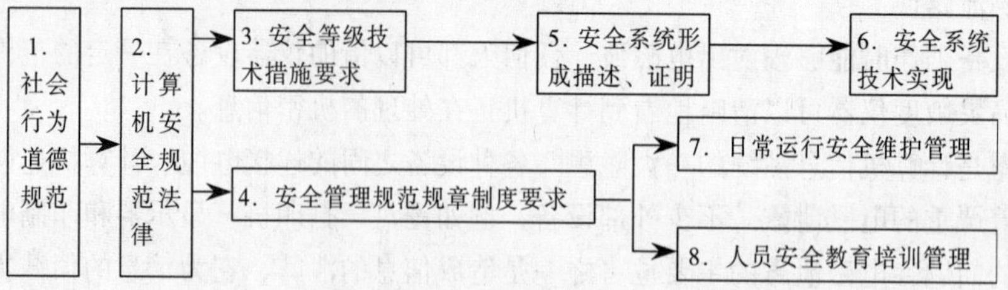

图 1–2 计算机信息系统安全保护的行为规范层次

从图 1–2 可知，3、5、6 各项具体实现的是技术行为的安全规范要求；4、7、8 各项具体实现的是人员行为的安全规范要求，而技术是由人掌握和使用的。6、7、8 三项，是维护计算机信息系统安全的具体的集中体现，缺一不可。因此可以认为，实际的安全治理措施，应当分为技术行为的安全规范要求和人员行为的安全规范要求；1、2 两项，是制定计算机安全规范法规需要的客观基础，或者说，是实施安全治理的基础和切实保障。在信息系统安全保护的治理中，安全法规、安全管理和安全技术，是信息系统安全保护内容的不同方面，属于不同的专业类型范畴；它们的目标是统一的，就是协同实现信息系统的实体安全、运行安全、信息安全和人员安全；它们的功能作用往往是相通、互补和相辅相成的。

2. 安全管理

所谓管理，是指在群体活动中，为了完成一定的任务，达到既定的目标，而针对特定的对象，遵循确定的原则，按照规定的程序，运用恰当的方法，所进行的计划、组织、指挥、协调和控制等活动。

在信息系统安全管理方面，安全管理的目标是管理好信息系统资源和确保信息资源安全。安全管理的方法应从系统安全管理的 5 个方面着手，全面进行安全管理，即实体安全管理、行政安全管理、信息流程安全管理、技术管理安全和安全稽核。

信息系统安全管理的基本特点如下：

（1）综合性

信息系统本身所具有的综合性特点、它所涉及的关系和内容的复杂性及工作本身的长期连贯性，决定了计算机安全管理的长期性和复杂性，因此必须采取综合模式。所谓综合的主要含义是：① 安全的各个方面，或者说，是技术、管理和法制方面；② 分工的组织形式，即政治机关、行政单位和群众学术团体的组织形式；③ 方式方法，主要有各类培训教育、规章制度和法纪规范的方法；④ 所涉及的广泛的专业和技术门类；其五是相关人员的专业类型和岗位层次等。

（2）系统性

信息系统之所以得到广泛的应用，是因为其关键性的应用内容就是应用单位总体性的有序信息，于是，信息系统日益成为各个应用单位部门的中枢系统。任何国家的机关单位，都是按照一定的法则建立的，是有着一定结构和序列的组织系统，其管理能力和活动也是按照一定的法则联系开展的，具有系统的整体效应。信息系统按单位部门所有的性质，决定了它的构架和运作必定具有完全相同的系统整体效应。而由于信息本身所具有的交互性和分布性，以及信息系统本身和信息网络构架，无论从形式上还是在内容上、应用上，也是一个严格有序的整体，并遵循严格的技术、行政等规则，因而相互发生严格有序的关联，形成规则严格的有序系统整体。因此，对于这样的信息系统的安全管理，只能运用系统工程的思想和方法，才能够发现、探索信息活动及其相互的关联，提出切实有效的解决问题的方式和方法。

（3）高科技性

社会进入信息时代的鲜明特征是其高科技性。而信息系统本身，其内容、构架和运作，更是众多学科的高科技结晶。因此与其相应的安全管理，无论是思想、内容还是方式和方法等，必然具有同样的高科技特点，否则是无法想象的。

（4）发展性

计算机和信息处理技术及其应用的飞速发展、社会文明的不断进步，以及形形色色的信息危害的出现，决定了不进则退、落后必定挨打的严峻客观事实。这不仅关系到单位或个人的合法权益，甚至影响到国家的安全、社会的安定、经济建设的发展。因此，已经发生的沉痛教训和可以预见的沉重代价，都迫使信息系统的安全治理，必须持续保持主动进取、提高效率和创新发展的昂扬斗志与工作姿态，加速发展信息系统治理的能力和水平。

（5）实践性

信息系统之所以能够高速发展，根本原因就在于它的功能强大。信息系统安全保护作为社会公共安全问题提出的本身，正是信息系统广泛应用实践的结果，是在广泛的应用实践中，经历了无数沉痛教训的不断积累和归纳总结，这也是信息系统安全防护措施滞后于应用而未能同步发展的根本原因。而计算机安全技术、法律规范和管理思想方法的形成和发展，无不都经历了尖锐激烈、长期反复而艰巨的实践过程。

安全管理的核心是管好有关计算机业务人员的思想素质、职业道德和业务素质，因为计算机是由人来操作的，人员资格是否符合安全要求是计算机安全的关键所在。也就是说，计算机安全问题的关键在于管理，而管理的核心问题在于管好人，这是维护信息系统安全的前提，这个问题不解决，其他措施再好，也不能确保安全。因此，必须要求主管部门和经营单位从管好计算机业务人员入手，全面加强信息系统的安全管理工作。

普遍开展信息安全教育，提高对信息系统安全保护的认识，逐步建立和完善计算机安全管理机制，是改善和有效实施信息系统安全极其重要的基础。

形成一支高度自觉、遵纪守法的技术队伍，是计算机安全工作最重要的一环。大量的危害事件有很大一部分比例是由熟悉计算机的人员造成的。因此，我们要在思想品质、职业道德、经营管理、规章制度和教育培训等方面，做大量细致的工作。强化信息系统的安全管理，加强人员教育，严格有效地制约用户对信息系统的非法访问，防范非法用户的侵入。通过严格管理，能把各种危害遏制到最低限度，这是信息系统安全保护最有效的方法，与安全技术是相辅相成的关系。

3．安全技术

信息系统的研究对象，不仅是信息本身，还包括计算机及其运行环境和人。很显然，信息安全技术涉及多学科领域，如电子工程、软件工程、保密学、管理学、心理学及法学等。信息安全技术还应当包括学术、技术和产品及相应的规范标准，这些学术、技术和产品是与相应的技术规范标准密切相关的。这些技术规范标准的制定应该包括相应的安全法规和安全管理的内容、标准和办法等。

对于某些有害或非法的行为，纪律约束与技术制约都能达到同样的目的，例如对于计算机网络的信息流的控制，似乎可以在法制、管理上严格把关，也可以仅采用防火墙技术产品，或者双管齐下。可以看到的效果是，法律规范或纪律约束是一种“人治”，虽然无须额外开销，但容易被人情世故动摇，只能是一种弹性的效果，难以可靠和可信；安全技术保护措施的一大特点是铁面无私，但因为必须配置具有该功能的软件或硬件而有一定开销，却相对可信和可靠。无论如何，纪律约束与技术制约的互补性，为安全管理的切实有效提供了选择的余地或双重的保障。

实体安全、运行安全、信息安全和安全人员，是信息系统安全保护目标的主要内容。每一项安全目标的实现，往往都需要采取安全法规、安全技术和安全管理的综合性措施。或者简明地说，为了实现某一项安全指标，能够采取的措施，可能有多种组合，或侧重于安全技术，或偏重于严格的安全管理。例如，为了实现信息的安全保密，可以根据《中华人民共和国保守国家秘密法》、《中华人民共和国海关法》和《计算机信息媒体出入境申报制度》等法规，以及相关的计算机用机规定等，实施严格的信息保密管理，辅以简要的、力所能及的安全保密技术措施；或者根据计算机安全、密码安全技术规范标准及信息流出入境安全规范等，强化计算机系统访问的识别与控制技术，极大地提高密码技术抗破译强度，严格监视、控制信息流的出入等；或者安全技术与安全管理并重，层层设防等。

信息系统的安全目标与安全措施的主要内容关系如图 1-3 所示。图 1-3 中矩阵 $\boldsymbol{A}_{ij}$ 的所有元素，用以表示安全措施的集合，它们用于实现各个安全目标。我们称该图为信息系统安全矩阵，或简称为安全矩阵。

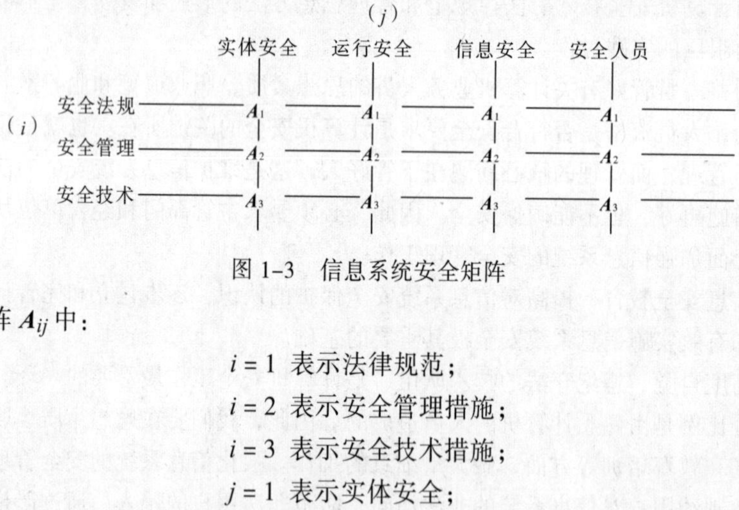

图 1-3 信息系统安全矩阵

在安全矩阵 $\boldsymbol{A}_{ij}$ 中：

$i=1$ 表示法律规范；

$i=2$ 表示安全管理措施；

$i=3$ 表示安全技术措施；

$j=1$ 表示实体安全；

$j=2$ 表示运行安全；

$j=3$ 表示信息安全；

$j=4$ 表示安全人员。

这些“措施的集合”有着许多各自相对独立的专题、门类，也就是该立体矩阵图的三维坐标，为使矩阵图显得简明清晰，未在图中画出，仅作此说明。

1.3.2 信息系统保护的基本目标和任务

无论是信息系统安全保护的政策与法律规范，还是安全保护，或者是保护管理，其基本的目标和任务都是一致的，所不同的只是专业领域及相应的具体内容。

1．信息系统安全保护的基本目标

作为主权国家，主要的信息安全目标是保证国民经济基础的信息安全；抵御敌对势力的信息战的威胁，保障国家的安全和社会的安定；对抗国内外的信息技术犯罪，保障国民经济协调、持续、高速和健康地发展。

经济发展安全的战略重点，是国民经济中的国家关键基础设施的信息系统安全。例如金融、税收、能源生产和储备、水电气供应、广播电视、邮电通信、交通运输及商业贸易等。

各计算机信息系统应用单位要结合本单位、部门的实际情况，明确各自具体的信息安全目标。其基本内容应当是，努力保证在有充分保护的安全环境中，由可靠的人员，按正确的规范，使用符合安全标准的计算机及其信息系统，确保信息系统的实体安全、运行安全和信息安全。这显然属于单位部门内部信息系统安全管理的范畴。

2．信息系统安全保护的基本任务

从国家角度要做好以下几个方面的工作：

① 努力提高和强化社会的信息安全观念意识，确立信息安全管理的基本思想与政策，加速制定和完善法律规范体系，这是实现信息安全目标的基本前提。

② 建立健全统一指挥、统一步调和有力的各级信息安全管理机制，这是实现信息安全目标的基本组织保障。

③ 积极创造条件，加快信息安全人才的大力培养，形成水平高、门类全、训练有素的信息安全人才队伍。这是搞好信息安全治理的关键因素。

④ 认真借鉴国际先进经验，自主进行信息关键技术和设备的研究、开发，有效地完成技术成果的实用转化，大力发展独立的民族信息安全产业，齐全门类，形成规模，在相应的范围内积极推广应用。这是实现信息安全的强有力的必需手段。

⑤ 积极推进关于信息安全技术和经验教训的国际交流，平等互利、求同存异、互通信息，结成最广泛的和平利用国际信息基础设施的统一战线，形成和平与发展的信息安全国际氛围。

从应用单位角度来看，计算机信息系统安全保护的基本任务，就是管理好计算机信息系统的资源和物理环境安全。或者说，是管好信息系统的实体安全、技术安全、信息及其运行安全等。

安全的计算机信息系统，就是要尽可能地采用各种安全技术，当发生来自系统内部或外部的意外事故或非法入侵时，系统能予以识别和抵制。这是计算机信息系统安全的最可靠的屏障。对于进口的计算机系统，应当充分注意其安全使用的风险。

安全的运行环境，是安全运行的基本要求。要注意防电磁泄露和干扰，防火、防湿、防冷热、防有害物质、防地震、防有害生物，甚至防盗、防破坏等，都不容忽视。

3．信息系统安全保护的基本策略

一切影响信息系统安全的因素，以及保障计算机及其运行的安全措施，都属于计算机安全保护所涉及的内容。

任何危害，都有一个产生、执行和完成的过程。在这个全过程的任何环节上，都可以采取相应的有效措施，予以制约或制止，避免或减轻造成的危害。或者说，可以在计算机安全保护的各个层次上，制止或制约危害的产生，确保计算机信息系统的安全运行。在宏观上看，可用图 1–4 表示维护信息系统安全的主要逻辑层次。

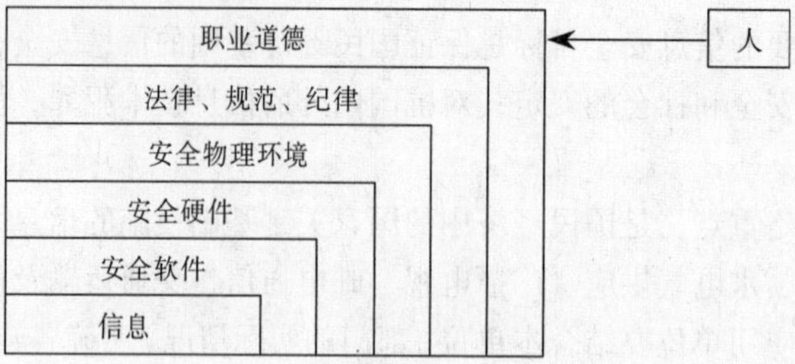

图 1–4　信息系统安全保护逻辑层次

图 1–4 中各层的安全保护之间，是通过界面相互依托、相互支持的；外层和内层提供支持。信息处于被保护的核心，与安全软件和安全硬件均密切相关；人处于最外层，是最需要层层防范的。

无论是整体上，还是每个层次上，不管是安全法规的，还是安全技术的，之所以能够有效地发挥其应有的功能，全在于有效的社会公共安全管理和使用单位的内部管理。

很显然，对于各个具体的计算机信息系统而言，既要看到共性，也要注意各自系统面临的具体的可能威胁，以及实际的安全需要。因此，采取适度的安全措施，往往只是安全矩阵中的一部分。

1.4　我国信息系统安全保护的基本政策

信息系统安全保护是国家信息化建设的重要组成部分。与国家信息化建设一样，信息系统安全保护具有战略性、长期性和整体性的特点，涉及国民经济和社会发展的各个领域。这是一项宏大的社会系统工程，要从全局出发，统筹兼顾，发挥综合优势，把各地区、各部门的信息系统安全保护工作作为一个有机的整体来统筹安排，要统一思想，统一政策，统一行动，使信息系统的安全保护沿着正确的方向健康发展。

所谓信息系统安全保护的基本政策，是指一个国家或地区，在正确分析信息系统的基本特点和造成信息系统不安全的因素的基础上，为了有效地实施信息系统的安全保护，从维护国家主权、社会安定和经济发展的高度考虑，科学地、实事求是地从宏观总体到具体的业务范畴，为规范和制约有关信息系统的信息活动的安全保护，所制定的一系列方针、原则、措施和办法。这些安全政策的制定是信息安全法律规范措施制定的前提和基础；而信息安全法律规范措施的制定，是这些安全政策的重要实施结果和具体体现；尤其是计算机安全立法，它为计算机安全政策的有效实施，提供了有力的法律保障。

1.4.1　我国信息化建设的总指导方针

国务院信息化工作领导小组的成立，对我国国民经济信息化建设的发展，特别是对于信息化体系的安全保护的建设与发展，具有极其重要的意义和作用。

1. 信息化建设的总指导方针

1997 年 4 月，在全国信息化工作会议上，确定了今后一段时期全国信息化工作的总体要求：坚持以建设中国特色的社会主义理论为指导，认真贯彻信息化建设的“统筹规划，国家主导，统一标准，联合建设，互联互通，资源共享”指导方针，进一步加快国家信息基础设施和信息产业的发展，积极推进“两个根本性转变”，提高对外合作水平，为促进国民经济持续、快速、健康发展和社会全面进步发挥更大的作用。

与此同时，还突出了维护国家主权与信息安全的密切关系，方针着重指出，信息化建设特别是国际联网事关国家的安全、社会的稳定和民族文化的继承和发扬。要高度重视信息化建设的安全问题。按照党中央、国务院的要求，贯彻“兴利除弊”、“加强管理”的方针，在信息化建设过程中，要认真解决网络安全、信息安全和信息上网管理等重大问题。要加强信息化安全教育，提高全民族的信息化安全意识。要强化信息化安全措施，加强网络安全产品的自主开发和应用；网络系统设计和建设必须以我为主；要加强信息系统的安全监督、检查，维护国家主权，保障信息安全，保护民族文化，保持社会稳定。

2. 信息系统保护的基本国策

我国计算机信息系统保护的基本国策是：为建设中国特色的社会主义，立足国情，坚持改革开放，搞好安全教育，强化安全意识，坚持兴利除弊，认真把握发展需要安全、安全促进发展的辩证关系，要在促进发展的同时，在管理、立法、技术、产品各个方面采取配套的、切实有效的措施，做好信息化体系的安全工作。

1.4.2　信息系统安全保护的基本原则

根据我国信息化建设的总指导方针，我国信息系统安全保护方针是：统一领导，分工负责；合理应用与安全管理相结合；积极预防与应急处理相结合；把安全工作做在事件发生之前。这里有三层含义：① 信息安全是个社会问题，涉及国家政治、经济、军事、科学文化、社会活动等一些全局性的利益，又是一个包括多门学科的系统工程。安全必须是整体的安全，中间缺少任何一个环节都会影响安全，因此，需要综合考虑问题，统一组织和指挥，如果没有统一组织和指挥，其结果必然是浪费了大量人力、财力和物力，而且安全还是搞不好。② 既要发展应用，又要保证安全（安全地应用）。一手抓应用，一手抓安全，二者不可偏废。③ 以预防事件发生为主，因为信息安全事件（不论是事故还是犯罪案件）一旦发生，其经济损失和社会影响面都比较大。所以必须预防事件的发生，积极主动地采取安全措施，对已经发生的事件要有应急处理办法。

从信息系统安全保护的基本思想出发，可以归纳出我国信息系统安全保护的基本原则。

1. 价值等价原则

所谓价值等价，主要是指用于保护的总开销，与信息系统本身的价值相比，是否值得。值得注意的是，所谓总开销和价值，不仅是指有价的费用，往往还指难以用金钱来计算的重要性。这种重要性，通常是指由该计算机所构成的信息系统的等级。信息及相应信息系统的安全等级，是评估其实际价值的关键性的权值。它突出地反映了该信息系统中的信息及其用途的重要程度。例如，数千元的微机，当用做一般单位的办公用途时，其价值也就是数千元，如果再花千元进行安全保护，显然是不值得的；若用于绝密单位的绝密信息系统，其综合价值则陡然剧增，为了确保其信息及其运行安全，即使再花数万元甚至数十万元，专门建造一个电磁屏蔽室，也是很有必要的。

2. 系统应用开发、安全设计同步原则

安全为了应用，应用必须安全，这对于关系到国家安全、社会安定的信息系统等应用而言，

是需要时刻予以关注的。系统应用开发与安全设计的同步原则，正是强调了应用与安全的辩证统一的思想和要求。

3. 综合治理原则

信息系统在各个领域的广泛应用，使得信息系统的安全保护成为涉及全社会的公共安全治理的系统工程，唯有领导重视，最大限度地动员和组织各种类型、各个层次的人员，在各个不同专业的应用领域，采取法律规范、科学技术、社会教育、国际合作等多方面的综合防治措施，才能收到信息系统安全保护的良好效果。

4. 突出重点的原则

没有重点，就没有政策。突出重点的实质，是突出了信息系统安全保护的分工，使得各自的目标和责任清楚，各负其责，将信息系统的安全保护确实落到实处。事无轻重巨细，势必精力分散，其结果难免是，该管的没管好。《中华人民共和国计算机信息系统安全保护条例》明确指出，"计算机信息系统的安全保护工作，重点是维护国家事务、经济建设、国防建设、尖端科学技术等重要领域的计算机信息系统的安全"。

5. 风险管理原则

信息系统往往集中了各国、各部门的至关重要的信息，如今信息对抗愈演愈烈，致使信息系统的安全成为众人瞩目的焦点。

实施风险管理的目的在于，全面细致地认知现实的危险和可能出现的各种隐患，确定本单位信息系统的安全等级划分，明确需要安全保密的重点防范部位，提出安全保护管理总体方案，采取目标明确、合理妥善的管理和技术的综合性措施，达到维护信息系统安全的目的。

实施安全评估，实际上是主管信息安全的部门对被管单位的风险所进行的分析和评价。风险评价，就是对防护措施的评定，评定它们对于各种威胁，是否具有足够的防护能力。这是风险管理的另一个重要方面。

6. 安全审计原则

安全审计，就是对已经发生的危害和风险，予以及时的事后发现、控制和追究。安全审计是不同于安全评估的，后者是侧重于种种假设的威胁与攻击，注重于今后可能发生的风险。两者有着共同的目标，就是采取相应的必要对策，把危害、风险抑制到最低。

1.4.3 我国信息系统安全保护的总政策

我国信息系统安全保护的总政策是：借鉴国外，立足国内；提高安全管理水平，加强法律监督；突出重点，兼顾一般。

1. 信息系统安全保护的总政策的含义

① 在信息安全领域里，我们的研究工作还缺乏足够的经验和知识，安全技术产品更是少见，而国外一些国家或地区在这方面已经有了相当的水平。我们应当努力去学习他们的经验和知识，吸取对我们有用的东西。但是，信息安全方面的某些问题是非常敏感的，一些安全产品不可能轻易拿到，只能依靠自己的力量去研究、去生产。另外，信息安全从某种意义上来说涉及国家主权问题，从信息战的角度看，我们国家的信息系统建设及其安全绝不能掌握在外国人手里，一定要坚持独立自主的原则。

② 信息安全方面发生的问题都与信息安全的管理水平不高有着密切关系。我们必须提高安全管理水平，建立新的管理体制，创造新的管理办法，造就新的管理人才，建立新的管理规章。但是，提高安全水平仅仅靠一般号召是不够的，需要有法律监督。由执法部门监督、检查、指导，使安全管理走向标准化，使安全措施规范化，达到国家信息安全规章制定的要求。违法犯罪者要受到法律制裁。这就是通常所说的“安全监察”的基本含义。安全管理的全部责任只能由信息系统主管部门和直接经营单位承担，有关领导要对系统安全管理负责。由于计算机犯罪和信息安全是社会问题，因此属于社会公共安全范畴。

③ 国家的信息安全保护工作要有侧重。对系统资源和信息资源，应当重点保护信息安全和系统功能安全。对全国各部门的信息系统，应当首先保护那些重要系统，如全国联网系统、局域网系统和重要部门的单一系统、计算机犯罪发案率比较高的系统，如银行的信息系统。此外，还要兼顾到一般系统的安全。

2. 信息系统安全保护的总政策的内容

在上述总的原则下，应从以下几个方面考虑信息系统的安全保护工作：

（1）从有利于发展的角度制定信息安全保护政策

促进信息系统应用的健康发展，保障国家信息化体系的安全是我国制定信息安全保护政策的出发点。保障信息系统在信息收集、信息存储、信息处理、信息传播和信息利用等方面有强大的控制能力。在一个有序、健康的环境中运行是信息安全的目标。

信息系统的应用，首先要考虑的应是安全。应用是目的，安全是保证，一个没有信息安全的信息系统是一个不完备的信息系统，一个没有良好信息安全保障的信息系统是一个危险的信息系统。

（2）从社会公共安全的角度加强信息系统的安全保护工作

信息系统的应用目前已经渗透到社会的各个方面，对社会产生了重大影响，它的保护已经不再仅仅是一个单纯的技术问题，而是一个涉及面极广的社会公共安全问题。由公安部主管全国信息系统的安全保护工作，就是从社会公共安全的角度，加强信息系统安全保护工作政策的体现。随着计算机应用的普及与发展及信息系统安全问题的日益社会化、严重化，国家必须运用行政管理的杠杆，来进行有效的管理，维护社会的稳定与发展。从信息系统安全问题的社会性、重要性和管理的有效性考虑，公安机关承担这一工作是恰当的，是必要的。

（3）加强安全教育，提高全社会的信息安全意识

教育是提高全民素质的根本途径。全社会信息安全意识的提高和强化，来自全面系统的信息安全教育。

信息安全保护内容广泛，涉及信息系统的人员的业务类型、层次的多样性，具体环境、要求等的区别性，决定了教育内容的针对性和教育方式、方法的多样性。由于某些安全对抗内容的两重性，即这些内容既可用于安全保护的目的，也是实施攻击的有效手段，使得这类教育，必须纳入统一组织、统一领导、有序安排的正轨。例如，计算机病毒防治的研究开发与计算机病毒的研制，在技术方面就完全是一回事。

（4）兴利除弊，加强计算机网络信息系统的管理

国际联网利弊共存，必须加强有效管理，建立必要的制度和法规。不能让有害的信息长驱直入。不能只看经济效益，不看社会效益。

对国际联网要加强管理是针对互联网的无政府状态和自由主义而提出的。因此在互联网用户中早期普遍认同的道德规范和信条是："进入计算机网络应该是无限制的和彻底自由的，所有的信息应该是开放的，不归属任何权力机构，促进了权力分散"。互联网的这些规范是由计算机编程专家制定的，由于最初的互联网用户数量较少，用户尚能进行自我的监督管理，但是，随着世界上越来越多的用户纷纷进入互联网，用户行为的管理越来越困难。现在，互联网这个世界上最大的网络系统仿佛变成了一个巨大的自由市场，商业集团急于利用它赚钱，欧美国家通过它在政治和意识形态方面加强对其他国家或地区的影响和渗透，父母和老师希望孩子们能够通过它学到知识，诸如此类，无不说明，必须要加强计算机网络信息系统的管理，兴利除弊，使之有益于人类社会。

（5）加强信息系统安全产品的自主开发和应用

重要信息系统的设计和建设应立足于国内为主，加强信息系统安全产品的自主开发，将信息化的无限生机植根于民族产业的沃土之中。从而在新一轮的政治、经济、军事竞争中立于不败之地。

信息系统的核心部件（包括芯片）是不是国产化，对将来国家的安全、社会的稳定有着重要的影响。未来的战争很可能是一场信息战争，信息的破坏性是触目惊心的，如果中国没有生产信息系统核心部件的能力，使用国外的产品，那就无安全可言。

（6）加强信息系统的安全监督检查

加强信息系统的安全监督检查，其目的在于维护国家主权、保护民族文化和保持社会稳定。根据《中华人民共和国计算机信息系统安全保护条例》第六条规定，加强信息系统的安全监督检查工作，由公安机关承担。

信息的安全性、科学性和整体性很强，这就要求安全监察机关必须用系统科学的思想去分析研究问题和处理问题。从理论上弄清楚信息安全的概念和含义，并在正确的安全理论指导下，开展安全监察工作。在实现安全监察的技术方法方面，要用系统安全工程的方法进行（安全管理也是如此），如果不是这样，就谈不上整体安全，安全监察工作也只能陷入头痛医头、脚痛医脚的境地，只能盲目地执行监督、检查、指导的任务，而不能有效地防范计算机犯罪，降低风险，减少各种危害事件的发生率，把损失减少到最小限度。

1.5 计算机信息安全监察

《中华人民共和国计算机信息系统保护条例》第六条规定，"公安部主管全国计算机信息系统安全保护工作"。并在第十七条、第十八条和第十九条规定了公安机关行使计算机安全监察的职权。

本节仅简要地介绍计算机安全监察工作的总体目标、指导方针、业务范围和监督检查的主要内容。

1.5.1 信息系统的安全监督检查的总体目标

信息系统的安全监督检查的总体目标应当是：初步建立与社会主义市场经济相适应的信息系统安全保护体制，形成健康、规范的管理秩序。建立以公安机关为主体、与社会防范力量相结合的信息系统安全防护网络，使国家重点信息系统的整体防护能力明显提高。建成以条例为主体，以各项安全管理办法和地方性法规为基础的国家信息安全保护的法治保障体系，实现有法可依，依法管理，严格监督。

1.5.2　信息安全监察工作的指导方针

1．服从、服务于经济建设

紧紧围绕着经济建设，服从、服务于经济建设，这是信息安全监察工作必须紧紧围绕的中心。

信息安全监察的各项工作，都要有利于推进国家信息化进程，有利于国家深化改革和扩大开放，有利于我国信息系统的安全保护。根据国家和各地经济建设的主要任务和战略布局，不断调整工作重点，努力为经济发展和改革开放提供更多更好的服务。

2．健全信息安全监察工作机制

健全计算机监察工作机制，是实施信息安全监察必需的组织保障。要充实必要的警力，依法规范各项警务工作，不断提高计算机安全监察的素质与水平，建立起能够快速反应并查处利用计算机技术进行犯罪和危害信息系统安全的工作机制。

3．预防为主、打防结合

认真做好信息系统安全事故和计算机犯罪的预防工作。在一手抓安全防范的同时，一手抓打击犯罪。

4．确保重点、兼顾一般

各级公安机关应当认真贯彻落实条例的明确规定，重点服务于国家事务、经济建设、尖端科技和国防建设等领域的信息系统安全保护工作。同时，要逐步积累工作经验，有效、合理地使用自己的力量，解决非重点领域中出现的问题。

1.5.3　实施安全监督检查

1．需要实施安全监督检查的情况

实施信息系统安全监督检查，是信息安全监察的基础性工作，一般在如下情况下实施：

① 按照规定应该进行的定期检查。

② 新建立的信息系统或改建、扩建的。

③ 信息系统的安全装置、安全技术措施发生了改变。

④ 信息系统中发生了案件或安全事故。

⑤ 有关单位提出了要求，计算机管理监察部门认为有必要的。

⑥ 其他必须进行安全监督检查的情况。

实施安全监督检查时，可以事先通知被检查单位，必要时可要求其上级主管部门派人参加。

2．安全监督检查的重点内容

① 贯彻执行国家和地方信息系统安全管理法规和有关安全标准的情况。

② 建立和执行安全管理制度的情况。

③ 制订及执行应急恢复计划的情况。

④ 采取安全技术措施和使用安全技术装置的情况。

⑤ 防范案件、事故和计算机有害数据的措施及落实情况。

⑥ 发生案件、事故和发现计算机有害数据的情况。

⑦ 存有不安全因素、安全隐患及其整改情况。

⑧ 与国际联网的合法有效性，联网信道是否符合国家规定，网络的性质、应用范围、主机

地址等是否改变。

1.5.4 信息安全监察的业务范围

信息安全监察的业务范围是：对于信息系统安全保护工作的监督、管理、检查和指导；对于危害信息系统的违法犯罪案件的查处，对于信息安全隐患的通知排除；在紧急情况下，可以就涉及信息系统安全的特定事项发布专项通令。安全监督检查的重点是国家事务、经济建设、国防建设、尖端科技等国家重要信息的信息系统。具体内容如下：

① 查处危害信息系统安全的违法犯罪案件。

② 依法监督、检查、指导信息系统的安全保护工作。

③ 信息安全领域的行政管理包括：

- 信息系统安全专用产品的安全功能认证。
- 计算机病毒及有害数据的防治研究工作的管理。
- 计算机机房检查。
- 国际联网安全管理。
- 信息安全培训及安全员管理。

④ 互联网信息监控。

⑤ 与信息安全监察有关的其他工作。

安全监察必须以法律法规和标准规范为工具和手段，同时要保证监察机关的权威性和行使权力的独立性。监察机关要对信息安全各环节行使“事前监察”权，以防患于未然。同时要行使“事后监察”权，包括侦破计算机犯罪案件，督促有关方面采取补救措施。从防范计算机犯罪、降低风险、减少损失出发，监察范围应当包括系统设备认证、设备选型、系统设计、机房选址、系统建立、使用和管理等环节，同时监察机关应负责对有关安全事件的处理、侦破计算机犯罪案件等。监察的办法是：首先要求系统主管部门在建设系统之前征求监察机关的意见，建成后需经监察机关检查后办理系统安全管理登记手续。对已投入使用的系统，应当由监察机关检查后，办理登记手续。此外，监察机关要对已使用的系统定期进行检查和不定期的抽查，当发现问题时要发出隐患通知书，要求改进工作，采取有效措施。对问题严重，又不听劝告者，监察机关有权命令其停机整顿。对于渎职而造成严重损失者要绳之以法。最后，要求系统主管部门必须及时向监察机关如实报告系统安全情况和所发生的事件。

小　结

信息安全问题已经随着网络的发展和人们对网络依赖性的增强而日益成为一个严重的问题。网络上面临着各种各样的安全威胁与攻击，包括窃取机密攻击、非法访问、恶意攻击、社交工程、计算机病毒、不良信息资源和信息战等。

目前网络上存在的安全问题大体有物理安全问题、系统设计的缺陷、系统的安全漏洞、TCP/IP协议的安全和人为因素等几个方面。

信息安全有几个要素，包括保密性、完整性和可用性等。信息安全的实质是要保障系统中的人、设备、设施、软件、数据及各种供给品等要素避免各种偶然的或人为的破坏或攻击，保障系统能安全可靠地工作。

思　考　题

1. 信息系统安全保护的概念是什么？
2. 信息系统安全保护的基本目标是什么？
3. 简述信息系统安全的主要逻辑层次。
4. 简述信息系统安全矩阵。
5. 信息系统安全保护的基本原则是什么？
6. 我国信息系统安全保护的总政策是什么？
7. 信息系统面临着哪些主要的威胁？

第2章 安全体系结构与安全等级

随着信息化进程的深入和互联网的快速发展，网络化已经成为企业信息化的发展大趋势，信息资源也得到最大程度的共享。但是，紧随信息化发展而来的网络安全问题日渐突出，网络安全问题已成为信息时代人类共同面临的挑战，网络信息安全问题成为当务之急，如果不很好地解决这个问题，必将阻碍信息化发展的进程。

在这一章里我们将介绍一些常见的安全体系结构和模型，首先是大名鼎鼎的ISO/OSI安全体系结构，随后介绍一种动态的自适应网络安全模型，接着介绍一个由Hurwitz Group提出的五层网络安全体系，最后提出一个六层安全体系并在此之上给出一个整体安全解决方案。

2.1 安全体系结构

为了能够有效地了解用户的安全需求，以选择合适的安全产品和策略，有必要建立一些系统的方法。信息安全体系的科学性、可行性是其可顺利实施的保障。安全体系结构、安全框架、安全模型及安全技术等一系列术语被认为是相互关联的。安全体系结构定义了最一般的关于安全体系结构的概念，如安全服务、安全机制等；安全框架定义了提供安全服务的最一般方法，如数据源、操作方法及它们之间的数据流向；安全模型是指在一个特定的环境里，为保证提供一定级别的安全保护所奉行的基本思想，它表示安全服务和安全框架是如何结合的，它主要是为了开发人员开发安全协议时采用；而安全技术被认为是一些最基本的模块，它们构成了安全服务的基础，同时可以相互任意组合，以提供更强大的安全服务。

2.1.1 ISO/OSI安全体系结构

国际标准化组织于1989年对OSI开放互联环境的安全性进行了深入的研究，在此基础上提出了OSI安全体系，作为研究设计计算机网络系统及评估和改进现有系统的理论依据。OSI安全体系定义了安全服务、安全机制、安全管理及有关安全方面的其他问题。此外，它还定义了各种安全机制及安全服务在OSI中的层位置。为应对现实中的种种情况，OSI定义了11种威胁，如伪装、非法连接和非授权访问等。

1. 安全服务

在对威胁进行分析的基础上，规定了五种标准的安全服务。

（1）对象认证安全服务

用于识别对象的身份和对身份的验证。OSI环境可提供对等实体认证和信源认证等安全服务。

对等实体认证是用来验证在某一关联的实体中，对等实体与其声称的是否一致，它可以确认对等实体没有假冒身份；而信源认证是用于验证所收到的数据来源与所声称的来源是否一致，它不提供防止数据中途被修改的功能。

（2）访问控制安全服务

提供对越权使用资源的防御措施。访问控制可分为自主访问控制、强制访问控制两类。实现机制可以是基于访问控制属性的访问控制表，也可以是基于安全标签或用户和资源分档的多级访问控制等。

（3）数据保密性安全服务

它是针对信息泄露而采取的防御措施，可分为信息保密、选择段保密和业务流保密。它的基础是数据加密机制的选择。

（4）数据完整性安全服务

防止非法篡改信息，如修改、复制、插入和删除等。它有五种形式：可恢复连接完整性、无恢复连接完整性、选择字段连接完整性、无连接完整性和选择字段无连接完整性。

（5）防抵赖性安全服务

这是针对对方抵赖的防范措施，用来证实发生过的操作，它可分为对发送防抵赖、对递交防抵赖和进行公证。

2．安全机制

安全策略和安全服务可以单独使用，也可以组合起来使用。上述安全服务可以借助以下安全机制实现：

① 加密机制：借助各种加密算法对存放的数据和流通中的信息进行加密。DES 算法已通过硬件实现，效率非常高。

② 数字签名：采用公钥机制，使用私钥进行数字签名，使用公钥对签名信息进行证实。

③ 访问控制机制：根据访问者的身份和有关信息，决定实体的访问权限。

④ 数据完整性机制：判断信息在传输过程中是否被篡改过，与加密机制有关。

⑤ 认证交换机制：用来实现同级之间的认证。

⑥ 防业务流量分析机制：通过填充冗余的业务流量来防止攻击者对流量进行分析，填充的流量需通过加密进行保护。

⑦ 路由控制机制：防止不利的信息通过路由。目前典型的应用为网络层防火墙。

⑧ 公证机制：由公证人（第三方）参与数字签名，它基于通信双方对第三者都绝对相信。目前，因特网上有许多向用户提供路由控制机制的服务。

3．安全管理

为了更有效地运用安全服务，需要有其他措施来支持它们的操作，这些措施即为安全管理。安全管理用来对安全服务和安全机制进行管理，把管理信息分配到有关的安全服务和安全机制中去，并收集与它们的操作有关的信息。

OSI 概念化的安全体系结构是一个多层次的结构，它本身是面向对象的，用来给用户提供各种安全应用。安全应用由安全服务来实现，而安全服务又由各种安全机制来实现。

OSI 提出了每一类安全服务所需要的各种安全机制，而安全机制如何提供安全服务的细节可以在安全框架内找到。表 2–1 表明了安全机制和安全服务的关系。

表 2–1　OSI 各种安全机制和安全服务的关系

安全服务 \ 安全机制	加密	数字签名	访问控制	数据完整性	认证交换	防业务流量分析	路由控制	公证
对象认证	√	√			√			
访问控制		√	√					
数据保密性	√					√	√	
数据完整性	√	√		√				
防抵赖性		√		√				√

2.1.2　动态的自适应网络安全模型

单纯的防护技术容易导致系统的盲目建设，这种盲目包括两方面：一方面是不了解安全威胁的严峻，不了解当前的安全现状；另一方面是安全投入过大而又没有真正抓住安全的关键环节，从而导致不必要的浪费。由于对于网络系统的攻击日趋频繁，因此安全的概念已经不仅仅局限于信息的保护，人们需要的是对整个信息和网络系统的保护和防御，以确保它们的安全性，包括对系统的保护、检测和反应能力等。

总的来说，安全模型已经从以前的被动保护转到了现在的主动防御，强调整个生命周期的防御和恢复。PDR 模型就是最早提出的体现这样一种思想的安全模型。所谓 PDR 模型指的就是基于防护（Protection）、检测（Detection）和响应（Response）的安全模型。

20 世纪 90 年代末，美国国际互联网安全系统公司（ISS）提出了自适应网络安全模型 ANSM（Adaptive Network Security Model），并联合其他厂商组成 ANS 联盟，试图在此基础上建立网络安全的标准。该模型就是可量化、可由数学证明、基于时间、以 PDR 为核心的安全模型，亦称为 P2DR 模型，这里 P2DR 是 Policy（安全策略）、Protection（防护）、Detection（检测）和 Response（响应）的缩写，如图 2–1 所示。

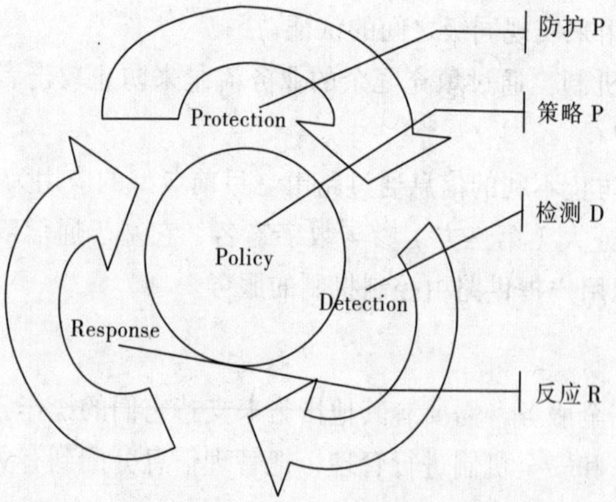

图 2–1　P2DR 安全模型

1. Policy (安全策略)

根据风险分析产生的安全策略描述了系统中哪些资源需要得到保护，以及如何实现对它们的保护等。安全策略是 P2DR 安全模型的核心，所有的防护、检测和响应都是依据安全策略实施的。企业安全策略为安全管理提供管理方向和支持手段。

2. Protection (防护)

通过修复系统漏洞、正确设计开发和安装系统来预防安全事件的发生；通过定期检查来发现系统可能存在的脆弱性；通过教育等手段，使用户和操作员正确使用系统，防止意外威胁；通过访问控制、监视等手段来防止恶意威胁。

3. Detection (检测)

在 P2DR 模型中，检测是非常重要的一个环节，检测是动态响应和加强防护的依据，它也是强制落实安全策略的有力工具。通过不断地检测和监控网络和系统，来发现新的威胁和弱点，并通过循环反馈来及时做出有效响应。

4. Response (响应)

紧急响应在安全系统中占有最重要的地位，它是解决安全潜在性问题最有效的方法。从某种意义上讲，安全问题就是要解决紧急响应和异常处理问题。

- 信息系统的安全是基于时间特性的，P2DR 安全模型的特点就在于它的动态性和基于时间的特性。下面先定义几个时间值：
- 攻击时间 P_t。表示从入侵开始到侵入系统的时间。攻击时间的衡量包括两个方面：① 入侵能力；② 系统脆弱性。高水平的入侵及安全薄弱的系统都能增强攻击的有效性，使攻击时间 P_t 缩短。
- 检测时间 D_t。系统安全检测包括发现系统的安全隐患和潜在攻击检测。改进检测算法和设计可缩短 D_t，从而提高对抗攻击的效率。检测系统按计划完成所有检测的时间为一个检测周期。检测与防护是相互关联的，适当的防护措施可有效缩短检测时间。
- 响应时间 R_t。表示从检测到系统漏洞或监控到非法攻击到系统启动处理措施的时间。例如一个监控系统的响应可能包括监视、切换、跟踪、报警及反击等内容。而安全事件的后处理（如恢复、总结等）不纳入事件响应的范畴之内。
- 系统暴露时间 E_t。系统暴露时间是指系统处于不安全状况的时间，可以定义为 $E_t=D_t+R_t-P_t$。

我们认为，系统的检测时间与响应时间越长，或对系统的攻击时间越短，则系统的暴露时间越长，系统就越不安全。如果 $R_t \leqslant 0$（即 $D_t + R_t \leqslant P_t$），那么可以基于 P2DR 模型，认为该系统是安全的。所以从 P2DR 模型我们可以得出这样一个结论：安全的目标实际上就是尽可能地减少检测时间和响应时间。

PPDRR 模型是在 P2DR 模型的基础上增加了 Recovery（即恢复）功能，这样一旦系统安全事故发生了，也能恢复系统功能和数据，恢复系统的正常运行等。

2.2　网络安全体系

一般来说，网络会涉及以下几个方面：首先是网络硬件，即网络的实体；第二则是网络操作系统，即对于网络硬件的操作与控制；第三就是网络中的应用程序。有了这三个部分，一般认为便可构成一个网络整体。若要实现网络的整体安全，考虑上述三方面的安全问题也就足够了。但事实上，这种分析和归纳是不完整和不全面的。在应用程序的背后，还隐藏着大量的数据，而这些数据的安全性问题也应被考虑在内。同时，还有最重要的一点，即无论是网络本身还是操作系统与应用程序，它们最终都是要由人来操作和使用的，所以还有一个重要的安全问题就是用户的安全性。

2.2.1 五层网络安全体系

在经过系统和科学的分析之后，国际著名的网络安全研究公司 Hurwitz Group 得出以下结论：在考虑网络安全问题时，应该主要考虑五个方面的问题。

① 网络是否安全；

② 操作系统是否安全；

③ 用户是否安全；

④ 应用程序是否安全；

⑤ 数据是否安全。

目前，这个五层次的网络系统安全体系理论已得到了国际网络安全界的广泛承认和支持，并且这一安全体系理论已应用在产品之中。下面我们就将逐一对每一层的安全问题做出简单的阐述和分析。

1. 网络层的安全性

网络层的安全问题的核心在于网络是否得到控制，即是不是任何一个 IP 地址来源的用户都能够进入网络？如果将整个网络比做一幢办公大楼的话，那么对于网络层的安全考虑就如同为大楼设置警卫一样。警卫会仔细察看每一位来访者，一旦发现危险的来访者，便会将其拒之门外。

通过网络通道对网络系统进行访问时，每一个用户都会拥有一个独立的 IP 地址，这一 IP 地址能够大致表明用户的来源地和来源系统。目标网站通过对来源 IP 进行分析，便能够初步判断来自这一 IP 的数据是否安全，是否会对本网络系统造成危害，以及来自这一 IP 的用户是否有权使用本网络的数据等。一旦发现某些数据来自于不可信任的 IP 地址，系统便会自动将这些数据阻挡在系统之外。并且大多数系统能够自动记录那些曾经对系统造成过危害的 IP 地址，避免它们再次对系统造成危害。

用于解决网络层安全问题的产品主要有防火墙产品和 VPN（虚拟专用网）。防火墙的主要目的在于判断来源 IP，将危险或未经授权的 IP 数据拒之于系统之外，而只让安全的 IP 数据通过。一般来说，公司的内部网络若要与互联网相连，则应该在二者之间配置防火墙产品，以防止公司内部数据的外泄。VPN 主要解决的是数据传输的安全问题。如果公司各部门在地域上跨度较大，而使用专网、专线又过于昂贵，则可以考虑使用 VPN。其目的在于保证公司内部的敏感关键数据能够安全地借助公共网络进行频繁地交换。

2. 系统的安全性

对于系统的安全性主要考虑两个问题：一是病毒对于网络的威胁；二是黑客对于网络的破坏和侵入。

（1）病毒对于网络的威胁

病毒的主要传播途径已由过去的软盘、光盘等存储介质变成了网络，多数病毒不仅能够直接感染网络上的计算机，而且还能够将自身在网络上进行复制。同时，电子邮件、文件传输（FTP）

及网络页面中的恶意 Java 小程序和 ActiveX 控件甚至文档文件都能够携带对网络和系统有破坏作用的病毒。这些病毒在网络上进行传播和破坏有多种途径和手段，这使得网络环境中的防病毒工作变得更加复杂，从而网络防病毒工具就必须能够针对网络中各个可能的病毒入口来进行防护。

（2）黑客对于网络的破坏和侵入

对于网络黑客而言，他们的主要目的在于窃取数据和非法修改系统，其手段之一是窃取合法用户的口令，在合法身份的掩护下进行非法操作；其手段之二便是利用网络操作系统的某些合法但不为系统管理员和合法用户所熟知的操作指令。例如，在 UNIX 系统的默认安装过程中，会自动安装大多数系统指令。据统计，其中大约有 300 个指令是大多数合法用户所根本不会使用的，但这些指令往往会被黑客所利用。

要弥补这些漏洞，我们就需要使用专门的系统风险评估工具，来帮助系统管理员找出哪些指令是不应该安装的，哪些指令是应该缩小其用户使用权限的。在完成了这些工作之后，操作系统自身的安全问题将在一定程度上得到保障。

3. 用户的安全性

对于用户的安全性，需要考虑的问题是：是否只有那些真正被授权的用户才能够使用系统中的资源和数据？

首先要做的是，对用户进行分组管理，并且这种分组管理应该是针对安全问题而考虑的分组。也就是说，应该根据不同的安全级别将用户分为若干等级，每一等级的用户只能访问与其等级相对应的系统资源和数据。

其次应该考虑的是强有力的身份认证，其目的是确保用户的密码不会被他人猜测到。在大型的应用系统中，有时会存在多重的登录体系，用户如果需要进入最高层的应用，则往往需要多次输入多个不同的密码；而如果管理不严，则多重密码也会造成安全漏洞。所以在某些先进的登录系统中，用户只需要输入一个密码，系统就能够自动识别用户的安全级别，从而使用户进入不同的应用层次。这种单点登录（Single-Sign On，SSO）体系能够比多重登录体系提供更大的系统安全性。

4. 应用程序的安全性

在这一层需要回答的问题是：是否只有合法的用户才能够对特定的数据进行合法的操作？

这涉及两个方面的问题：一是应用程序对数据的合法权限；二是应用程序对用户的合法权限。例如，在公司内部，上级部门的应用程序应该能够存取下级部门的数据，而下级部门的应用程序一般不应该允许存取上级部门的数据。同级部门的应用程序的存取权限也应有所限制，例如，同一部门不同业务的应用程序也不应该互相访问对方的数据，这一方面可以避免数据的意外损坏，另一方面也是出于安全方面的考虑。

5. 数据的安全性

对这一层需要回答的问题是：机密数据是否还处于机密状态？

在数据的保存过程中，机密的数据即使处于安全的空间，也要对其进行加密处理，以保证万一数据失窃，偷盗者（如网络黑客）也读不懂其中的内容。这是一种比较被动的安全手段，但往往能够收到最好的效果。

上述的五层安全体系并非是孤立分散的。如果将网络系统比做一幢办公大楼的话，警卫就相当于对网络层的安全性考虑，负责判断每一位来访者是否能够被允许进入办公大楼，若发现具有危险性的来访者则将其拒之门外，而不是让所有人都能够随意出入。操作系统的安全性在这里相当于整个大楼的办公制度，办公流程的每一环节紧密相连，环环相扣，不让外人有可乘之机。如果对整个大楼的安全性有更高的要求，则还应该在每一楼层中设置警卫，办公人员只能进入相应的楼层，而如果要进入其他楼层，则需要获得相应的权限，这实际是对用户的分组管理，类似于网络系统中对于用户安全问题的考虑。应用程序的安全性在这里相当于部门与部门之间的分工，每一部门只做自己的工作，而不会干扰其他部门的工作。数据的安全性则类似于使用保险柜来存放机密文件，即使窃贼进入了办公室，也很难将保险柜打开，取得其中的文件。

上述的这些办公制度其实早已被人们所熟悉，而将其运用在网络系统中，便是五层网络安全体系。

2.2.2 六层网络安全体系

基于 Hurwitz Group 的五层网络安全体系，加上人们实际的经验总结，又提出了六层网络安全体系，即一套完整的网络安全解决方案需要从网络硬件设备的物理安全、网络传输的链路安全、网络级的安全、信息安全、应用安全和用户安全等六个方面综合考虑。图 2-2 展示了这样一个六层安全体系结构。

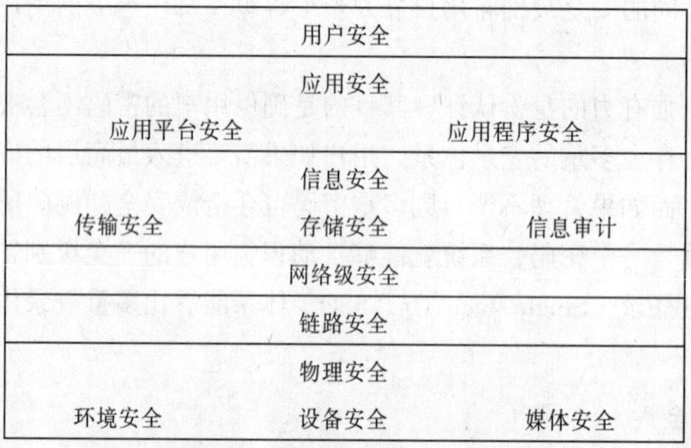

图 2-2　六层安全体系结构

1. 物理安全

物理安全主要防止物理通路的损坏、物理通路的窃听及对物理通路的攻击（干扰等）。保证计算机信息系统各种设备的物理安全是整个计算机信息系统安全的前提，通常包括环境安全（指系统所在环境的安全保护）、设备安全和媒体安全三个方面。抗干扰、防窃听是物理层安全措施制定的重点。现在物理实体的安全管理已有大量的标准和规范，如计算机场地安全要求（GB 9361—1988）和计算机场地通用规范（GB 2887—2000）等。

2. 链路安全

链路安全需要保证通过网络链路传送的数据不被窃听，它主要针对公用信道的传输安全。在公共链路上采用一定的安全手段可以保证信息传输的安全，应对通信链路上的窃听、篡改、重放及流量分析等攻击。在局域网内可以通过划分 VLAN（虚拟局域网）来对物理和逻辑网段进行有效的分割和隔离，以消除不同安全级别逻辑网段间的窃听可能。如果是远程网，可以采用链路加密等手段。

3. 网络级安全

网络级安全需要保证网络架构、网络访问控制、漏洞扫描、网络监控与入侵检测等多方面的安全。首先要保证网络架构的正确、路由的正确。它采用防火墙、安全网关及 VPN 等实施网络层的安全访问控制，此外可以采用将漏洞扫描、网络监控与入侵检测系统等与防火墙结合使用的方式，形成主动性的网络防护体系。

4. 信息安全

信息安全涉及信息传输安全、信息存储安全和信息审计等问题。保证信息传输安全需要保证信息的完整性、机密性、不可抵赖性和可用性等；而信息存储安全，主要涉及两方面的信息：纯粹的数据信息和各种功能信息，为确保这些数据的安全，可以采用数据备份和恢复、数据访问控制措施、数据机密性保护、数据完整性保护、防病毒和备份数据的安全保护等措施；此外，为防止与追查网上机密信息的泄露行为，并防止不良信息的流入，可在网络系统与互联网的连接处，对进出网络的信息流实施内容审计。

5. 应用安全

应用安全包括应用平台、应用程序的安全。应用平台的安全包括操作系统、数据库服务器和 Web 服务器等系统平台的安全。由于应用平台的系统非常复杂，因此通常采用多种技术来增强应用平台的安全性。应用程序完成网络系统的最终目的——为用户服务，应用程序可以使用应用平台提供的安全服务来保证基本安全，如通信内容安全、通信双方的认证和审计等。

6. 用户安全

用户安全主要是对用户的合法性而言的，它是对用户的身份认证和访问控制。通常采用强有力的身份认证，以确保密码不被他人猜测到；可以根据不同的安全等级对用户进行分组管理，不同等级的用户只能访问与其等级相对应的系统资源和数据。

2.2.3　基于六层网络安全体系的网络安全解决方案

基于以上分析，这里给出了一个多层次、全方位和分布式的企业级网络安全解决方案（假设该企业有异地的分公司）。所谓多层次，指的是这个方案满足物理安全、链路安全、网络级安全、信息安全、应用安全和用户安全六层网络安全体系；另外一个意思是多层防御，攻击者在突破第一道防线后，可以延缓或阻断其到达攻击目标。所谓全方位，指的是方案覆盖了从静态的被动防御到动态的主动防御，从入侵事前安全漏洞扫描、事中入侵检测与审计到事后取证，从系统到桌面等多方位。所谓分布式，指的是采取的安全措施是从主机到网络的分布式结构，给网络系统以全面的保护。该方案的简要结构如图 2-3 所示。

下面对该方案作进一步的功能说明。

1. 物理安全保证

为保障网络硬件设备的物理安全，应在产品保障、运行安全、防电磁辐射和保安方面采取有效措施。产品保障方面主要指产品采购、运输和安装等方面的安全措施。运行安全方面指网络中的设备特别是安全类产品在使用过程中，必须能够从生产厂家或供货单位得到迅速的技术支持服务，对一些关键设备和系统，应设置备份系统。防电磁辐射方面主要指所有重要涉密的设备都需安装防电磁辐射产品，如辐射干扰机。保安方面主要是对防盗、防火等而言的，还包括网络系统所有网络设备、计算机和安全设备的安全防护。

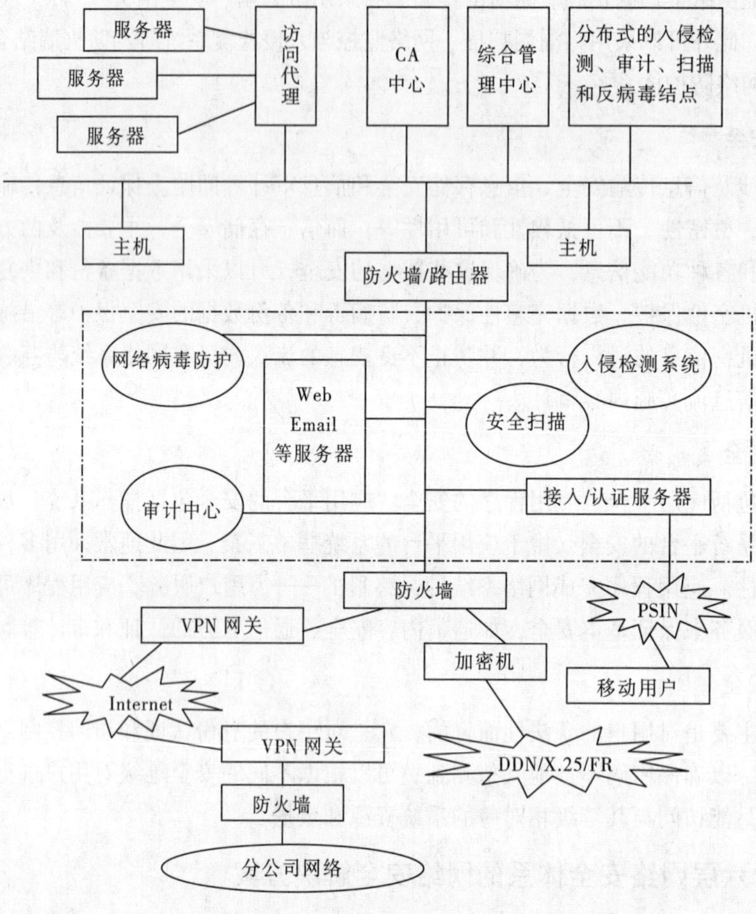

图 2-3　基于六层安全体系的分布式网络安全解决方案结构图

2．通信链路安全

在局域网内通过划分 VLAN（虚拟局域网）来对物理和逻辑网段进行有效的分割和隔离，消除不同安全级别逻辑网段间的窃听可能。对于远程网，可以用链路加密机制解决链路安全问题，也可以用 VPN 技术在通信链路级构筑各个分公司的安全通道，实现流量管理、服务质量管理和传输信息的加密，从而保证各个分公司网的通信安全，同时减少租用专线的昂贵费用。

3．基于防火墙的网络访问控制体系

防火墙能有效地实现网络访问控制、代理服务和身份认证，以实现企业级网络系统与外界的安全隔离，保护企业内的关键信息资产和网络组件，而不影响网络系统的工作效率。它通过对特定网段和服务建立访问控制体系，将大多数攻击阻止在外部。

4．基于 PKI 的身份认证体系

按照需要可以在大型的企业网络内部建立基于 PKI 的身份认证体系（有必要的话，还可以建立基于 PMI 的授权管理体系），实现增强型的身份认证，并为实现内容完整性和不可抵赖性提供支持。在身份认证机制上还可以考虑采用 IC 卡、USB 令牌、一次性口令和指纹识别器等辅助硬件实现双因素或三因素的身份认证功能。要特别注意对移动用户拨入的身份认证和授权访问控制。

5．漏洞扫描与安全评估

采用安全扫描技术，定期检测、分析和修补弱点、漏洞，定期检查、纠正网络系统的不当配置，保证系统配置与安全策略一致，减少攻击者攻击的机会。

6．分布式入侵检测与病毒防护系统

对于大规模企业网络，采用分布式入侵检测与病毒防护系统。典型的企业需要保护整个网络所支持的分布式主机集合，尽管通过每台主机上使用单独的入侵检测与病毒防护系统来安装防御设施是可能的，但通过网络上入侵检测与病毒防护系统的协调与合作可以实现更有效的防御。在每个网段上我们都安装一个网络入侵检测与病毒防护系统，可以实时监视各个网段的访问请求，并及时将信息反馈给控制台，这样全网任何一台主机受到攻击系统都可以及时发现。

7．审计与取证

在审计和取证方面，能够对流经网络系统的全部信息流进行过滤和分析，并有效地对敏感信息进行基于规则的监控和响应；能够对非法行为进行路由与反路由跟踪，为打击非法活动提供证据。

8．系统级安全

操作系统是网络系统的基础，数据库也是应用系统的核心部件，它们的安全在网络安全中有着举足轻重的位置。对于重要的主机，尽量采用安全的操作系统与数据库或是经过安全增强的操作系统与数据库。同时还需要及时修补新发现的漏洞，周期性地检查系统设置，注意用户管理安全、系统监控安全及故障诊断等系统问题，有效加强整个系统的病毒防护。

9．桌面级安全

对于一般的主机要实现桌面级的安全，应该及时修补安全漏洞，关闭一些不安全的服务，禁止开放一些不常用而又比较敏感的端口，使用桌面级的防病毒软件及个人防火墙等；对重要的主机还要安装基于主机的入侵检测和安全审计等系统。

10．应急响应和灾难恢复

安全不是绝对的，在实际的系统中，即使实施了网络安全工程，还是有可能发生这样那样的意外情况，因此应急响应和灾难恢复也是安全技术中的重要一环，它能够在出现意外事件时进行应急响应和保护。它还具有良好的备份和恢复机制，可在攻击造成损失时，尽快地恢复数据和系统服务。此外，它还可以采用网页恢复技术来保护 Web 页面的安全。

该方案与前面提出的六层网络安全体系的对应关系如表 2-2 所示。

表 2-2　该方案与前面的六层网络安全体系的对应关系

	物理安全	链路安全	网络级安全	信息安全	用户安全	应用安全
物理安全保证	√					
通信链路安全		√		√		
基于防火墙的网络访问控制			√			
基于 PKI 的身份认证体系				√	√	√
漏洞扫描与安全评估			√			
分布式入侵检测与病毒防护			√	√		√
审计与取证				√		√
系统级安全						√
桌面级安全						√
应急响应和灾难恢复				√		√

当然，该方案中的安全措施不一定要全部实施，可以根据不同的场合、不同的需求，灵活地加以组合，变通实现。

实际网络系统的安全性，往往并不能通过以上所描述的安全措施的简单组合来实现，事实上再好的安全产品和技术，如果没有良好的安全策略和管理手段做后盾，则等于在蚊帐上安装了铁门，是无法确保网络安全的，因此我们还要强调网络安全策略和管理手段的重要性。对于多级网络系统，各结点具有不同的网络规模、应用和管理权限，因此安全系统的配置也需要进行具体用户化。管理性和技术性的安全措施是相辅相成的，在对技术性措施进行设计的同时，也必须考虑安全管理措施。因为诸多的不安全因素都反映在组织管理和人员使用方面，而这又是计算机网络安全所必须考虑的基本问题，所以应引起各计算机网络应用部门领导的重视。

2.3　安全等级与标准

近年来，由于互联网的蓬勃发展，网络与信息安全问题日益突出，黑客攻击、信息泄密及病毒泛滥所带来的危害引起了世界各国尤其是信息发达国家的高度重视，因此相关的安全管理和风险意识也日益成为人们关注的热点。这对于计算机信息系统的建设者、管理者和使用者而言，尤其要加强网络和信息安全的防护，评测计算机信息系统自身是否安全，以及评价系统的安全性等方面的工作。

安全防护体系的基础性工作之一是制定安全访问制度，健全的规章制度可以使企业避免陷入法律诉讼，也可以避免利润损失，同时还可以维护公司形象；另一基础性工作则是制定安全等级与标准，即需要有一整套用于规范计算机信息系统安全建设和使用的标准及相应的管理办法。

安全评价标准及技术作为各种计算机系统安全防护体系的基础，已被许多企业和咨询公司用于指导 IT 产品的安全设计及衡量一个 IT 产品和评测系统安全性的依据。

目前国际上比较重要和公认的安全标准有美国 TCSEC（橙皮书）、欧洲 ITSEC、加拿大 CTCPEC、美国联邦准则（FC）、联合公共准则（CC）和英国标准 BS 7799，以及国际标准化组织（ISO 组织）发布的以 BS 7799 标准为基础的 ISO 17799 标准。它们的关系如图 2-4 所示。

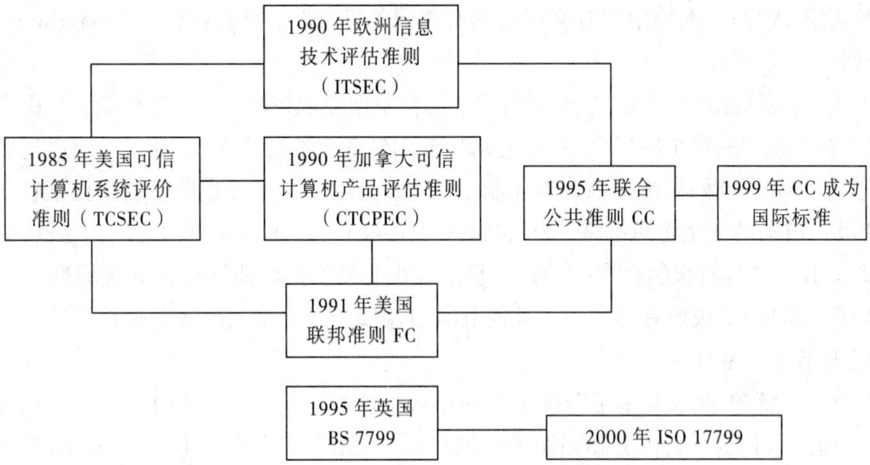

图 2-4　几个重要国际安全标准之间的关系

近 20 年来，人们一直在寻求制定和努力发展安全标准，众多标准化组织在安全需求服务分析指导、安全技术机制开发和安全评估标准等方面制定了许多标准。

2.3.1　TCSEC 标准

该标准是 1985 年美国国防部制定的计算机安全标准——可信计算机系统评价准则 TCSEC（Trusted Computer System Evaluation Criteria），即橙皮书。橙皮书中使用了可信计算基础 TCB（Trusted Computing Base）这一概念，即计算机硬件与支持不可信应用及不可信用户的操作系统的组合体。橙皮书是一个比较成功的计算机安全标准，它在较长的一段时间得到了广泛的应用，并且也成为其他国家和国际组织制定计算机安全标准的基础和参照，具有划时代的意义。

TCSEC 标准为计算机安全产品的评测提供了测试标准和方法，用来指导信息安全产品的制造和应用，它给出一套标准来定义满足特定安全等级所需的安全功能及其保证的程度。

TCSEC 标准定义了系统安全的五个要素：

- 安全策略
- 可审计机制
- 可操作性
- 生命期保证
- 建立并维护系统安全的相关文件

同时，TCSEC 标准定义了系统安全等级来描述以上所有要素的安全特性，它将安全分为 4 个方面（安全政策、可说明性、安全保障和文档）和 7 个安全级别（从低到高依次为 D、C1、C2、B1、B2、B3 和 A 级）。

① D 级：最低保护（Minimal Protection），指未采取任何实际的安全措施，D1 的安全等级最低。D1 系统只为文件和用户提供安全保护。D1 系统最普遍的形式是本地操作系统，或一个完全没有保护的网络，如 DOS 被定为 D1 级。

② C 级：被动的自主访问策略（Disretionary Access Policy Enforced），提供审慎的保护，并为用户的行动和责任提供审计能力，由两个级别组成：C1 和 C2。

- C1 级：具有一定的自主型存取控制（DAC）机制，它通过将用户和数据分开实现安全的目的，用户认为 C1 系统中所有文档均具有相同的机密性。如 UNIX 的 owner/group/ other 存取控制。

- C2 级：具有更细分（每一个单独用户）的自主型存取控制（DAC）机制，且引入了审计机制。在连接到网络上时，C2 系统的用户分别对各自的行为负责。C2 系统通过登录过程、安全事件和资源隔离来增强这种控制。C2 系统具有 C1 系统中所有的安全性特征。

③ B 级：被动的强制访问策略（Mandatory Access Policy Enforced）。由三个级别组成：B1、B2 和 B3 级。B 系统具有强制性保护功能，目前较少有操作系统能够符合 B 级标准。

- B1 级：满足 C2 级所有的要求，且需具有所用安全策略模型的非形式化描述，实施了强制型存取控制（MAC）。
- B2 级：系统的 TCB 是基于明确定义的形式化模型，并对系统中所有的主体和客体实施了自主型存取控制（DAC）和强制型存取控制（MAC）。另外，具有可信通路机制、系统结构化设计、最小特权管理及对隐通道的分析和处理等。
- B3 级：系统的 TCB 设计要能对系统中所有的主体对客体的访问进行控制，TCB 不会被非法篡改，且 TCB 设计要小巧且结构化以便于分析和测试其正确性。支持安全管理者（Security Administrator）的实现，审计机制能实时报告系统的安全事件，支持系统恢复。

④ A 级：形式化证明的安全（Formally Proven Security）。A 安全级别最高，只包含一个级别 A1。A1 级类同于 B3 级，它的特色在于形式化的顶层设计规范 FTDS（Formal Top level Design Specification）、形式化验证 FTDS 与形式化模型的一致性和由此带来的更高的可信度。

上述细分的等级标准能够用来衡量计算机平台（如操作系统及其基于的硬件）的安全性。在 TCSEC 彩皮书（Rainbow Books）中，给出了衡量系统组成（如加密设备、LAN 部件）和相关数据库管理系统的安全性的标准。

2.3.2 欧洲 ITSEC

20 世纪 90 年代西欧四国（英、法、荷、德）联合提出了信息技术安全评估标准 ITSEC，又称欧洲白皮书，其带动了国际计算机安全的评估研究，应用领域为军队、政府和商业。该标准除了吸收 TCSEC 的成功经验外，首次提出了信息安全的保密性、完整性和可用性的概念，并将安全概念分为功能与评估两部分，使可信计算机的概念提升到可信信息技术的高度。ITSEC 标准的一个基本观点是，分别衡量安全的功能和安全的保证。ITSEC 标准对每个系统赋予两种等级：F（Functionality）即安全功能等级，E（European Assurance）即安全保证等级。功能准则从 F1 到 F10 共分 10 级，其中前五种安全功能与橙皮书中的 C1～B3 级非常相似；F6～F10 级分别对应数据和程序的完整性、系统的可用性、数据通信的完整性、数据通信的保密性及机密性和完整性的网络安全。它定义了从 E0 级（不满足的品质）到 E6 级（形式化验证）的七个安全等级可分别用于对详细设计和源码的测试和配置控制。

例如，一个系统可能有最高等级所需的所有安全功能（F6），但由于某些功能不能保证到最高等级，从而使该系统的安全保证等级较低（E4），此系统的安全等级将是 F6/E4。

在 ITSEC 中，另一个观点是，被评估的应是整个系统（硬件、操作系统、数据库管理系统和应用软件等），而不仅是计算平台，因为一个系统的安全等级可能比其每个组成部分的安全等级都高（或低），另外，某个等级所需的总体安全功能可能分布在系统的不同组成中，而不是所有组成都要重复这些安全功能。

ITSEC 标准为欧洲共同体信息安全计划的基础，并对国际信息安全的研究、实施带来深刻的影响。

2.3.3　加拿大 CTCPEC 评价标准

1993 年，加拿大发布了“加拿大可信计算机产品评价准则”CTCPEC，该准则综合了美国 TCSEC 和欧洲 ITSEC 两个准则。CTCPEC 专门针对政府需求设计，该标准将安全分为功能性需求和保证性需要两部分。功能性需求共分为四个层次：机密性、完整性、可靠性和可说明性，每种安全需求又可以分成很多系统来表示安全性的差别，分级为 0～5 级。

2.3.4　美国联邦准则 FC

1993 年，美国对 TCSEC 做了补充和修改，也吸纳了 ITSEC 的优点，发表了“信息技术安全性评价联邦准则”FC。该标准将安全需求分为四个层次：机密性、完整性、可靠性和可说明性。其目的是提供 TCSEC 的升级版本，同时保护已有投资。该标准在美国政府、民间和商业领域得到了广泛应用。

2.3.5　CC 标准

1993 年 6 月，六国七方（美国国家安全局和国家技术标准研究所、加、英、法、德、荷）经协商同意，共同提出了“信息技术安全评价通用准则”（CC for ITSEC）。1996 年发表了 CC 的第一版，1998 年 5 月发表第二版。1999 年 10 月，国际标准化组织和国际电联（ISO/IEC）通过了将 CC 作为国际标准 ISO/IEC 15408 信息技术安全评估准则的最后文本。随着信息技术的发展，CC 全面地考虑了与信息技术安全有关的基础准则，定义了作为评估信息技术产品和系统安全的基础准则，提出了国际上公认的表达信息技术安全性的结构，即将安全要求分为规范产品和系统安全行为的功能要求及解决如何正确有效地实施这些功能的保证要求。

CC 标准的主要思想和框架，结合了 FC 及 ITSEC 的主要特征，它强调将安全的功能与保障分离，并将功能需求分为 9 类 63 族，将保障分为 7 类 29 族。它综合了过去信息安全的准则和标准，形成了一个更全面的框架。CC 主要面向信息系统的用户、开发者和评估者，通过建立这样一个标准，使用户可以用它确定对各种信息产品的信息安全要求，使开发者可以用它来描述其产品的安全特性，使评估者可以对产品安全性的可信度进行评估。不过，CC 并不涉及管理细节和信息安全的具体实现、算法和评估方法等，也不作为安全协议、安全鉴定等，CC 的目的是形成一个关于信息安全的单一国际标准。CC 是安全准则的集合，也是构建安全要求的工具，它对于信息系统的用户、开发者和评估者都有重要的意义。

（1）CC 标准的组成部分

CC 标准分为三个部分，三者相互依存，缺一不可。

这三部分的有机结合具体在“保护轮廓”和“安全目标”中体现。

- 第一部分：简介和一般模型，介绍了 CC 中的有关术语、基本概念和一般模型及与评估有关的一些框架，附录部分主要介绍“保护轮廓”和“安全目标”的基本内容。
- 第二部分：安全功能要求，提出技术要求，按“类—子类—组件”的方式提出安全功能要求，每一个类除正文外，还有对应的提示性附录做进一步解释。
- 第三部分：安全保证要求，提出了非技术要求和对开发过程的要求，定义了评估保证级别，介绍了“保护轮廓”和“安全目标”的评估，并按“类—子类—组件”的方式提出安全保证要求。

（2）CC 的先进性

CC 的先进性体现在四个方面。

- 结构的开放性，即功能和保证要求都可以在具体的“保护轮廓”和“安全目标”中进一步细化和扩展，如可以增加“备份和恢复”方面的功能要求或一些环境安全要求。这种开放式的结构更适应信息技术和信息安全技术的发展。
- 表达方式的通用性，即给出通用的表达方式。如果用户、开发者、评估者及认可者等目标读者都使用 CC 的语言，互相之间就容易理解和沟通。例如，如果用户使用 CC 的语言表述自己的安全需求，开发者就可以更具针对性地描述产品和系统的安全性，评估者也可以更容易、有效地进行客观评估，并确保评估结果对用户而言容易理解。这种特点对规范实用方案的编写和安全性测试评估都具有重要意义。
- 结构和表达方式的内在完备性，具体体现在“保护轮廓”和“安全目标”的编制上。“保护轮廓”主要用于表达一类产品或系统的用户需求，在标准化体系中可以作为安全技术类标准对待。“安全目标”在“保护轮廓”的基础上，通过将安全要求进一步具体化，解决了要求的具体实现。
- 实用性。常见的实用方案可以当成“安全目标”对待，通过“保护轮廓”和“安全目标”这两种结构，就便于将 CC 的安全性要求具体应用到 IT 产品的开发、生产、测试、评估和信息系统的集成、运行、评估和管理中。

CC 标准是目前系统安全认证方面最权威的标准，它的制定和应用对 IT 安全技术和安全产业产生了深远的影响。

2.3.6 英国 BS 7799 标准

1. 信息安全管理标准 BS 7799

信息安全管理标准 BS 7799 由英国标准协会 BSI（British Standards Institution）邀请业界相关厂商为共同追求有国际性质量标准的信息安全管理标准而制定，于 2000 年 11 月经国际标准化组织 ISO（International Organization for Standardization）审核通过，已逐渐成为国际通用和遵循的信息安全领域中应用最普遍、最典型的标准之一，该标准于 2000 年 12 月正式颁布为 ISO 17799 标准。目前澳大利亚、荷兰、挪威及瑞典等国均相继采用 BS 7799 作为其国家的标准，日本、瑞士，以及我国的台湾地区、香港特别行政区等拟推广或正在推广此标准。同时，众多国家的政府机构、银行、保险公司、电信企业、网络公司及许多跨国公司已采用此标准对自身的信息安全进行管理。

BS 7799 规定了建立、实施信息安全管理体系的要求，以及根据独立组织的需求实施相应的安全控制的要求，它主要提供有效实施 IT 安全管理的建议，介绍安全管理的方法和程序，用户可参照此标准制定自己的安全管理计划和实施步骤。该标准是一个组织建立全面或部分信息安全管理体系评估的基础，同时，也可作为非正式认证方案的依据之一。

BS 7799 共分为两部分。

- 第一部分：1995 年公布的 ISO/IEC 17799：2000 是信息安全管理系统实施规则（Practice for Information Security Management System），作为开发人员的参考文档。

- 第二部分：1998 年公布的 BS 7799-2：1999 是信息安全管理系统验证规范（Specification for Information Security Management System）。它详细说明了建立、实施和维护信息安全管理系统的要求，指出实施组织需遵循风险评估来鉴定最适宜的控制对象，并对自身的需求采取适当的控制。

BS 7799 标准主要用于保护企业/组织的信息资产，包括信息的产生、处理、传输及存储机制，其增加了电子商务厂商交易的信心。此认证为任何信息安全系统的评估提供了可遵循的客观标准，许多公司/企业都以此标准作为评测的参考依据。

以 BS 7799 标准为依据运作管理的公司/企业，在与客户的交往中，能增加消费者对厂商的信心及满意度，强化厂商的市场竞争力；而在公司/企业内部的管理中，它可以改善内部信息的安全环境，降低信息交易风险，提高公司/企业的经营利润。

BS 7799（ISO 17799）全面地覆盖了安全的问题。最新版的 BS 7799 由 4 个主段组成，即范围、术语和定义、体系要求和控制细则。其中控制细则部分共有 10 项独立的分析评估领域，又可细分为 36 个目标和 127 项控制，它不但控制需求量大，而且有些复杂，因此，即使对最有意识的安全组织者来说，仍需按实际需要进行选用。

公司/企业在取得 BS 7799 认证的过程中可以协助组织辨认所有的关键交易活动，加强监控，适当评估信息资产的价值，评估其风险并提供解决策略及提供适当成本的解决方法。信息是现今企业的命脉，迅速获得正确信息是公司/企业获得竞争力的关键手段，要在快速变化且竞争激烈的环境下取得成功，公司/企业必须证明自己能够适当保护信息的安全，包括组织本身、客户及交易厂商的信息安全。因此，面对日新月异的信息科技，信息安全是一个持续性的挑战。

BS 7799 标准是一个非常详细的安全标准，BS 标准有 10 个组成部分，每部分覆盖一个不同的主题或领域。它们分别是：

（1）商务可持续计划

商务可持续计划可消除失误或灾难的影响，是一个恢复商务运转及关键性业务流程的行动计划。

（2）系统访问权限控制

- 控制对信息的访问权限；
- 阻止对信息系统的非授权访问；
- 确保网络服务切实有效；
- 防止非授权访问计算机；
- 检测非授权行为；
- 确保移动计算机和远程网络设备的信息安全。

（3）系统开发和维护

- 确保可以让人们操控的系统上都已建立安全防护措施；
- 防止应用系统用户数据的丢失、修改或滥用；
- 保护信息的机密性、真实性和完整性；
- 确保 IT 项目及支持活动以安全的方式进行；
- 维护应用系统软件和数据的安全。

（4）物理与环境安全

- 防止针对业务机密和信息进行非授权的访问、损坏和干扰；
- 防止企业资产丢失、损坏或滥用，以及业务活动的中断；
- 防止信息和信息处理设备的损坏或失窃。

（5）遵守法律和规定

- 避免违反任何刑事或民事法律的行为，避免违反法令性、政策性和合同性义务的要求，避免违反安防制度的要求；
- 保证企业的安防制度符合国际和国内的相关标准；
- 最大限度地发挥企业监督机制的效能，减少其带来的不便。

（6）人事安全

- 减少信息处理设备由人为失误、盗窃、欺骗及滥用所造成的风险；
- 确保用户了解信息安全的威胁和关注点，在其日常工作过程中进行相应的培训，以利于信息安全方针的贯彻和实施；
- 从前面的安全事件和故障中吸取教训，最大限度地降低安全的损失。

（7）安全组织

- 加强企业内部的信息安全管理；
- 对允许第三方访问的企业信息处理设备和信息资产进行安全防护；
- 对外包给其他公司的信息处理业务所涉及的信息进行安全防护。

（8）计算机和网络管理

- 确保正确和安全操作信息处理设备；
- 降低系统故障风险；
- 保护软件和信息的完整性；
- 维护信息处理和通信的完整性和可用性；
- 确保网上信息的安全防护监控及支持体系的安全防护；
- 防止有损企业资产和中断公司业务活动的行为；
- 防止企业间在交换信息时发生丢失、修改或滥用现象。

（9）资产分类和控制

对公司资产采取适当的保护措施，确保无形资产都能得到足够级别的保护。

（10）安全方针

安全方针提供信息安全防护方面的管理指导和支持。

2. BS 7799 的应用

实施 BS 7799 信息安全管理体系标准，旨在促进组织建立信息安全管理体系，确保信息技术的安全使用，保证组织的信息安全业务的正常运营，避免因信息技术失控而造成重大损失。

（1）应用范围

BS 7799 的用户包括负责开发、执行或维护组织信息安全的管理人员和一般人员。BS 7799 应用的对象是信息安全领域的系统或企业，它所涉及的范围遍布整个系统或组织，包括所有信息系统和它的外部接口——通信的 IT 和电子形式文件的归档、电话会谈及公共关系等方面。这个标准被广泛地用于企业组织中。

（2）安全模型

BS 7799 标准的安全模型主要建立在风险管理的基础之上，通过风险分析的方法，使信息风险的发生概率和结果降低到可接受的水平，并采取措施保证业务不因风险的发生而中断。它主要是对不同的企业的资产、威胁、脆弱性及对企业的影响等要素（如发生的可能性）间的关系进行分析，计算潜在的损失，从而确定风险的大小，选出适用于自身企业的目标和控制，并根据资产的价值、风险的大小、应对措施的能力及成本等因素采取适当的应对措施，以减少风险。

（3）建立信息安全管理体系（ISMS）的重要意义

企业建立自身的信息安全管理体系，主要基于以下众多的不安全因素。

① 企业信息系统管理制度不健全。任何企业，无论它在信息技术方面如何努力，采纳如何新的信息安全技术，实际上在信息安全管理方面都还存在漏洞。例如：

- 缺少信息安全管理论坛，安全导向不明确，管理支持不明显；
- 缺少跨部门的信息安全协调机制；
- 保护特定资产及完成特定安全过程的职责还不明确；
- 雇员信息安全意识薄弱，缺少防范意识，外来人员很容易直接进入生产和工作场所。

② 企业信息系统主机房安全存在隐患。例如：

- 防火设施存在问题，与危险品仓库同处一幢办公楼等；
- 企业信息系统备份设备仍有欠缺；
- 企业信息系统安全防范技术投入欠缺；
- 软件知识产权保护欠缺；
- 计算机房、办公场所等物理防范措施欠缺；
- 档案、记录等缺少可靠存储场所；
- 缺少一旦发生意外用来保证生产经营连续性的措施和计划。

通过以上信息管理方面的漏洞分析及经常见诸报端的种种信息安全事件，可以说明，任何企业都急需建立信息安全管理体系，以保障其技术和商业机密，保障信息的完整性和可用性，最终保持其生产、经营活动的连续性。

（4）信息安全管理体系建立和运行步骤

BS 7799-2:1999 标准要求企业建立并保持一个周全的信息安全管理体系，其中应阐明需要保护的资产、企业风险管理的渠道、控制目标及控制方式和需要的保护程度。其建立和运行步骤如下：

- 制定信息安全方针；
- 明确信息安全管理体系的范围，根据企业的特性、地理位置、资产和技术来确定界限；
- 实施适宜的风险评估，识别资产所受到的威胁、薄弱环节和对企业的影响，并确定风险程度；
- 根据企业的信息安全方针和需要的保护程度来确定应实施管理的风险；
- 从 BS 7799-2 的第四部分“控制细则”中选择适宜的控制目标和控制方式（从 36 个目标，127 种控制方式中选择）；控制目标和控制方式的选择可以参考 BS 7799-2：1999 信息安全管理体系实施细则标准，如果标准中没有需要的控制目标和控制方式，企业可选择一些其他适宜的控制方式；
- 制定可用性声明，将控制目标和控制方式的选择和选择理由文件化，并注明未选择 BS

7799-2:1999 第四部分中的任何内容及其理由；

• 有效地实施选定的控制目标和控制方式；

• 进行内部审核和管理评审，保证体系的有效实施和持续、适宜。

推广信息安全管理标准的关键是在重视程度和制度落实方面。但是，BS 7799 在标准里描述的所有控制方式并非都适合于每种情况，它不可能将当地系统、环境和技术限制考虑在内，企业应视自身发展的情况，制定相应的标准。此外，BS 7799 标准中还包括一个监管标准的实施指南意见。

2.4 我国计算机安全等级划分与相关标准

1994 年，国务院发布了《中华人民共和国计算机信息系统安全保护条例》(以下简称《条例》)，该《条例》是我国计算机信息系统安全保护的法律基础。其中第九条规定：计算机信息系统实行安全等级保护。等级管理的思想和方法具有科学、合理、规范、便于理解、掌握和运用等优点，因此，对计算机信息系统实行安全等级保护制度，是我国计算机信息系统安全保护工作的重要发展思路，它对于正在发展中的信息系统安全保护工作更有着十分重要的意义。

为切实加强重要领域信息系统安全的规范化建设和管理，全面提高国家信息系统安全保护的整体水平，使公共信息网络安全监察工作更加科学、规范，指导工作更具体、明确，公安部组织制定了《计算机信息系统安全保护等级划分准则》(以下简称《准则》) 国家标准，并于 1999 年 9 月 13 日由国家质量技术监督局审查通过并正式批准发布，该《准则》已于 2001 年 1 月 1 日执行。该《准则》的发布为计算机信息系统安全法规和配套标准的制定和执法部门的监督检查提供了依据，为安全产品的研制提供了技术支持，为安全系统的建设和管理提供了技术指导，是我国计算机信息系统安全保护等级工作的基础。

对信息系统和安全产品的安全性评估事关国家安全和社会安全，任何国家不会轻易相信和接受由别的国家所作的评估结果，没有一个国家会把事关国家安全利益的信息安全产品和系统的安全可信性建立在别人的评估标准、评估体系和评估结果的基础上，为保险起见，通常要通过本国标准的测试才认为可靠。1989 年公安部在充分借鉴国际标准的前提下，开始设计起草法律和标准，在起草过程中，经过长期的对国内外安全的广泛的调查和研究，特别是对国外的法律法规、政府政策、标准和计算机犯罪的研究，使我们认识到要从法律、管理和技术三个方面着手，采取的措施要从国家制度的角度来看问题，对信息安全要实行等级保护制度。

国家标准《准则》就是要从安全整体上进行保护，从整体上、根本上、基础上来解决等级保护问题。要建立良好的国家整体保护制度，标准体系是基础。使用国家的统一标准要求对系统进行评估。《准则》的配套标准分两类：①《计算机信息系统安全保护等级划分准则应用指南》，它包括技术指南、建设指南和管理指南；②《计算机信息系统安全保护等级评估准则》，它包括安全操作系统、安全数据库、网关、防火墙、路由器和身份认证管理等。目前，国家正在组织有关单位完善信息系统安全等级保护制度的标准体系。

《准则》对计算机信息系统安全保护能力划分了五个等级，计算机信息系统安全保护能力随着安全保护等级的增高，逐渐增强。高级别的安全要求是低级别要求的超集。

《准则》将计算机安全保护划分为以下五个级别：

• 第一级：用户自主保护级。它的安全保护机制使用户具备自主安全保护的能力，保护用户的信息免受非法的读写破坏。

- 第二级：系统审计保护级。除具备第一级所有的安全保护功能外，它要求创建和维护访问的审计跟踪记录，使所有的用户对自己行为的合法性负责。
- 第三级：安全标记保护级。除继承前一个级别的安全功能外，它还要求以访问对象标记的安全级别限制访问者的访问权限，实现对访问对象的强制访问。
- 第四级：结构化保护级。在继承前面安全级别、安全功能的基础上，它将安全保护机制划分为关键部分和非关键部分，对关键部分直接控制访问者对访问对象的存取，从而加强系统的抗渗透能力。
- 第五级：访问验证保护级。这个级别特别增设了访问验证功能，负责仲裁访问者对访问对象的所有访问活动。

长期以来，我国一直十分重视信息安全保密工作，并从敏感性、特殊性和战略性的高度，自始至终将其置于国家的绝对领导之下，由国家密码管理部门、国家安全机关、公安机关和国家保密主管部门等分工协作，各司其职，形成维护国家信息安全的管理体系。

小　　结

关于网络安全体系结构方面，ISO 做了不少工作，提出了 OSI 安全体系，定义了安全服务、安全机制、安全管理及有关安全方面的其他问题。自适应网络安全模型是 20 世纪 90 年代后期新兴的安全模型，P2DR 是其代表。Hurwitz Group 的五层网络安全体系也得到了较广泛的认同。此外，本章还给出了包括物理安全、链路安全、网络级安全、信息安全、应用安全和用户安全的六层网络安全体系，并在此基础上给出了一个多层次、全方位、分布式的网络安全解决方案。

本章所描述的安全标准是世界上一些经济发达国家制定信息安全标准和管理实践经验的科学总结。信息安全的建设是一项复杂的系统工程，我们应借鉴国外的信息安全标准和管理经验，结合国内信息安全标准的划分，对企业安全管理体系进行改进和完善，消除安全技术隐患，促进信息安全产品向高科技、多功能等方面发展。

思　考　题

1. OSI 安全体系包括哪些安全机制和安全服务？它们之间有何对应关系？
2. 动态的自适应网络安全模型的思想是什么？请介绍 P2DR 模型。
3. 所谓的五层网络系统安全体系理论是什么？
4. 列举你所知道的网络安全技术（不限于本书上）。
5. 给一个中等规模的局域网（有若干子网)设计一个网络安全解决方案。
6. 什么是 ISO/IEC 17799 信息安全管理标准？
7. BS 标准主要覆盖哪几个领域？
8. CC 标准的先进性体现在哪些方面？
9. 列举信息安全体系的建立和运行的主要步骤。
10. 试给出网络安全等级的划分。

第3章 信息论与数学基础

在近代密码学中需要使用到许多数学理论，例如数论、信息论、复杂性理论、组合论、概率论和线性代数等，这些都是设计密码安全体制及安全协议不可缺少的工具。

本章将对近代密码学中必要的信息论基础和数学基础进行简单的介绍，以使读者能很快地了解近代密码学中大部分系统的工作原理，从而分析其安全性。

3.1 信息论

Claude Elmwood Shannon（香农）于1948年首先确立了现代信息论。本节仅简单介绍其中几个重要的方面。

3.1.1 熵和不确定性

信息论中对一条消息的信息量的定义为，对消息的所有可能含义进行编码时所需要的最少的比特数。例如，数据库中有关“一周中的某一天”这一字段包含不超过3 bit的信息，因为此消息可以用3 bit进行编码：

000＝星期日
001＝星期一
010＝星期二
011＝星期三
100＝星期四
101＝星期五
110＝星期六
111是未用的

如果这些信息用对应的ASCII字符串来表示，它将占用更多的存储空间，但不会包含更多的信息。同样，数据库中的“性别”这一项仅含有1 bit信息，即使它可以用两个ASCII字符串，MALE（男）或FEMALE（女）中的一种存储下来。

形式上，一条消息 M 中的信息量可通过它的熵来度量，表示为 $H(M)$。一条表示性别的消息的熵是1 bit；一条表示一周中某天的消息的熵不超过3 bit。通常，一条消息或随机变量 x 的熵为：

$$H(x) = -\sum_{x \in B} p(x)\log_2 p(x)$$

式中 $P(x)$表示随机变量 x 的概率分布，B 为 x 的分布空间。

一条消息的熵也表示它的不确定性。即当消息被加密成密文时，为了获取明文，需要解密的明文的比特数。例如，如果密文块“QHP＊5M”要么是“男”，要么是“女”，那么此消息的不确定性是 1。密码分析者恢复出此消息，仅需 1 bit。如果 $H(M)=0$，则表示该信息不含任何不确定性，因此，该消息或该事件百分之百会发生。

从通信的角度看，既然该信息百分之百会发生，意义就不大，没有必要再发送。反之，如果 $H(M)$很大，则表示信息的不确定性很大，从而接收方收到该信息时，其信息量就相当大了。

从安全的角度看，如果明文的熵值不大，即不确定性太小，那么这样的条件使得攻击者有很大的概率可以猜中该信息。例如，公钥密码体制在熵值不大时对于唯密文的攻击是脆弱的。如果对 P 加密得 $C=E(P)$，当 P 是出自一个由 n 个可能的明文组成的集合时（如男或女），那么密码分析者只需加密所有 n 个可能的明文，然后与 C 比较（记住，加密密钥是公开的）。用这种方法，他们不能还原解密密钥，但他们能够得到明文 M。

3.1.2　语言信息率

对一种给定的语言，其语言信息率是：

$$r = H(M)/N$$

式中，N 是消息的长度，在 N 相当大时，标准英语的语言信息率（r 值）在 1.0～1.5 bit/字母之间（本书中，将采纳香农的估计值 1.2 bit/字母）。语言的绝对信息率是：在假定每一个字符串可能的情况下，对每一个字母而言，可被编码的最大比特数。如果在一种语言中有 L 个字母，则其语言绝对信息率是：

$$R=\log_2 L$$

这就是单个字母的最大熵。

对英语而言，它有 26 个字母，其语言绝对信息率是 $\log_2 26=4.7$ bit/字母。这里，英语的实际信息率大大低于其绝对信息率，对此你不要感到吃惊，因为英语是一种高多余度的语言。

一种语言的多余度称为 D，定义为：

$$D=R-r$$

由于所给的英语的信息率是 1.2 bit/字母，因此其多余度是 3.5 bit/字母。这意味着每个英语字母仅携带 1.2 bit 的信息，剩余的信息是多余的。即使对印成英文的 ASCII 消息来说，每 8 bit 消息仍含有 1.2 bit 的信息。这意味着它有 3.5 bit 的多余消息，相当于每比特 ASCII 文本有 0.56 bit 的信息多余度。同样的消息在 EBCDIC（扩充的二进制编码的十进制交换码）中，空格、标点、数字和格式码将会改变这些结果。

3.1.3　密码体制的安全性

香农给一个安全的密码体制定义了一个精确的数学模型。密码分析者的目的是获取密钥 k 或明文 p，或两者都要。然而，他们也乐于得到一些有关 p 的统计信息，比如，它是否是数字化的语音信号，它是否是英文，它是否是电子报表数据等。

在几乎所有的密码分析中，分析者在开始前，总有一些有关 p 的统计信息。他们可能知道加密的语言。这种语言有一个确定的多余度。如果它是给 Bob 的消息，则它在开头可能用"Dear Bob"。当然"Dear Bob"比"e8T&g [, m"更有可能。密码分析的目的是，通过分析改变关于每个可能明文的可能性。最终，一个明文当然（至少非常可能）会从所有可能的明文集合中暴露出来。

有一种方法可以获得完全保密的密码体制。在这样的体制中，密文不会给出有关明文的可能的信息（除了它的长度可能会给出）。香农从理论上证明，仅当可能的密钥数目至少与可能的消息数目一样多时，完全保密才是可能的。换句话说，就是密钥至少必须与消息本身一样长，并且没有密钥被重复使用。简而言之，这就是一次一密体制。

从完全保密的角度而言，密文给出一些有关其对应明文的信息是不可避免的。一个好的密码算法可使这样的信息最少，一个好的密码分析人员利用这类信息可确定明文。

密码分析者利用自然语言的多余度来减少可能的明文数目。语言的多余度越大，它就越容易被攻击。许多正在使用的密码装置在加密明文前，都要用一个压缩程序减少明文大小，其原因就在于此。压缩（明文）可降低消息的多余度。

密码体制的熵是密钥空间大小的量度。对密钥的数目 K 取以 2 为底的对数可估计其大小：

$$H(K)=\log_2 K$$

密钥为 64 位的密码系统的熵是 64，同样，56 位密钥密码体制的熵是 56。一般而言，一个密码体制的熵越大，破译它就越困难。

3.1.4 唯一解距离

唯一解距离是指，当进行强力攻击时，可能解密出唯一有意义的明文所需要的最少密文量。一般而言，唯一解距离越长，密码体制越好。

香农在定义唯一解距离时还指出，长于这个解距离的密文可被合理地确定出唯一的有意义的解密文本。较这一解距离短得多的密文则可能会有多个同样有效的解密文本，因而令对方从其中选出正确的一个很困难，从而获得了安全性。

对绝大多数对称密码体制而言，唯一解距离被定义为密码体制的熵除以语言的多余度：

$$U=H(K)/D$$

唯一解距离，与所有统计的或信息论指标一样，只能给出可能的结果，并不给出肯定预测。例如，对有 56 bit 密钥和用 ASCII 字符表示的英文消息来说，DES 的唯一解距离是：

$$56/3.5=16$$

共 16 个 ASCII 字符，或 56 bit。

唯一解距离不是对密码分析需要多少密文的度量，而是对存在唯一合理的密码分析解所需要的密文数量的指标。对一个密码体制进行破译仅在计算上有可能是远远不够的，即使它在理论上有相对少量的密文数量的指标。唯一解距离与多余度是成反比的，当多余度接近于零时，即使一个普通的密码体制也可能是不可破译的。

3.1.5 信息论的运用

虽然以上这些结论具有很大的理论价值，但实际上密码分析者很少沿这个方向工作。唯一解距离可以保证当其太小时，密码体制是不安全的，但是并不保证当其较大时，密码体制就是安全的。很少有实际的算法在密码分析上是绝对不可破译的。各式各样的特点起着破译已加密信息的突破作用。然而，类似于信息论方面的考虑有时是有用的。例如，为了对一个确立的算法增加安全性，建议变化密钥的间隔或周期，以加大唯一解距离的值。

对密码分析者来说，他们会利用多种多样的统计和信息论的检测方法，以便于在许多可能的方向中帮助引导分析，找到破译的方法。

3.1.6 混乱和散布

香农提出了两项隐蔽明文消息中的多余度的基本技术：混乱和散布。

混乱用于掩盖明文和密文之间的关系。这可以挫败通过研究密文以获取多余度和统计模式的企图。做到这一点最容易的方法是采用代替法，一个简单的代替密码，如凯撒移位密码，其中每一个确定的明文字符被一个密文字符代替。现代的代替密码更复杂，一个长长的明文块被代替成一个不同的密文块，并且代替的机制随明文中的每一比特发生变化。

散布是通过将明文多余度分散到密文中使之分散开来，以使寻求这些多余度的密码分析者难以得到它们。产生散布最简单的方法是通过换位（也称为置换）。一个简单的换位密码，如列换位体制，只简单地重新排列明文字符。现代密码也做这种类型的转换，但它们也利用其他能将部分消息散布到整个消息的散布类型。流密码只依赖于混乱；单独用散布，容易被攻破，分组密码算法既用混乱，又用散布。

3.2 复杂性理论

一个密码系统安全与否，与破译者在破解此系统时，所需要的计算复杂度息息相关。复杂性理论提供了一种分析不同密码技术和算法的“计算复杂性”的方法。它将密码算法及技术进行比较，然后确定它们的安全性。

3.2.1 算法的复杂性

一个密码体制的强度是通过破译它所需的计算能力来确定的，所需的计算能力越大，表明密码体制的安全强度越大。

一个算法的计算复杂性由两个变量来度量：T（时间复杂性）和 S（空间复杂性或所需存储空间）。T 和 S 一般表示为 n 的函数，n 是输入的尺寸。

通常，一个算法的计算复杂性的数量级用“大 O”的符号来表示。计算复杂性的数量级是这种类型的函数：当 n 变大时，增长得最快的函数；所有常数和较低阶形式的函数忽略不计。例如，一个给定的算法的复杂性是 $4n^2+7n+12$，那么，其计算复杂性是 n^2 阶的，表示为 $O(n^2)$。

用以上这种方法表示时间复杂性的好处是它不依赖于系统。这样，就不必知道各种指令的精确时间，或用于表示不同变量的比特数，甚至连处理器的速度也不必知道。一台计算机或许比另一台快50%，而第三台或许有两倍的数据宽度，但这对一个算法的复杂性数量级而言是一样的。当讨论如此复杂的算法时，与时间复杂性的量级相比，其他信息常常可忽略不计。

通过这个符号看到的是时间和空间的需求怎样被输入的尺寸所影响。例如，$T=O(1)$，表示复杂度是固定值，与 n 的大小无关；如果 $T=O(n^t)$，其复杂度与输入值的大小成多项式关系，当 t=2 时，复杂度为 $O(n^2)$。这种 O 随 n 线性增长的其他一些算法也称为“二次方算法”、“三次方算法”，等等。

如果 $T=O(t^{f(n)})$ 则复杂度与输入值的大小成指数关系，例如，$T=O(n^2)$ 是 $T=O(t^{f(n)})$ 的一种特殊形式。

当 n 增长时，算法的时间复杂性能够在算法是否实际可行方面显示出巨大差别。表 3-1 给出了当 $n=10^6$ 时，不同的算法族的运行时间。

表 3-1 不同算法族的运行时间

与 n 的关系	复杂度	所需运算	所需时间（10^6 次运算/s）
常数	$O(1)$	1	1μs
线性	$O(n)$	10^6	1 s
二次方	$O(n^2)$	10^{12}	11.6 天
三次方	$O(n^3)$	10^{18}	32 000 天
指数	$O(2^n)$	$10^{301\,303}$	宇宙年龄的 $10^{301\,006}$ 倍

假定计算机的“时间”单位是微秒，那么这台计算机能够在一个微秒内完成一个常数阶的算法，在一秒内完成一个线性阶的算法，在 11.6 天内完成一个二次方阶的算法。而为了完成一个三次方阶的算法，将花费 32 000 年，这并非骇人听闻，而解决指数阶的算法是枉费心机的。

现在来看看对一个密码体制的强力攻击问题，这种攻击的时间复杂性是与可能的密钥总数成比例的，它是密钥长度的指数函数。如果 n 是密钥长度，那么强力攻击的复杂性是 $O(n^2)$。强力攻击对 56 bit 密钥的复杂性是 2^{56}（2 285 年，假定每秒运行 100 万次）；而对 112 bit 密钥，其复杂性是 2^{112}（10^{20} 年，假定同上）。前面的密码可能处于被破译的边缘；后一个是绝对不可能破译的。

3.2.2 问题的复杂性

复杂性理论也将各种问题，按照解决问题时所需最少的时间及最小的空间，归纳成不同类别的复杂度问题。复杂性理论对所有问题的分析求解，都是模拟在所谓图灵机的理论计算机上执行。图灵机是一种有无限读、写存储带的有限状态机，图灵机被看做是一个实际的计算模型。

能够用多项式时间算法解决（输入与 n 成多项式关系）的问题称之为易处理的，因为它们能够用适当的输入尺寸，在适当的时间开销内解决（“适当的”精确定义取决于实际情况）。不能在多项式时间内解决的问题称为难处理的，因为计算它们的解法很快就变得不可行。难处理的问题有时又称难解问题。复杂度与输入值成指数关系的问题属于难解问题。

依照求解问题所需的时间，复杂性理论也将各种问题分成下面几类：

- P 问题：表示那些能够在多项式时间内可解的问题。
- NP 问题：多项式时间内可验证的问题。在多项式时间内可解决的问题自然可以在多项式时间内可验证，因此，一般有 P⊆NP，但 P=NP 是否成立目前还不知道。然而，在复杂性理论领域内进行研究的每一个人都猜想它们是不等的。如果有人证明 P=NP，那么本书的绝大部分内容将是落后于时代的，并且许多安全系统将会受到影响，因为原来认为较困难的问题会变成容易解决的问题。
- NP 完全问题：是 NP 问题中的一些特殊问题，NP 中的所有问题都可以转换成 NP 完全问题，换句话说，只要 NP 完全问题解决了，其他问题就都可以解决。因此，NP 完全问题是 NP 问题中最困难的问题。
- PSPACE 问题：它是较 NP 复杂度更高一级的问题，但 PSPACE=NP 是否成立仍是没有被解决的问题。

- EXPTIME 问题：复杂度最高的称为 EXPTIME，EXPTIME 问题需要指数的时间才能解决。EXPTIME 已被证明不等于 P。

3.2.3　NP 完全问题

Michael Gareg 和 David Johnson 编辑了一份有 300 多个 NP 完全问题的目录，在此列出其中一些：

（1）整数分解问题

任何整数都可以分解成标准形式：

$$m=\prod_{i=1}^{n} p_i^{e_i}\ ,\quad p_i\text{是素数},\quad e_i \in N$$

当 m 较小时，这个问题不太困难，例如 $6=2\times 3$，$100=2^2\times 5^2$。但当 m 较大时，此问题就变得非常困难了。例如，你能否立即求出整数 8 616 460 799 的标准分解式吗？（实际上 8 616 460 799＝89 681×96 079）。特别是当 m 达到几百位时，根据现有的算法即使用最快的计算机也不行。

（2）背包问题

背包问题是这样的一个问题：已知长度为 k 的圆形背包及长度分别为 a_1，a_2，…，a_n 的 n 个圆形物品。假定这些物品的半径和背包半径相同，要求从 n 个物品中选出若干个正好装满这个背包。

把背包问题抽象成数学模型，称为子集合问题。设有长度为 n 的向量 $\boldsymbol{A}=(a_1, a_2, \cdots, a_n)$，任意给定一个正整数 k，寻找有没有一些 a_i 恰好等于 k，即求方程

$$\sum_{i=1}^{n} x_i a_i = k$$

的解向量 $x=(x_1, x_2, \cdots, x_n)$，其中，$x_i=0$ 或 1。

当背包向量的长度 n 比较小时，可以用穷举搜索法求得解向量；但当 n 比较大时，比如说 $n=200$，那么用穷举法就不可行了。计算机理论科学已经证明，背包问题是 NP 完全问题。

（3）离散对数问题

设 x，r，n 是正整数，已知 x，r 和 n，可以很快地求得 $y=x^r(\text{mod } n)$。反过来，如果已知 y，x 和 n，求 r 使得 $y=x^r(\text{mod } n)$成立，这便是离散对数问题。离散对数问题也是 NP 完全问题。

3.3　数　　论

数论是一个相当古老的数学分支，它和近代密码学的发展有着密切的联系，它在密码学中的应用是近 20 多年来的一大成就。下面仅介绍一些对密码学有用的要点。

3.3.1　模运算

模运算是这样一个问题，举例来说，如果小刘说她 10:00 会回家，而她迟到了 13 个小时，那么她是什么时候回家的呢？这就是模 12 运算：

$$(10+13)\text{mod } 12=11$$

另一种写法是：

$$10+13\equiv 11(\text{mod } 12)$$

本质上，如果 $a=b+kn$ 对某一些整数 k 成立，那么 $a\equiv b(\text{mod } n)$。如果 a 和 b 是正的，且 a 小于 n，那么可将 a 看做 b 被 n 整除后的余数。通常，a 和 b 被 n 整除时有相同的余数。有时，b 被叫做模 n 的余数。有时 a 被叫做与 b 模 n 同余。（“≡”表示同余）。这些都是对同一事物的不同说法而已。

0～n–1 的整数组成的集合构成了模 n 的“完全剩余集”。这意味着，对每一个整数 a ，它的模 n 的余项是 0～n–1 中的某个整数。

a 模 n 的运算给出了 a 的余数，这样的余数是 0～n-1 中的某个整数。这种运算称为模变换。例如，5 mod 3=2。

注意，这个模的定义与用在一些编程语言中的模定义或许有些不同。例如，PASCAL 的模运算符有时返回一个负数。它返回一个-(n–1)～n–1 之间的数。在 C 语言中，% 运算符返回第一个表示项被第二个表示项相除所得出的余数；如果其中任意一个操作项是负的，那么结果可能为负。

模运算就像普通的运算一样：它是可交换的、可结合的、可分配的。而且，简化模 n 运算的每一个中间结果与先进行全部运算，然后再简化模 n 运算的结果，其作用是一样的。

$$(a+b)\bmod n=((a\bmod n)+(b\bmod n))\bmod n$$

$$(a-b)\bmod n=((a\bmod n)-(b\bmod n))\bmod n$$

$$(a\times b)\bmod n=((a\bmod n)\times(b\bmod n))\bmod n$$

$$(a\times(b+c))\bmod n=(((a\times b)\bmod n)+((a\times c)\bmod n))\bmod n$$

除了上述结论外，以下性质也是经常用到的：

$$a=a\bmod n \text{（自反性）}$$

若 $a=b\bmod n$，则 $b=a\bmod n$（对称性）

若 $a=b\bmod n$，且 $a=c\bmod n$，则 $b=c\bmod n$（传递性）

若 $a=b\bmod n$，$c=d\bmod n$，则：

$$a+c=b+d\bmod n，a-c=b-d\bmod n，a\times c=b\times d\bmod n$$

若$(a,n)=1$，则存在唯一正整数 b 满足$(b,n)=1$，使得 $ab=1\bmod n$。

密码学用了许多模 n 运算，因为计算像离散对数和平方根这样的问题是困难的，而模运算可将所有中间结果和最后结果限制在一个范围内，所以用它进行计算比较容易。

计算数 a 的乘方并对其取模：

$$a^x\bmod n$$

它可分成一系列的乘法和除法（取模）。有方法使它运算得更快，因为当操作步骤划分后，当完成一系列乘法，并且每次都进行操作时，情况就不同了。

例如，如果要计算 $a^8\bmod n$，不要运用直接计算的方法进行七次乘法和一个大数的模化简运算：

$$(a\times a\times a\times a\times a\times a\times a\times a)\bmod n$$

相反，应进行三次较小的乘法和三次较小的模化简运算：

$$((a^2\bmod n)^2\bmod n)^2\bmod n$$

依此类推：

$$a^{16}\bmod n=(((a^2\bmod n)^2\bmod n)^2\bmod n)^2\bmod n$$

当 x 不是 2 的幂次方时，计算 $a^x \bmod n$ 稍微要难些。例如 $25=2^4+2^3+2^0$，故：

$$a^{25} \bmod n = (a \times a^{24}) \bmod n = (a \times a^8 \times a^{16}) \bmod n$$
$$= (a \times ((a^2)^2)^2 \times (((a^2)^2)^2)^2) \bmod n$$

与指数模 n 运算相对的是计算离散对数（NP 完全问题）。在后面还将简短地讨论这种运算。

3.3.2 素数

一个大于 1 的整数 p 是素数的条件是：当且仅当它的约数只有 ± 1 和 $\pm p$ 时，素数在数论中起了关键的作用。

任意整数 $a>1$，都可以唯一地因式分解为：

$$a = p_1^{a_1} p_2^{a_2} \cdots p_i^{a_i}$$

其中，$p_1<p_2<\cdots<p_i$ 是素数，a_i 是整数。例如：

$$91 = 7 \times 13; \qquad 11011 = 7 \times 11^2 \times 13$$

下面介绍另一种重要的方法。设 p 是所有素数的集合，那么任何正整数都可以唯一地表示成如下形式：

$$a = \prod_{p \in p} p^{a_p}$$

其中每一个 $a_p > 0$，式子的右边是所有素数的乘积。对于任何一个整数 a，其大多数指数 a_p 都是 0。

对于任何一个正整数可以简单地通过上述公式中的非零指数来唯一地表示出来。整数 12 可以用{$a_2 = 2$，$a_3 = 1$}来表示，整数 18 可以用{ $a_2 = 1$，$a_3 = 2$}来表示。两数相乘和对应的指数相加是等价的。

$k = mn \rightarrow k_p = m_p + n_p$，对于所有的 p 均成立。

从素数因子的角度看，$a|b$ 意味着什么呢？任何形如 p^k 的整数，只能被 p^j 整除，其中 $j \leqslant k$，也就有 $a|b \rightarrow a_p < b_p$，对于所有的 p 均成立。

3.3.3 互为素数

我们使用符号 $\gcd(a, b)$表示 a 和 b 的最大公约数。正整数 c 如果能满足下列条件就可以称为 a 和 b 的最大公约数：

① c 是 a 和 b 的一个约数。

② a 和 b 的任何约数都是 c 的约数。

其等价定义如下：

$$\gcd(a, b)=\max[k,\ k \text{ 整除 } a \text{ 和 } b]$$

因为要求最大公约数为正数，所以 $\gcd(a, b) = \gcd(a, -b)=\gcd(-a, -b)= \gcd(-a, b)$。一般来说，$\gcd(a, b)= \gcd(|a|, |b|)$。例如，$\gcd(60, 24)=\gcd(60, -24)=12$。又因为所有的非零整数整除零，所以有 $\gcd(a, 0) = |a|$。

如果把每个整数都表示成素数乘积的形式，就能很容易地求出两个正整数的最大公约数。例如，

$$300=2^2 \times 3^1 \times 5^2$$
$$18=2^1 \times 3^2$$

$$\gcd(18, 300)=2^1\times 3^1\times 5^0=6$$

一般来讲，$k=\gcd(a, b)$、$k_p=\min(a_p, b_p)$ 对所有 p 均成立。

确定一个大数的素因子不是一件容易的事情，所以，上述的关系不能直接导出计算最大公约数的方法。

当整数 a 和 b 没有除 1 以外的其他公共素因子时，称 a 和 b 互素。其等价提法是：$\gcd(a,b)=1$。例如，8 和 15 是互素的，因为 8 的因子是 1、2、4、8，而 15 的因子是 1、3、5、15。因此 1 是唯一的公共因子。

3.3.4 取模数求逆元

4 的乘法逆元是 1/4，因为 4×1/4=1。在模运算的世界里，这个问题更复杂。

$$4\times x=1 \bmod 7$$

这个方程等价于找到一组 x 和 k，使

$$4x=7k+1$$

x 和 k 在此均为整数。

更为一般的问题是找到一个 x，使得

$$1=(a\times x) \bmod n$$

也可写做：

$$a^{-1}\equiv x \bmod n$$

解决模的化简问题是很困难的。有时候有一个解决方案，有时候就没有。例如，5 模 14 的逆元是 3，因为 $5\times 3\equiv 1 (\bmod 14)$。而另一方面，2 模 14 却没有逆元。

一般而言，如果 a 和 n 是互质的，那么 $a^{-1}\equiv x \pmod n$ 有唯一解。如果 a 和 n 不是互质的，那么 $a^{-1}\equiv x \pmod n$ 就没有解。如果 n 是一个素数，那么 1～n–1 中的每一个数与 n 都是互质的，且在这个范围内恰好有一个逆元。

3.3.5 欧拉函数

还有另一种方法可以计算 n 的逆元，但不是在任何情况下都能使用。模 n 的余数的化简集合是余数完全集合的子集，它的余数与 n 是互质的。例如，模 n 的余数化简集是{1，5，7，11}。如果 n 是素数，那么模 n 的余数化简集是 1～n–1 的所有整数集合。数 0 不是余数化简集元素。

欧拉函数，也称为欧拉 phi 函数，写作(n)，它表示模 n 的余数化简集中元素的数目。换句话说，(n)表示与 n 互质的小于 n 的正整数的数目。这些数字在随后谈到的公钥密码体制中将一再出现，它们都来自于此。

根据费尔马小定理的欧拉推广，如果 $\gcd(a,n)=1$，那么现在计算 a 模 n 的逆元是容易的。

例如，求 5 模 7 的逆元是多少？既然 7 是素数，(7)=7–1＝6。因此，5 模 7 的逆元是

$$5^{6-1} \bmod 7=3$$

3.3.6 中国剩余定理

如果已知 n 的素因子，那么就能利用中国剩余定理求解整个方程组，该定理的最初形式是由

中国数学家孙子发现的。

一般而言，假设有 p_1，p_2，…，p_t 两两互素的正整数，那么方程组

$$x \equiv a_i (\text{mod}\, p_i),\ i=1,\ 2,\ \cdots,\ t$$

在[0，$n-1$]中关于模 $M=p_1$，p_2，…，p_t 有唯一解。在此，x 小于 n（注意，一些素数可能不止一次地出现，例如，p_1 可能等于 p_2）。如果令 $M_j=M/p_j$，求 y_j，使 $M_j y_j \equiv 1(\text{mod}\ p_j (j=1, 2, \cdots, t))$，则上述唯一的解就是 $x=\sum_{j=1}^{t} a_j M_j \bmod M$。

例如，求同余方程组 $x\equiv 1(\text{mod}\ 2)$，$x\equiv 2(\text{mod}\ 3)$，$x\equiv 3(\text{mod}\ 5)$的唯一解。可以看出，上述方程满足中国剩余定理的条件。可以求得，M=30，M_1=15，M_2=10，M_3=6，y_1=$y_2$$y_3$=1，则唯一解 $x=23=(15+20+18) \bmod 30$。

中国剩余定理在密码学和信息安全方面有许多重要的应用，一些学者发表了大量的论文和专著对该定理的应用进行了论述。如在 RSA 解密方面，利用中国剩余定理，可以使速度加快 4 倍。

3.3.7 二次剩余

如果 p 是素数，且 a 小于 p，且 $x^2\equiv a(\text{mod}\ p)$对一些 x 成立，那么称 a 是模 p 的二次剩余。并不是所有的 a 都满足这个特性。例如，如果 $p=7$，二次剩余是 1，2 和 4，则

$$1^2=1\equiv 1\ (\text{mod}\ 7)$$
$$2^2=4\equiv 4\ (\text{mod}\ 7)$$
$$3^2=9\equiv 2\ (\text{mod}\ 7)$$
$$4^2=16\equiv 2\ (\text{mod}\ 7)$$
$$5^2=25\equiv 4\ (\text{mod}\ 7)$$
$$6^2=36\equiv 1\ (\text{mod}\ 7)$$

注意：每一个二次剩余在上面都出现了两次。

但没有任何 x 值可满足下列这些方程的任意一个：

$$x^2=3\equiv 1\ (\text{mod}\ 7)$$
$$x^2=5\equiv 1\ (\text{mod}\ 7)$$
$$x^2=6\equiv 1\ (\text{mod}\ 7)$$

因此，模 7 的非二次剩余是 3，5 和 6。

容易证明，模 p 的二次剩余的数目恰好是$(p-1)/2$，且与其二次非剩余的数目相同。因而，如果 a 是模 p 的一个二次剩余，那么 a 恰好有两个平方根：其中一个在 0～$(p-1)/2$ 之间；另一个在$(p-1)/2$～$(p-1)$之间。这两个平方根中的一个也是一个 mod p 二次剩余，称之为主平方根。

如果 n 是两个素数 p 和 q 之积，那么模 n 恰好有$(p-1)(q-1)/4$ 个二次剩余。模 n 的一个二次剩余是模 n 的一个完全平方。例如，模 35 有六个二次剩余：1，4，9，11，16，29。每一个二次剩余恰好有四个“平方根”。

3.3.8 勒让德符号

勒让德符号，写作 $L(a,p)$，当 a 为任意整数且 p 是一个大于 2 的素数时，其定义如下：它等

于 0，1 或–1。

$L(a,p)=0$，其中 $p \mid a$。

$L(a,p)=1$，其中 a 是 mod p 的二次剩余。

$L(a,p)=-1$，其中 a 是 mod p 的非二次剩余。

一个计算 $L(a,p)$的简便方法是：

$$L(a,p)=a^{(p-1)/2} \bmod p$$

例如，设 $p=7$，可验证 $L(1,p)=L(2,p)=L(4,p)=1$，而 $L(3,p)=L(5,p)=L(6,p)=-1$。

3.3.9 雅可比符号

雅可比符号写做 $J(a, n)$，它是勒让德符号的一般化表示；它定义在任意整数对 a 和 n 上，这个函数首先出现在素数测试中。雅可比符号是基于 n 的除数的余数化简集上的函数，可按下列原则进行计算：

如果 n 是素数，那么雅可比符号 $J(a,n)=1$，其中 a 是模 n 的一个二次剩余。

如果 n 是素数，那么雅可比符号 $J(a,n)=-1$，其中 a 是模 n 的一个非二次剩余。

如果 n 是合数，那么雅可比符号 $J(a,n)=J(a,p_1)\times\cdots\times J(a,p_m)$，在这里，$p_1$，…，$p_m$ 是 n 的素因子。

计算雅可比符号和递归算法如下：

① $J(1,k)=1$

② $J(a\times b,k)=J(a,k)\times J(b,k)$

③ 如果$(k^2-1)/8$ 是偶数；$J(2,k)=1$，否则为–1

④ $J(b,a)=J((b \bmod a),a)$

⑤ 当 $\gcd(a,b)=1$ 时：

　① $J(a,b)\times J(b,a)=1$，其中$(a-1)(b-1)/4$ 是偶数。

　② $J(a,b)\times J(b,a)=-1$，其中$(a-1)(b-1)/4$ 是奇数。

如果 p 是素数，有一个计算雅可比符号更好的方法：

① 如果 $a=1$，那么 $J(a,p)=1$

② 如果 a 是偶数，那么 $J(a,p)=J(a/2,p)\times(-1)^{(p-1)/8}$

③ 如果 a 是奇数（且 $a\neq1$），那么 $J(a,p)=J(p \bmod a,a)\times(-1)^{(a-1)\times(p-1)/4}$

注意：这也是一个确定 a 是否为模 p 的二次剩余的有效方法（虽然仅当 p 是素数时成立）。如果 $J(a,p)=1$，那么它是。如果 $J(a,p)=-1$，那么它就不是。也要注意，如果 $J(a,n)=1$，且 n 是合数，那么 a 是模 n 的二次剩余这一点不一定为真。例如：

$$J(7,143)=J(7,11)\times J(7,13)=(-1)(-1)=1$$

然而，没有一个整数使得 $x^2\equiv7(\text{mod } 143)$。

3.3.10 Blum 整数

如果 p 和 q 是两个素数，且都是与 3 模 4 同余的，那么 $n=p\times q$ 称为 Blum 整数。如果 n 是一个 Blum 整数，那么它的每一个二次剩余恰好有四个根，其中一个也是某个数的平方，这就是主平方根。例如，437=23×19，且 23=3 mod 4，19=3 mod 4，所以，437 是一个 Blum 数，139 模 437 的主平方根是 24。其他三个平方根是 185，252 和 413。

Blum 整数用在一些公钥算法中。从许多数论书中可找到其详细的描述、理论及证明。

3.3.11　生成元

如果 p 是一个素数，且 g 小于 p，则对 0～p-1 中的每一个 n，都存在某个 a，使

$$g^a \equiv n(\text{mod}\ p)$$

那么 g 是模 p 的生成元。

生成元的另一种说法是：g 对于 p 是本原的（Primitive）。例如，如果 p=11，2 是模 11 的一个生成元：

$$2^{10}=1024 \equiv 1\ (\text{mod}\ 11)$$
$$2^1=2\equiv 2\ (\text{mod}\ 11)$$
$$2^8=256 \equiv 3\ (\text{mod}\ 11)$$
$$2^2=4 \equiv 4\ (\text{mod}\ 11)$$
$$2^4=16 \equiv 5\ (\text{mod}\ 11)$$
$$2^9=512 \equiv 6\ (\text{mod}\ 11)$$
$$2^7=128 \equiv 7\ (\text{mod}\ 11)$$
$$2^3=8\equiv 8\ (\text{mod}\ 11)$$
$$2^6=64 \equiv 9\ (\text{mod}\ 11)$$
$$2^5=32 \equiv 10\ (\text{mod}\ 11)$$

1～10 的每一个数都可由 $2^a(\text{mod}\ p)$表示出来。

对 p=11 而言，生成元是 2，6，7 和 8。其他的数不是生成元。例如，3 不是生成元，因为下列方程无解：

$$3^a \equiv 2(\text{mod}\ 11)$$

通常，找出一个生成元不是一个容易的问题。然而，如果知道 p-1 的因子怎样分解，它就变得很容易。令 q_1，q_2，…，q_n 是 p-1 的素因子，为了测试一个数 g 是否是模 p 的生成元，计算

$$g^{(p-1)/q}(\text{mod}\ p)$$

对 q=q_1，q_2，…，q_n 的所有值，如果对 q 的某个值其结果为 1，那么 g 不是一个生成元；如果对 q 的任何值，结果都不等于 1，那么 g 是生成元。

例如，令 p=11。p-1=10 的素因子是 2 和 5。测试 2 是否是一个生成元：

$$2^{(11-1)/5}(\text{mod}\ 11)=4$$
$$2^{(11-1)/2}(\text{mod}\ 11)=10$$

没有一个结果是 1，因此 2 是一个生成元。

测试 3 是否是一个生成元：

$$3^{(11-1)/5}(\text{mod}\ 11)=9$$
$$3^{(11-1)/2}(\text{mod}\ 11)=1$$

因此，3 不是一个生成元。

3.3.12 有限域

如果 n 是素数，那么就存在有限域。(事实上，如果 n 是一个素数的幂，它也可构成一个有限域，此时，我们将它称为 p 而不是 n。) 事实上，这种类型的有限域是如此令人激动，以至于数学家们给它取了一个专有的名字：伽罗瓦域 (Galois Field)。E.Galois 是生活在 19 世纪早期的法国数学家，他在数学方面做了许多贡献。

有限域的定义为：设 F 是至少含两个元素的集合，对 F 定义了两种运算"＋"和"＊"，当代数系统 $<F, +, *>$ 满足封闭性、结合性、单位元、逆元和交换性的条件时，$<F, +, *>$ 则称为一个域。当 F 的元素为有限个时，称为有限域。

当 p 为素数时，$F=\{1, 2, \cdots, p-1\}$ 在 mod p 下关于模运算的加法和乘法构成一个有限群，这个群记做 GF(p)。

在伽罗瓦域上的运算很多都用在了密码学中。整数论运算都可在其中进行。它给数字一个限制范围。许多密码体制都基于 GF(p)，在此 p 是一个大素数。

3.3.13 GF(p^m)上的计算

为了使算法更复杂，密码设计者也使用模 m 次不可约多项式的算术运算，它的系数是模 p 的整数，p 是素数。这些域称为 GF(p^m)。所有的运算都模 $f(x)$，$f(x)$是 m 次不可约多项式。

所谓 $f(x)$是不可约多项式，意味着 $f(x)$不可分解成两个或多个次数小于 m 的多项式的乘积。

有限域 GF(p)是 GF(p)在 $m=1$ 时的特殊情况。下面介绍 $m>1$ 时的运算方式。

令 a，b(GF(p^m))，则 a 和 b 可以表示成下列次数为 $m-1$ 或更小的多项式：

$$a = a_{m-1}x^{m-1} + a_{m-2}x^{m-2} + \cdots + a_1x + a_0$$
$$b = b_{m-1}x^{m-1} + b_{m-2}x^{m-2} + \cdots + b_1x + b_0$$

① GF(p^m)的加法：

$$c = a + b = c_{m-1}x^{m-1} + c_{m-2}x^{m-2} + \cdots + c_1x + c_0 \text{，其中 } c_i = a_i + b_i \bmod p$$

② GF(p^m)的乘法：

$$d = ab = \sum_{i=0}^{m-1}(a_ib_i)x_i \bmod f(x)$$

上述说明，如果乘积的次数 (或阶数) 等于或大于 m，则必须除以 m 次不可约多项式 $f(x)$。例如，$f(x)=x^3+x+1$ 在 GF(2^n)中是一个不可约多项式，$a=2x^2+x+2$，$b=2x^2+2x+2$，则 $ab=x^4+x^2+1$，再除以 $f(x)=x^3+x+1$，可得

$$d=2x^2+2x+1$$

关于多项式除法的内容，由于篇幅所限，这里不再做详细介绍。

在 GF(2^n)上的计算能用线性反馈移位寄存器以硬件快速实现。由于这个因素，在 GF(2^n)上的运算通常比在 GF(p)上要快，且计算 GF(2^n)上的乘幂要有效得多，这种方法也用于计算难度较大的离散对数。

3.4 因子分解

对一个数进行因子分解就是找出它的素因子，例如，

$10=2\times5$

$60=2\times2\times3\times5$

$252601=41\times61\times101$

$2^{113}-1=3391\times23279\times1868569\times1066818132868207$

在数论中，因子分解的问题是一个古老而又困难的问题。现代的算法并不能测试出一个数所有可能的素因子。尽管如此，人们在这方面还是取得了不少的进展。

3.4.1　因子分解算法

目前，比较好的因子分解算法有：

（1）二次筛法

这对于 150 位十进制数来说，是目前已知的最快的算法，且已经有广泛的应用。这个算法的一个较快的版本叫做多重多项式二次筛选。这个算法最快的版本称为多重多项式二次筛法的双重大素数调整。

（2）数域筛法

这是目前已知的最快因子分解算法。当它最初被提出来时，还是不实用的，但随着过去几年的研究和一系列改进，这一点已经改变。尽管如此，多重多项式二次筛法对较小的数还是要快一些。

还有其他一些算法，但速度不及前面的两个算法。

（3）椭圆曲线法（ECM）

这个方法主要用于寻找不大于 38 位数字的因子。

（4）连分式算法

此算法可以采用特殊的 VLSI 硬件得到实际的实现，目的是使算法运算加快。

（5）试除法

这是最古老的因子分解法，它涉及测试小于所选数的平方根的每一个素数。

如果 n 是要被分解的数，则最快的二次筛法各种版本需运行的运算数目大致（或多些，或少些）为

$$\exp[(\ln n)^{1/2}\ln(\ln n)^{1/2})]$$

对于一个 664 bit（200 位十进制数）的数而言，这个结果在大约 10^{23} 次运算之内。在一台速率为每秒一百万次的机器上，将需要运行 37 亿年。

数域筛法对大于 120 位的十进制数较快些，其逐步逼近的渐近时间估计值是

$$\exp[(\ln n)^{\frac{1}{3}}\ln(\ln n)^{\frac{2}{3}}]$$

但 NFS 对一个具有限定特殊形式的数，如 $2^{523}-1$ 要快得多。

1970 年，一个重大新闻是一个“难分解”的含 41 位数字（十进制）的数的因子分解被解决了。10 年后，分解一个两倍长度的难分解的数，用 Gray（克雷）计算机只花费了几小时。

最近，110 位的十进制数已经确定能够分解。这个进展缘于因子分解理论和计算机硬件两方面的发展。

C.Pomerance 用定制的 VLSI 芯片设计了一台标准的因子分解机器。因此，人们能分解的数字

和长度取决于人们能够建立多大的一台机器。Pomerance 的演示模型是一台价值 25 000 美元的设备，它能在两周内分解 100 位的十进制数。一台价值 1 000 万美元的机器能够在 1 年内分解 150 位十进制数。理论上，这个因子分解模型没有上限。为了在一年中分解一个 200 位的十进制数，这样的机器将花费 1 000 亿美元。正如 Diffie 指出的："因子分解只是一个较高的代价问题，并不是人类可望而不可及的。"

当前，利用计算机网络运行因子分解算法已经有显著的进展。对于一个 116 位数进行因子分解，Lenstra 和 Manasse 在遍及世界的一组计算机上只花费了少量的时间，大约几个月，这等价于一台 4 000 MIPS（每秒运行 100 万条指令）的计算机运行 1 年。这些机器相互间用 E-mail 联系。

Lenstra 和 Manasse 的模式可推广到更多机器的网络上。虽然在计算机能力上每增长 10 倍，就使可分解的数的位数增加稍多于 10 位，但期望一些大学或大型机构的工作站网络用几个月的空余时间就分解 130 位十进制数是不太现实的。这些工作站与 Pomerance 的因子分解机器相比太一般了。A.K.Lenstra 估计对一个 155 位（512 bit）的数进行因子分解，采用 NFS 在 50 台大机器上进行将需要一年的时间，且他认为这个估计还是较低的。

因子分解是一个迅速发展的领域，如果没有发展一种新的方法，那么 2 048 bit 数从因子分解上来说是安全的。然而，没有人能够预见未来。在发现数域筛法之前，许多人猜测二次筛法接近于任何因子分解方法所能做到的最快速度（极限），但事实并非如此。

3.4.2 模 *n* 的平方根

如果 n 是两个素数的乘积，那么计算模 n 的平方根的能力在计算上等价于对 n 进行因子分解的能力。换句话说，某人如果知道 n 的素因子，那么就能很容易地计算出一个数模 n 的平方根；这个计算已被证明与计算 n 的素因子一样困难。最近，许多计算机安全专家设计了一些基于双重困难的安全系统，这里的"双重困难"是指，系统的设计既利用了"求平方根"的困难性，也利用了求"因子分解"的困难性。

3.5 素数生成元

两个大的素数相乘，据推测它是一个单向函数，因为这两个数相乘得到一个数是容易的，但分解这个大数且恢复为原来的两个大素数却是困难的。这样，就有办法利用这个单向函数设计一个陷门单向函数。

人们经常遇到测试一个整数是否是素数的问题，但它与因子分解相比要容易得多。公钥密码体制需要素数，而产生这些素数有多种方法。

下面先解决一些常见的问题：

- 如果每个人都需要一个不同的素数，素数是否会被用尽？事实上，在长度为 512 bit 或略短一些的数中，有超过 10^{150} 个素数（对尺寸为 N 的数，一个随机数是素数的概率接近于 $1/\log_2 N$）。
- 是否会有两个人偶然地选择了同样素数的情况呢？从超过 10^{150} 个素数中选择两个素数，发生这种情况的可能性比一台计算机自燃的可能性还要低，不值得担心。

如果对一个 200 位的数进行因子分解要花费如此长时间，那么找出 200 位数字的素数要容易多少呢？可以通过产生随机的候选数，然后试着分解它们，从而找出素数。然而，有许多测试能够确定一个随机数是否是素数，其可靠性超过 50%。如果一个据猜测是素数的数不能通过这个测试，它肯定不是素数。如果一个据猜测是素数的数通过了这种测试，它不是素数的可能性至多为 50%。如果这个数通过了两个这样的测试，它不是素数的可能性至多为 25%。如果这个数通过了 10 个这种测试，它不是素数的可能性至多是 $1/2^{10}$。

如果设置测试的数目为 100，那么整个过程失败的概率是 $1/2^{100}$，或者大约为 $1/10^{30}$。如果为了某些原因，需要更多的可信度来确认一个数是素数，那么就应该选择更多的随机数并对它进行测试。

3.5.1 Solovag -Strassen 方法

Solovag 和 Strassen 发展了一种概率的基本测试算法。这个算法使用了雅可比函数，测试 p 是否为素数的算法如下：

① 选择一个小于 p 的随机数 a。

② 如果 $\gcd(a,p)\neq 1$，那么 p 通不过测试，它是合数。

③ 计算 $j=a^{(p-1)/2} \bmod p$。

④ 计算雅可比符号 $J(a,p)$。

⑤ 如果 $j\neq J(a,p)$，那么 p 肯定不是素数。

⑥ 如果 $j=J(a,p)$，那么 p 不是素数的可能性至多是 50%。

对 a 选择 n 个不同的随机值，重复 n 次这种测试。p 通过所有 n 次测试后，它是合数的可能性不超过 $1/2^n$。

在实际应用中，这个算法运行很快。首先产生一个大的待测试的随机数 p。检查并确认它不能被任何较小的素数整除，例如，2，3，5，7，11 等。然后产生另一个随机数 r，并计算 $\gcd(p,r)$ 和 $r^{(p-1)/2} \bmod p$。进行不同的测试。如果 p 通过，那么产生另一个随机数 r，接着再次进行测试。重复以上步骤直到满意为止。

3.5.2 Rabin-Miller 方法

这个算法是由 Rabin 发明的。事实上，这也是 NIST（国家标准和技术研究所）在 DSS 的建议中推荐的算法的一个简化版。

首先选择一个待测的随机数 p。计算 b，b 是 2 整除 $p-1$ 的次数（即，2^b 是能整除 $p-1$ 的 2 的最大幂数）。然后计算 m，使得 $n=1+2^b m$。其步骤如下：

① 选择一个随机数 a，使得 a 小于 p。

② 设 $j=0$ 且 $z=a^m \bmod p$。

③ 如果 $z=1$ 或 $z=p-1$，那么 p 通过测试，可能是素数。

④ 如果 $j>0$ 且 $z=1$，那么 p 不是素数。

⑤ 设 $j=j+1$。如果 $j<b$ 且 $z=p-1$，设 $z=z^2 \bmod p$，然后回到步骤④。

⑥ 如果 $j=b$ 且 $z=p-1$，那么 p 不是素数。

这个测试较前一个（测试）收敛得更快。当 n 是迭代次数时，它产生一个假的素数所花费的时间不超过 $1/4n$。对一个不能被任何小素数整除的数做 12 次或者自己设定次数的这种测试，其结果几乎肯定是素数。

3.5.3 Lehmann 方法

另一种更简单的测试是由 Lehmann 独立研究出的。下面是迭代数设置为 100 的算法：

① 选择一个待测的随机数 n。

② 确信 n 不能被任何小素数整除。测试 2，3，5，7 和 11 将显著地提高这个算法的速度。

③ 选择 100 个 1～n-1 之间的随机数 a_1，a_2，…，a_{100}。

④ 对所有的 $a_i= a_1$，a_2，…，a_{100}，计算 $a_i^{(n-1)/2}$：

如果对所有的 i，$a_i^{(n-1)/2}=1(\mathrm{mod}\ n)$，那么 n 可能是合数。

如果对任一个 i，$a_i^{(n-1)/2}\neq 1$ 或 $-1(\mathrm{mod}\ n)$，那么 n 是合数。

如果对所有 i，$a_i^{(n-1)/2}=1$ 或 $-1(\mathrm{mod}\ n)$，但并非对所有 i 均等于 1，那么 n 是素数。

3.5.4 强素数

许多关于 RSA 的文献都建议对于 p 和 q 应该用强素数。这些强素数是满足某些特性的素数，它们使得用某些特殊的因子分解的方式对它们的乘积 n 进行分解是困难的。某些建议的性质如下：

- p–1 和 q–1 的最大公因子应该较小。
- p–1 和 q–1 都应有大的素因子，分别记为 p' 和 q'。
- p'–1 和 q'–1 都应有大的素因子，分别记为 p'' 和 q''。
- $(p-1)/2$ 和 $(q-1)/2$ 都应该是素数。

强素数是否有必要一直是一个争论的话题。设计这些性质是为了对付一些因子分解算法。然而，最快的因子分解算法对满足这些准则的数进行因子分解成功的概率与对不满足这些准则的数进行因子分解成功的概率几乎是一样的。不过，这一点或许会改变。或许会发现新的因子分解算法，它对某些具有确定性质的数比不具有这些特性的数能更好地运算。

在此仍然推荐使用强素数，即使它们不会使因子分解更简单。虽然它使得产生素数更困难，但它是无害的。

3.6 有限域上的离散对数

公钥密码学中使用最广泛的有限域为素域 FP，这个算法是基于有限域中计算离散对数的困难性问题之上的，设 F 为有限域，$g\in F$ 是 F 的乘法群 F^*。并且对任意正整数 x，计算 gx 是容易的；但是已知 g 和 y，求 x 使 $y= gx$，在计算上几乎是不可能的。这个问题称为有限域 F 上的离散对数问题。

3.6.1 离散对数基本定义

模指数运算 $a^x \bmod n$ 是经常用于密码体制中的另一种单向函数，它的逆问题是找出一个数的离散对数，这是一个困难的问题。

例如，求 x，使得 x 满足 $3^x \bmod 17=15$。虽然可以求出 $x=6$，但目前没有更简单的求离散对数的方法。

另外，并不是所有的离散对数都有解。可以很容易发现，方程 $3^x \bmod 13=7$ 并没有解。

对 1024 bit 或更大的数来说，求离散对数是非常困难的。

3.6.2 计算有限群中的离散对数

密码设计者对下面三个主要群上的离散对数很感兴趣：

- 素数域的乘法群 GF(p)
- 特征为 2 的有限域 GF($2n$)上的乘法群
- 有限域 F 上的椭圆曲线群 EC(F)

许多公钥密码算法的安全性是基于寻找离散对数的（如美国国家签名标准）。因此对这个问题进行广泛的研究很有意义。

如果 p 是模数且是素数，那么在 GF(p)上寻找离散对数的复杂性实质上与对同样长度的一个整数 n 进行因子分解的复杂性一样，n 在此是两个大致等长的素数的乘积。

用数域筛法求离散对数会快一些，其逐步逼近的时间估计值是：

$$\exp[(\ln p)^{1/3}\ln(\ln p)^{2/3}]$$

尽管如此，它还是不实际的。

对这点需要注意，如果 p 是模数，那么 $p-1$ 至少应该有一个大素数因子。否则，在 GF(p)上计算它的离散对数容易得多。

Plhlig 和 Hellman 发现了一种在 GF(p)上计算离散对数的快速方法，此算法的基本要求是 $p-1$ 仅有小的素因子。由于这个原因，一些域不能用于密码体制中。

目前，在素数域上有许多种方法可以计算离散对数，其中 3 种主要方法是：线性筛法、高斯整数法和数域筛法。这里不做详细论述。

小　结

信息论是用概率论和数理统计方法，从量的方面来研究系统的信息如何获取、加工、处理、传输和控制的一门科学。信息就是指消息中所包含的新内容与新知识，是用来减少和消除人们对于事物认识的不确定性的。信息是一切系统保持一定结构并实现其功能的基础。狭义信息论是研究在通信系统中普遍存在的信息传递的共同规律，以及如何提高各信息传输系统的有效性和可靠性的一门通信理论。广义信息论被理解为是运用狭义信息论的观点来研究一切问题的理论。信息论认为，系统正是通过获取、传递、加工与处理信息而实现其有目的的运动的。信息论能够揭示人类认识活动产生飞跃的实质，有助于探索与研究人们的思维规律和推动与进化人们的思维活动。

数论是研究数的规律，特别是整数性质的数学分支。它与几何学一样，是最古老而又始终活跃着的数学研究领域。

计算机的产生与发展给科学技术带来了巨大而深刻的变革。这使数论有了非常广泛的应用途径。无论什么问题都必须离散化后才能在计算机上进行数值计算，所以离散数学显得日益重要，而离散数学的基础之一就是数论。

思　考　题

1. 一条消息的熵和一个密码体制的熵如何计算，它们与安全性有什么关系？

2．什么是唯一解距离？简述它与多余度的关系。

3．简述“散布”与“混乱”在密码中的应用。

4．什么是计算复杂性、空间复杂性和问题复杂性？简述 P 问题、NP 问题和 NP 完全问题之间的关系。

5．对整数 15 和 18，有以下问题：

- 它们是否互素？
- 试用欧几里得算法求它们的最大公因子。
- $28^{-1} = x \bmod 15$ 是否有解，为什么？
- 如果有解，请给出两种计算方法。

6．简述中国剩余定理并说明它的一个实际应用。

7．验证 437 是一个 Blum 数。

8．素数的个数是无限的还是有限的？找素数与因子分解相比，哪个难度更大？

第 4 章 信息加密技术

加密技术与密码学紧密相连。密码学这门古老而又年轻的学科包含着丰富的内容。本章主要介绍一些与网络数据安全有关的概念，如数据加密模型、分组加密体制 DES、公开密钥密码体制 RSA、数字签名和密钥分配协议等。

数据加密的一般模型如图 4-1 所示。明文 M 用加密算法 E 和加密密钥 Ke 得到密文 $C=E_{Ke}(M)$。传递过程中可能出现加密密文截取者。到了接收端，利用解密算法 D 和解密密钥 K_d，解出明文 $M=D_{Ke}(C)$。

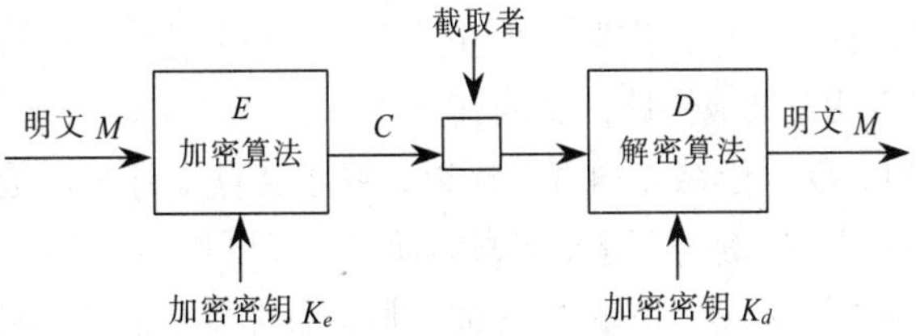

图 4-1　数据加密的一般模型

密码编码学是密码体制的设计学，而密码分析学则是在未知密钥的情况下，从密文推演出明文或密钥的技术。密码编码学和密码分析学合起来称为密码学。

如果无论截取者获得了多少密文，但在密文中没有足够的信息来唯一地确定出对应的明文，则认为这一密码体制是无条件安全的，或是理论上不可破的。在无代价限制的条件下，目前几乎所有的密码体制都是可破的。因此，人们关心的是要研制出在计算机上是不可破译的密码体制。如果一个密码体制的密码不能被可以使用的计算资源所破译，则认为这一密码体制在计算上是安全的。

早在几千年以前人类就已有了通信保密的思想和方法，但直到 1949 年，信息论创始人 C.E.Shannon 才论证了一般通过经典加密方法得到的密文几乎都是可破的。这引起了密码学研究的危机。但是从 20 世纪 60 年代以来，随着电子技术、计算机技术、结构代数和可计算性技术的发展，产生了数据加密标准（Data Encryption Standard，DES）和公开密钥体制（Public Key Crypt-system），它们是近代密码学发展史上两个重要的里程碑。

4.1　网络通信中的加密方式

用户在网络上相互通信，其安全危险来自于非法窃听。有的入侵者通过搭线窃听，截收线路上传输的信息；有的采用电磁窃听，截收无线电传输的信息。因此，对网络传输的信息进行数据加密，然后在网络信道上传输密文，这样即使密文中途被截获，窃听者也无法理解信息内容。

4.1.1 链路-链路加密

面向链路的加密方法将网络看做是链路连接的结点集合，每一个链路被独立地加密。链路-链路加密方式为两个结点之间通信链路上的信息提供安全性，它与这个信息的起始或终结无关，如图 4-2 所示。每一个这样的连接相当于 OSI 参考模型建立在物理层之上的数据链路层。

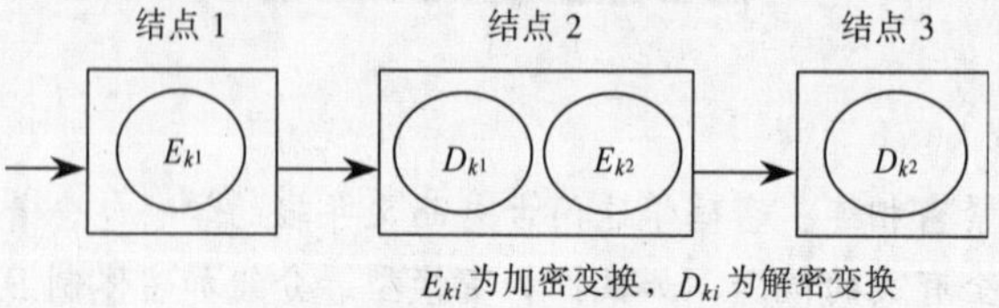

图 4-2　链路-链路加密示意图

这种类型的加密最容易实现，也很有意义。因为所有的报文都被加密，所以黑客攻击者就无法获得任何关于报文结构的信息，也无法知道通信者、通信内容和通信时间等信息，因此还可以称其为信号流安全。在这种加密方式中，密钥管理相对来说是简单的，只在链路的两端结点需要一个共用密钥。加密是在每个通信链路上独立进行的，每个链路上使用不同的加密密钥。因此，一个链路上的错误不会波及其他链路，影响其他链路上的信息安全。

链路-链路信息加密仅限于结点内部，所以，要求结点本身必须是安全的。另一个较重要的问题是维护结点安全的代价。链路-链路加密的优缺点如下：

- 加密对用户是透明的，通过链路发送的任何信息在发送前都先被加密。
- 每个链路只需要一对密钥。
- 提供了信号流安全机制。
- 缺点是数据在中间结点以明文形式出现，因此，维护结点安全的代价较高。

在链路-链路加密方式中，加密对用户是看不见的、透明的，所有的用户拥有一个设备，加密可以用硬件完成。采用的方式是所有的信息都加密，或任何信息都不加密。

4.1.2 结点加密

结点加密指每对结点共用一个密钥，对相邻两结点间（包括结点本身）传送的数据进行加密保护。尽管结点加密能给网络数据提供较高的安全性，但它在操作方式上与链路加密是类似的：两者均在通信链路上为消息的传送提供安全性；都在中间结点先对消息进行解密，然后进行加密。由于要对所有传输的数据进行加密，因此这一过程在结点上的安全模块中进行。在结点加密方式中，为了将报文传送到指定的目的地，链路上的每个结点必须检查路由选择信息，因此只能对报文的正文进行加密而不能对报头加密，报头和路由信息以明文形式传输，以便中间结点能得到如何处理该报文正文的信息，但是这种方法给了攻击者可乘之机。

4.1.3 端-端加密

端-端加密方法建立在 OSI 参考模型的网络层和传输层。这种方法要求传送的数据从源端到目的端一直保持密文状态，任何通信链路的错误都不会影响整体数据的安全性，如图 4-3 所示。对于这种方法，密钥管理比较困难。如果加密在应用层或表示层进行，那么加密可以不依赖于所用通信网的类型。

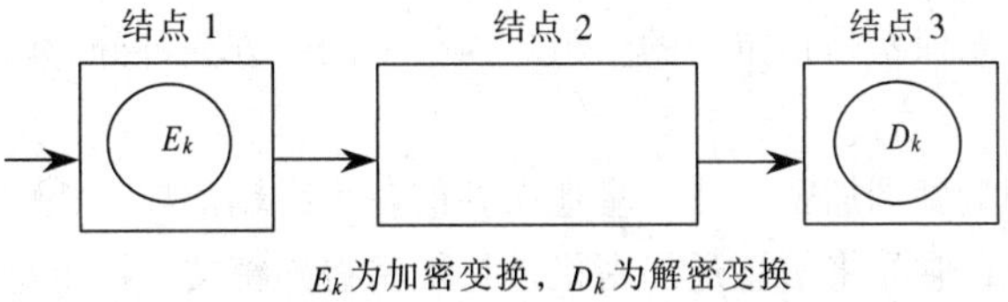

图 4-3　端-端加密示意图

在端-端加密方式中，只加密数据本身信息，不加密路径控制信息。在发送主机内信息是加密的，在中间结点信息也是加密的。用户必须找到加密算法，可以选择加密，也可以决定施加某种加密手段。这种加密可以用软件编程实现。

端-端加密方法将网络看做是一种介质，数据能安全地从源端到达目的端。这种加密在 OSI 模型的高三层进行，在源端进行数据加密，在目的端进行解密，而在中间结点及其线路上将一直以密文形式出现。端-端加密的缺点是允许进行流量分析，而且密钥管理机制较复杂。

4.1.4　ATM 网络加密

ATM 网络环境中使用的加密方法一般有下面几种：

（1）链路加密

根据网络结构的特点，在物理协议层进行加密是可行的，有时还是合乎需要的。但是仅在物理协议层及其传输链路上进行加密，其安全性还是远远不够的，因此有时还需在物理层上方实施加密功能，以进一步提高加密程度。

（2）ATM 信元加密（Cell Encryption）

ATM 信元是 ATM 网络系统传送数据的载体，信元包括 5 B 的头部信息和 48 B 的有效载荷部分。5 B 的头部信息中包含了数据类型、信元来源和信元目的地等信息，主要用于纠正错误、确定交换路径等。以分时、分组的方式传送数据是 ATM 技术的特点，它将数据块分组打包成较小的单元，再配置必要的传送码头，这样，有助于充分利用传输链路的带宽资源。在 ATM 信元上加密就充分利用了这一结构的特点。为了防止在交换结点上泄露机密信息，可给用户数据（有效载荷）部分实施加密，而使各个信元头部使用明码。在 ATM 信元级加密，最简单的方法是对所有信元都使用同一密钥。但是这种方法不够灵活，并且与 ATM 网络中每个虚拟电路都有一个专用密钥的复杂方法相比，安全性要差一些。

（3）密钥灵活的信元加密方法

密钥灵活是指加密单元拥有动态变换密钥的能力，密钥灵活的理想状态是能够迅速地变换各个密钥。例如，能在通信流的每个虚拟分支上使用不同的密钥，或者是在包交换网的每个目的地上使用专用的密钥。在 ATM 系统中，密钥灵活是指系统中各条有效虚电路拥有专用密钥的能力。在密钥灵活的加密方法中，对目的地不同的信元分别选用不同的密钥，可以有效提高信元的安全程度。

4.1.5　卫星通信加密

由于在卫星通信中信号覆盖全球，因而现代的卫星通信技术必然是通信与加密并存的技术。

而对卫星通信信息的窃取技术也发展到了很高的水平，所以采用卫星通信网时，只要载荷处的卫星信号一经送出，就可以认为它已被非法者截获，并可能已受到破译攻击。卫星通信的移动性、线路可靠性等特点很适合军事、公安等特殊部门的通信，我国的“三金工程”也都离不开卫星通信，所以卫星通信的信息保密是很重要的。卫星通信的加密方法可分为以下几种：

（1）终端加密

相当于上面说过的端到端加密，在卫星地面站的各个终端都配有相应的加密机。当地面站的某一计算机发送信息时，它先将信息送加密机进行加密得到密文，再由计算机把密文送给地面站控制器，控制器根据卫星通信协议进行处理后送发射器发向卫星。空中的通信卫星将接收到的密文按协议发向指定的收方地面站，收方地面站控制器先把密文送计算机处理，然后送加密机解密，解密后再送计算机按明文方式处理、输出等。

（2）信道加密

就是地面站的每一个用户终端与站控制器之间安装有加密机，该加密机负责信道信息的加解密。计算机将需要传送的信息送信道加密机加密变成密文，密文被送到地面站控制器，由地面站控制器按通信协议把密文发向相应的地面站，该站控制器进行处理后送信道加密机解密成明文，再将明文送用户的计算机输出。

（3）群路加密

一个地面站会有若干个用户，各用户的业务性质可能不同，如数据用户、语音用户或图形和图像用户等，各种业务性质的信息都先送群路加密机进行加密，群路加密机将加密后的密文送地面站控制器，由控制器发向通信卫星，通信卫星再将其发向相应地面站控制器，然后由该控制器将处理过的密文送群路加密机，解密成明文后再分送各用户使用。

4.1.6 加密方式的选择

保密是一个相对概念，加密技术是在攻守较量中不断发展和完善的，采用什么加密方式，是安全策略研究的重要内容。一个信息系统要有明晰的安全策略，要根据该策略来制定保密策略，选择合理、合适的加密方式。

前面介绍的几种加密方式都各有其优缺点，具体可参见表 4-1。目前网络加密在方法上主要采用链路加密和端到端加密。

通过对加密方式的分析，可得出如下结论：

- 要保护的链路数不多，要求实时通信，不支持端到端加密的远程调用通信等场合宜采用链路加密方式。这种加密仅需少量的加密设备，因而可保证不降低太多的系统性能，不需要太高的加密成本。
- 在需要保护的链路数较多的场合，以及在文件保护、邮件保护、支持端到端加密的远程调用且实时性要求不高的通信等场合，宜采用端到端加密方式，这种加密可以使网络具有更高的保密性和灵活性，同时加密成本也较低。
- 在多个网络互连的环境下，宜采用端到端加密方式。
- 对于需要防止流量分析的场合，可考虑采用链路加密和端到端加密相结合的加密方式。

与链路加密相比，端到端加密具有成本低、保密性好等优点，因此应用场合较多。如银行系统的电子资金传送（EFT）系统，办公自动化等场合应用的电子邮件，以及大的分组交换网络和分组广播网络都适宜采用端到端加密方式。总之，要根据具体的网络环境和应用要求选择合适的网络加密方式。计算机网络加密还涉及密码体制、加密算法、密钥管理及软硬件实现等多方面的内容，所以要综合考虑。

表 4-1　加密方式比较表

方式	优　点	缺　点
链路加密	• 包含报头和路由信息在内的所有信息均加密 • 单个密钥损坏时整个网络不会损坏，每对网络结点可使用不同的密钥 • 加密对用户透明	• 消息以明文形式通过每一个结点 • 因为所有结点都必须有密钥，所以密钥分发和管理变得困难 • 由于每个安全通信链路需要两个密码设备，因此费用较高
结点加密	• 消息的加、解密在安全模块中进行，这使消息内容不会被泄露 • 加密对用户透明	• 某些信息（如报头和路由信息）必须以明文形式传输 • 因为所有结点都必须有密钥，所以密钥分发和管理变得困难
端到端加密	• 使用方便，采用用户自己的协议进行加密，并非所有数据都加密 • 网络中数据从源点到终点均受保护 • 加密对网络结点透明，在网络重构期间可使用该加密技术	• 每一个系统都需要完成相同类型的加密 • 某些信息（如报头和路由信息）必须以明文形式传输 • 需采用安全、先进的密钥分发和管理技术

4.2　密码学原理

密码学并不像计算机科学那样是一门新兴学科，因为在没有计算机的时代，密码技术就已经有了。密码学很早就以一种“艺术”的形式存在，但真正的发展还是在最近的 50 多年。计算机、通信技术的发展刺激了密码学理论的发展和完善，反过来，密码学理论的发展也促进了计算机、通信技术的发展。

4.2.1　古典密码系统

1. 仿射密码系统

仿射密码系统是一种典型的单表变换密码系统。所谓单表变换密码是指明文的所有字母和密文的所有字母之间存在一个固定的映射关系。

表 4-2 是一个从明文字母映射到密文字母的实例。

表 4-2　明文字母到密文字母的映射

明文	a	b	c	d	e	f	g	h	i	j	k	l	m	n	o	p	q	r	s	t	u	v	w	x	y	z
密文	y	z	a	b	c	d	e	f	g	h	i	j	k	l	m	n	o	p	q	r	s	t	u	v	w	x

有了映射关系后，就可以进行加密和解密。

【例 4-1】　根据表 4-2 对明文“affine cipher”进行加密。

根据表 4-2 的映射关系，存在以下的加密变换：

$$a \rightarrow y,\ f \rightarrow d,\ i \rightarrow g,\ n \rightarrow l,\ e \rightarrow c,\ c \rightarrow a,\ p \rightarrow n,\ h \rightarrow f,\ r \rightarrow p$$

于是可以得到密文："yddglc agnfcp"。

接收方收到密文后，也可以通过表 4-2 进行还原：

$$y \to a,\ d \to f,\ g \to i,\ l \to n,\ c \to e,\ a \to c,\ n \to p,\ f \to h,\ p \to r$$

得到明文："affine cipher"

仿射密码系统的核心是定义在有限域上的线性映射。下面对仿射密码系统进行完整的描述。

在仿射密码系统（Affine Cipher）中，明文空间和密文空间均为 Z_n。

密钥空间：$K=\{K=(k_0, k_1) \mid \gcd(k_1, n)=1,\ k_0,\ k_1 \in Z_n\}$

加密算法：$E_k(i)=(ik_1+k_0) \bmod n$

解密算法：$D_k(j)=(j-k_0) / k_1 \bmod n$

在解密算法中，除以 k_1 是指乘以 k_1 的倒数，特别地，当 k_1=l 时，仿射退化成简单的加和减，相应的密码系统称为移位密码系统（Shift Cipher），又称加法密码系统（Additive Cipher）；当 $k_0=0$ 时，仿射退化成乘法，相应的密码系统称为乘法密码系统（Multiplicative Cipher），又称采样密码系统（Decimation Cipher）。

例 4-1 就是一个移位密码系统的例子，其中 $k_0=22$。

下面针对 $k_1 \neq 1$、$k_0 \neq 0$ 的一般情况举例说明仿射密码系统。

【例 4-2】 在仿射密码系统中，明文空间和密文空间均为 Z_{26}，$k_0=3$，$k_1=5$。

英文明文："unconditional security"

相应的数字明文："20,13,2,14,13,3,8,19,8,14,13,0,11,18,4,2,20,17,8,19,24"

（忽略空格）

实施加密算法：$E_k(i)=(3i+5) \bmod 26$

得到数字密文："25,16,13,2l,16,18,17,20,17,21,16,3,6,15,23,13,25,10,17,20,19"

相应的英文密文："zqnvqsrurvqdg pxnzkrut"

实施解密算法：$D_k(j)=(j-5) / 3 \bmod 26$

还原出数字明文："20,13,2,14,13,3,8,19,8,14,13,0,11,18,4,2,20,17,8,19,24"

还原出英文明文："unconditional security"

显然，与例 4-1 的移位密码系统相比，例 4-2 的仿射密码系统在安全性方面要略好一些。但是，无论如何仿射密码系统都是很不安全的，因为它是建立在单表变换的基础上的。

2. Vigenère 密码系统

多表变换密码系统是单表变换密码系统的扩展。在单表变换中，加密和解密由一个映射来完成，而在多表变换中存在多个映射。

设 $f=(f_1, f_2, \cdots, f_n)$是一组映射序列，该序列将明文 $m=(m_1, m_2, \cdots, m_n)$加密成密文序列 $f(m)=(f(m_1), f(m_2), \cdots, f(m_n))$，其中，$f$ 至少由两种以上的不同映射构成，称此为多表变换密码系统。如果 f 是周期性序列，则称其为周期性多表变换密码系统。

Vigenère 密码系统就是一种典型的周期性多表变换密码系统，它是由法国密码学家 Blaise de Vigenère 于 1858 年提出的算法。

在 Vigenère 密码系统中，明文空间和密文空间均为 Z_n。

密钥：$k=(k_0, k_1, \cdots, k_d)$，$k_i \in Z_n$

加密算法：m_i+td　　c_i+td

$c_i+td=(m_i+td+k_i)(\bmod n)$

解密算法：c_i+td　　m_i+td

$m_i+td=(c_i+td-k_i)(\bmod n)$

【例 4-3】　在 Vigenère 密码系统中，明文和密文都是英文字母串，n=26，密钥 k={19，7，8，13，10}，明文的英文形式是“the algebraic form of an elliptic curve”。

相应的数字形式是：

“19,7,4,0,11，　6,4,1,17,0，　8,2,5,14,17，　12,14,5,0,13，

4,11,11,8,15，　19,8,2,2,20　17,21,4”（忽略空格）

实施加密算法：

19（+19）→ 12　7（+7）→ 14　4（+8）→ 12　0（+13）→ 13　11（+10）→ 21

6（+19）→ 25　4（+7）→ 11　1（+8）→ 9　17（+13）→ 4　0（+10）→ 10

8（+19）→ 1　2（+7）→ 9　5（+8）→ 13　14（+13）→ 1　17（+10）→ 1

12（+19）→ 5　14（+7）→ 21　5（+8）→ 13　0（+13）→ 13　13（+10）→ 23

4（+19）→ 23　11（+7）→ 18　11（+8）→ 19　8（+13）→ 21　15（+10）→ 25

19（+19）→ 12　8（+7）→ 15　2（+8）→ 10　2（+13）→ 15　20（+10）→ 4

17（+19）→ 10　21（+7）→ 2　4（+8）→ 12

得到数字密文：

“12,14,12,13,21，　25,11,9,4,10，　1,9,13,1,1，　5,21,13,13,23，

23,18,19,21,25，　12,15,10,15,4，　10,2,12”

相应的英文密文：“mom nvzljekbj nbbf vn nx xstvzmpk pekcm”

实施解密算法：

12（−19）→ 19　14（−7）→ 7　12（−8）→ 4　13（−13）→ 0　21（−10）→ 11

25（−19）→ 6　11（−7）→ 4　9（−8）→ 1　4（−13）→ 17　10（−10）→ 0

1（−19）→ 8　9（−7）→ 2　13（−8）→ 5　1（−13）→ 14　1（−10）→ 17

5（−19）→ 12　21（−7）→ 14　13（−8）→ 5　1（−13）→ 0　23（−10）→ 13

23（−19）→ 4　18（−7）→ 11　19（−8）→ 11　21（−13）→ 8　25（−10）→ 15

12（−19）→19　15（−7）→ 8　10（−8）→ 2　15（−13）→ 2　4（−10）→ 20

10（−19）→17　2（−7）→ 21　12（−8）→ 4

还原出数字明文：

“19,7,4,0,11，　6,4,1,17,0，　8,2,5,14,17，　12,14,5,0,13，

4,11,11,8,15，　19,8,2,2,20，　17,21,4”

还原出英文明文：“the algebraic form of an elliptic curve”

3．Hill 密码系统

无论是仿射密码系统，还是 Vigenère 密码系统，都有一个明显的缺点，就是在密文里隐藏着字母的频度信息，这种频度信息使密码系统容易受到统计分析攻击。造成字母频度信息暴露的原因是，仿射密码系统和 Vigenère 密码系统都是以单个字母作为变换对象的。于是，针对单字母变

换的缺点，提出了一些多字母变换的密码算法，比较典型的算法是 Hill 密码系统。

在 Hill 密码系统中，明文空间和密文空间都是 $Z^m{}_n$，明文用$(x_1, x_2, \cdots, x_m)$表示，密文用$(y_1, y_2, \cdots, y_m)$表示。

密钥：

$$k = \begin{bmatrix} k_{11} & k_{12} & \cdots & k_{1m} \\ k_{21} & k_{22} & \cdots & k_{2m} \\ \vdots & \vdots & & \vdots \\ k_{m1} & k_{m2} & \cdots & k_{mm} \end{bmatrix}$$

加密算法：

$$(y_1, y_2, \cdots, y_m)=(x_1, x_2, \cdots, x_m)\begin{bmatrix} k_{11} & k_{12} & \cdots & k_{1m} \\ k_{21} & k_{22} & \cdots & k_{2m} \\ \vdots & \vdots & & \vdots \\ k_{m1} & k_{m2} & \cdots & k_{mm} \end{bmatrix}$$

即，$y = xk$

相应的解密算法是：

$$x = yk^{-1}$$

【例 4-4】 在 Hill 密码系统中，$n = 26$，$m = 2$，明文是“sunday”。

将明文变成数字，并按每 2 个字母进行分组：

(18,20) (13,3) (0,24)

密钥：

$$k = \begin{bmatrix} 9 & 6 \\ 7 & 11 \end{bmatrix}$$

实施加密算法：

$$(y_1, y_2)= (x_1, x_2)\begin{bmatrix} 9 & 6 \\ 7 & 11 \end{bmatrix}$$

即，

$$\begin{cases} y_1 = 9x_1 + 7x_2 \\ y_2 = 6x_1 + 11x_2 \end{cases}$$

分别得到密文：

(16, 16) (8, 7) (12, 4)

转化为英文密文：“qqihme”

实施解密算法：

$$(x_1, x_2)=(y_1, y_2)\begin{bmatrix} 9 & 6 \\ 7 & 11 \end{bmatrix}^{-1} = (y_1, y_2)\begin{bmatrix} 23 & 4 \\ 9 & 7 \end{bmatrix}$$

得到明文：

(18, 20) (13, 3) (0, 24)

即“sunday”。

在实施 Hill 解密算法时，需要计算 k^{-1}。二阶矩阵的逆可以按下列公式求得：

$$k^{-1}=(\Delta k)^{-1}\begin{pmatrix}k_{22} & -k_{12}\\ -k_{21} & k_{11}\end{pmatrix}(\text{mod}\quad n)$$

其中，

$$\Delta k=k_{11}k_{22}-k_{12}k_{21}(\text{mod}\, n)$$

特别地，当 k 是对角矩阵时，Hill 密码系统退化成 Vigenère 密码系统。

4. 其他古典密码系统

古典密码系统既像一门科学，又像一种艺术。早期的密码学家只是凭直觉创造出一些算法，其中两种有趣的算法分别是替代密码系统和置换密码系统。

与仿射密码系统相似的替代密码系统是一种单表变换密码系统，只是替代密码系统的对应关系是一种更任意的对照关系，如表 4-3 所示。

表 4-3　替代密码系统对应关系

明文	a	b	c	d	e	f	g	h	i	j	k	l	m	n	o	p	q	r	s	t	u	v	w	x	y	z
密文	o	q	f	s	j	n	t	a	g	v	i	c	e	x	p	d	y	m	z	r	b	k	u	h	w	l

替代密码系统的加密和解密算法只能通过查表来实现，而无法通过四则运算来得到。例如，根据表 4-3，明文"light"对应的密文是"cgtar"。

置换密码系统是一种多字母变换密码系统，它通过对明文的字母位置进行换位实现加密。在置换密码系统中，明文空间和密文空间都是 Z_n^m，明文用 $(x_1, x_2,\cdots, x_m)$ 表示，密文用 $(y_1, y_2,\cdots, y_m)$ 表示，设密钥为 k。

加密算法：

$$(y_1,y_2,\cdots,y_m)=(x_{k(1)},x_{k(2)},\cdots,x_{k(m)})$$

解密算法：

$$(x_1,x_2,\cdots,x_m)=(y_{k^{-1}(1)},y_{k^{-1}(2)},\cdots,y_{k^{-1}(m)})$$

其中，k^{-1} 是 k 的逆。

【例 4-5】 在置换密码系统中，明文是"olympic"，设密钥为 k，k 可以用一个置换矩阵来表示：

$$\begin{pmatrix}0&1&0&0&0&0&0\\0&0&0&1&0&0&0\\0&0&0&0&0&0&1\\0&0&1&0&0&0&0\\0&0&0&0&0&1&0\\1&0&0&0&0&0&0\\0&0&0&0&1&0&0\end{pmatrix}$$

加密算法：

$$(y_1,y_2,y_3,y_4,y_5,y_6,y_7)=(x_2,x_4,x_7,x_3,x_6,x_1,x_5)$$

产生密文："lmcyiop"。

解密算法：

$$(x_1,x_2,x_3,x_4,x_5,x_6,x_7)=(y_6,y_1,y_4,y_2,y_7,y_5,y_3)$$

还原出明文："olympic"。

虽然置换密码系统看起来有一些趣味，但实质上，它也是 Hill 密码系统的一个特例。在 Hill 密码系统中，将密钥设成置换矩阵，即可得到置换密码系统。

4.2.2 对称密码系统

在对称密码系统中，加密和解密使用相同的密钥。这个相同的密钥必须妥善保管，以防止泄露，它就像一把私人钥匙，因此对称密码系统又称私钥密码系统。

与古典密码系统不同，本节介绍的对称密码系统具有如下特点：系统的安全性不依赖于算法的保密，仅依赖于密钥的保密。

1. DES 算法

1973 年，美国国家标准局开始着手研究除国防部外的其他部门的计算机系统的数据加密标准，于 1973 年 5 月 15 日和 1974 年 8 月 27 日先后两次向公众发出了征求加密算法的公告。加密算法的要求包括以下几点：

- 提供高质量的数据保护，防止数据未经授权的泄露和未被察觉的修改。
- 具有相当高的复杂性，使得破译的开销超过可能获得的利益，同时又要便于理解和掌握。
- DES 密码体制的安全性应该不依赖于算法的保密，其安全性仅以加密密钥的保密为基础。
- 实现经济，运行有效，并且适用于多种完全不同的应用。

1977 年 1 月，美国政府声明，采纳 IBM 公司设计的方案作为非机密数据的正式数据加密标准（Data Encryption Standard，DES）。

DES 算法具有对称性，既可用于加密又可用于解密。对称性带来的一个很大的好处在于硬件容易实现，DES 的加密和解密可以用完全相同的器件来实现。

DES 算法的明文分组是 64 位，输出密文也是 64 位。所用密钥的有效位数是 56 位，加上校验位共 64 位。

总体流程如表 4-4 所示。输入的 64 位明文，先经初始 IP 变换，形成 64 位数据；64 位数据被分成两部分，分别是 L 部分和 R 部分；L 和 R 经 16 次迭代，形成新的 64 位数据；新的 64 位数据再经初始逆变换，输出 64 位密文。

下面分步进行描述。

（1）初始变换 IP

IP 初始变换由一个 8×8 的变换矩阵来完成，如表 4-5 所示。初始变换是线性变换，它使明文发生位置上的变化。

设 x 是明文，变换后 $x_0=\mathrm{IP}(x)=L_0R_0$，这里 L_0 和 R_0 都是 32 位。

表 4-4 DES 算法流程

输入 64 位数据	
初始变换（IP）	
$L(0)$	$R(0)$
$L(1)=R(0)$	$R(1)=L(0)\ \mathrm{xor}\ F(R(0),K(1))$

续表

$L(2)=R(1)$	$R(2)=L(1)$ xor $F(R(1), K(2))$
⋮	
$L(15)=R(14)$	$R(15)=L(14)$ xor $F(R(14), K(15))$
$L(16)=R(15)$	$R(16)=L(15)$ xor $F(R(15), K(16))$
$L(17)=R(16)$	$R(17)=L(16)$
初始逆变换（IP^{-1}）	
输出 64 位数据	

表 4-5　IP 初始变换表

58	50	42	34	26	18	10	2
60	52	44	36	28	20	12	4
62	54	46	38	30	22	14	6
64	56	48	40	32	24	16	8
57	49	41	33	25	17	9	1
59	51	43	35	27	19	11	3
61	53	45	37	29	21	13	5
63	55	47	39	31	23	15	7

（2）迭代运算

迭代运算按如下规则进行：

$$L_i = R_{i-1}$$
$$R_i = L_{i-1} \oplus f(R_{i-1}, k_i)$$

其中，$1 \leqslant i \leqslant 16$，即迭代次数是 16 次。

L_i 和 R_i 都已确定，下面来看函数 $f(R,k)$。

函数 $f(R,k)$ 中第一个变量是 32 位，第二个变量是 48 位子密钥，输出是 32 位，如表 4-6 所示。

表 4-6　F(R(i), k(i+1))

$r_{32}^{(i)}$ xor $k_1^{(i+1)}$	$r_1^{(i)}$ xor $k_2^{(i+1)}$	…	$r_5^{(i)}$ xor $k_6^{(i+1)}$
$r_4^{(i)}$ xor $k_7^{(i+1)}$	$r_5^{(i)}$ xor $k_8^{(i+1)}$	…	$r_9^{(i)}$ xor $k_{12}^{(i+1)}$
…	…	…	…
$r_{28}^{(i)}$ xor $k_{43}^{(i+1)}$	$r_{29}^{(i)}$ xor $k_{44}^{(i+1)}$	…	$r_1^{(i)}$ xor $k_{48}^{(i+1)}$

具体过程如下：

① 将第一个变量 R 经一个扩充函数 E 扩充成 48 位的串，扩充函数如表 4-7 所示。

表 4-7　扩充函数

32	1	2	3	4	5
4	5	6	7	8	9
8	9	10	11	12	13
12	13	14	15	16	17

续表

16	17	18	19	20	21
20	21	22	23	24	25
24	25	26	27	28	29
28	29	30	31	32	

② 计算 $E(R) \oplus k$，并将所得结果分成 8 个长度为 6 的串，即 $T_1T_2\cdots T_8$。

③ S 盒处理：

每个 S 盒是一个固定的 4×16 矩阵，它的元素由 0～15 组成，0～15 出现的顺序不同，如表 4-8 所示。

T_i 由 $t_1t_2\cdots t_6$ 构成，$S_i(T_i)$ 是下面这样一个非线性运算：用 t_1t_6 对应的整数来确定 S_i 的行，用 $t_2t_3t_4t_5$ 对应的整数来确定 S_i 的列，S_i 在该行该列对应的二进制表示就是 $S_i(T_i)$ 的取值。

表 4-8　S 替换盒

$S(1)$

14	4	13	1	2	15	11	8	3	10	6	12	5	9	0	7
0	15	7	4	14	2	13	1	10	6	12	11	9	5	3	8
4	1	14	8	13	6	2	11	15	12	9	7	3	10	5	0
15	12	8	2	4	9	1	7	5	11	3	14	10	0	6	13

$S(2)$

15	1	8	14	6	11	3	4	9	7	2	13	12	0	5	10
3	13	4	7	15	2	8	14	12	0	1	10	6	9	11	5
0	14	7	11	10	4	13	1	5	8	12	6	9	3	2	15
13	8	10	1	3	15	4	2	11	6	7	12	0	5	14	9

$S(3)$

10	0	9	14	6	3	15	5	1	13	12	7	11	4	2	8
13	7	0	9	3	4	6	10	2	8	5	14	12	11	15	1
13	6	4	9	8	15	3	0	11	1	2	12	5	10	14	7
1	10	13	0	6	9	8	7	4	15	14	3	11	5	2	12

$S(4)$

7	13	14	3	0	6	9	10	1	2	8	5	11	12	4	15
13	8	11	5	6	15	0	3	4	7	2	12	1	10	14	9
10	6	9	0	12	11	7	13	15	1	3	14	5	2	8	4
3	15	0	6	10	1	13	8	9	4	5	11	12	7	2	14

$S(5)$

2	12	4	1	7	10	11	6	8	5	3	15	13	0	14	9
14	11	2	12	4	7	13	1	5	0	15	10	3	9	8	6
4	2	1	11	10	13	7	8	15	9	12	5	6	3	0	14
11	8	12	7	1	14	2	13	6	15	0	9	10	4	5	3

S(6)

12	1	10	15	9	2	6	8	0	13	3	4	14	7	5	11
10	15	4	2	7	12	9	5	6	1	13	14	0	11	3	8
9	14	15	5	2	8	12	3	7	0	4	10	1	13	11	6
1	4	3	2	12	9	5	15	10	11	14	1	7	6	0	8

S(7)

4	11	2	14	15	0	8	13	3	12	9	7	5	10	6	1
13	0	11	7	4	9	1	10	14	3	5	12	2	15	8	6
1	4	11	13	12	3	7	14	10	15	6	8	0	5	9	2
6	11	13	8	1	4	10	7	9	5	0	15	14	2	3	12

S(8)

13	2	8	4	6	15	11	1	10	9	3	14	5	0	12	7
1	15	13	8	10	3	7	4	12	5	6	11	0	14	9	2
7	11	4	1	9	12	14	2	0	6	10	13	15	3	5	8
2	1	14	7	4	10	8	13	15	12	9	0	3	5	6	11

【例 4-6】 S_1（101110）。

将 101110 按 1、6 和 2、3、4、5 进行组合，得到 10 和 0111，转化为十进制分别是 2 和 7。查询 S(1)替代盒，从中找出第 2 行、第 7 列（注意，S 盒中的行号和列号都是从 0 开始）相应的值 11。于是可得

$$S_1(101110)= 1011$$

④ 每一组 6 位串 T_i 在通过 S 盒后将变成 4 位串，48 位串在通过 8 个 S 盒后将形成 32 位的串，记为 $C = C_1C_2\cdots C_{32}$，C 再经过一个换位变换 P，得到 $f(R,k)$，如表 4–9 所示。

（3）初始变换的逆变换 IP^{-1}

表 4–10 所示为初始变换 IP 的逆变换。

表 4–9　$f(R(i),\ k(i+1))$

16	7	20	21
29	12	28	17
1	15	23	26
5	18	31	10
2	8	24	14
32	27	3	9
19	13	30	6
22	11	4	25

表 4–10　初始变换的逆变换 IP^{-1}

40	8	48	16	56	24	64	32
39	7	47	15	55	23	63	31
38	6	46	14	54	22	62	30
37	5	45	13	52	21	61	29
36	4	44	12	52	20	60	28
35	3	43	11	51	19	59	27
34	2	42	10	50	18	58	26
33	1	41	9	49	17	57	25

接下来介绍 DES 子密码的生成，表 4–11 描述了子密码的生成流程。

原始的 64 位密钥并不是全部有效，在位置 8、16、…、64 上的数据是校验位，因此有效密钥长度实际上只有 56 位。

表 4-11 子密码生成流程

原始 64 位密钥		
经换位选择 1 得到 56 位密钥		
C(0)（28 位）	D(0)（28 位）	
C(1)= δσ (1)C(0)（左移位）	D(1)= δσ (1)D(0)（左移位）	拼接 C(1)和 D(1)，经换位选择 2 得 K(1)
C(2)= δσ (2)C(1)	D(2)= δσ (2)D(1)	K(2)
⋮		
C(15)= δσ (15)C(14)	D(15)= δσ (15)D(14)	K(15)
C(16)= δσ (16)C(15)	D(16)= δσ (16)D(15)	K(16)

初始密钥首先经过换位选择，换位选择矩阵如表 4-12 所示。

表 4-12 换位选择 1

57	49	41	33	25	17	9
1	58	50	42	34	26	18
10	2	59	51	43	35	27
19	11	3	60	52	44	36
63	55	47	39	31	23	15
7	62	54	46	38	30	22
14	6	61	53	45	37	29
21	13	5	28	20	12	4

换位选择 1 的矩阵是 8×7 的矩阵，正好是 56 位，没有包含 8、16、…、64 等，实质上是将校验位排除在外。

经换位选择 1 后的 56 位串经过 16 次迭代，每次迭代产生一个 64 位子密钥。迭代过程主要是移位处理和换位选择 2 处理。

移位函数 $\lambda\sigma(i)$ 是一个非线性函数，如表 4-13 所示。

表 4-13 移位函数

i	1	2	3	4	5	6	7	8	9	10	11	12	13	14	15	16
$\sigma(i)$	1	1	2	2	2	2	2	2	1	2	2	2	2	2	2	1

换位选择 2 是一个 8×6 的矩阵，如表 4-14 所示。

表 4-14 换位选择 2

14	17	11	24	1	5
3	28	15	6	21	10
23	19	12	4	26	8
16	7	27	20	13	2
41	52	31	37	47	55
30	40	51	45	33	48

续表

44	49	39	56	34	53
46	42	50	36	29	32

DES 算法的加密子密钥和解密子密钥是相反的序列，即 $k_d(i)=k_e(16-i)$。

DES 算法颁布之后，引起了学术界和企业界的广泛重视。众多厂商开始生产实现 DES 算法的硬件产品，一些公司在市场上买到高效率的 DES 硬件产品后，开始对重要数据进行加密，从而大大推动了密码技术的发展。

与此同时，学术界在对 DES 密码进行了深入的研究后，围绕它的安全性展开了激烈的争论。实际上，DES 的怀疑者和批评者并不比拥护者少。

自 DES 算法 1977 年首次公布以来，人们就一直对密钥的长度、迭代次数及 S 盒的设计争论不休。从技术上说，对 DES 的批评主要集中在以下 3 个方面：

- 作为分组密码，DES 的加密单位仅有 64 位，这对于数据传输来说太小，因为每个分组仅含 8 个字符，而且其中某些位还要用于奇偶校验。
- 密钥也只有 56 位，未免太短，各次迭代中使用的密钥是递推产生的，这种相关性必然降低密码体制的安全性。
- 实现替代函数 S_i 所用的 S 盒的设计原理尚未公开，可能留有某种“后门”，知道秘密的人或许可以轻易地破解密文。

针对以上 DES 的缺陷，研究者提出了几种增强方法。主要包括以下 3 种：

（1）三重 DES 算法

用 3 个不同密钥的三重加密，即为

$$C=E_{k3}(D_{k2}(E_{k1}P))$$
$$P=D_{k1}(E_{k2}(D_{k3}C))$$

这种方法是由密码专家 Merkle 和 Hellman 推荐的。

（2）具有独立子密钥的 DES 算法

每一轮迭代都使用一个不同的子密钥，而不是由一个 56 位的密钥产生。由于 16 轮迭代的每一轮都使用一个 48 位的密钥，所以该方法通过降低子密钥的相关性，增强了 DES 的加密强度。

（3）使用交换 S 盒的 DES 算法

Biham 及 Shamir 证明通过优化 S 盒的设计，或变换 S 盒本身的顺序，可以增强 DES 算法的加密强度。

2. 其他对称密码系统

在 DES 成为标准的 20 多年中，密码学的理论和应用的发展可谓日新月异。于是，寻找一种能替代 DES 的、具有更高安全性和效率的对称密码算法是顺理成章的事。密码学研究者相继提出了多种新的分组密码体制。

下面对其中一些重要算法进行简单的介绍。

（1）LOKI 算法

LOKI 算法于 1990 年在密码学界首次亮相。同 DES 一样，LOKI 算法以 64 位分组加密数据，也使用 64 位密钥，不同的是在密钥中无奇偶校验位。

专家证明，小于 14 轮的 LOKI 算法极易受到差分密码分析的攻击。不过，即便如此，LOKI 算法仍被认为优于 56 位密钥的 DES。

LOKI 较新版本 LOKI-91 对原算法进行了一些改进。

（2）Khufu 和 Khafre 算法

1990 年，由 Merhie 设计的 Khufu 和 Khafre 算法也是一个很有特点的算法。该算法具有较长的密钥，适合于软件实现。

Khufu 和 Khafre 算法的总体设计类似于 DES，只不过密钥长度是 512 位。由于 Khufu 算法具有可变的 S 盒，因此可以有效地应对差分密码分析的攻击。

（3）FEAL-8 密码

FEAL 密码算法是由日本 NTT（日本电报电话公司）的 Shimizi 和 Miyaguchi 设计的一种算法，其主要思路是增加每一轮迭代的算法强度。

FEAL 密码算法是一个算法族，如 FEAL-8 表示 8 轮迭代的 FEAL 密码算法。

（4）IDEA 算法

1990 年，XueJia Lai 和 Massey 首次提出 IDEA 密码系统，当时称为建议加密标准（PES）。1991 年，根据有关专家对该密码算法的分析结果，设计者在原算法的基础上又进行了强化，并更名为 IPES（改进的建议加密标准）。此后，该算法于 1992 年正式更名为 IDEA（国际数据加密标准）。

IDEA 的明文和密文分组都是 64 位，密钥长度为 128 位，算法具有对称性，即同一种算法既可用于加密，又可用于解密。

（5）RC5 算法

RC5 是由 RSA 公司的首席科学家 Ron Rivest 于 1994 年设计、1995 年正式公开的一个很实用的加密算法。

RC5 的特点是分组长度、密钥长度和迭代轮数都可变。自 RC5 公布以来至今还没有发现攻击它的有效手段，但一些理论文章也分析出了 RC5 的某些弱点。

（6）高级加密标准 AES 算法

1997 年，NIST（美国标准和技术协会）发起征集高级加密标准 AES（Advanced Encryption Standard）算法的活动，并设立了 AES 工作组，目的是寻找一种算法公开的分组密码算法，以取代 DES 算法。

AES 的基本要求是比三重 DES 快，但安全性不低于三重 DES 算法，分组长度建议为 128 位，密钥长度建议为 128、192 或 256 位。

1997 年 9 月 12 日，NIST 的联邦登记处（ER）公布了征集 AES 候选算法的通告。1998 年 4 月 15 日，结束了 AES 的全面征集工作。同年 8 月 20 日举办了首届 AES 候选会议，初步选出了 15 个候选者。进入第二轮技术评价的 15 种算法如表 4-15 所示。

表 4-15　进入第二轮技术评价的 15 种算法

候选算法	结构	迭代次数	简单评述	分析	速度
CAST−256	EXT.Feistel	48	加拿大的 Entrust Canada 公司开发的 CAST-128 的新版本。算法的速度适中，对它的保密性尚有争议	—	中

续表

候选算法	结　构	迭代次数	简　单　评　述	分析	速度
Crypton	SP Network	12	韩国 Future System 公司开发。这种 Square 算法在加/解密过程中执行相同操作。许多人指出其速度问题，尤其在 Java 环境下的速度	弱	快
DEAL	Feistel	6，8	加拿大 Outerbridge 公司开发。算法分析揭示它与三重 DES 有许多相似之处。没有料到它会通过第一轮	弱	中
DFC	Feistel	8	法国 ENS/CNRS 实验室联合开发。DFC 即使不算最快，也算得上使用 64 位处理器时的最佳实施算法	弱	中
E2	Feistel	12	日本 NTT 公司开发。已通过一系列演示向与会者证明它的 E2 算法，尤其在使用 Pentium Pro/Ⅱ处理器进行的试验中 E2 的速度突出表现	弱	快
Frog	SP Network	8	哥斯达黎加 TecApro 公司开发，其设计和面向位的结构显示 Frog 算法是针对 32 位处理器而创造的，它是竞争中的最慢算法之一	弱	中
HPC	Omin		5 种美国开发的算法之一，由于过多地注重 64 位 CPU，HPC 未能赢得广泛关注	—	慢
LOK197	Feistel	16	澳大利亚公司开发。澳大利亚密码学家拒绝放弃其算法会力挫群雄的希望。然而，密码分析似乎已经揭示出它的某些安全缺陷	弱	中
Magenta	Feistel	6，8	德国德意志电信公司开发。对 Magenta 的试验持续了好几天时间，不少密码专家认为它不可能在竞争中取胜	弱	慢
MARS	EXT.Feistel	32	美国 IBM 公司开发。MARS 的知识产权地位有些朦胧不清，尽管有不少论文表达了赞赏意见，但这种缺少透明度的情况势必妨碍它的竞争力	—	快
RC6	Feistel	16	美国 RSA 公司开发。里维斯特（Rivest）认为主要的焦点是保密性和在特定环境下的性能，RC6 是 Sun 系统公司例举的具有最佳 Java 性能的 5 种算法之一	—	快
Rijndael	Square	10，12，14	比利时公司开发。这个欧洲产算法是最受宠的算法之一，非常完整，非常适合于散列函数	—	快
SAFER+	SP Network	8，12，16	美国 Cylink 公司开发。密码学家们非常看好这个算法，即使未被选中作为 AES，它也有可能被用在许多产品之中	弱	中
Serpent	SP Network	32	以色列、英国和挪威三国密码学家联合开发。以色列密码学家比哈姆（Biham）证实，在使用奔腾处理器（Pentium Pro）时，算法可达到 DES 的性能水准。然而，有人指出，这个性能是用 C 语言实现的，所以完全取决于用做基准的编译程序	弱	中
Twofish	Feistel	16	美国 Counterpane 公司开发。Twofish 算法在 32 位 CPU 和低到中级智能卡上性能卓著。Twofish 是密码学家们进行过最彻底试验的算法之一，而且还被认为是最完美地遵守 NIST 提出的原则的算法之一	弱	中

注：— 无已知弱点；快——约为 25MIPS；中——约为 8MIPS；慢——约为 2MIPS

1999 年 3 月 22 日，举行了第二次 AES 候选会议，从候选算法中进一步选出了 5 个，入选 AES 的 5 种算法分别是 MARS、RC6、Serpent、Twofish 和 Rijndael。

2000 年 10 月，美国商务部部长 Norman 宣布，经过 3 年来世界各著名密码专家之间的竞争，"Rijndael 数据加密算法"最终获胜。

2001 年，AES 算法正式公布。

AES 采用了两位比利时密码学家 Proton World International 的 Joan daemen 博士和 Katholieke Universiteit Leuven 电子工程系的 Vincent Rijmen 博士后的密码算法方案，称之为 Rijndael 算法。

AES 算法是一个分组迭代密码，其原形是 Square 算法，它采用宽轨迹策略（Wide Trajl Strategy），专门针对差分分析和线性分析而提出。

AES 算法具有可变的分组长度和密钥长度，它分别设计了 3 个密钥长度：128 位、192 位和 256 位，用于加密长度分别为 128 位、192 位和 256 位的分组，相应的轮数为 10、12 和 14。

AES 算法具有安全、性能好、效率高、易于实现和灵活等优势。此外，AES 算法对内存的需求也特别低，因此它非常适合于内存受限的环境。

4.2.3 公钥密码系统

1976 年，Diffie 和 Hellman 在《密码学的新方向》一文中，率先提出了公钥密码的新思想。在公钥密码系统中，加密和解密由一对密钥来完成，分别称之为公钥和私钥，公钥可以公开，私钥则需保密。公钥密码系统也被称为非对称密码系统。

1. RSA 公钥系统

1978 年，Rivest、Shamir 和 Adleman 在论文"A Method for Obtaining Digital Signatures and Public-Key Cryptosystems"中首次提出了一种比较完善的公钥密码体制，这就是著名的 RSA 算法。

RFC 小组在 RFC2313 中对 RSA 1.5 版进行了描述，关于 RSA 算法其最新版已经是 2.1 版了，详见 RFC3447。

除 RFC3447 外，RSA 算法的应用标准或草案还包括：

- RFC2537：RSA / MD5 KEYs and SIGs in the Domain Name System（DNS）;
- RFC2792：DSA and RSA Key and Signature Encoding for the KeyNote Trust Management System;
- RFC3110：RSA / SHA-1 SIGs and RSA KEYs in the Domain Name System（DNS）。

RSA 公钥密码体制的形成利用了欧拉定理和大数分解的难解问题。下面是 RSA 公钥密码系统的具体描述。

设 $n=pq$，p 和 q 是素数。

明文空间和密文空间：

$$P=C=Z_n$$

密钥：

$$K=\{(n,p,q,a,b):ab\equiv 1(\bmod \varphi(n))\}$$

其中 n、b 是公钥，p，q，a 是私钥。

RSA 加密算法：

$$e_k(x)=x^b \bmod n$$

相应的解密算法：

$$d_k(y) = y^a \bmod n$$

由于 $n = pq$，所以有：

$$\varphi(n) = (p-1)(q-1)$$

可对解密算法进行简单的验证：

$$\begin{aligned} & y^a \bmod n \\ & = (x^b)^a \bmod n \\ & \equiv x^{t\varphi(n)+1} (\bmod n) \\ & \equiv (x^{\varphi(n)})^t x (\bmod n) \\ & \equiv x (\bmod n) \end{aligned}$$

以上的验证说明通过解密可以还原出明文。

【例 4-7】 在 RSA 公钥密码系统中，已知 $p = 499$，$q = 929$，则：

$$n = 499 \times 929 = 463571$$

$$\varphi(n) = (499-1)(929-1) = 462144$$

取：

$$a = 255157,\ b = 9949$$

对明文 $x = 200412$ 实施 RSA 加密算法：

$$y = 200412^{9949} \quad \bmod \quad 463571 = 418883$$

实施 RSA 解密算法：

$$x = 418883^{255157} \quad \bmod \quad 46357l = 200412$$

下面对 RSA 的安全性进行分析。

既然 $n = pq$ 的大数分解问题是个难解问题，那么有没有避开大数分解问题而破解 RSA 公钥密码系统的可能呢？

由于 n、b 是公钥，而私钥 b 和公钥 a 有以下联系：

$$ab \equiv 1(\bmod \varphi(n))$$

所以，得到 $\varphi(n)$将是避开大数分解问题的最佳办法。但是，下面的定理将说明求 $\varphi(n)$与大数分解等价。

定理：大数 $n = pq$ 的因式分解等价于求 $\varphi(n)$。

证明：$n = pq$，如果 p 和 q 已求出，那么

$$\varphi(n) = (p-1)(q-1)$$

反过来，如果已知 $\varphi(n)$，则：

$$\varphi(n) = (p-1)(q-1) = pq - p - q + 1 = n - (p+q) + 1$$

于是有：

$$p + q = n - \varphi(n) + 1$$

结合 $pq = n$ 得：

$$p - q = \sqrt{(p+q)^2 - 4pq} = \sqrt{(p+q)^2 - 4n}$$

联合以上两个式子，可得：

$$p = (n - \varphi(n) + 1 + \sqrt{(p+q)^2 - 4n}) / 2$$

$$q = (n - \varphi(n) + 1 - \sqrt{(p+q)^2 - 4n}) / 2$$

命题得证。

从上面的定理可以看到求 φ(n)和大数分解是等价的，也就是说，求 φ(n)和大数分解同样困难。虽然不可能通过求φ(n)来破解因式分解问题，但是避免大数分解问题直接攻击 RSA 的可能性依然存在，下面就是一个例子。

【例 4-8】 在 RSA 公钥密码系统中，已知 p=23，q=3l，那么

$$n = 23\times 31 = 713$$

$$\varphi(n)=(23-1)(31-1)= 660$$

取：

$$a = 569,\ b = 29$$

对明文 x = 25 进行加密：

$$y(0)= 25^{29} \mod 713 = 36$$

在不知道私钥 a 的情况下，再进行几遍加密：

$$y(1)= 36^{29} \mod 713 = 676$$

$$y(2)= 676^{29} \mod 713 = 625$$

$$y(3)= 625^{29} \mod 713 = 583$$

$$y(4)= 583^{29} \mod 713 = 656$$

$$y(5)= 656^{29} \mod 713 = 614$$

$$y(6)= 614^{29} \mod 713 = 501$$

$$y(7)= 501^{29} \mod 713 =397$$

$$y(8)= 397^{29} \mod 713 = 532$$

$$y(9)= 532^{29} \mod 713 = 25$$

$$y(10)= 25^{29} \mod 713 = 36$$

于是，通过若干次的连续加密后，明文被恢复出来，RSA 算法受到攻击。通常将这种攻击方式称为循环攻击。

究竟什么情况能产生循环攻击呢？

反复进行 RSA 加密的序列可表示成：

$$x^b \bmod n$$

$$(x^b)^b \bmod n$$

$$\vdots$$

$$((x^b)^b \cdots)^b \bmod n$$

令：

$$((x^b)^b \cdots)^b = x \bmod n$$

即：

$$x^{b^k} = x \bmod n$$

因为 $p=pq$，所以上式可分解成同余方程组：

$$\begin{cases} x^{b^k} = x \bmod p \\ x^{b^k} = x \bmod q \end{cases} \quad (4\text{-}1)$$

因为 p、q 为素数，假设 $x \neq p$，$x \neq q$，所以：

$$\begin{cases} x^{\varphi(p)} = 1 \bmod p \\ x^{\varphi(q)} = 1 \bmod q \end{cases} \quad (4\text{-}2)$$

结合式（4-1）和式（4-2）可得：

$$\varphi(p) \mid (b^k - 1)$$
$$\varphi(q) \mid (b^k - 1)$$

显然，这就是产生循环攻击可能性的条件。

通过验证，例 4-9 正好满足此条件：

$$\varphi(23)=10,\ \varphi(30)=8$$
$$29^{10} = 420707233300201$$
$$10 \mid (420707233300201-1)$$
$$8 \mid (420707233300201-1)$$

循环攻击是一种典型的仅知密文攻击，除循环攻击之外，对 RSA 公钥密码系统的常见攻击方式还有同模攻击。

假设两个 RSA 公钥密码系统共享同一个 n，但参数 b 各不相同，分别为 b_1 和 b_2，攻击者已获得同一个明文对应的两个密文 y_1 和 y_2，那么攻击者将能够得到明文 x。计算步骤如下：

① 计算 $c_1 = b_1^{-1} \bmod b_2$；

② 计算 $c_2 = (c_1 b_1 - 1) / b_2 \bmod n$；

③ 计算 $x = y_1^{c_1}(y_2^{c_2})^{-1} \bmod n$。

【例 4-9】　在 RSA 公钥密码系统中，已知 $p = 89$，$q = 137$，$n = 89 \times 137=12193$。

取：

$$a_1 = 10429,\quad b_1 = 1661$$
$$a_2 = 4468,\quad b_2 = 1181$$

分别对明文 $x = 2005$ 进行加密：

$$y_1 = 2005^{661} \bmod 12193 = 3429$$
$$y_2 = 2005^{1181} \bmod 12193 = 11196$$

实施同模攻击算法为

$$c_1 = 661^{-1} \bmod 1181 = 1047$$
$$c_2 = (1047 \times 661 - 1) / 1181 \bmod 12193 = 586$$
$$x = 3429^{1047}(11196^{586})^{-1} \bmod 12193 = 2005$$

同模攻击的前提是有相同的 n 和相同的明文。在实际应用中，明文相同是经常发生的。要避免同模攻击，关键是应在设计密钥时避免不同的通信中使用相同的 n。

无论是同模攻击还是循环攻击，对 RSA 算法并不能构成真正的威胁，因为它们的攻击都是建立在参数选取不当的基础之上。

真正的威胁来自于大数分解问题的求解。目前，已有一些大数因式分解问题的解决方案，如 $p-1$ 法、Dixon 算法等。

$p-1$ 算法由 Pollard 于 1974 年提出。具体流程如下所示：

① $a=2$;

② for $i = 2$ to 6;

③ $a = a^i \bmod n$;

④ $d = \gcd(a-1, n)$;

⑤ if $1< d < n$ then;

⑥ d 是 n 的素因子；

⑦ else;

⑧ 寻找 n 的素因子失败。

$p-1$ 法有两个输入，一个是要分解的数 n，一个是边界值 b。

假设 p 是 n 的一个素数因子，如果对每一个素数幂 $q \mid (p-1)$，都有 $q \leqslant b$，则必有：

$$(p-1) \mid b! \tag{4-3}$$

在第③步结束时有：

$$a = 2^{b!} \bmod n$$

于是：

$$a = 2^{b!} \bmod p \tag{4-4}$$

根据欧拉定理可得：

$$2^{p-1} = 1 \bmod p \tag{4-5}$$

由式(4-3)、式(4-4)和式(4-5)得：

$$a = 1 \bmod p$$

所以：

$$p \mid d = \gcd(a-1, n)$$

【例 4-10】 设 $n = 29\,389\,613\,454\,601$，取 $b = 600$，运用 $p-1$ 算法进行因式分解：

在第③步结束时，得到：

$$a = 22058222139834$$

于是：

$$d = \gcd(22058222139833, 29389613454601) = 6210433$$

进一步检验：

$$29389613454601 = 6210433 \times 4732297$$

说明因式分解成功。

同样的例子，如果 b 选取不当，如 $b = 200$，则在第③步结束时，得到：

$$a = 8688934735738$$

于是：

$$d = \gcd(8688934735737, 29389613454601) = 1$$

说明因式分解失败。

Dixon 算法建立在一个简单的事实基础上，即，如果 $x \neq \pm y \pmod n$ 且 $x^2 = y^2 \pmod n$，那么 $\gcd(x - y, n)$ 是 n 的非平凡因子（Non-Trivial Factor）。

该算法首先建立一个小素数集合 B，然后找出一些整数 x，使得 $x^2 \bmod n$ 的所有素因子都在因子集合 B 之中。接下来，将某些 x 相乘使得每一个素数出现偶数次，于是就形成了同余方程：

$$x^2 = y^2 \pmod n$$

【例 4-11】　设 $n = 52487693$，令 $B = \{3, 5, 13\}$，则以下等式成立：

$$14071835^2 = 3\times 7 \pmod{52487693}$$
$$35191901^2 = 3\times 13 \pmod{52487693}$$
$$19785682^2 = 7\times 13 \pmod{52487693}$$

将上面 3 个式子相互乘起来：

$$(14071835 \times 35191901 \times 19785682)^2 = (3 \times 7 \times 13)^2 \pmod{52487693}$$

即：

$$43632496^2 = 273^2 \pmod{52487693}$$

于是：

$$\gcd(43632496 - 273, 15770708441) = 4007$$

得到了 n 的一个因子是 4007。因为 4007 是一个素数，所以另一个因子是：

$$52487693/4007 = 13099$$

写成因式分解的形式是：

$$52487693 = 4007\times 1\ 3099$$

RSA 在美国申请了专利，而没有在其他国家申请专利，不过，RSA 的专利期限已于 2000 年底到期。

2．Rabin 公钥系统

同样利用素数因子分解难题，还可以构造出其他的公钥密码系统，比较典型的有 Rabin 公钥密码系统。

设 $n = pq$ 是 p 和 q 两个互不相同的大素数的乘积，且

$$p，q \equiv 3 \pmod 4$$

明文空间和密文空间：$P = C = Z_n$

密钥：$K=\{(n, p, q, B)\}$

其中，$0 \leqslant B \leqslant n-1$

加密算法：

$$e_k(x) = x(x+B) \bmod n$$

解密算法：

$$d_k(y) = \left(\sqrt{\frac{B^2}{4} + y} - \frac{B}{2}\right) \bmod n$$

在 Rabin 公钥密码系统中，加密算法非常简单，而解密算法却要复杂得多，而且解密算法中

出现了一个有限域内求“平方根”的问题。

下面将讨论如何求解模 n 的“平方根”。

因为 $n=pq$，所以可以将模 n 的“平方根”问题

$$x^2 \equiv c(\bmod\ n)$$

转化为一个等价的同余方程组：

$$\begin{cases} x^2 \equiv c(\bmod\ p) \\ x^2 \equiv c(\bmod\ q) \end{cases} \tag{4-6}$$

针对 $x^2 \equiv c$（mod p），显然要么无解，要么有两个解。

事实上在 Rabin 公钥密码系统中，$x^2 \equiv c(\bmod\ p)$应该有两个解：

$$x = \pm c^{(p+1)/4}$$

这是因为 p（mod 3）= 4，所以（p+1）/ 4 是整数，于是

$$\begin{aligned}&(\pm c^{(p+1)/4})^2\\ &\equiv c^{(p+1)/4}(\bmod p)\\ &\equiv c^{(p-1)/4}c(\bmod p)\\ &\equiv c(\bmod\ p)\end{aligned}$$

接下来可将式（4–6）转化为 4 个同余方程组，分别是：

$$\begin{cases} x \equiv c^{(p+1)/4}(\bmod p) \\ x \equiv c^{(q+1)/4}(\bmod q) \end{cases} \qquad \begin{cases} x \equiv -c^{(p+1)/4}(\bmod p) \\ x \equiv +c^{(q+1)/4}(\bmod q) \end{cases}$$

$$\begin{cases} x \equiv +c^{(p+1)/4}(\bmod p) \\ x \equiv -c^{(q+1)/4}(\bmod q) \end{cases} \qquad \begin{cases} x \equiv -c^{(p+1)/4}(\bmod p) \\ x \equiv -c^{(q+1)/4}(\bmod q) \end{cases}$$

以上 4 个方程组可用中国剩余定理来求解。

【例 4-12】 Rabin 密码系统参数为，$p=31$，$q=71$，$b=23$，$n=2201$。

对明文 $x=2003$ 实施 Rabin 加密算法：

$$y = 2003^2 + 23 \times 2003 \bmod\ 2201 = 1635$$

实施 Rabin 解密算法：

$$x = \sqrt{556+1635} - 1112 \bmod 2201 = \sqrt{2191} - 1112 \bmod 2201$$

接下来，求解 $\sqrt{2191} \bmod 2201$。

将求解 $\sqrt{2191} \bmod 2201$ 转化为求解方程组：

$$\begin{cases} t = \sqrt{2191} \bmod 31 \\ t = \sqrt{2191} \bmod 71 \end{cases}$$

进一步转化为

$$\begin{cases} t = \pm\ 16 \bmod 31 \\ t = \pm\ 9 \bmod 71 \end{cases}$$

以 $t = \pm\ 16 \bmod 3$ 和 $t = \pm\ 9 \bmod 71$ 的求解为例：

$$\begin{cases} a_1 = 16 \quad m_1 = 31 \quad y_1 = 71^{-1} \bmod 31 = 7 \quad a_1\ m_2 y_1 = 1349 \\ a_2 = 9 \quad m_2 = 71 \quad y_2 = 31^{-1} \bmod 71 = 55 \quad a_2\ m_1 y_2 = 2139 \end{cases}$$

$$t = (1349 + 2139) \bmod 2191 = 1287$$

$$x_1 = (1287 - 1112) \bmod 2201 = 175$$

同理，解另外 3 个方程组得：

$$x_2 = (790 - 1112) \bmod 2201 = 1879$$
$$x_3 = (1411 - 1112) \bmod 2201 = 299$$
$$x_4 = (914 - 1112) \bmod 2201 = 2203$$

其中，x_4 正是明文。

3. Elgama 公钥系统

与 RSA 和 Rabin 公钥密码系统不同，Elgamal 公钥密码系统基于另外一个难解问题：离散对数问题。

（1）离散对数问题

有限群 G 和 G 上定义的运算"*"，$a \in G$，$H = \{a^i : i > 0\}$是由 a 产生的子群，$\beta \in H$，其中 a^i 表示：

$$\underbrace{a * a * a * \ldots * a}_{i\text{个}}$$

离散对数问题的目标是，寻找满足唯一的 $0 \leq a \leq |H| - 1$ 使得 $\beta = a^a$，也相当于求取对数 $\log_a \beta$。

应该说离散对数问题是难解的，目前还没有找到离散对数问题的多项式时间算法，这也是离散对数问题对公钥系统有用的原因。

虽然没有找到离散对数问题的多项式时间的求解算法，但离散对数问题是可解的，至少它可以用穷举搜索的方法来解决，因此要求 H 必须足够大。比较有名的解决离散对数问题的方法有 Shanks 算法、Plhlig-Hellman 算法和指标计算方法，有兴趣的读者可参考相关文献。

（2）Elgamal 公钥密码系统

p 是使 Z_p 存在难解离散对数问题的素数，$a \in Z_p^*$ 是本原元。

明文空间：$P = Z_p^*$

密文空间：$C = Z_p^* \times Z_p^*$

密钥：$K = \{(p, a, a, \beta: \beta = a^a \pmod p)\}$

其中，p、a、β 是公钥，a 是私钥。

加密算法：

$$e_k(x, k) = (y_1, y_2)$$
$$y_1 = a^k \bmod p$$
$$y_2 = x\beta^k \bmod p$$

其中，k 是满足 $k \in Z_{p-1}$ 的随机数。

解密算法：

$$d_k(y_1, y_2) = y_2 (y_1^a)^{-1} \bmod p$$

其中，$y_1, y_2 \in Z_p^*$。

与 RSA 和 Rabin 公钥密码体制不同，Elgamal 公钥密码体制引入了一个辅助参数 k。k 的存在增加了 Elgamal 的安全性，因为即使明文和密钥都相同，密文也会随着 k 的不同取值而各不相同，这种非一一对应的特性将增加破解的难度。

【例 4-13】 在 Elgamal 公钥密码系统中，已知 $p = 2111$，明文空间是 Z_{2111}^*，密文空间是 $Z_{2111}^* \times Z_{2111}^*$，设密钥：

$$a = 2,\ a = 666,\ \beta = 2^{666} \bmod 2111 = 219$$

对明文 $x = 168$ 实施加密（选取参数 $k = 555$）：

$$y_1=2^{555}\ (\bmod\ \ 2111\ ) =76$$

$$y_2 = 168 \times 219^{555}\ (\bmod\ \ 2111\ ) = 61$$

实施解密：

$$x = 61\ \times\ (\ 76^{666}\ )^{-1}\ (\bmod\ \ 2111\ ) = 168$$

4．椭圆曲线公钥系统

在过去的十几年里，应用最广泛的公钥密码体制莫过于 RSA 公钥密码体制了。一般情况下，RSA 密钥长度被设定为 512 位，但很快 512 位的 RSA 算法于 1999 年被攻破。为了能提供足够的安全，有必要在 RSA 算法中增大密钥长度，达到 128 位 DES 算法的安全水平，NIST 推荐使用 3072 位的 RSA 密钥，如表 4-16 所示。

虽然通过增加密钥长度可以保障安全性，但也会使 RSA 算法变得更慢。

能否找到一种效率更高的公钥密码体制呢?椭圆曲线密码体制（Elliptic Curve Crypt-system，ECC）就是这样一种效率很高、影响很大的公钥密码体制。

表 4-16 DES、RSA 和 ECC 密码体制效率的比较

算法名称	等效密钥长度（位）				
DES（位）	80	112	128	192	256
RSA（位）	1024	2048	3072	7680	15360
ECC（位）	161	224	256	384	512

从表 4-16 可以看到，只需 256 位密钥长度，ECC 就能够提供与 128 位 DES 相当的安全水平，这个长度仅相当于相同安全水平下 RSA 密钥长度的 1 / 12。

ECC 很快在密码学领域备受推崇。1998 年，ECC 被确定为 ISO / IEC 数字签名标准 ISO14888—3； 1999 年，椭圆曲线数字签名算法 ECDSA 被 ANSI 机构接纳为数字签名标准 ANSI X9．62；同年，椭圆曲线 DH 体制版本 ECDH 被确定为 ANSI X9.63；2000 年，ECC 被确定为 IEEE 标准的 IEEE1363—2000。

此外，ECC 的一些应用标准或草案也开始出现，如 RFC3278 的“Use of Elliptic Curve Cryptography Algorithms in Cryptographic Measage Syntax”等。

实际上，尽管 ECC 仅出现了 20 年左右，但就椭圆曲线理论而言，并不是最近才有的理论。下面先来介绍什么是椭圆曲线。

（1）椭圆曲线

设 p 是素数，且 $p > 3$，在有限域 Z_p 上的椭圆曲线满足：

$$y^2 \equiv x^3 + a\,x + b (\bmod\quad p)$$

的点（x，y）和一个特殊的无穷远点 O 构成。

其中，a，$b \in Z_p$ 且 $4a^3+27b^2 \neq 0 \pmod{p}$，$(x, y) \in Z_p \times Z_p$。

图 4-4 所示为平面上椭圆曲线的形状。

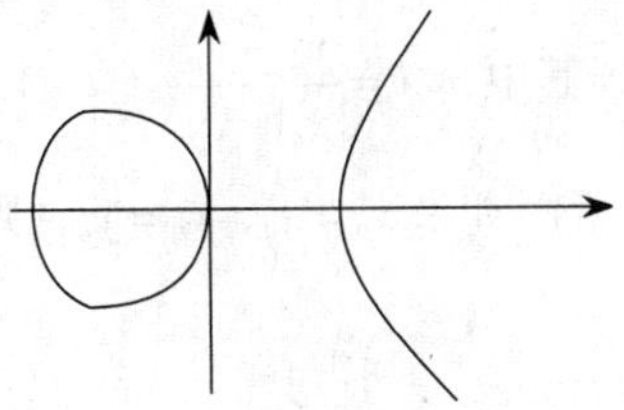

图 4-4 椭圆曲线和椭圆曲线上的点

【例 4-14】 求椭圆曲线 $y^2 = x^3 + 8x + 10 \pmod{19}$。

要得到满足椭圆曲线方程的解（x，y），可利用平方剩余的概念。

令 $z = x^3 + 8x + 10 \pmod{19}$，先逐个求出 $x = 0, 1, \cdots, 18$ 对应的 z 值，见表 4-17 的第 2 列；然后验证 z 是否为模 19 有限域的平方剩余，可采用勒让德符号来判定；如果是平方剩余，则计算出模 19 有限域下 z 的平方根。

表 4-17 获得有限域中椭圆曲线上的点

x	z	是否是平方剩余	y	x	z	是否是平方剩余	y
0	10	否		10	7	是	11，8
1	0	0		11	4	是	17，2
2	15	否		12	10	否	
3	4	是	17，2	13	12	否	
4	11	是	7，12	14	16	是	4，15
5	4	是	17，2	15	9	是	16，3
6	8	否		16	16	是	4，15
7	10	否		17	5	是	9，10
8	16	是	4，15	18	1	是	1，18
9	13	否					

根据表 4-17 可得到椭圆曲线 $y^2 = x^3 + 8x + 10 \pmod{19}$ 上的点：

{11，17}，{5，2}，{15，16}，{8，4}，{14，4}
{18，18}，{4，7}，{17，9}，{16，4}，{1，0}
{16，15}，{17，10}，{4，12}，{18，1}，{14，15}
{8，15}， {15，3}，{3，17}，{10，11}，{5，17}
{11，2}，{10，8}，{3，2}

除了以上的有限点外，根据椭圆曲线的定义还有一个特殊的无穷远点 O 也是属于椭圆曲线上的点。

可以通过定义一个运算，将椭圆曲线变成一个 Abel 群。

设 $P(x_p, y_p)$ 和 $Q(x_q, y_q)$ 是椭圆曲线上的两个点，定义运算“*”如下：

① 如果 $x_p = x_q$，$y_p = -y_q$，那么 $P*Q = O$，这里的 O 就是前面提到的无穷远点。

② 根据椭圆曲线的定义，无穷远点也属于椭圆曲线上的点，所以在这种情况下运算“*”的封闭性没有被破坏。

③ 如果 $x_p \neq x_q$ 或 $y_p \neq y_q$，设 $P*Q = R$，由（x_r，y_r）表示：

$$\begin{cases} x_r = \lambda^2 - x_p - x_q \\ y_r = -\lambda(x_p - x_r) - y_1 \end{cases} \tag{4-7}$$

其中，$\lambda = \dfrac{y_q - y_p}{x_q - x_p}$。

④ 如果 $x_p = x_q$，$y_p = y_q$；则：

$$\begin{cases} x_r = \lambda^2 - x_p - x_q \\ y_r = -\lambda(x_p - x_r) - y_1 \end{cases} \tag{4-8}$$

其中，$\lambda = \dfrac{\mathrm{d}y}{\mathrm{d}x} = \dfrac{3x_p^2 + a}{2y_p}$。

特别地，针对无穷远点，还进行以下的补充定义：

⑤ 对于 ECC 上任意的点 P，$P * O = O * P = P$。

这里的无穷远点 O 具有幺元的性质，这种情形下 P 和 Q 互为逆元，如图 4-5 所示。

不难验证，定义在有限域上的椭圆曲线上的点构成了一个集合，集合中的各个元素对运算“*”满足封闭性、结合律、幺元和逆元的性质，因此也就构成了一个群。

同时，从②可以看出，将 p 和 q 的位置互换不会影响 x_r 和 y_r 的结果，因此椭圆曲线构成的群对于“*”还满足交换律。

于是，由有限域上椭圆曲线上的点和运算“*”构成了 Abel 群。

图 4-6 通过几何的方式说明了“*”运算的本质，在情形②时，P 和 Q 的延长线与椭圆曲线交于 R'点，R'点关于 x 轴的对称点 R 就是 $P * Q$。

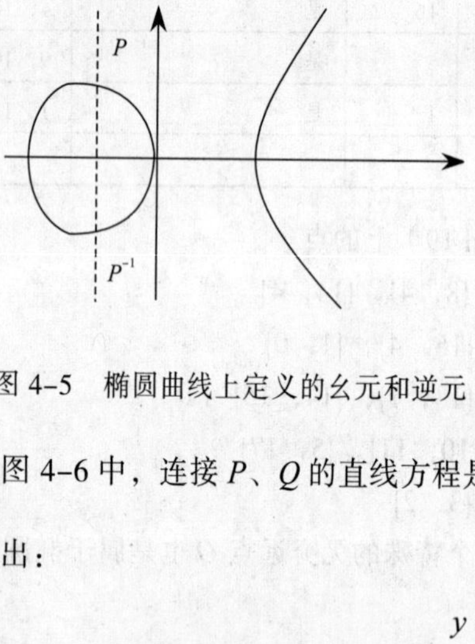

图 4-5　椭圆曲线上定义的幺元和逆元

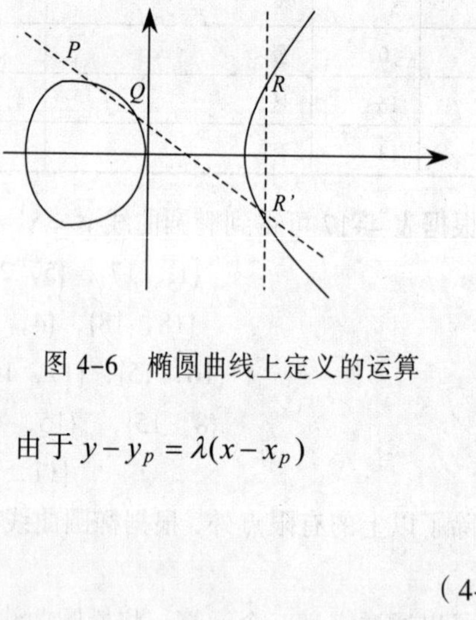

图 4-6　椭圆曲线上定义的运算

在图 4-6 中，连接 P、Q 的直线方程是 $\dfrac{y - y_p}{x - x_p} = \lambda$，由于 $y - y_p = \lambda(x - x_p)$

得出：

$$y = \lambda x + y_0 \tag{4-9}$$

其中，$\lambda = \dfrac{\mathrm{d}y}{\mathrm{d}x} = \dfrac{3x_p^2 + a}{2y_p}$，$y_0 = y_p - \lambda x_p$。

不难验证，式（4-7）中的 x_r 和 y_r 也满足式（4-9）。

当 P、Q 重合时，即 $x_p = x_q$ 或 $y_p = y_q$，连接 P、Q 的直线退化成 P 的切线，如图 4-7 所示。

$$y = \lambda x + y_0 \tag{4-10}$$

其中，$\lambda = \dfrac{\mathrm{d}y}{\mathrm{d}x} = \dfrac{3x_p^2 + a}{2y_p}$，$y_0 = y_p - \lambda x_p$。

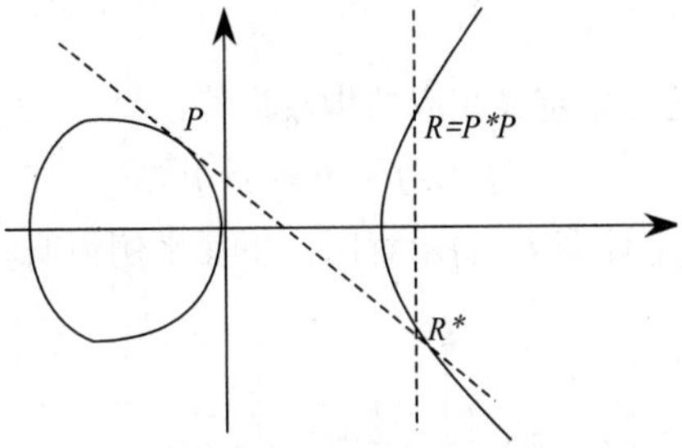

图 4-7　椭圆曲线上的 $P*P$

同样，不难验证，式（4-8）和式（4-10）是一致的。

【例 4-15】　椭圆曲线 E：$y^2 = x^3 + 8x + 10$，$p = 19$，在椭圆曲线上分别取 3 点 P、Q 和 T 且 $P = (11, 17)$，$Q = (15, 16)$，$T = (4, 7)$

分别计算 $M = P * Q$，$N = Q * T$，$U = M * T$，$V = P * N$。

① 计算 M：

$$\lambda_M = \frac{16-17}{15-11} \bmod 19 = 14$$

$$y_{M_0} = (17-14 \times 11) \bmod 19 = 4$$

$$x_M = (14^2-11-15) \bmod 19 = 18$$

$$y_M = [-18 \times (11-8)-17] \bmod 19 = 18$$

即 M 的坐标是（18，18）。

② 计算 N：

$$\lambda_N = \frac{7-16}{4-15} \bmod 19 = 6$$

$$x_N = (6^2 - 15 - 4) \bmod 19 = 17$$

$$y_N = [6 \times (15-17) -16] \bmod 19 = 10$$

即 N 的坐标是（17，10）。

③ 计算 U：

$$\lambda_U = \frac{7-18}{4-18} \bmod 19 = 13$$

$$x_U = (13^2 - 18 - 4) \bmod 19 = 14$$

$$y_U = [13 \times (18-14) -18] \bmod 19 = 15$$

即 U 的坐标是（14，15）。

④ 计算 V：

$$\lambda_V = \frac{10-17}{17-11} \bmod 19 = 2$$

$$x_V = (22- 11 - 17) \bmod 19 = 14$$

$$y_V = [2 \times (11-14-17) \bmod 19 = 15$$

即 V 的坐标是（14，15）。

通过计算得到 $U = V$，即（$P*Q$）$* T = P *$（$Q* T$），这验证了有限域中椭圆曲线上的点对运算“*”满足结合律。

在定义了“*”运算后，还可以定义相应的指数运算：

$$P^n = P * P * \cdots * P$$

图 4-8 所示为在椭圆曲线上计算 P^3 的示意图，下面举例说明。

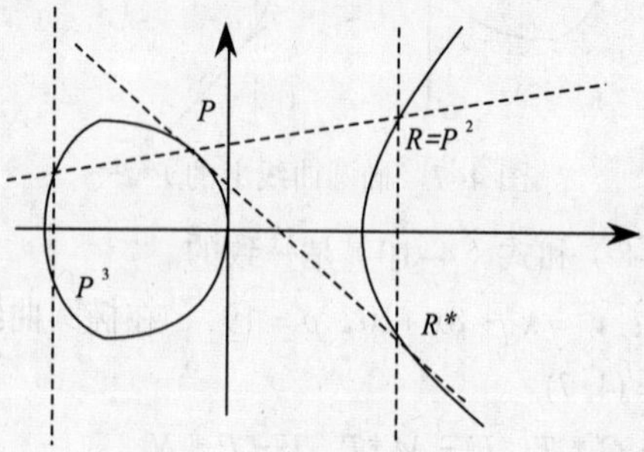

图 4-8　椭圆曲线上的 P^3

【例 4-16】　椭圆曲线 E：$y^2 = x^3 + 8x + 10$，$p = 19$，在椭圆曲线上分别取点 P 和 Q，且

$$P = (3, 2)，Q = (5, 17)$$

分别计算 Q^4 和 P^6。

先计算 Q^2：

$$\lambda = \frac{3 \times 5^2 + 8}{2 \times 17} \bmod 19 = 3$$

$$x = (3^2 - 5 - 5) \bmod 19 = 18$$

$$y = (3 \times (5 - 18)) \bmod 19 = 1$$

Q^2 的坐标是(18, 1)。

再计算 $Q^4 = Q^2 * Q^2$：

$$\lambda = \frac{3 \times 18^2 + 8}{2 \times 1} \bmod 19 = 15$$

$$x = (15^2 - 18 - 18) \bmod 19 = 18$$

$$y = (18 \times (18 - 18)) \bmod 19 = 18$$

Q^4 的坐标是(18, 18)。

同理，可算出 P^6 =(8, 15)。

通过计算，可以发现 Q^1，Q^2，Q^3，Q^4，Q^5，Q^6，Q^7，Q^8，…的结果分别是：

(5, 17)，(18, 1)，(1, 0)，(18, 18)，(5, 2)，O，(5, 17)，(18, 1)，…

出现周期为 6 的循环，且有 $Q^6 = O$ 。对照群的性质，称 Q 的阶为 6。

同样也可以得到 P 的阶为 24，Q^1，Q^2，…，Q^{24} 分别是：

(3,2)，(10,8)，(11,2)，(5,17)，(15,3)，(8,15)，(14,15)，(18,1)，(4,12)，(17,10)，(16,15)，(1,0)，(16,4)，(17,9)，(4,7)，(18,18)，(14,4)，(8,4)，(15,16)，(5,2)，(11,17)，(10,11)，(3,17)，O

P 和 Q 的性质是不同的，椭圆曲线上的每一个点都可以表示成 P 的指数形式，而并不是所有的点都能表示成 Q 的指数形式，能表示成 Q 的指数形式的点算上 O 仅有 6 个。

对照群的性质，P 是椭圆曲线上的本原元。椭圆曲线上的本原元并不一定是唯一的，如例 4–16 中的椭圆曲线上的本原元还有：

(3,17)，(15,3)，(15,14)，(3,17)，(15,3)，(15,14)，(16,15)，(16,4)，(14,4)，(15,16)

通过例 4–16 也说明，由椭圆曲线和运算“*”构成的群还是循环群。

前面的 Elgamal 公钥密码体制利用了循环群的离散对数问题。既然椭圆曲线和运算“*”也构成了循环群，那么是否也存在所谓的离散对数问题，并且进一步还能构造一种公钥密码体制呢？答案是肯定的。

（2）MV–椭圆曲线公钥密码系统

设椭圆曲线 EC 定义在 Z_p（$p>3$）上，EC 包含一个循环子群 H 使得离散对数问题难解。

明文空间：$P = Z_p^* \times Z_p^*$

密文空间：$C = E \times Z_p^* \times Z_p^*$

密钥：$K = \{(E,\ a,\ \beta,\ a)\text{: } \beta = a^{a}\}$，其中，$a \in E$，$a$、$\beta$ 是公钥，a 是私钥。

加密算法：

$$e_K(x, t) = (y_0, y_1, y_2)$$

其中，b 是满足 $b \in Z_{|H|}$的任选参数。

$$y_0 = a^{t}$$

$$(c_1, c_2) = \beta^{t}$$

$$y_1 = c_1 x_1 \mod p$$

$$y_2 = c_2 x_2 \mod p$$

解密算法：

$$d_K(y) = (y_1 c_1^{-1} \mod p,\ y_2 c_2^{-1} \mod p)$$

其中，$(c_1, c_2) = y_0^{a}$。

【例 4-17】 定义在有限域上的椭圆曲线 E：$y^2 = x^3 + 8x + 10$，$p = 23$，明文空间由 $22 \times 22 = 484$ 个明文构成，取明文 $x = (19, 13)$。

选择椭圆曲线上的点：

$$a = (7,8)$$

令 $a = 17$，则：

$$\beta = (7,8)^{17} = (10,20)$$

选取 $t = 3$，则：

$$y_0 = (7,8)^3 = (22,22)$$

$$(c_1, c_2) = (10,20)^3 = (18,12)$$

$$y_1 = 19 \times 18 \mod 23 = 20$$

$$y_2 = 13 \times 12 \mod 23 = 18$$

$(y_0, y_1, y_2) = ((22, 22), 20, 18)$就是加密的结果。

实施解密：

$$(c_1, c_2) = (22,22)^{17} = (18,12)$$

$$x_1 = 20 \times 18^{-1} \mod 23 = 19$$

$$x_2 = 18 \times 12^{-1} \bmod 23 = 13$$

5. MH 背包公钥系统

MH 背包公钥密码系统（Merkle-Hellman Knapsack System）于 1978 年由 Merkle 和 Hell-man 提出。背包公钥密码系统建立在子集和问题的基础之上，以下称背包问题。

先来介绍什么是背包问题。

（1）背包问题

已知集合 $I=(s_1,\cdots,s_n,z)$，其中，s_1，…，s_n 是满足超递增性的序列，即

$$s_j > \sum_{i=1}^{j-1} s_i \qquad 2 \leqslant j \leqslant n$$

z 为目标和，问是否存在 $x=(x_1,\ \cdots,x_n)$（x 的取值只能是 0 或 1）使得

$$\sum_{i=1}^{n} x_i s_i = z$$

简单地说，所谓超递增性是指每一个靠后的数都比前面所有数的和还大，如人民币发行的序列是：0.01、0.02、0.05、0.1、0.2、0.5、1、2、5、10、20、50、100（单位是元），不难验证：

0.01+0.02<0.05，0.01+0.02+0.05<0.1，0.01+0.02+0.05+0.1<0.2，…

这说明人民币序列满足超递增性。

背包问题的通用算法如下：

① $r=z$

② for $k=n$ to 1 do

③ if $r \geqslant s(k)$then

④ $r=r-s(k)$

⑤ $x(k)=1$

⑥ else

⑦ $x(k)=0$

⑧ if $\sum_{k=1}^{n} x(k)s(k)=z$ then

⑨ $x=(x(1),\ x(2),\ \cdots,\ x(n))$就是背包问题的解。

⑩ else

⑪ 该背包问题无解。

【例 4-18】 求解背包问题：(2, 5, 9, 21, 45, 103, 215, 450, 946l1643)。

通过背包问题的通用算法来求解：

$z(0)=1643$

第 1 步：1643>846　　$x(8)=1$　　$z(1)=1643-946=697$

第 2 步：697>450　　$x(7)=1$　　$z(2)=247$

第 3 步：450>215　　$x(6)=1$　　$z(3)=32$

第 4 步：32<103　　$x(5)=0$　　$z(4)=32$

第 5 步：32<45　　$x(4)=0$　　$z(5)=32$

第 6 步：32>21　　$x(3)=1$　　$z(6)=11$

第 7 步：11>9　　$x(2)=1$　　$z(7)=2$

第 8 步：2<5　　$x(1)=0$　　$z(8)=2$

第 9 步：2=2　　$x(1)=1$　　$z(9)=0$

于是最终解为：

$$x=(1, 0, 1, 1, 0, 0, 1, l, 1)$$

（2）背包公钥密码系统

设 $s=(s_1, \cdots, s_n)$是满足 $s_j \sum_{i=1}^{j-1} s_i$ 的超递增序列，取满足 $p > \sum_{i=1}^{n} s_i$ 的素数 p 和满足 $1 \leqslant a \leqslant p-1$ 的 a，计算：

$$t=(t_1, \cdots, t_n),\ t_i = as_i \bmod p$$

明文空间 $P=\{0, 1\}^n$，密文空间 $C=\{0, \cdots, n(p-1)\}$

密钥 $K=\{(s, p, a, t)\}$，其中，t 为公钥，s、p、a 是私钥。

加密算法：

$$e_K(x_1, \cdots, x_n) = \sum_{i=1}^{n} x_i t_i$$

解密算法：

$$z = a^{-1} y \bmod p$$

背包问题$(s_1, \cdots, s_n \mid z)$的解$(x_1, \cdots, x_n)$就是解密结果。

【例 4-19】 在背包公钥密码系统中，设 $s=(2, 5, 9, 21, 45, 103, 215, 450, 946)$，$p=2003$，$a=1289$，根据 s、p 和 a 可计算出 t：

$$t=(575, 436, 1586, 1030, 1921, 569, 721, 1183, 1570)$$

t 是公钥，用 t 对消息 $x=(1,0,1,1,0,0,1,1,1)$进行加密：

$$a = 575 + 1586 + 1030 + 721 + 1183 + 1570 = 6665$$

解密时，先求 z：

$$z = 1289^{-1} 6665 \bmod 2203 = 1643$$

得到背包问题$(2, 5, 9, 21, 45, 103, 215, 450, 946 \mid 1643)$，根据例 4-19 的结论，可解出

$$x=(1, 0, 1, 1, 0, 0, 1, 1, 1)$$

6．概率公钥系统

与前面的公钥密码系统相比，概率公钥密码系统是一种完全不同的方法，它通过引入随机序列发生器，使系统的安全性得以加强。下面以 Blum-Goldwasser 概率公钥系统为例来介绍这类公钥系统。在介绍公钥密码系统之前，先介绍一下 Blum-Blum-Shub 随机序列发生器。

（1）Blmn-Blmn-Shub 随机序列发生器

设 $n=pq$，p、q 是两个 $k/2$ 位的素数，满足：

$$p=q=3 \bmod 4$$

记 $QR(n)$表示 n 的平方剩余，种子 s_0 是 $QR(n)$中的一个元素。

对于 $1 \leqslant i \leqslant t$，定义

$$s_{i+1} = s_i^2 \bmod n$$

产生的随机序列为：

$$f(s_0)=(z_1, z_2, \cdots, z_t)$$

其中，$z_i = s_i \bmod 2$。

f 称为 Blum-Blum-Shub 随机序列发生器，简称 BBS 随机序列发生器。

【例 4-20】 设 $n = 503 \times 607=305321$，$s_0=123456^2 \bmod 305321=64937$，以下是 BBS 随机序列的产生过程：

$s_1 = 37778$ $z_1 = 0$

$s_2 = 272641$ $z_2 = 1$

$s_3 = 162568$ $z_3 = 0$

$s_4 = 23197$ $z_4 = 1$

$s_5 = 92429$ $z_5 = 1$

$s_6 = 19941$ $z_6 = 1$

$s_7 = 49376$ $z_7 = 0$

$s_8 = 101953$ $z_8 = 1$

$s_9 = 210551$ $z_9 = 1$

$s_{10} = 128698$ $z_{10} = 0$

$s_{11} = 202934$ $z_{11} = 0$

$s_{12} = 1739$ $z_{12} = 1$

$s_{13} = 224258$ $z_{13} = 0$

$s_{14} = 282612$ $z_{14} = 0$

$s_{15} = 129270$ $z_{15} = 0$

于是，由 BBS 随机序列发生器产生的随机序列是：

$$f(s_0)=\text{"010111011001000"}$$

（2）Blum-Goldwasser 概率公钥系统

设 $n = pq$，p、q 满足：

$$p, q = 3 \bmod 4$$

明文空间： $P = Z_2^m$

密文空间： $C = Z_2^m \times Z_n^*$

密钥： $K = \{(n, p, q)\colon n = pq\}$

其中，n 为公钥，p 和 q 为私钥。

对于种子 $r \in C = Z_2^m \times Z_n^*$，加密算法如下：利用种子 r，通过 BBS 随机序列发生器产生随机序列 $z_1, z_2, \cdots, z_m$，计算：

$$s_{m+1} = s_p^{2^{m+1}} \bmod n$$

对于 $1 \leqslant i \leqslant m$，计算：

$$y_i = (x_i + z_i) \bmod 2$$

序列 $y = (y_1, y_2, \cdots, y_m, s_{m+1})$ 就是密文。

解密算法如下：

计算

$$a_1=(\frac{p+1}{4})^{m+1}\bmod(p-1)$$

$$a_2=(\frac{q+1}{4})^{m+1}\bmod(q-1)$$

计算

$$b_1=s_{m+1}^{a_1}\bmod p$$

$$b_2=s_{m+1}^{a_2}\bmod q$$

根据中国剩余定理计算出 s_0，使得：

$$\begin{cases}s_0=b_1\bmod p\\ s_0=b_2\bmod q\end{cases}$$

由 $s_0=r$ 通过 BBS 随机序列发生器产生序列 z_1，z_2，…，z_m，$1\leqslant i\leqslant m$，计算：

$$x_i=(y_i+z_i)\bmod 2$$

于是得到明文 $x=(x_1, x_2, \cdots, x_m)$。

【例 4-21】　设 $n=719\times 839=603241$，$s_0=545601^2\bmod 603241=321413$，$t=20$，用类似于例 4-20 的随机序列产生方法，产生随机序列：

$$z=\text{"11101001011010001100"}$$

已知明文：

$$x=\text{"10011010110100100011"}$$

于是得到密文：

$$y=\text{"01110011101110101111"}$$

$$s_{21}=463488$$

解密时，先计算：

$$(p+1)/4=(719+1)/4=180$$

$$(q+1)/4=(839+1)/4=210$$

可得：

$$\begin{aligned}a_1&=((p+1)/4)^{21}\bmod(p-1)\\&=180^{21}\bmod 718\\&=510\\a_2&=((q+1)/4)^{21}\bmod(q-1)\\&=210^{21}\bmod 838\\&=72\end{aligned}$$

接下来：

$$b1=s_{21}^{a_1}\bmod p$$

$$=463488^{510}\bmod 719$$

$$=20$$

$$b2 = s_{21}^{a_2} \bmod q$$

$$= 463488272 \quad \bmod \quad 839$$

$$= 76$$

解密时，通过求解同余方程组：

$$r \equiv 20 \bmod 719$$

$$r \equiv 76 \bmod 839$$

可得：

$$r = 321413$$

有了种子 r 后，通过 BBS 随机序列生成器生成：

$$z = \text{"11101001011010001100"}$$

再与密文

$$y = \text{"01110011101110101111"}$$

异或，得到明文：

$$x = \text{"10011010110100100011"}$$

4.3 复合型加密体制 PGP

正如人们所知道的，加密有一个标准。此标准一般称为 PEM 标准，许多公司或在其产品中提供加密服务或出售专门为加密、签署文档和文件设计的软件。下面仅对其中的一些进行讨论。事实上远不止这些，人们可下载许多试用版。尽管 PGP 最流行，但也可试用其他产品，直至找到一种喜欢的，只是要清楚程序使用的普通标准（RSA 或 Diffie–Hellman）。

4.3.1 完美的加密 PGP

Phil Zimmerman 著名的 PGP 软件用公用密钥密码来保护电子邮件和数据文件。PGP 软件使用户可以与任何人安全通信。PGP 是功能齐全、运行速度快且具有高级密钥管理、数字签名和数据压缩工具等易于使用的命令。这种高度安全加密软件针对于 MS–DOS、VAX/VMS、Windows 和 Macintosh 等都有专门版本。

Phil Zimmerman（PGP 的作者）是一个软件工程师。他精于实时系统、加密认证和数据通信等方面。想更多地了解 Phil Zimmerman 和 PGP，可登录 PGP 网站 http://www. PGP .com。

4.3.2 PGP 的多种加密方式

PGP 常被看做是一个混合加密系统，因为它使用 4 种加密方式。它包含一个国际数据加密算法（IDEA）、一个非对称加密算法（一个公用密钥和私钥对，RSA 或 Diffie–Hellman，依 PGP 版本而定）、一个单向 hash 算法（它将一个数字系列转换成一个数）和一个标准随机数发生器。

IDEA 是瑞典联邦技术学院开发的一种算法，它使用 128 位密钥，被认为是很安全的，是现在最好的算法之一。它的确是一种新算法（尽管已应用很多年），而且还未被攻破。

唯一可能攻破它的方法只有暴力攻击。但从实际来看这是不可能的，因为有巨大的计算量阻挡在前面（用 100 台奔腾处理器的计算机和 100 人花一年时间）。正如 RSA 和 Diffie-Hellman 加密法在将来可能被攻破一样，IDEA 也有可能在将来被攻破，想更详细了解 IDEA 可参阅：http://www.ascom.ch/ web/ ststec/ security/ idea.htm。

4.3.3　PGP 的广泛使用

1．PGP 的广泛应用

PGP 可用于多种操作系统平台，包括 UNIX、VMS、MS-DOS、Windows、OS/2、Macintosh、Atari 和 BeOS 等。它是一个国际化的软件，其程序和文档都被译成了多种语言。PGP 版本分两类：一类是免费的，是供个人用于非商业用途的国际免费版；另一类是商业版。国际免费版可用于 Windows 95/NT 和 Macintosh 操作系统，支持长达 2 048 位的密钥加密，密钥位数可以选择，不过位数越多越安全但速度越慢。

在非对称加密软件中，密钥的 ID 对密钥起注解作用。密钥 ID 是公司密钥的简写形式，它含有公用密钥中最少且最重要的 64 位。实际上，无论在何时显示公用密钥 ID，或在密钥服务器上，或在加密信息的附加体上，或作为数字签名的一部分，ID 总显示出低 32 位。

使用 PGP 和其 4 种公用密钥加密工具，发送者通过加送一个签署证书方式来签署文档，证书中包含了一个发送文档的密钥 ID、一个密钥的签署信息摘要和一个指示签署时间的时间标识。因此，接收者可以在密钥中查看公用密钥检查签证对错。

加密程序将密钥 ID 加在加密文件的前头，接收者用这个 ID 信息前缀查找解密信息的密钥。接收者的软件将在密钥链中自动查找所需的解密密钥。

公用密钥链和私有密钥链是存放、管理公用密钥和私有密钥的主要方式。个人密钥不存放在单独的密钥文件中，而是集中管理以加快通过密钥 ID 或用户 ID 的查找。每个用户有一个个人密钥链对，个人公用密钥常存于一个单独文件中以向朋友发送，朋友收到后存放于其密钥链中。

2．PGP 软件的下载

PGP 用户很多,《财富》前100 强中多一半使用 PGP 加密传送信息，包括 IBM 等公司，也许另一个证明是几乎每个重要软件公司均使用 PGP，包括 Microsoft，简言之，每个想保护其机密信息的人都使用 PGP 或相似的加密程序。

（1）在公用密钥链中查找密钥

通常，在公用密钥链中查找密钥相当容易，许多密钥链都提供两种查询方式：按密钥主名字查询和按密钥的 ID 查询。任一种方式都将返回一个匹配密钥服务器的密钥系列。在 PGP 中，找到匹配系列后便可以把密钥放到个人密钥链中。此后，便可以用它来加密信息或是检查发送者签署文档的真伪。

（2）下载 PGP 免费软件

尽管 PGP 5.0 对商业用户售价 $ 70，但 Zimmerman 表示他向用户奉送许多免费软件。它们包括：用于 Widows 95、Windows NT 和苹果终端用户的 PGP5.0；PGP 2.6.2，E-mail 和文件加密的全球标准，支持 Macintosh、DOS 和 UNIX 平台；PGP phone 1.0，PGP 的加密电话软件，如 Phil Zimmerman 所宣称，可以在“Internet 上对别人耳语”，PGP phone 有支持 Macintosh、Windows 95 和 Windows NT

的版本。可以从网址 http://Web.mit.edu/ network /PGP.html 下载免费软件。

（3）CRYPT 命令

UNIX 系统不是用 PGP 而是用 CRYPT 命令加密数据。由于 CRYPT 加密算法使计算机在很短时间内便能算出，因此对计算机来说此算法不够牢固。用计算机很快便可对用 CRYPT 命令进行加密的数据解密，因此可用 CRYPT 对一些普通数据加密，但不能用它来加密重要数据。

（4）SMTP 与解码

用户经常在互联网上用 SMTP 发送 E-mail，SMTP 运行良好，但它不能将加密信息转换成二进制文件，SMTP 仅能传送文本数据。因此，若想用 SMTP 传送二进制加密文本，必须先将数据解密为文本形式。

最容易使用的把加密二进制数据解密为文本的工具是 UnEncode，它是商业邮件包的一部分。信息接收者和发送者均可以使用 UnEncode 来加密或解密 UnEncode 文件，然后接收者用接收密钥解密。因为有几个加密步骤，所以这个过程是安全高效的，然而多个步骤却是花时间的。

4.3.4 PGP 商务安全方案

1. PGP for Business Security 5.5

鉴于网络上存在各种计算环境，NAI 公司推出 PGP for Business Security 5.5，一个可伸缩的跨平台解决方案，其主要特点是：

- 采取强大的密码算法和密钥长度，它对电子邮件、联机事务及数据文件进行加密，只有指定接收人才能对其内容进行解密。它提供了检查原作者及文档完整性的数字签名功能。
- 管理和使用灵活、简便。PGP for Business Security 包括密钥生成和管理的整套工具，网络管理员可用它灵活地制定安全策略，如要求某些用户发送的电子邮件进行加密；启动公司消息恢复功能和限制用户执行某些操作的权限；为了保证密钥的有效性，管理员还可以创建包含签名密钥的个人之间的层次关系和他们之间的信任关系的框架。
- 易于使用。PGP for Business Security 非常简单易用，用户也可以在几分钟内学会加密、解密、数字签名及检查消息和文件。

2. Via Crypt PGP 企业版 4.0

Pretty Good Privacy 公司研制的 Via Crypt PGP 企业版 4.0，使用 IDEA 安全密钥密码技术，并采用 RSA 的公共密钥密码系统保护安全密钥，其密钥长度可以在 384～2048 位之间选择。虽然 Via Crypt 本身不提供管理程序，但 Via Crypt PGP 企业版包含了多种结构控制功能，包括应急访问密钥、多种密钥认证机制及能关闭用户端的所有特性等。其特点是：

- Via Crypt PGP 的自动安装程序使用方便，软件文档能指导用户生成一对密钥并且具有查找用户密钥对备份的能力，但是软件未给出有关备份重要性的强调提示。
- 该软件功能比较强，如可以加密、签名、屏蔽、废除密钥或将密钥设置为失效等，并且都很容易操作。Via Crypt PGP 还有一个灵活的可信程度工具，用户可以用它鉴定密钥授权是完全可信还是基本可信的。Via Crypt PGP 支持应急访问密钥，并且要求用户必须采用由指定授权机构认证的公共密钥，这些都是十分重要的特性并且易于使用。但不足的是该产品没有将应急访问密钥分割成几部分由几个人共同掌管，此外缺少网络管理员方面的帮助文档。

- 数据保护。该产品的配置和管理界面比较复杂，且缺少其他软件所具有的自动特性，但是它具有丰富的加密要素，具有市场上最佳的公共密钥密码系统，尤其是它复杂的密钥管理更是难于攻破。该产品不提供任何自动加密工具，但基本的公共密钥加密引擎非常易于使用。
- 数据共享。尽管 Via Crypt PGP 缺乏与电子邮件程序紧密结合的方法，但 Via Crypt PGP 通过实现密码技术的完全整合，却易于与其他软件共享加密文件或数据。用户可以自动把自己添加到接收人列表中，以便对自己写的信息进行解密。此外，还可以定义接收群组。如果使用 E-mail，则 Via Crypt PGP 将自动生成 base64 ASCII 信息。在数字方面，Via Crypt PGP 提供了很大的灵活性，它支持对非加密信息的签名，并且既可以将签名添加在信息的尾部，也可以单独存放。虽然 Via Crypt PGP 不能自动将加密数据输出给用户的电子邮件程序，但是它以 base4 的格式将信息输出到 Windows 的剪贴板中，用户可以再通过剪贴板进行粘贴。另外，该软件还能将 ASCII 文件转换为与平台无关的格式。

4.4　微软的 CryptoAPI

当在组织中建立一个加密标准时，需要确定一些应加密的应用程序，这时使用 PGP 或其他 PEM 标准是唯一的选择。Windows NT 4.0 服务软件 3、Windows 95 OEM 服务 2 和 Microsoft Internet Explorer 3.02 都包含了 Microsoft 的 CryptoAPI。CryptoAPI 是一个可用来加入程序加密功能的一个编程界面，它可以在未能加密的信息中引入密钥，然后使其以加密形式存储。CryptoAPI 提供三套功能：证件功能、简化加密功能和基础加密功能。

简化功能包含了创建和使用密钥的高级功能及加密和解密信息的高级功能。证件功能提供取出、存储和验证文档功能及列举存于机器内的证件的功能，而基础加密功能是个低级功能。使用它时程序应避免与未安装 CSP（Cryptographic Service Provider）的系统发生冲突。

CryptoAPI 支持多种加密方案。例如，可用 RSA 加密某些信息，也可数字签署其他一些信息。CryptoAPI 支持的加密方案如表 4-18 所示。

表 4-18　CryptoAPI 支持的加密方案

CSP 类型	加　　密	签　　名
PROV_RSA_FULL	RC2，RC4	RSA
PROV__RSA__SIG		RSA
PROV_DSS		RSA
PROV_FORTEZZA	SKIPJACK	RSA
PROV_SSL		RSA
PROV__MS__EXCHANGECAST		RSA

CryptoAPI 使用密钥数据库，这和 PGP 一样。创建密钥数据库，最好的方法是从 http://www.microsoft.com 网址中下载示例。在示例中有一个 Inituser.exe 程序，它能创建一个 CryptoAPI 所使用的基本密钥数据库。

若能访问 C/C++程序，而它能方便地访问 WIN 32 API，则 CryptoAPI 提供了一个使用预安装程序的最好方法。

当程序员使用 CryptoAPI 时，他们应从 C/C++程序中申请基本的 CryptoAPI 功能。基本的 CryptoAPI 分为 4 部分：CSP、密钥、Hash 对象和签名。在一个加密应用程序中，通常需首先请求 CrptAcquire Context。可按如下所示应用 CrptAcquireContext：

BOOL CrptAcquireContext（HCRPTPPOV phProv，LPCTSTR pszContainer，LPCTSTR pszProvider DWORD dwprov Type，DWORD dwFlags）；

CrptAcquire Context 返回一个 HCRYPTPROV 句柄，它提供了其他的 CryptoAPI 功能，可以通过 PszContainer 和 PszProvider 参数来指定一个特别的加密服务提供商。

在获得一个成功会话的 HCRYPTROV 句柄之后，便可应用表 4-19 所示的功能来对程序实行加密。

表 4-19 CryptoAPI 的基本功能

CryptoAPI 函数	描述
CryptAcquireContext	CSP 为密钥容纳器返回一个句柄
CryptCreateHash	创建 hash 对象
CryptDecrypt	解密缓冲区中的内容
CryptDerivekey	驱动来自 hash 对象的密钥
CryptDestroyHash	撤销用 CryptCreateHash 创建的 hash 对象
CryptDestroykey	撤销导入或创建的密钥
CryptEncrypt	加密缓冲的内容
CryptExportkey	从密钥中返回一个 key blob。key blob 是传送给接收者的一个密钥已加密拷贝。一般来讲，可使用 key blob 加密一个单密钥，并将其与一个单密钥加密文档一起发送
CryptGenkey	产生 CSP 用的随机密钥
CryptGetHashParam	检索与 hash 对象匹配的数据
CryptKeyParam	检索与密钥匹配的数据
CryptGetProvParam	检索与 CSP 匹配的数据
CryptGetUserKey	返回签名或交换密钥的句柄
CryptHashData	对一个数据流进行散列操作
CryptImportKey	从 key blob 中分离密钥
CryptReleaseContext	释放密钥容纳器的句柄
CryptSetprovParam	使 CSP 的操作个性化
CryptSetProvider	设置默认的 CSP
CryptSignHash	签署一个数据流
CryptVerifySignature	证实 hash 对象的签名

每项功能说明逻辑也应用 CryptoAPI。例如，输出一个密钥分为两步：第一步是使用 CryptGetUserkey 功能项从加密服务提供者中回收一个用户公用密钥，在程序收到公用密钥句柄后，通过 CryptGetUserkey 得到一个密钥 BLOB。

为更好地理解 CryptoAPI，可以从 JamsaPress Web 网址中下载 Cryptpo-Notepad 程序源代码。

Crypto-Notepad 完成 Windows Notepad 一样的任务，只是 Crypto-Notepad 将所有产生的文件作

为加密文件，它用“文件”→“打开”选项来解密。要下载完整的未编译的源代码，可参阅网址 http://www.jamsa.com。

Crypto-Notepad 建立一个新文档组，它包含 Crypto-Notepad 的基本功能。CryptoAPI 的组功能优于 OnOpenDocument，因为程序在 OnOpenDocument 功能中将存储的加密文件转换为明文，程序必须随后将文本转换为原加密方式。

4.5　对加密系统的计时入侵

最近，密码专家和安全专家已研究出一种攻破密码系统的新方法。专家指出，只要仔细地对用来完成私有密钥操作的时间作细致的研究，就可以推导出固定的 Diffie Hellman 指数及 RSA 密钥攻破密码。对一个脆弱的系统，入侵并不需要花计算机很多时间而仅需知道加密的文本。系统的风险包括密码令牌、基于网络的密码系统和其他入侵者可准确测定解密时间的应用程序。

密码专家已决定对不同的加密法采用不同的时间以产生长度不一的密码，这些安全专家知道，若黑客已处于测定时间阶段，那么黑客很可能利用计算机攻破密码。

若黑客能测出解密所用的时间，将很可能判定出密钥值。然而，这对多数系统而言，其风险相当低。因为黑客必须对计算机处理的时间进行精确解密，而这对于一个不拥有与该系统物理上接近的机器的黑客是十分困难的。

许多加密传送是在建立连接之后才进行单钥加密，许多服务器使用单密钥来保护传送。因此，如果黑客可较接近地测定出解密时间，则黑客很容易猜测出通话密钥的长度。

例如，某人通过时间测定攻破加密的可能性仅比某人从硬盘中偷走密钥的可能性小一点。当考虑到网络安全时，应将时间测定入侵当做不远的将来的一个重要威胁。

4.6　加密产品与系统简介

前面在介绍加密体制时，重点介绍了加密系统 PGP。下面再简要介绍一下国际上其他一些加密产品和系统，以供大家参考。这些加密产品或系统如表 4-20 所示。

表 4-20　加密产品或系统

产品名称	性　能　说　明	联　系　方　式
PGP for Group Wise	实现与 DOS 和 Windows 的 PGP 实用程序的无缝连接。使用它，用户可以进行加密、签名和认证	Htt://student-www.uchicageo.edu
File Lock Series	采用 4 种压缩算法和 3 种加密算法，保护个人信件和重要数据，是家庭用户的安全工具	http://dlcomputing.com/
Point'n Crypt world	它是 Windows 的一个扩展程序，允许用户迅速并便捷地加密任何文件，它是基于 40 位的 DES 模式加密	http://www.soundcode.com
PrivaSuite	可加密任何语言及格式的字串、传真和文件，它也可加密整个电子数据表或其中某一个单元。它采用 56 位 DES 算法	http://www.aliroo.com
Crypt	它是 VMS 操作系统中使用 DES 加密算法的程序。但是，它提供对 UNIX 和 DOS 的支持	ftp://www.decu.org/ pub /lib / vs0 127/ crypt

小　结

密码学是随着现代科学及实践发展的实际需要而发展起来的，并且它正得到越来越广泛的应用。公钥密码体制是在解决单钥密码系统中最难解决的两个问题（密钥分配和数字签名）的基础上提出的一种新的密码体系。

我们在分析公钥密码体制的原理的基础上，比较了它与常规的密码系统的不同之处及公钥密码算法应该满足的条件。接着介绍了迄今为止理论上最为成熟和完善的公钥密码体制——RSA 算法，给出了它的算法过程和算法中的计算问题。一方面 RSA 所具有的理论完备性，使其能够得到广泛应用，另一方面其存在密钥太长的不足。为了更广泛的应用，本章介绍了一种能够缩短密钥长度的密码体制，即椭圆曲线密码体制，并分析了椭圆曲线的算法，为我们进一步应用它提供了很好的理论基础。

思　考　题

1. 试分析与比较网络通信中各种加密方式的优缺点。
2. 写出 DES 加密体制中，任意两轮加密之间的关系式，并由此说明，在用 DES 加密信息后，使用密钥可以实现信息还原。
3. 本章介绍了 4 种公钥加密体制：RSA 体制、背包体制、ElGamal 体制和椭圆曲线体制，试回答以下问题。
   - 4 个加密体制分别基于什么样的困难问题？
   - 在 RSA 体制中，设 p=17，q=11，公钥 e=7，试将信息 m=123 连续加密 4 次，即按照计算公式 $m_1 = m_{i-1}^e \bmod N$ 求出 m_4，问 m_1 和 m_4 有什么关系？
   - 在 RSA 体制中，设 p=43，q=59，公钥 e=13，求私钥 d；如果 m=1520，求出 m 对应的密文。
4. 简述 PGP 加密体制的原理和 4 种加密方式的不同作用。
5. 目前，世界上一些国家都加紧制定自己的加密标准。那么，我国是应当尽快建立自己的国家加密标准，还是像现在这样买国外的加密系统？如果自己建立，应当如何建立？

第 5 章 数字签名技术

数字签名是信息安全的一个非常重要的分支，它在大型网络安全通信中的密钥分配、安全认证、公文安全传输及电子商务系统中的防否认等方面具有重要作用。

5.1 数字签名的基本原理

政治、军事、外交等领域的文件、命令和条约，商业中的契约，以及个人之间的书信等，传统上都采用手书签名或印章，以便在法律上能认证、核准和生效。随着计算机通信技术的发展，人们希望通过电子设备实现快速、远距离的交易，数字（或电子）签名便应运而生，并开始用于商用通信系统中，如电子邮递、电子转账和办公自动化等系统。

类似于手书签名，数字签名也应满足以下要求：

- 收方能够确认或证实发方的签名，但不能伪造。
- 发方发出签名的消息给收方后，就不能再否认他所签发的消息。
- 收方对已收到的签名消息不能否认，即有收到认证。
- 第三者可以确认收、发双方之间的消息传送，但不能伪造这一过程。

5.1.1 数字签名与手书签名的区别

数字签名与手书签名的区别在于，手书签名是模拟的，且因人而异。而数字签名是 0 和 1 的数字串，因消息而异。数字签名与消息认证的区别在于，消息认证使收方能验证消息发送者及所发消息内容是否被篡改过。当收、发者之间没有利害冲突时，这对于防止第三者的破坏来说足够了。但当收者和发者之间有利害冲突时，单纯用消息认证技术就无法解决他们之间的纠纷，此时就必须借助数字签名技术。

为了实现签名目的，发方必须向收方提供足够的非保密信息，以便使其能验证消息的签名。但又不泄露用于产生签名的机密信息，以防止他人伪造签名。因此，签名者和证实者可公用的信息不能太多。任何一种产生签名的算法或函数都应当提供这两种信息，而且从公开的信息很难推测出用于产生签名的机密信息。另外，任何一种数字签名的实现都有赖于精心设计的通信协议。

随着密码学的发展，尤其是公钥密码体制的发展，研究者发现，签名的这些性质完全可以通过数字方式来实现。带有数字签名的消息在网络上传播，标识着签名者的身份，就像传统签名一样，可实现身份的证明。

虽然签名的目的相同，但数字签名和传统签名还是有一些不同之处。

传统签名是消息的一部分，被签名的文件和签名不应分割开来，而数字签名与消息是独立的，可以将数字签名与消息绑定在一起发送或传输，也可以分开发送或传输。

传统签名的验证需要与已知的另一份签名进行比较来实现，而数字签名的验证仅通过验证算法就可以实现。

正是因为传统签名的验证需要一些历史信息，所以传统签名的验证者相对较少，而数字签名的验证者范围要大得多，只要能实现验证算法就能够实现对数字签名的验证。

传统签名是不容易复制的，因为对传统签名的简单复制与签名原件总有区别。而数字签名的复制不受限制，可以很方便地存储签名、复制签名和分发签名。

5.1.2 数字签名的组成

数字签名有两种：一种是对整个消息的签名；一种是对压缩消息的签名，它们都是附加在被签名消息之后或某一特定位置上的一段签名图样。若按明、密文的对应关系划分，每一种又可分为两个子类：一类是确定性数字签名，其明文与密文一一对应，它对特定消息的签名不变化（使用签名者的密钥签名），如 RSA、ElGamal 等签名；另一类是随机的或概率式数学签名，它对同一消息的签名是随机变化的，具体取决于签名算法中的随机参数和取值。

一个签名体制一般含有两个组成部分，即签名算法和验证算法。对 M 的签名可简记为 $\mathrm{Sig}(M)=s$（有时为了说明密钥 k 在签名中的作用，也可以将签名写成 $\mathrm{Sig}_k(M)=s$ 或 $\mathrm{Sig}(M, k)$，而对 s 的证实简记为 $\mathrm{Ver}(s)=\{真, 伪\}=\{0, 1\}$）。签名算法或签名密钥是秘密的，只有签名人掌握。证实算法应当公开，以便于他们进行验证。

数字签名方案由$\{P, A, K, S, V\}$组成，并满足：

- P 为可能消息的有限集。
- A 为可能签名的有限集。
- K 为可能密钥的有限集。
- 对于每一个 $k\in K$，存在签名算法 $\mathrm{sig}_k\in S$ 和验证算法 $\mathrm{ver}_k\in V$：

$$\mathrm{sig}_k：P\rightarrow A$$

$$\mathrm{ver}_k(x, y)：P\times A\rightarrow\{\mathrm{ture}, \mathrm{false}\}$$

$$\mathrm{ver}_k\begin{cases}\mathrm{ture}，& y=\mathrm{sig}(x)\\ \mathrm{false}，& y\neq \mathrm{sig}(x)\end{cases}$$

显然，加密算法就是一个签名算法，加密算法或解密算法就是一个验证算法。这里的加密算法包括对称加密体制和公钥加密体制。

对称密码体制仅用于 A、B 双方之间的身份验证。假设消息（即明文）为 x，A、B 之间的共享密钥是 k，将消息 x 加密得到密文 y：

$$y=\mathrm{sig}_k(x)=E_k(x)$$

将 y 作为消息 x 的签名，验证时，可用加密算法：

$$E_k(x)=y$$

或解密算法：

$$D_k(y)=x$$

来验证签名的合法性：

$$\text{ver}(x, y)= \text{true} \Leftrightarrow E_k(x)= y \Leftrightarrow D_k(y)= x$$

相对来说，公钥密码体制更适合用于数字签名。但是，与对称密码体制用于数字签名不同的是，公钥密码体制用私钥进行签名，用公钥进行验证。

5.1.3　数字签名的应用

随着计算机网络技术的发展，过去依赖于手书签名的各种业务都可用这种电子化的数学签名代替，它是实现电子贸易、电子支票、电子货币、电子出版及知识产权保护等系统安全的重要保证。数字签名已经并将继续对人们如何共享和处理网络上信息及事务处理产生巨大的影响。

例如，在大多数合法系统中对大多数合法的文档来说，文档所有者必须给一个文档附上一个时间标签，指明文档签名对文档进行处理和文档有效的时间与日期。在用数字签名对文档进行标识之前，用户可以很容易地利用电子形式为文档附上电子时间标签。因为数字签名可以保证这一日期和时间标签的准确性和证实文档的真实性，数字签名还提供了一个额外的功能，即它提供了一种接收者可以证明确实是发送者发送了这一消息的方法。

使用电子汇款系统的人也可以利用电子签名。例如，假设有一个人要发送从一个账户到另一个账户转存 10 000 美元的消息，如果这一消息通过一个未加保护的网络，那么“黑客”就能改变资金的数量从而改变这一消息。但是，如果发送者对这一消息进行了数字签名，由于接收系统核实错误，从而就能识别出对于此消息的任何改动。

当大范围的商业应用要求变更手书签名方式时，可以使用数字签名。其中一例便是电子数据交换（EDI）。EDI 是商业文档消息的交换机制。美国联邦政府用 EDI 技术来为消费者购物提供服务。在 EDI 文档里，数字签名取代了手写签名，利用 EDI 和数字签名，只需通过网络媒介即可进行买卖并完成合同的签订。

数字签名的使用已延伸到保护数据库的应用中。一个数据库管理者可以配置一套系统，它要求输入消息到数据库的任何人在数据库接收之前必须数字化标识该消息。为了保证真实性，系统也要求用户标识对消息所作的任何修改。在用户查看已被标识过的消息之前，系统将核实创建者或编辑者在数据库消息中的签名，如果签名核实结果正确，用户就知道没有未经授权的第三者改变这些消息。

5.2　数字签名标准（DSS）

数字签名算法主要由两个算法组成，即签名算法和验证算法。签名者能使用一个（秘密）签名算法签名一个消息，所得的签名能通过一个公开的验证算法来验证。给定一个签名，验证算法能根据签名是否真实给出一个“真”或“假”的问答。

目前已有大量的数字签名算法，如 RSA 数字签名算法、Elgamal 数字签名算法、美国的数字签名标准/算法（DSS/DSA）、椭圆曲线数字签名算法和有限自动机数字签名算法等。

5.2.1　关注 DSS

在 1991 年 8 月 30 日，美国国家标准与技术学会（NIST）在联邦注册书上发表了一个通知，提出了一个联邦数字签名标准，NIST 称之为数字签名标准（DSS）。DSS 提供了一种核查电子传输数据及发送者身份的一种方式。NIST 提出："此标准适用于联邦政府的所有部门，用以保护未加保密的信息——它同样适用于 E-mail、电子金融信息传输、电子数据交换、软件发布、数据存储及其他需要数据完整性和原始真实性的应用。"

尽管政府各部门使用 NIST 提出的 DSS 是命令所迫，但是他们对 DSS 的采纳使用会对私人领域产生巨大的影响。除了提供隔离生产线以满足政府和商业需求外，许多厂家设计所有的产品都遵守 DSS 要求。为了更好地理解 DSS 将成为私人领域标准的可能性，可以回想一下 NIST 的前身——国家标准局于 1977 年将数字加密标准（DES）确定为政府标准不久，美国国家标准机构采用了它，从而使它成为一个广泛使用的工业标准。

由对 NIST 的建议及其细节提出了很重要的问题，这些问题将会关系到未来的信息政策，特别是加密技术。在美国联邦注册通知里，NIST 陈述了这些内容：它们选择 DSS 是经过认真挑选的并且它们也遵守了政府以前指定的法律，特别是 1987 年的《计算机安全条例》。政府的命令特别要求 NIST 制定确保联邦计算机系统的信息安全与机密的标准和指导方针。

1987 年的《计算机安全条例》的参考作用很重要，因为在制定这部法律时，国会授予 NIST 在民用计算机安全问题上的权威性并限制了国家安全局（NSA）在这方面的作用。当国会制定《计算机安全条例》时，国会特别注意到 NSA（国家安全局）以不合适的方式限制了对信息的访问。讨论安全法的白宫报告提到，因为 NSA 天然地会对一些他们认为重要的信息访问活动加以限制甚至禁止，他们不能负责保持非国有安全消息。

5.2.2 DSS 的发展

NSA 举世闻名并多次受到奖励。在第二次世界大战后的几年里，制作和破解密码对美国国家安全的建立变得越来越重要。杜鲁门总统在 1952 年用总统令下令建立 NSA。NSA 对所有的美国国防通信、截获和破译国外政府的秘密通信负有责任。由此，NSA 就具有极强的获取和自动扫描大部分情报的能力。如果不是这样，电子信息可能会以任何方式出现在美国的领空。

了解 NSA 的背景很重要，因为在它建立后的 45 年里，NSA 在美国的保密技术领域扮演着垄断者的角色。它的使命是必须紧紧把握关键技术，努力保持它的垄断地位并由此抑制保密技术的私有化、非政府化发展和传播。NSA 努力压制加密信息技术的动机是显而易见的，因为当信息保密技术传播得更广泛时，NSA 收集情报的工作会变得更加困难和费时。

NSA 保持它的垄断地位的努力已经延伸到了出口和商业政策。联邦政府限制具有保密特性的软件产品出口。特别地，在政府部门设有国防贸易办公室，它依据军备国防交易规则（ITAR）管理保密技术的出口。除了具有军用目的的软件产品外，ITAR 还包含了许多具有保密性能的商业软件，如像 Microsoft Internet Explorer Navigator 这样的普通软件。根据出口许可证申请制度，NSA 审查 ITAR 所包含的信息安全技术。NSA 基本上完全控制着商业软件保密技术的出口，这些软件当然是 NSA 所关注的，它认为从本质上讲，这些软件也属于军事装备。

在 1995 年美国政府和 NSA 一起支持用一种称为 Clipper Chip 的新型加密芯片装备所有美国制造的新型计算机，包括装在汽车内的计算机、电视装置等领域。由于美国商业界意识到未来的电子商务处理必须基于强化的保密技术，所以，这种芯片最初的市场是十分广阔的。在美国政府宣布对它的支持不久，媒体就注意到一个 Clipper Chip 芯片的重要缺陷。在这种芯片的研究过程中，NSA 不仅提供了这种芯片设计的原始程序，还在自己芯片里留了一个"后门"，也就是 NSA 可以不用花费太多破解密码的时间就可获得通过该芯片加密的任何文档或其他消息。

当商界知道这一消息后，他们的许多领导表示如果美国计算机仍然装配这种芯片，他们将不再购买美国的计算机，结果是，美国政府停止支持这种芯片，而大多数公司也改用许多保密软件保护他们的传输。

国会在通过 1987 年《计算机安全条例》和民用领域保密技术革新限制时，注意到 NSA 对机密领域的扩张。国会特别希望限制军事情报机构的影响并确保非军用机构的建立和发挥商业安全监督作用。白宫的立法报告指出，在发展民用计算机安全标准时，NSA 的介入将对保密技术的研究和发展产生重要的影响，这对于学术界和国内计算机工业来说尤其如此。许多观察家指出，Clipper Chip 芯片的失败就是民用领域对 NSA 不信任的极好例证，并且也是对 NSA 不信任的极有说服力的理由。

从大的方面来说，数字签名标准发展是计算机安全条例的第一个实际检验。遗憾的是，从近来公众的消息来看，国家树立的在民用与商用机构之间的分界不仅容易排除，而且 DSS 的创建也严重打破了国会所确立的界限。在联邦注册通知里，公布了 1991 年提交的 DSS。通知并没有明确提到 NSA，但很明显地暗示 NIST 发展了这个标准。经过对政府标准设置过程的详尽分析，计算机专家给 NIST 提交了一个信息自由法规草案，现在它成了 DSS 发展的一个重要历史资料。与之相对应，NIST 声明，所有与选择一个民用和政府计算机安全的数字签名标准有关的技术评价都可以不予公开。

当计算机专家在政府法庭迫使 DSS 材料公开之后，NIST 第一次意识到，它具有的相关文档在事实上大部分与 NSA 如出一辙，而不是始于 NIST。事实上，NIST 仅建立了 142 页的 DSS 文档，而 NSA 建立了另外的 1138 页。

作为对新闻媒体追查的回应，NSA 承认它在推动被提议的 DSS 中所发挥的主导作用。NSA 信息政策的主管承认，NSA 这个坚持与加密发明者作斗争，以抵制他们占有市场的组织，最终促成了高安全性的 DSS 标准的出台。

不用说，NSA 介入 DSS 的发展引起了经济和技术界的一些风波。事实上，大多数数字签名的实现是基于 Diffie-Hellman 算法，而不是 DSS。

自从 NIST 引荐数字签名标准以来，它对 DSS 签名作了广泛的修改。DSS 签名为计算和核实数字签名指定了一个数字签名算法（DSA）。DSS 签名使用 FIPS180-1 和安全 hash 标准（SHS）产生和核实数字签名。尽管 NSA 已发展了 SH5，但它却提供了一个强大的单向 hash 算法，该算法通过认证手段提供安全性。

5.3　RSA 签名

将前面介绍的 RSA 公钥算法稍作改动，便可构造出下面的 RSA 签名方案。

令 $n = pq$，p 和 q 是素数，$p = A = Z_n$，定义：

$$K = \{(n, p, q, a, b):\ ab \equiv 1 (\bmod\ \varphi(n))\}$$

其中，n、b 是公钥，p，q，a 是私钥，签名算法和验证算法如下：

$$\mathrm{sig}_k(x) = x^a \bmod n$$

$$\mathrm{ver}_k(x, y) = \mathrm{true} \Leftrightarrow x \equiv y^b (\bmod\ n)(x,\ y \in Z_n)$$

RSA 的签名方案和 RSA 的密码算法非常相似，不同的是签名算法用的是私钥，验证算法用的是公钥，这样能够保证持有公钥的所有参与者都能够对签名进行验证。

【例 5-1】 在 RSA 签名方案中，取 p =251，q =503，则

$$n = 251 \times 503 = 126253$$

$$\varphi(n) = 250 \times 502 = 125500$$

取 b = 2957，则：

$$a = 2957^{-1} \bmod 125500 = 5093$$

其中，n、b 是公钥，p，q，a 是私钥，对 x = 5601 进行签名：

$$\text{sig}_k(x) = 5601^{5093} \bmod 126253 = 5093$$

对(5601, 5093)进行验证：

$$\text{ver}_k(x, y) = \text{true} \Leftrightarrow 5601 = 5093^{2957} \bmod 126253$$

于是，(5601, 5093)是合法的 RSA 签名。

接下来，对另一组签名(2005, 2006)进行验证：

$$\text{ver}_k(x, y) = \text{false} \Leftrightarrow 2006^{2957} \bmod 126253 = 23717\ 2005$$

这说明(2005, 2006)不是合法的 RSA 签名。

5.4 DSS 签名方案

类似地，也可以对 Elgamal 公钥算法稍做改动形成 Elgamal 签名方案。Elgamal 签名方案也是 DSS 签名标准的基础。

5.4.1 Elgamal 签名方案

设 p 是素数，$\alpha \in Z_p^*$ 为本原元，$P = Z_p^*$，$A = Z_p^* \times Z_{p-1}$。

密钥空间：

$$K = \{(p, \alpha, \beta, a): \beta = \alpha^a \pmod P\}$$

其中，p、α、β 是公钥，a 是私钥，对于随机选取的 $t \in Z_{p-1}^*$，设计签名算法为：

$$\text{sig}_k(x, t) = (\gamma, \delta)$$

其中，

$$\gamma = \alpha^t \bmod p$$
$$\delta = (x - a\gamma)t^{-1} \bmod (p-1)$$

验证算法为：

$$\text{ver}(x, \gamma, \delta) = \text{true} \Leftrightarrow \beta^\gamma \gamma^\delta \pmod p \equiv \alpha^x \pmod p$$

其中，$x, \gamma \in Z_p^*$，$\delta \in Z_{p-1}$。

简单地验证：

$$\beta^\gamma \gamma^\delta \pmod p$$
$$= (\alpha^a)^\gamma (\alpha^t)^\delta \pmod p$$
$$= \alpha^{a\gamma + t\delta} = \pmod p \text{（将 } \delta = (x - a\gamma)t^{-1} \bmod (p-1) \text{ 代入）}$$

$$=\alpha^{x}(\bmod p)$$

【例 5-2】　在 Elgamal 签名方案中，设 $p=1999$，$\alpha=13$，$\beta=103$，$n=200$，$k=\{1999, 13, 103, 200\}$，需要签名的消息为：

$$x=999$$

不妨取 $t=191$，则：

$$\gamma=13^{191} \bmod 1999=1476$$
$$\delta=(999-200\times1476)\times191^{-1} \bmod 1998=1305$$

Elgamal 签名为：

$$\operatorname{sig}_{k}(x, t)=(1476, 1305)$$

对签名进行验证：

$$\operatorname{ver}(999, 1476, 1305)=\text{true}$$

这是因为 $103^{1476}\times1476^{1305}\equiv13^{999}(\bmod 1999)$。

如果有错误签名：

$$\operatorname{sig'}_{k}(x, t)=(1477, 1306)$$

对签名进行验证，可得：

$$\operatorname{ver}(999, 1477, 1306)\equiv\text{false}$$

因为 $103^{1477}\times1477\equiv1737\neq13^{999}(\bmod 1999)$。

虽然离散对数问题的难解保证了 Elgamal 的安全性，但也存在着伪造签名的办法。

设 $0\leqslant i\leqslant p-2$，$0\leqslant j\leqslant p-2$ 且满足：

$$\gcd(j, p-1)=1$$

通过以下方法计算 γ、δ、x：

$$\gamma=\alpha^{i}\beta^{j} \bmod p$$
$$\delta=-\gamma j^{-1} \bmod (p-1)$$
$$x=-\gamma i j^{-1} \bmod (p-1)$$

$j^{-1} \bmod (p-1)$是存在的，因为 j 与 $p-1$ 互素。

对签名（x，γ，δ）进行验证：

$$\begin{aligned}
&\beta^{\gamma}\gamma^{\delta}\\
&=\beta^{\alpha^{i}\beta^{j}}(\alpha^{i}\beta^{j})^{-\alpha^{i}\beta^{j}j^{-1}}(\bmod p)\\
&=\beta^{\alpha^{i}\beta^{j}}\alpha^{-ij^{-1}\alpha^{i}\beta^{j}}\beta^{-\alpha^{i}\beta^{j}}(\bmod p)\\
&=\alpha^{-ij^{-1}\alpha^{i}\beta^{j}}(\bmod p)\\
&=\alpha^{-\gamma ij^{-1}}(\bmod p)\\
&=\alpha^{x}(\bmod p)
\end{aligned}$$

这说明签名（x，γ，δ）能够通过验证。

下面举例说明。

【例 5-3】　在 Elgamal 方案中，设 $p=1999$，$\alpha=13$，$\beta=103$，$a=200$，$k=\{1999, 13, 103, 200\}$，取 $i=109$，$j=199$，则：

$$\gamma=13^{109}\times103^{199} \bmod 1999=1476$$
$$\delta=-1476\times199^{-1} \bmod 1998=1305$$

$$x = -1476 \times 109 \times 199^{-1} \bmod 1998 = 999$$

伪造的签名为：

$$sig_k(999)=(1476, 1305)$$

对签名进行验证：

$$ver(999, 1476, 1305)= true$$

这是因为 $103^{1476}1476^{1305} \equiv 13^{999}(\bmod 1999)$。

另外一种伪造签名基于一组已知合法签名(γ, δ, x)，设：

$$0 \leqslant h \leqslant p-2，0 \leqslant i \leqslant p-2，0 \leqslant j \leqslant p-2$$

并且满足：

$$\gcd(h\gamma - j\delta, p-1)= 1$$

计算出：

$$\lambda=\gamma^h\alpha^i \beta^j \bmod p \quad (5\text{-}1)$$

$$\mu = \delta\lambda(h\gamma - j\delta)^{-1} \bmod(p-1) \quad (5\text{-}2)$$

$$x' = \lambda(hx + i\delta)(h\gamma - j\delta)^{-1} \bmod(p-1) \quad (5\text{-}3)$$

$(h\gamma - j\delta)^{-1} \bmod(p-1)$是存在的，因为 $h\gamma - j\delta$ 与 $p-1$ 互素。

对签名(λ, μ, x')进行验证，可得：

$$\beta^\lambda\lambda^\mu = \alpha^{x'}(\bmod p) \quad (5\text{-}4)$$

下面进行简单的证明。

根据式（5-1）可得：

$$\lambda =\alpha^{ht}\alpha^i\alpha^{aj}(\bmod p)$$
$$= \alpha^{ht+i+aj}(\bmod p)$$

将上式和 $\beta = \alpha^a(\bmod p)$代入式（5-4）得：

$$\alpha^{\lambda a}\alpha^{(ht+i+aj)\mu} = \alpha^{x'}(\bmod p)$$

等价于：

$$\lambda a + (ht+i+aj)\mu = x'(\bmod p-1)$$

将式（5-2）和式（5-3）代入下式中

$$\lambda a + (ht+i+aj)\mu - x'(\bmod p-1)$$

可得：

$$\lambda a + (ht+i+aj)\mu - x'(\bmod p-1)$$
$$= \lambda[a + (ht+i+aj)\delta(h\gamma - j\delta)^{-1} - (hx + i\delta)(h\gamma - j\delta)^{-1}](\bmod p-1)$$
$$= \lambda[a + (ht\delta+aj\delta-hx)(h\gamma - j\delta)^{-1}](\bmod p-1)$$
$$=\lambda\{a + [h(t\delta-x)+ aj\delta](h\gamma - j\delta)^{-1}\}(\bmod p-1)$$

由 $\delta=(x - a\gamma)t^{-1}(\bmod p-1)$得：

$$x - \delta t = a\gamma(\bmod p)$$

代入上式得：

$$\lambda a + (ht+i+aj)\mu - x'(\bmod p-1)$$
$$= \lambda\{a + [- ah\gamma+aj\delta](h\gamma - j\delta)-1\}(\bmod p-1)$$
$$= \lambda\{ a - a [h\gamma - j\delta](h\gamma - j\delta)-1\}(\bmod p-1)$$

$$= 0 (\bmod p-1)$$

命题得证。

【例 5-4】　在 Elgamal 签名方案中，设 $p = 4079$，$\alpha =13$，$\beta =1621$，$a = 200$。

已知密钥：

$$k = \{4079, 13, 1621, 200\}$$

已知一组合法签名：

$$(\gamma, \delta, x)=(2429, 4005, 999)$$

取：

$$h = 888，i = 129，j =555$$

满足条件：

$$\begin{aligned} & \gcd(888 \times 2429 - 555 \times 4005, 4078) \\ & = \gcd(3503, 4078) \\ & =1 \end{aligned}$$

则有：

$$\lambda = 2429^{888} \times 13^{129} \times 1621^{555} \bmod 4079 =2940$$

$$\begin{aligned} \mu &= 4005 \times 2940 \times (888 \times 2429-555 \times 4005)^{-1} \bmod 4078 \\ &=4005 \times 2940 \times 1539 \bmod 4078 \\ &=1508 \end{aligned}$$

$$\begin{aligned} x' &= 2940 \times (888 \times 999+129 \times 4005) (888 \times 2429 - 555 \times 4005)^{-1} \bmod 4078 \\ &= 2940 \times 925 \times 1539 \bmod 4078 \\ &=2008 \end{aligned}$$

伪造的签名为：

$$\mathrm{sig}_k(2008)=(2940,1508)$$

对签名进行验证：

$$\mathrm{ver}(2008,2940,1508)= \mathrm{true}$$

因为：

$$1621^{2940} \times 2940^{1508} (\bmod 4079)= 2343$$

$$13^{999} (\bmod 4079)=2343$$

虽然以上两种伪造的 Elgamal 签名都能通过验证，但是这两种伪造并不会对 Elgamal 签名算法本身造成威胁，因为两种伪造都不能对任意的 x 产生伪造签名。

对 Elgamal 数字签名方案的不当使用倒是更危险的情况。例如，我们知道 t 作为方案中的一个重要参数是不能暴露的。如果 t 暴露了，那么由

$$\delta =(x - a\gamma)t^{-1} \bmod (p - 1)$$

可得：

$$a =(a- t\delta)\gamma^{-1} \bmod (p - 1)$$

于是 a 被求出，a 的求出将导致整个 Elgamal 签名算法的失效。

【例 5-5】　在 Elgamal 签名方案中，设 $p = 2039$，$\alpha =13$，$\beta =1428$，p、α、β 是公开的，$a =211$ 是保密的。

消息为：$x = 819$

签名为：

$$(\gamma, \delta) = (647, 420)$$

如果攻击者知道 $t = 167$，那么就可以算出 a 的值：

$$\begin{aligned} a &= (819 - 167 \times 420) \times 647^{-1} \mod (2039-1) \\ &= 009 \times 63 \bmod 2038 \\ &= 211 \end{aligned}$$

又如，在两次数字签名中使用相同的 t 也是危险的。如果出现这种情况，那么设：

$$\beta^{\gamma} \gamma^{\delta_1} \equiv \alpha^{x_1} \pmod p$$

$$\beta^{\gamma} \gamma^{\delta_2} \equiv \alpha^{x_2} \pmod p$$

于是：

$$\alpha^{x_1 - x_2} \equiv \alpha^{t(\delta_2 - \delta_1)} \pmod p \qquad (5\text{-}5)$$

$$x_1 - x_2 \equiv t(\delta_2 - \delta_1) \pmod{p-1}$$

不妨设 $d = \gcd(\delta_2 - \delta_1, p-1)$，显然 d 同时满足：

$$d \mid (p-1)$$

$$d \mid (\delta_2 - \delta_1)$$

$$d \mid (x_1 - x_2)$$

令：

$$x' = (x_1 - x_2)/d$$

$$\delta' = (\delta_2 - \delta_1)/d$$

$$p' = (p-1)/\mathrm{d}$$

式（5-5）可转化为：

$$x' \equiv t\delta' \pmod{p'}$$

$$t \equiv x'(\delta')^{-1} \pmod{p'}$$

$(\delta')^{-1} \pmod{p'}$是存在的，因为 $\gcd(\delta', p') = 1$

于是：

$$t = x'(\delta')^{-1} + ip' \pmod p$$

其中，$0 \leqslant i \leqslant d-1$。虽然这样求出的 t 是 d 组可能的结果，但可以通过验证：

$$\gamma = \alpha^{t} \bmod p$$

来得到最终的 t 值。

【例 5-6】 在 Elgamal 签名方案中，设 $p = 1009$，$\alpha = 13$，$\beta = 635$；a 未知，已知两个签名分别为：

$$(\gamma, \delta_1, x_1) = (388, 833, 999)$$

$$(\gamma, \delta_2, x_2) = (388, 323, 501)$$

即：

$$635^{388} \times 388^{833} = 13^{999} \bmod 1009$$

$$635^{388} \times 388^{323} = 13^{501} \bmod 1009$$

于是：

$$13^{999-501} = 13^{t(323-833)} \bmod 1009$$

$$498 = 498\,t \quad \bmod 1008$$

不妨设：

$$d = \gcd(498, 1008) = 6$$

令：

$$x' = 498/6 = 83$$

$$\delta' = 498/6 = 83$$

$$p' = 1008/6 = 168$$

于是：

$$83 = 83\,t \quad \bmod 168$$

$$t_0 = 83 \times 83^{-1} \bmod 168 = 1$$

t 的表达式为

$$t = t_0 + i\,p' \bmod 1009 = 1 + 83\,i \bmod 1009$$

t 的候选结果为

$$t_1 = 1+83 \times 1 \bmod 1009 = 84 \bmod 1009 = 84$$

$$t_2 = 1+83\times2 \bmod 1009 =167 \bmod 1009 = 167$$

$$t_3= 1+83\times3 \bmod 1009 = 250 \bmod 1009 = 250$$

$$t_4 = 1+83\times4 \bmod 1009 = 333 \bmod 1009 = 333$$

$$t_5 = 1+83\times5 \bmod 1009 = 416 \bmod 1009 = 416$$

$$t_6 = 1+83\times6 \bmod 1009 = 449 \bmod 1009 = 449$$

在 6 个候选的 t 中进行筛选，只有 167 符合要求，因为：

$$13^{167} = 388 \bmod 1009$$

美国 NIST 于 1991 年 8 月提出了数字签名标准（Digital Signature Standard，DSS），该标准中的数字签名算法 DSA（Digital Signature Algorithm）由 Kravitz 设计。

DSS 是 Sehnorr 和 Elgamal 签名算法的变种，也是建立在离散对数问题之上的。

5.4.2　DSS 签名方案

设 p 是 512 位的素数，Z_p 上的离散对数问题是一个难解问题，q 是一个 160 位的素数，且满足

$$qt(p-1)$$

取 $\alpha \in Z_p^*$，满足：

$$\alpha^q \equiv 1 \bmod p$$

消息空间和签名空间分别为

$$P = Z_p^*, A = Z_q \times Z_q$$

定义密钥：

$$K = \{(p, \alpha, \beta, a)\text{：} \beta = \alpha^a (\bmod p)\}$$

其中，p、α、β 是公钥，a 是私钥。取随机数 t 且 $0 \leqslant t \leqslant q-1$。

签名算法：

$$\mathrm{sig}_k(x, t)=(\gamma, \delta)$$

其中，

$$\gamma=(a^t \bmod p) \bmod q$$
$$\delta=(x+a\gamma)t^{-1} \bmod q$$

验证算法：

$$\mathrm{ver}(x, \gamma, \delta)=\mathrm{true} \Leftrightarrow (\alpha^{e_1}\beta^{e_2} \bmod p) \bmod q=\gamma$$

其中，

$$e_1=x\delta^{-1} \bmod q$$
$$e_2=\gamma\delta^{-1} \bmod q$$

5.5 盲签名及其应用

为了说明盲签名的基本概念，本节假设 Alice 为消息拥有者，Bob 为签名人。在盲签名协议中，Alice 的目的是让 Bob 对某文件进行签名，但又不想让 Bob 知道文件的具体内容，而 Bob 并不关心文件中说些什么，他只是保证他在某一时刻以公证人的资格证实这个文件。

Alice 从 Bob 处获得盲签名的过程一般有如下几个步骤：

① Alice 将文件 m 乘一个随机数得 m'，这个随机数通常称为盲因子，Alice 将盲消息 m' 送给 Bob。

② Bob 在 m' 上签名后，将其签名 $\mathrm{Sig}(m')$ 送给 Alice。

③ Alice 通过除去盲因子可从 Bob 关于 m 的签名(m')中得到 Bob 关于原始文件 m 的签名 $\mathrm{Sig}(m)$。

D.Chaum 关于盲签名曾经给出一个非常直观的说明。所谓盲签名，就是先将要隐蔽的文件放进信封里，而除去盲因子的过程就是打开这个信封。当文件在一个信封中时，任何人都不能读它。对文件签名就是通过在信封里放一张复写纸，当签名者在信封上签名时，他的签名便透过复写纸签到了文件上。

下面所介绍的盲签名方案都是在 ElGamal 签名方案上构造的，其中，x 和 $y=a^x \bmod p$ 为签名者 Bob 的密钥和公钥。

5.5.1 盲消息签名

在盲消息签名方案中，签名者仅对盲消息 m' 签名，他并不知道真实消息 m 的具体内容。这类签名的特征是：$\mathrm{Sig}(m)=\mathrm{Sig}(m')$ 或 $\mathrm{Sig}(m)$ 含 $\mathrm{Sig}(m')$ 中的部分数据。因此，只要签名者保留关于盲消息 m' 的签名，便可确认自己关于 m 的签名。

Alice　　　　　　　　　　　　　　　　　　　　Bob

选择消息 $m \in Z_p$，随机数 $h \in Z_{p-1}$

计算 $\beta=a^h \bmod p$，$m'=mh \bmod p-1$ 　$\xrightarrow{(\beta,\ m')}$　选择随机数 $k \in Z_{p-1}$

计算 $r=\beta^h \bmod p$，

$s=xr+m'k \bmod p-1$

$\mathrm{Sig}(m)=(r, s)$ $\longleftarrow$ (r, s)

验证方程：$a^s y^r r^m \bmod p$

从签名方程 $s=xr+m(k \bmod p-1)$可知，$a^s=y^r(a^k)^m=y^r a^{kmh}=y^r \beta^{km}=y^r r^m=y^r r^m \bmod p$，因此，验证方程成立。

可以看出，在上述盲消息签名方案中，Alice 将 Bob 关于 m' 的签名数据作为其对 m 的签名，即 Sig(m)=Sig(m')。所以，只要 Bob 保留 Sig(m')，便可将 Sig(m)与 Sig(m')相联系。为了保证真实消息 m 对签名者保密，盲因子尽量不要重复使用。因为盲因子 h 是随机选取的，所以，对一般的消息 m 而言，不存在盲因子 h，使 m'（$m'=mh \bmod p-1$）有意义，否则，Alice 将一次从 Bob 处获得两个有效签名 Sig(m)和 Sig(m')，从而使得两个不同的消息对应相同的签名。这一点也是签名人 Bob 最不愿看到的。

盲消息签名方案在电子商务中一般不用于构造电子货币支付系统，因为它不保障货币持有者的匿名性。

5.5.2　盲参数签名

在盲参数签名方案中，签名者知道所签消息 m 的具体内容。按照签名协议的设计，签名收方可改变原签名数据，即改变 Sig(m)而得到新的签名，但又不影响对新签名的验证。因此，签名者虽然签了名，却不知道用于改变签名数据的具体安全参数。

Alice　　　　　　　　　　　　　　　　　　　　Bob

选择消息 $m \in Z_p$，随机数 $h \in Z_{p-1}$

计算 $\beta=a^h \bmod p$　——$(m,\ \beta)$——→　选择随机数 $k \in Z^*_{p-1}$

　　　　　　　　　　　　　　　　　　　　计算 $r'\beta^h \bmod p$，

　　　　　　　　　　　　　　　　　　　　$s'k^{-1}(m+xr') \bmod p-1$

新签名 Sig(m) =(r, s)，其中，

Sig(m)=(r, s) ←——(r', s')

验证方程：$r^s a^m y^r \bmod p$ 在上述盲参数签名方案中，m 对签名者并不保密。当 Alice 对 Sig(m)做了变化之后，(m, r, s)和(m, r', s')的验证方程仍然相同。

盲参数签名方案的这些性质可用于电子商务系统 CA 中心，为交易双方颁发口令。任何人虽然可验证口令的正确性，但包括 CA 中心在内谁也不知道变化后的口令。在实际应用中，用户的身份码 ID 相当于 m，它对口令产生部门并不保密。用户从管理部门为自己生成的非秘密口令从而得到秘密口令的方法，就是将(ID, r', s')，转化为(ID, r, s)。这种秘密口令并不影响计算机系统对用户身份的认证。另外，利用盲参数签名方案还可以构造代理签名机制中的授权人和代理签名人之间的授权方程，以用于多层 CA 机制中证书的签发及电子支票和电子货币的签发。

5.5.3　弱盲签名

在弱盲签名方案中，签名者仅知道 Sig(m')而不知道 Sig(m)。如果签名者保留 Sig(m')及其他有关数据，则待 Sig(m)公开后，签名者可以找出 Sig(m')和 Sig(m)的内在联系，从而实现对消息 m 拥有者的追踪。

Alice　　　　　　　　　　　　　　　　　　　　Bob

选择随机数 a 和 b

计算 $r=r'^a a^b \bmod p$

$m'=amr'r^{-1} \bmod q$　←——r'——　选择随机数 $k \in (1, p-1)$

计算 $r'=a^h \bmod p$，

$S=(S'rr'^{-1}+mb) \bmod q$

$\mathrm{Sig}(m)=(r, s)$

验证方程：$as=y^r r^m \bmod p$ ——m'→ 计算 $S'=r'x+km' \bmod q$

←S'——

在上述盲签名方案中，如果签名者 Bob 保留$(m'r'S', k)$，则当 Alice 公开 $\mathrm{Sig}(m)=(r,s)$后，Bob 可求得 $a'=m'm^{-1}r'^{-1}r \bmod q'$和 $b'=m^{-1}(S-S'rr'^{-1}) \bmod q$。

为了证实 $\mathrm{Sig}(m)=(r,s)$是从 $\mathrm{Sig}(m')=(m'r'S')$所得，Bob 只需验证等式 $r=r'^a a'^b \bmod p$ 是否成立，若成立，则可确认 $a'=a$，$b'=b$，从而确认 $\mathrm{Sig}(m)$和 $\mathrm{Sig}(m')$相对应。这充分说明上述方案的确是一个弱盲签名方案。

盲消息签名方案与弱盲签名方案的不同之处在于，后者不仅将消息 m 做了盲化，而且对签名 $\mathrm{Sig}(m')$也做了变化，但两种方案都未能摆脱签名者将 $\mathrm{Sig}(m)$和 $\mathrm{Sig}(m')$相联系的特性，只是后者隐蔽性更大一些。由此可以看出，弱盲签名方案与盲消息签名方案的实际应用较为类似。

5.5.4 强盲签名

在强盲签名方案中，签名者仅知 $\mathrm{Sig}(m')$，而不知 $\mathrm{Sig}(m)$。即使签名者保留 $\mathrm{Sig}(m')$及其他有关数据，仍难以找出 $\mathrm{Sig}(m)$和 $\mathrm{Sig}(m')$之间的内在联系，他不可能对消息 m 的拥有者进行追踪。

Alice　　　　　　　　　　　　　　　　　　　　　Bob

（公钥(e, n)）　　　　　　　　　　　　　　　　（密钥 d）

选择盲因子 r

计算 $m'=mr^e \bmod n$ ——m'→ 计算盲签名

$S'=(m')^d \bmod n$

计算签名 $s=s'^{-1} \bmod n=m^d \bmod n$ ←S'——

弱盲签名方案是目前性能最好的一个盲签名方案，电子商务中使用的许多数字货币系统和电子投票系统的设计都采用了这种技术。

5.6 多重数字签名及其应用

多重数字签名的目的是将多个人的数字签名汇总成一个签名数据进行传送，签名收方只需验证一个签名便可确认多个人的签名。

设 U_1，U_2，…，U_n为 n 个签名者，他们的密钥分别为 x_i，相应的公钥为 $y_i=g^{x_i} \bmod p$（i=1，2，…，n）。

他们所形成的对消息 m 的 n 个签名分别为(r_i, r_i)，其中，$r_i=g^{k_i} \bmod p$ 和 $s_i=x_i m+k_i r \bmod p-1$（$i$=1，2，…，$n$），这里 $r=\prod_{i=1}^{n} r_i \bmod p$，形成的签名$(r_i, s_i)$满足方程 $g^{s_i}=y_i^m r_i^r \bmod p$。

n 个签名人最后形成的多重签名为：$(m,r,s)=(m,\prod_{i=1}^{n} r_i \bmod p,\sum_{i=1}^{n} S_i \bmod p-1)$，它满足方程

$g^s = y^m r^r \bmod p$，其中 $y = \prod_{i=1}^{n} y_i \bmod p$。

由此可以看出，无论签名人有多少，多重签名并没有过多地增加签名验证人的负担。多重签名在办公自动化、电子金融和CA认证等方面有重要的应用。

5.7 定向签名及其应用

当通过网络传输电子邮件和有关文件时，为了维护有关权利和合法利益，为了维护网上信息在法律上的严肃性，发送者应当对所发信息进行数字签名，以使接收者确信接收到的信息是可信的、合法的和有效的，防止不法者的冒充行为。

对许多签名方案而言，无论什么人，只要获得签名就可验证签名的有效性。这些签名方案包括RSA签名方案和E1Gamal签名方案。为了使特定的收方才能验证签名的有效性，对RSA签名而言，可以对签名采用加密传送的方法。由Chaum等人提出的不可否认签名方案也具有对签名验证者进行控制的能力。但这种方案的实施需要签名者和验证者之间互传有关信息（交互式验证）。但从实际应用看，一般并不需要对签名进行加密，更不必采用较为烦琐的交互式验证。

为此，这里介绍了定向签名的概念，并在E1Gamal签名方案和具有消息还原功能的签名方案（简称MR型方案）上实现了签名的定向传送。这些方案仅允许特定的收方对签名进行验证，但它们不需要像RSA签名那样要对签名加密，也不需要像不可否认签名那样要进行交互式验证。由于具有有向性，这些方案的安全性也得到了加强，极大地缩小了受攻击和被伪造的范围。

5.7.1 E1gamal定向签名

这里所说的E1gamal签名方案是指E1gamal签名方案的各种变形方案。

下面仅在一个特殊的E1gamal签名方案上建立定向签名方案。这种方法也可以用于其他E1gamal签名方案。在此方案中，设签名人为A，特定的签名收方为B。

- 系统参数：p 是一个素数，q 是 p-1 的素因子，$g \in Z_q$ 且阶为 q，x_A，$x_B \in Z_q$ 分别是A和B的密钥，相应的公钥分别为 $y_A = g^{x_A} \bmod p$ 和 $y_B = g^{x_B} \bmod p$。$m \in Z_q$ 为待签的消息。
- 签名方程：签名者A为了求得关于消息 m 的签名，先选取随机数 $k_A \in Z_q$，然后计算 $c_A = y_B^{x_A + k_B} \bmod p$，$r_A = gk_A \bmod p$ 和 $s_A = c_A x_A - mk_A \bmod q$。
- 签名：$(m;(r_A, s_A))$。A将此签名送B。
- 签名验证：B收到签名 $(m;(r_A, s_A))$ 以后，使用自己的密钥 x_B 计算 $c_A = (r_A y_A)^{x_B} \bmod p$，然后验证方程 $y_A^{c_A} = r_A^m g^{s_A} \bmod p$ 是否成立。若成立，则B接受A关于信息 m 的签名。

因为只有B用密钥 x_B 才可获得　，所以除B以外的任何人无法验证签名的正确性，因此，该方案是定向签名方案。

5.7.2 MR定向签名方案

为了验证ElGamal签名的有效性，签名人应将消息 m 连同签名（r, s）一起送收方。Nyberg等人建立了消息恢复（简称MR型）签名方案，使用此方案不必传送消息 m。任何人收到签名后，利用签名（r, s）便可还原 m。下面介绍在MR签名方案上建立的一个定向签名方案。

- 系统参数：设 p 和 q 为两个素数且 $q\,|\,p-1$，$g \in Z_p$ 是阶为 q 的元素。x_A，$x_B \in Z_p^*$ 和 $y_A = g^{x_A} \bmod p$ 及 $y_B = g^{x_B} \bmod p$ 是与签名者 A 和验证者 B 对应的私钥及公钥。
- 签名方程：为了签署消息 $m \in Z_p$，A 选随机数 $k_A \in Z_p^*$，并计算 $r_A = m y_B^{-(x_A+k_B)} \bmod p$，$s_A = k_A - r_A x_A \bmod q$ 和 $c_A = q^{k_A} \bmod p$。
- 签名数据：$(m;(r_A, s_A, c_A))$，A 将其签名数据送 B。
- 还原方程：验证者 B 利用 $y_A^{r_A} g^{k_A} = c_A \bmod p$ 先验证签名(r_A, s_A, c_A)的正确性，然后再利用还原方程：

$$m = y_A^{(r_A+1)x_B} y_B^{s_A} r_A \bmod p$$

还原消息 m。

上述还原方程的正确性可通过对方程左边乘而加以验证，这里不再详述。

使用上述方案的优点在于，即使未使用加密方 $y_B^{-(x_A+k_A)} y_B^{x_A+k_A}$ 案，除特定接收方 B 之外的任何人也无法看到消息 m 的内容。因此，定向 MR 签名方案既是签名方案，同时又起到了对消息 m 进行加密的作用。

5.8 世界各国数字签名立法状况

这里给出世界各国数字签名立法一览表，如表 5-1 所示。

表 5-1 世界各国数字签名立法一览表

国家或地区	法律名称	通过时间
俄罗斯	数字签名法	1995 年 1 月 25 日
意大利	数字签名法	1997 年 3 月 15 日
德国	数字签名法条例	1997 年 11 月 15 日
马来西亚	数字签名法	1997 年 6 月 8 日
新加坡	电子交易法	1998 年 6 月 29 日
阿根廷	国家公共机构数字签名设施	1998 年 4 月 16 日
澳大利亚	电子交易法	1999 年 3 月 15 日
韩国	电子商务基本法	1999 年 5 月 16 日
哥伦比亚	电子商务法	1999 年 8 月 21 日
欧盟	电子签名共同框架指令	1999 年 12 月 13 日
芬兰	电子商务管理法	2000 年 1 月 1 日
西班牙	电子签名与记录法令	2000 年 2 月 29 日
日本	电子签名与认证服务法	2000 年 5 月 24 日
英国	电子通信法	2000 年 5 月 25 日
菲律宾	电子商务法	2000 年 6 月 14 日
加拿大	电子信息和文书法	2000 年 6 月 21 日
美国	全球和国家商务中的电子签名法	2000 年 6 月 30 日
爱尔兰	电子商务法	2000 年 7 月 10 日

5.9 数字签名应用系统与产品

数字签名与现代加密技术紧密相连，由于技术上的复杂性，许多软件代理商难以提供有关购买或使用加密数字签名软件方面的资讯，而且至今仍未有一种完全安全或是无懈可击的计算机密码系统。但是，从加密的策略来看，只是使窃取秘密信息的代价大于利用这些秘密信息所获得的利益，这样的保密策略就是成功的，所以一些简单的技术和产品也可以抵挡住大多数危险的攻击，而不必过分追求十全十美的技术或产品。由于数字签名主要是以非对称密钥加密来实现的，因此下面谈论的内容不仅是数字签名，而且还包括非对称密钥加密。

1. Outlook Express 的加密与数字签名

Microsoft Outlook Express 是目前无数上网的人经常使用的软件，其功能比较完善，特别是它所提供的安全特性支持加密与数字签名，使人们在 Internet 上可以安全地发送和接收电子邮件。具体操作是：

① 获取数字证书（Digital ID PIN）。数字证书又称数字标识，它主要用来给电子邮件签名，使收件人可确认邮件确实是由用户发出的，并且是完整的。同时它还可以让其他人发送回复邮件。使用数字凭证之前需要先获取数字凭证，这就需要向某一个认为可靠的数字凭证机构领取，然后将公钥部分发给那些需要发加密邮件的人，这样你就可以发送签名的或加密的邮件了。

目前国外颁发数字凭证的机构有：

- VeriSign（http://www.veriSign.com）
- BankGate CA（http://www.bankgate.com/）
- BelSign NV-SA（http://www.belSign.be/）
- GTE CyberTrust Solutions Incorporated（http://www.cybertust.ge.com/）
- KeyWitness Canda（http://www.keywiness.ca/）
- Thawte Consulting（http://www.thawte.com/）

数字凭证公钥部分要分发给别人，而私钥部分必须保管好，如果丢失就不能对邮件进行签名，也不能对别人用公钥加密后发来的邮件进行解密。

② 在使用数字凭证发送签名之前，必须使电子邮件账号与数字标识联系起来。

③ 在 Outlook Express 中使用数字签名，可以在发送的邮件上签署用户唯一的标识，接收方据此确认邮件发送者而且邮件在传送过程中保持了完整性。Outlook Express 内置的安全电子邮件系统可提供以下的功能：

- 发送数字签名邮件。
- 接收签名邮件。
- 发送加密邮件。
- 接收加密的邮件。

2. AT&T 公司的 Secret Agent 3.14

AT&T 公司将该产品定位于联邦政府用户及与政府有关业务往来的企业，SecretAgent 对政府安全方针及诸如 Fortezza 卡的支持使其在同类产品中占有一席之地。SecretAgent 可在 Windows NT 网上安装。SecretAgent 3.14 在密钥生成、加密、数字签名、压缩和译码等方面提供了许多标准供用户选择使用。

SecretAgent 完全依赖公共密钥密码技术进行密钥管理。用户可以选用 RSA 或 DSA 密钥，其长度为 512 位或 1 024 位，并可以在网络上与其他用户共享公共密钥数据库。此外 SecretAgent 还为用户提供了 DES、三重 DES 和 AT&T 公司自己的加密算法 EA2 等多种可选算法。SecretAgent 也支持诸如 Fortezza 卡或 Datakey 公司的 SmartCard 的硬件令牌。

如果用户将文件保存在本地或通过网络与他人共享，只需将加密数据以二进制形式存储即可。如果使用 Internet mail 或出于其他原因需要使用基于 ASCII 的编码，SecretAgent 可以自动生成自己的密钥，同时还有支持应急访问密钥的 SecretAgent 版本。

该产品的主要功能有：

- SecretAgent 从密钥生成到压缩各个方面都支持多种标准，其功能有加密、数字签名、压缩、解密、自动邮寄加密文件和改变加密标准等。单独的密钥管理工具允许管理员合并公共密钥数据库。与其他大多数加密软件包相同，SecretAgent 并未提供许多工具让用户实施自己公司的标准。SecretAgent 可以使用外部的 X.509 或其他认证服务器。
- 数据保护。SecretAgent 对文件加密较简单，在主菜单中只需简单地把文件添加到列表中，然后单击加密按钮，输入口令即可完成加密。加密后可删除原文件或让 SecretAgent 在加密的同时自动删除原文件。SecretAgent 带有一些用于 Word 和 WordPerfect 等应用程序的宏，允许用户使用程序菜单或工具栏对文件进行加密。
- 数据共享。SecretAgent 在自动与其他软件共享数据的同时，能够很方便地保护用户本地文件的安全。SecretAgent 很适合与其他产品配合使用，它的公共密钥数据库使加密文档用于其他产品变得简单易行，它可以通过遵循 VIM 和 MAPI 规范的电子邮件软件包发送文档，它还自动签名加密文档并且将其转换为 MIME 的信息。

该产品的不足之处，一是 SecretAgent 操作手册有关配置步骤的介绍没有集中在一起，使人感到不方便；二是该产品没有要求用户备份其私钥。

3. 百成数字传递系统

此系统是广州百成科技有限公司的专利产品，它保障信息快速、保密、安全和合法地传递，确认收、发件人，跟踪收发过程，并确保文件不被篡改。它整合了数字身份系统、数据库管理、文件传输、数字签名 4 个子系统于一身，是政府数字化解决方案的最佳选择。

“百成数字传递系统”与其他文件传递系统有以下几个方面的不同：

- 以数字身份证和生物技术确认收、发双方。
- 文件的传递能实现实时跟踪。
- 收、发双方可以在线使用数字签名签署文件，系统对签署过程提供确认证据。
- 确认文本是不是原始文本，保障文件在网上传输过程中不被篡改。
- 流程紧凑，界面简易，容易学习和掌握。

小　结

数字签名作为一种重要的鉴别技术，近年来越来越受到人们的重视，并在军事、金融和安全领域得到广泛应用。通过数字签名人们可以有效地防止第三方的伪造和签名者的抵赖。随着网上电子交易、电子政务等的发展，数字签名会发挥越来越大的作用。

证实信息交换过程有效性和合法性的手段包括对通信对象的鉴别和对通信内容的鉴别，目前绝大多数的鉴别方法都是基于加密技术的。常规加密方法和公开密钥加密方法在鉴别中发挥了很大的作用。

DSS 是美国国家标准与技术学会提出的并做出修改的数字签名标准，它适用于电子邮件、电子金融信息传输、电子数据交换、软件发布、数据存储等其他需要数据完整性和原始真实性的应用。

思　考　题

1. 数字签名有什么作用？主要应用在哪些场合？
2. 简述数字签名与数据加密在原理与应用等方面的不同之处。
3. 比较和分析 RSA 签名和 Elgamal 签名的优缺点。
4. 描述数字签名的流程。
5. 中国目前还没有建立自己的数字签名标准，你认为，我国是否要建立自己的数字签名标准和数字签名法，简述自己的观点。
6. 阐述一下数字签名标准 DSS。

第6章 鉴别与防御"黑客"入侵

黑客攻击系统时采用的技术很多，而这些技术许多都具有共性，因此有必要首先对它们进行分类，分类的模式会给我们应在哪些地方加强保护提供非常宝贵的建议。阅读这一章，重点应放在把握网络攻击的本质上，而不是具体的行为上，同时对网络攻击的基本手段也要有所了解。

6.1 攻击的目的

黑客进行攻击总有一定的目的。下面分析黑客攻击所要达到的目的。

6.1.1 进程的执行

或许攻击者登录到目标主机后，只是运行了一些简单的程序，也可能这些程序仅仅只是消耗一些系统的 CPU 时间。但是事情并不总是如此简单，我们都知道，有些程序只能在一个系统中运行，到了另一个系统将无法运行。一个特殊的例子就是一些扫描程序只能在 UNIX 系统中运行，在这种情况下，攻击者为了攻击的需要，往往就会找一个中间的站点来运行所需要的程序，并且这样也可以避免暴露自己的真实目的。即使被发现了，也只能找到中间的站点地址。在另外一些情况下，假使有一个站点能够访问另一个严格受控的站点或网络，为了攻击这个站点或网络，入侵者可能会先攻击这个中间的站点。这种情况对被攻击的站点或网络本身可能不会造成破坏，但是潜在的危险已经存在。首先，它占用了大量的处理器的时间，尤其在运行一个网络监听软件时，这使得一个主机的响应时间变得非常长。另外，从另一个角度来说，这将严重影响目标主机的信任度，因为入侵者借助目标主机对目标主机能够访问，从而对严格受控的站点或网络进行攻击。当造成损失时，责任将会转嫁到目标主机的管理员身上，后果是难以估计的，可能导致目标主机损失一些受信任的站点或网络。再就是，入侵者可能将一笔账单转嫁到目标主机上，这在从网上获取收费信息时是很有可能的。

6.1.2 攻击的目的

1. 获取文件和传输中的数据

攻击者的目标就是系统中重要的数据，因此，攻击者有时通过登录目标主机，或者使用网络监听程序进行攻击。监听到的信息可能是非常重要的信息，如远程登录的用户账号和口令，也可能是关于站点公司的商业机密。传输中的口令是一个非常重要的数据，它通常是网络重点监听的对象，因为一旦通过监听获得了口令，那么入侵者就可以借此顺利地登录到别的主机，或者访问其他重要的受限制的资源。

事实上，即使连入侵者都没有确定要干什么时，在一般情况下，他会将当前用户目录下的文件系统中的/etc/hosts 或/etc/passwd 复制回去。

2. 获取超级用户的权限

拥有超级用户的权限就意味着可以做任何事情，这对入侵者无疑是一个莫大的诱惑，所以每一个入侵者都希望获取到超级用户的权限。当取得了这种权限后，就可以完全隐藏自己的行踪，在系统中埋伏下一个方便的后门，然后可以修改资源的配置，使自己得到更多的好处。在 UNIX 系统中运行网络监听程序必须有这种权限，因此在一个局域网中，只有掌握了一台主机的超级用户权限，才可以说掌握了整个子网。

3. 对系统的非法访问

有许多系统是不允许其他用户访问的，比如一个公司、组织的网络。因此，必须以一种非常的行为来得到访问系统的权限。

这种攻击的目的并不一定是要做什么，或许只是为了访问而攻击。在一个有许多 Windows 系统的用户网络中，常常有许多用户把自己的目录共享出来，于是别人就可以从容地在这些计算机上浏览、寻找自己感兴趣的东西，或者删除、更换文件。

或许通过攻击来证明自己技术的行为才是我们想象中的黑客行径，毕竟，谁都不喜欢那些专门搞破坏，或者给别人带来麻烦的入侵者。但是，这种非法访问的黑客行为人们也是不喜欢的。

4. 进行不许可的操作

有时候，用户被允许访问某些资源，但通常则是要受到许多限制的。在一个 UNIX 系统中，没有超级用户的权限，许多事情将无法做，于是有的普通用户，总想得到一个更大的权限。在 Windows NT 系统中也一样，系统中隐藏的秘密太多了，人们总经不起诱惑。例如，网关对一些站点的访问进行严格控制等。

许多用户都有意无意地去尝试尽量获取超出允许的一些权限，于是便寻找管理员在设置中的漏洞，或者去找一些工具来突破系统的安全防线，例如，特洛伊木马就是一种使用很广泛的手段。

5. 拒绝服务

与上述的目的相比，拒绝服务便是一种有目的的破坏行为了。拒绝服务的方式很多，如将连接局域网的电缆接地；向域名服务器发送大量的无意义的请求，使得它无法完成从其他的主机来的名字解析请求；制造网络风暴，让网络中充斥大量的封包；占据网络的带宽；延缓网络的传输等。

6. 涂改信息

涂改信息包括对重要文件的修改、更换和删除，这是一种极恶劣的攻击行为。不真实的或者错误的信息都将对用户造成很大的损失。

7. 暴露信息

被入侵的站点往往有许多重要的信息和数据可以使用。攻击者若使用一些系统工具往往会被系统记录下来，而如果直接把信息发给自己的站点也会暴露自己的身份和地址，于是他在窃取信息时，往往将这些信息和数据发送到一个公开的 FTP 站点，或者利用电子邮件寄往一个可以得到的地方，等以后再从这些地方取走。这样做可以很好地隐藏自己。

将这些重要的信息发往公开的站点造成了信息的扩散，由于那些公开的站点常常会有许多人访问，因而其他用户完全有可能得到这些信息，并再次扩散出去。

6.2 攻击的类型

黑客攻击的实质就是利用被攻击方信息系统自身存在的安全漏洞，通过使用网络命令和专用软件进入对方网络系统进行攻击。下面分析黑客攻击的一些主要类型。

6.2.1 口令攻击

1. 攻击手段

黑客攻击目标时常常把破译普通用户的口令作为攻击的开始。先用“finger 远端主机名”找出主机上的用户账号，然后采用字典穷举法进行攻击。它的原理是这样的：网络上的用户常采用一个英语单词或自己的姓氏作为口令。黑客通过一些程序，自动地从电脑字典中取出一个单词，作为用户的口令输入给远端的主机，申请进入系统。若口令不符，就按序取出下一个单词，进行下一个尝试。并一直循环下去，直到找到正确的口令，或字典的单词试完为止。由于这个破译过程由计算机程序来自动完成，因此几个小时就可以把字典的所有单词都试一遍。LetMeIn version 2.0就是这样一个典型程序。

若这种方法不能奏效，黑客就会仔细寻找目标的薄弱环节和漏洞，伺机夺取目标中存放口令的文件 shadow 或 passwd。因为在现代的 UNIX 操作系统中，用户的基本信息存放在 passwd 文件中，而所有的口令则经过 DES 加密方法加密后专门存放在一个名为 shadow（影子）的文件中，并处于严密的保护之下。旧版本的 UNIX 没有 shadow 文件，它所有的口令都存放在 passwd 文件中。一旦夺取口令文件，黑客们就会用专解 DES 加密的程序来解口令。

（1）UNIX 口令的可能值

下面我们把组合 UNIX 口令的可能值统计一下。

UNIX 一共有 128 个字符（0x00 ~ 0xff ），小于 0x20 的是控制符，不能作为口令输入，0x7f 为转义符，不能作为口令输入，那么总共有 128-32-1=95 个可作为口令的字符，也就是 10（数字）+33（标点符号）+26×2（大小写字母）=95 个。

如果 passwd 取任意 5 个字母和 1 位数字或符号，按顺序可能性是 52×52×52×52×52×43=16 348 773 000（163 亿种）；但如果 5 个字母是一个常用词，设常用词 5000 条，从 5000 个常用词中取一个词与任意一个字符组合成口令，即 5000×（2×2×2×2×2）（大小）×43=6 880 000（688 万种可能性）。注意，实际情况下绝大多数人都只用小写字符，可能性还要小。

但这已经可以用微机进行穷举法攻击了，在每秒运算三四万次的 Pentium 200 MHz 的计算机上，破解这样简单的口令要不了 3 分钟。如果有人用 Pentium 200 MHz 的计算机算上一周，将可进行 200 亿次攻击，所以 6 位口令是很不可靠的，至少要用 7 位。

遗憾的是，很多用户确实是这么设置 passwd 的。以上只是对常见情况的一种粗略估算，实际情况要复杂得多，主要是根据用户取口令格式的变化而变化。那些黑客并不需要所有人的口令，他们得到几个用户口令就能获取系统的控制权，所以口令设置过于简单是对系统安全不负责任的表现。

（2）解密码程序分析

下面举一个解密码程序的例子。

John The Ripper 1.4

这个软件是由著名的黑客组织——UCF 制作的，它支持 UNIX、DOS 和 Windows，速度很快，可以说是目前同类中最杰出的作品。对于老式的 passwd 文件，John 可以直接读取并用字典穷举击破。对于现代的 passwd+shadow 方式，John 提供了 UNSHADOW 程序直接把两者合成老式的 passwd 文件。

下面简单介绍一下 John 的用法。

① 有字典档时：

John-p：passwd - w：wordlist

wordlist 是字典文件。

passwd 是你拿到的密码文件。

② 没有字典档时：

在 John 的配置文件——john.ini 里，有密码长度和字母、数字、符号的设置，设好后就自动在内存生成密码。这样用软盘也可以，但机器的速度一定要快。

③ 用穷举法破译密码时使用参数 -i：all。

格式为 John -i：all - p：passwd。

可以破译像 5e5t56e6 这样的密码。

这样可以产生 A…，ZZZZZZZZ 的密码，不过将消耗很长时间。

④ 当破解到一半因种种原因需要暂时停止破解时，可按【Ctrl+C】组合键，这样下次破解不必重新来过，只要执行 John - restore：restore 即可接着破译。John 在纯 DOS 下要比在 Windows 下快，使用 UNIX 更快。

⑤ 对于像 a2e4u7 这样的密码是很难破解的，但 John 的渐进方式的密码组合引入了一些字母的频率统计信息，即“高频先试”的原则，这倒是有些启发意义。在 John.ini 的 incremental 中，B、M、E 各行意义如下：

B. . . Begin M. . . Middle E. . . End

如想要加一种方式，比如字母加数字，可以设成

[Incremental：al]

CharCount= 36 （字符的个数，这里是 26 个字母+10 个数字）

MinLen= 8 （passwd 的最小长度）

MaxLen= 8 （passwd 的最大长度）

CharsetB= 1203984567smcbtdpajrhflgkwneiovyzuqx

CharsetM= 1203984567eaiomltsuchmdgpkbyvwfzxjq

CharsetE= 1203984567erynsatldoghikmcwpfubzjxvq

加在 John.ini 里，执行时 incremental 参数选 a1 即可。

⑥ 按【Ctrl+C】组合键中止运行时，输出如下：

v：18 c：1295458688 t：1：14：28：08 9%c / s：11036 W：oentl-obftl

V：0 c：5424000 s：862 c / s：6292 w：fbymgf

v：是 victory，是破解成功的个数，因为运行一段时间后，破解了 18 个密码，显示了 v：18，后来又破解了几个，V 后面的数字也相应变化。

c：compare，是比较的次数。

t：time，程序已运行了多长时间。

9%：当前完成度。100%即全部完成。

c/s：是每秒比较的次数，随机器性能的高低而变化。

w：是当前正在试的一个 word，这个 word 可能位于你的字典中（如果你用字典的话）或是 John 产生的。根据 w 所报告的数字可以估计破解到什么地方了。

⑦ 运行需要的字典，可以在 Internet 上下载别人已做好的，如：

ftp.cads.com.tw 在 pub/security 下的 dict.zip

ftp.uni-koeln.de/pub/dictionaries/

ftp.ox.ac.uk/pub，Wordlists

也可以自己做，用 txt2dict 或 pass2dic 等专用工具可自动把英语文件转换成字典。

2. 防范的办法

一个简单的防范办法是使自己的口令不在英语字典中，且不容易被别人猜出。一个好的口令长度应当至少有 7 个字符，不要用个人信息（如生日、名字等），口令中要有一些非字母字符（如数字、标点符号和控制字符等），还要好记一些，不能写在纸上或存在计算机上的文件中。选择口令的一个好方法是将两个不相关的词用一个数字或控制字符相连，并截断为 8 个字符。例如 me2.hk97。保持口令安全的要点如下：

- 不要将口令写下来。
- 不要将口令存于电脑文件中。
- 不要选取显而易见的信息作口令。
- 不要让别人知道。
- 不要在不同系统上使用同一口令。
- 为防止眼明手快的人窃取口令，在输入口令时应确认无人在身边。
- 定期改变口令，至少 6 个月要改变一次。

最后这点十分重要，永远不要对自己的口令过于自信，也许你就在无意当中泄露了口令。定期地改变口令，会把自己遭受黑客攻击的风险降到一定限度之内。一旦发现自己的口令不能进入计算机系统，应立即向系统管理员报告，由管理员检查原因。系统管理员也应定期运行这些破译口令的工具，来尝试破译 shadow 文件，若有用户的口令、密码被破译出，则说明这些用户的密码取得过于简单或有规律可循，应尽快通知他们，让他们及时更正密码，以防止黑客的入侵。

6.2.2 社会工程

社会工程途径通常包括打电话和某些胆大妄为的行为，如曾在 AT&T 发生过这样的事情：

“我是肯·汤普森。有人打电话问我 ls 命令产生的一个问题，他希望我修复一下。”

“哦，好的!我能做点什么吗?”

“只需把我登录到你的计算机的口令改一下。我已经有一段时间没有使用它了。”

“没问题!”

还有其他方法，如邮件哄骗。CERT Advisory CA-91:04（1991 年 4 月 18 日）警告提防以系统管理员的名义发出的可疑报文，要求用户运行一些需要用户输入口令的“测试程序”。

曾发现攻击者发送过这样的报文：

From：smb@research.att.com

To：ches@research.att.com

Subject：Visitor

Bill，we have a visitor coming next week。Could you ask your

SA to add a login for her? Here’s her passwd line；use the same hashed password

pxf：5bHD，k5k2mTFs：2403：147：Pat：/home/pat：/bin/sh

值得注意的是，即使这个便条是真的，这个过程也是有问题的。如果 Pat 是访问者，她不应当在我们的机器上使用与在她自己的机器上一样的口令。大多数情况下，除非你相信她是要修改她的口令，否则，有用的方式是让她以现存口令登录（另一方面，这避免了不得不通过电子邮件明文发送口令。否则，就真是花钱买毒药）。

如果没有强有力的鉴别，不应当简单地采取某些行动。你必须知道是谁提出的请求。当然，鉴别不必是正式的。我们中的一个人根据最近一次午餐时的讨论主题，“签署”了一封敏感的邮件报文。在大多数情况下（并非所有），一个非正式的“三次握手”——一个报文和一个应答，紧跟着实际请求。当然这并非绝对不出毛病，即使一个特权用户的账户也可能会被攻破。

有消息说，没有比在主机上运行的密码系统更安全的了。虽然 NSA 不能攻破的密码系统可以保护报文本身，但是如果黑客有一个用于询问你的口令的设置了陷阱的例程，你的邮件将既不安全也不可靠。

6.2.3 缺陷和后门

因特网蠕虫（Worm）传播的一种方式是向 finger 后台守护程序发送新代码。当然，这个后台守护程序并不期望接受这种东西，协议中也没有规定要接受这种东西。但该程序确实提供了一个 gets 调用，却没有指定缓冲区的最大长度。蠕虫用自己的代码填充读缓冲区及其他更多的缓冲区，直到重写 gets 堆栈中的返回地址。当子例程最终返回时，它转移到那个缓冲区。

虽然很久以前一些特殊漏洞及其容易被模拟的问题已被大多数销售商修复，但仍然存在一般性问题。要编写出正确的软件看来超出了计算机科学的能力范围，缺陷到处都有。

我们认为，缺陷就是在程序中不符合规范的某些东西，它很难用模型来描述，因为你不知道哪一个假设是正确的。以蠕虫的情况为例，白皮书[DoD，1985a]中的大部分结构化安全措施将毫无用处。也就是说，一个高等级的安全系统可把破坏行为封闭在单一的安全等级上。从效果上看，由于蠕虫是拒绝服务攻击，因而如果一个多级安全计算机屈就于无类别进程或绝密进程，那么将于事无补。无论如何，该系统将毫无用处。

从早期的入侵者开始，他们就努力发展能使自己重返被入侵系统的技术或后门。本文将讨论许多常见的后门及其检测方法。重点放在 UNIX 系统的后门，同时讨论一些未来将会出现的 Windows NT 的后门。这里将描述如何测定入侵者使用的方法和管理员如何防止入侵者重返的基础知识。当管理员深知一旦入侵者入侵要制止他们是非常困难的时，将更主动预防第一次入侵。这里我们试图涉及大量流行的初级和高级入侵者制作后门的手法，但不会也不可能覆盖到所有可能的方法。

大多数入侵者的后门实现以下 2~3 个目的：

即使管理员采用改变所有密码的方法来提高安全性，入侵者仍然能再次入侵。为使再次入侵被发现的可能性降至最低，大多数后门都设法躲过日志，大多数情况下即使入侵者正在使用系统也无法显示他已在线。一些情况下，如果入侵者认为管理员可能会检测到已经安装的后门，他们就以系统的脆弱性作为唯一的后门，反复攻破机器。这也不会引起管理员的注意。所以在这样的情况下，一台机器的脆弱性是它唯一未被注意的后门。

1．各种后门简介

（1）密码破解后门

这是入侵者使用的最早也是最老的方法，它不仅可以获得对 UNIX 机器的访问，而且可以通过破解密码制造后门。就是破解口令薄弱的账号。以后即使管理员封了入侵者的当前账号，这些新的账号仍然可能是重新侵入的后门。多数情况下，入侵者寻找口令薄弱的未使用账号，然后将口令改得难些。当管理员寻找口令薄弱的账号时，也不会发现这些口令已修改的账号。因而管理员很难确定查封哪个账号。

（2）rhosts++后门

在连网的 UNIX 机器中，像 rsh 和 rlogin 这样的服务基于 rhosts 文件里的主机名使用简单的认证方法。用户可以轻易地改变设置而不需口令就能进入。入侵者只要向可以访问的某用户的 rhosts 文件中输入“++”，就可以允许任何人从任何地方无须口令便能进入这个账号。特别当 home 目录通过 NFS 向外共享时，入侵者更热衷于此。这些账号也成了入侵者再次侵入的后门。许多人更喜欢使用 rsh，因为它通常缺少日志能力。许多管理员经常检查“++”，所以入侵者实际上多设置来自网上的另一个账号的主机名和用户名，从而不易被发现。

（3）校验和及时间戳后门

早期，许多入侵者用自己的 trojan 程序替代二进制文件。系统管理员便依靠时间戳和系统校验和程序辨别一个二进制文件是否已被改变，如 UNIX 里的 sum 程序。入侵者又发展了使 trojan 文件和原文件时间戳同步的新技术。它是这样实现的：它先将系统时钟拨回到原文件时间，然后调整 trojan 文件的时间为系统时间。一旦二进制 trojan 文件与原来的文件精确同步，就可以把系统时间设回当前时间。sum 程序基于 CRC 校验，所以很容易骗过。入侵者设计出了可以将 trojan 的校验和调整到原文件的校验和的程序。大多数人推荐使用 MD5，它使用的算法目前还没人能骗过。

（4）login 后门

在 UNIX 中，login 程序通常用来对 telnet 的用户进行口令验证。入侵者获取 login.c 的源代码并进行修改，使它在比较输入口令与存储口令时先检查后门口令。如果用户输入后门口令，它将忽视管理员设置的口令让你长驱直入。这将允许入侵者进入任何账号，甚至是 root。由于后门口令是在用户真实登录并被日志记录到 utmp 和 wtmp 前产生一个访问的，所以入侵者可以登录获取 shell 却不会暴露该账号。管理员注意到这种后门后，使用 strings 命令搜索 login 程序以寻找文本信息，许多情况下后门口令会原形毕露，而入侵者就会开始加密或者更好地隐藏口令，使 strings 命令失效。所以更多的管理员使用 MD5 校验和检测这种后门。

（5）telnetd 后门

当用户 telnet 到系统后，监听端口的 inetd 服务接受连接，随后将其传递给 in.telnetd，由它运行 login。一些入侵者知道管理员会检查 login 是否被修改，就着手修改 in.telnetd。在 in.telnetd 内部有一些对用户信息的检验，如用户使用何种终端。典型的终端设置是 Xterm 或者 VT100。入侵者可以做这样的后门，当终端设置为 letmein 时产生一个不要任何验证的 shell。入侵者已对某些服务做了后门，可以对来自特定源端口的连接产生一个 shell。

（6）服务后门

几乎所有网络服务都曾被入侵者做过后门。finger、rsh、rexec、rlogin、ftp 甚至 inetd 等都有后门版本。有的只是连接到某个 TCP 端口的 shell，然后通过后门口令就能获取访问。这些程序有时用 ucp 这样的服务，或者被加入到 inetd.conf 作为一个新的服务。管理员应该非常注意哪些服务正在运行，并用 MD5 对原服务程序做校验。

（7）cronjob 后门

UNIX 上的 cronjob 可以按时间表调度特定程序的运行。入侵者可以加入后门 shell 程序使它在晚上 1 点到 2 点之间运行，这样每晚有一个小时可以获得访问。也可以查看 cronjob 中经常运行的合法程序，同时置入后门。

（8）库后门

几乎所有的 UNIX 系统都使用共享库。共享库用于相同函数的重用而减少代码长度。一些入侵者在像 crypt.c 和_crypt.c 这样的函数里做了后门。像 login.c 这样的程序调用了 crypt ()后，当使用后门口令时会产生一个 shell。因此，即使管理员用 MD5 检查 login 程序，仍然能产生一个后门函数。而且许多管理员并不会检查库是否被做了后门。对于许多入侵者来说有一个问题，就是一些管理员对所有东西都作了 MD5 校验。有一种办法是入侵者对 open () 和文件访问函数做后门。后门函数读原文件但执行 trojan 后门程序。所以当 MD5 读这些文件时，校验和一切正常。但当系统运行时将执行 trojan 版本，trojan 库本身也可躲过 MD5 校验。对于管理员来说有一种方法可以找到后门，就是静态连接。

（9）内核后门

内核是 UNIX 工作的核心。用于库躲过 MD5 校验的方法同样适用于内核级别，甚至静态连接都不能识别。一个后门做得很好的内核是最难被管理员查找到的，所幸的是内核的后门程序并不是随手可得，没人知道它事实上传播有多广。

（10）文件系统后门

入侵者需要在服务器上存储他们的掠夺品或数据，并不能被管理员发现。入侵者的文件常包括 exploit 脚本工具、后门集、sniffer 日志、E-mail 的备份及源代码等。有时为了防止管理员发现这么大的文件，入侵者需要修补 1s、du 和 fsck 以隐匿特定的目录和文件。在较低的级别，入侵者常做这样的漏洞：以专有的格式在硬盘上割出一部分，且表示为坏的扇区。因此入侵者只能用特别的工具访问这些隐藏的文件。对于普通的管理员来说，则很难发现这些“坏扇区”里的文件系统，而它又确实存在。

（11）Boot 块后门

在 PC 世界里，许多病毒藏匿于根区，而杀病毒软件也是检查根区是否被改变。在 UNIX 下，多数管理员没有检查根区的软件，所以一些入侵者将一些后门留在根区。

（12）隐匿进程后门

入侵者通常想隐匿他们运行的程序。这样的程序一般是口令破解程序和监听程序（sniffer）。

有许多办法可以实现，较通用的是编写程序时修改自己的 argv[]使它看起来像其他进程名，可以将 sniffer 程序改为类似 in.syslog 的名称再执行。这样当管理员用 ps 检查运行进程时，出现的是标准服务名。可以修改库函数使 ps 不能显示所有进程，还可以将一个后门或程序嵌入到中断驱动程序使它不会在进程表显现。

（13）网络通行后门

入侵者不仅想隐匿在系统里的痕迹，而且也想隐匿他们的网络通行后门。这些网络通行后门有时允许入侵者通过防火墙进行访问。有许多网络后门程序允许入侵者建立某个端口号，从而不用通过普通服务就能实现访问。因为这是通过非标准网络端口的通行，所以管理员可能忽视入侵者的足迹。这种后门通常使用 TCP、UDP 和 ICMP，但也可能是其他类型的报文。网络后门又可以分为以下 3 种：

① TCP Shell 后门。入侵者可能在防火墙没有阻塞的高位 TCP 端口建立这些 TCP Shell 后门。许多情况下，他们用口令进行保护以免管理员连接上以后立即看到是 shell 访问。管理员可以用 netstat 命令查看当前的连接状态，如哪些端口在侦听，以及目前连接的来龙去脉。通常这些后门可以让入侵者躲过 TCP Wrapper 技术。这些后门可以放在 SMTP 端口，许多防火墙是允许 E-mail 通行的。

② UDP Shell 后门。管理员经常留意 TCP 连接并观察其怪异情况，而 UDP Shell 后门没有这样的连接，所以 netstat 不能显示入侵者的访问痕迹。许多防火墙设置成允许类似 DNS 的 UDP 报文通行。通常入侵者将 UDP Shell 放置在这个端口，以穿越防火墙。

③ ICMP Shell 后门。Ping 是通过发送和接受 ICMP 包检测机器活动状态的通用办法之一。许多防火墙允许外界 Ping 它内部的机器。入侵者可以在 Ping 的 ICMP 包放入数据，从而在 Ping 的机器间形成一个 shell 通道。管理员也许会注意到 Ping 包暴露，但除非他查看包内数据，否则入侵者不会暴露。

2. Rootkit

最流行的后门安装包之一是 Rootkit。它很容易用 Web 搜索器找到。从 Rootkit 的 Readme 文件里，可以找到一些典型的文件：

z2—removes entries from utmp，wtmp，and lastlog.

Es—rokstar's ethemet sniffer for sun4 based kernels.

Fix—try to fake checksums，install with same dates，perms / uJ.

Sl—become root via a magic password sent to login.

Ic—modified ifconfig t0 remove PROMISC flag from output.

ps：—hides the processes.

Ns．modified netstat t0 hide connections t0 certain machines.

Ls—hides certain directories and files from being listed.

du5—hides how much space is being used on your hard drive.

1s5—hides certain files and directories from being listed.

3. 解决方案

后门技术越先进，管理员就越难判断入侵者是否被成功封杀。

首先要做的是积极准确地估计你的网络的脆弱性，从而判定漏洞的存在且修复之。许多商业工具可以用来帮助扫描和检查网络及系统的漏洞。如果安装服务商能提供安全补丁，那么许多公司将大大提高安全性。MD5 校验和基准线是一个安全扫描系统的重要因素是。MD5 基准线是在黑客入侵前由干净系统建立。一旦黑客入侵并建立了后门，这时再建立基准线，那么后门也被合并进去了。一些公司被入侵且系统被安置后门长达几个月。所有的系统备份都包含了后门。当公司发现有黑客并求助备份和删除后门时，一切努力都是徒劳的，因为他们恢复系统的同时也恢复了后门。所以应该在入侵发生前作好基准线的建立。

其次要做好入侵检测。现在各种组织都可以上网并且允许对自己某些机器进行连接，因此入侵检测正变得越来越重要。以前多数入侵检测技术是基于日志的。而最新的入侵检测系统（IDS）是基于实时侦听和网络通行安全分析的。最新的 IDS 技术可以浏览 DNS 的 UDP 报文，并判断是否符合 DNS 协议请求。如果数据不符合协议，就发出警告信号并抓取数据进行进一步分析。同样的原则可以运用到 ICMP 包，以检查数据是否符合协议要求，或者是否装载加密 shell 会话。同时一些管理员也考虑从 CD-ROM 启动， 从而消除了入侵者在 CD-ROM 上做后门的可能性。这种方法的问题是实现的费用和时间要多一些。

6.2.4 鉴别失败

鉴别机制的失败导致了上述的许多攻击。即使是一个完善的机制在某种程度上也会被攻破。例如，源地址验证可能在某种条件下工作（如防火墙筛选伪造的数据包），但是黑客可以用程序 portmapper 重传某一请求。在这种情况下，服务器最终受到欺骗，报文表面上源于本地，实际却源于其他地方。

如果源计算机不可信任，那么基于地址的鉴别也将失败。PC 就是明显的例子。在分时共享计算机时代提出的机制，在个人能控制自己计算机的时代已不再有效。当然，常用的另一种方法——普通口令，在充满个人计算机的网络上也不奏效，因为探测口令太容易了。

有时鉴别失败是由于协议没有携带真正的信息。无论 TCP 还是 IP，从来都没有标识发送者的身份（如果这种概念在某些主机上确实存在）。如 X11 和 rsh 协议，都必须从它们自身获取这种信息，或者不使用这种信息（并且，如果它们能够获取这种信息，就必须使用一种安全的方式在网络上传输它）。

甚至对源主机或用户的密码鉴别也可能不完善。正如前面所提到的，一个遭到危机的主机不可能实现安全地加密。

X11 协议具有更多脆弱性共享的问题。应用程序鉴别的常规模式是主机地址鉴别，而期望的模式是用户鉴别。这种失败意味着，同一台机器上的任何用户都可以作为合法应用连接到你的服务器。也有更复杂的鉴别方式，但它们都难以使用，如被称做魔术小甜饼（magic cookie）的模式，它使用一个由服务器和客户共享的随机字符串。然而，没有安全的方法使得服务器和客户机两端都拿到小甜饼，并且即使有，它也是以明文的方式在网络中传输的。因此，任何窃听者都能窃取出来。DES 鉴别模式相当安全，但是它没有提供密钥分发机制。

6.2.5 协议失败

在上一节我们讨论的那些情况中，除可信任的鉴别不能正确地运行外，其他一切都能正常工作。这里我们考虑它的另一面，协议本身有缺陷或不充分，从而导致应用程序不能完成正常的工作。

一个典型的例子是前面描述的 TCP 序列号攻击。由于在产生一个连接的初始序列号时没有足够的随机数，故为攻击者进行源地址欺骗提供了可能。由于 TCP 的序列号并没有打算防范恶意的攻击，因此基于地址的鉴别所依赖的那部分协议也定义不充分。其他依赖于序列号的协议可能容易受类似攻击的伤害。这样的协议很多，包括 DNS 及任何基于 RPC 的协议。

在密码学领域，寻找协议中的漏洞是一种盛行的游戏。有时是由于密码生成者犯了错误，密码过于明了和简单。更多的时候漏洞是由于不同的假设而造成的。证明密码交换的正确性是很困难的事情，同时也是很活跃的一个研究领域。到目前为止，无论是在科研还是在现实生活中，漏洞依然存在。

安全协议必须建立在安全的基础之上。例如，安全 RPC 协议，虽然有好的意图，但它还是有各种严重的问题。

首先是密钥分发。需要进行安全通信的双方主机必须知道对方的公钥。但这些信息必须通过 NIS 传输，而 NIS 是基于 RPC 服务的，其本身并不安全。如果信息的交换受到危害，那么其余的鉴别步骤将像多米诺骨牌一样倒下去。

其次，主机必须得到它们自己的私钥。这里又一次用到 NIS 和 RPC，尽管由于私钥被加密而稍微安全一些，然而它们在面临危险的情况时仅通过口令保护。可笑的是，包含公钥和私钥的文件的存在，导致了另外的安全脆弱性：猜测口令的新途径。

最后，临时会话密钥靠协商产生。人们在对用做协商的加密算法进行了密码分析后，得出的结论是，使用的模块太短。

6.2.6 信息泄露

大多数协议都泄露某些信息。通常，使用这些服务的人有意这样做，目的是收集这种信息。这些信息本身可能是商业间谍机构的目标，或作为闯入系统的辅助手段。finger 协议就是一个明显的例子，它除了对口令猜测者有价值之外，也可用于社会工程。（“喂，Robin——我在 East Podunk，我的手持鉴别器没电了；我不得不借用一个账号来发送这个便条。你能把它的密钥信息发送给我吗?”“当然，没问题。我知道你在旅行。把你的日程表告诉我。”）

这种诸如电话或办公室号码之类的平凡信息可能很有用，Woodward 和 Bernstein 利用了重选总裁委员会的一本电话簿推断出它的组织机构 [Woodward and Bernstein，1974]。如果你对什么信息可以公开拿不准，那么可以与你公司的安全办公室一起进行检查，他们肯定会说“不”。一些站点提供在线电话簿访问是很自然的事情。当然，这种东西很方便，但站在公司的角度则认为这些东西是很敏感的。猎头们也喜欢这些信息，当他们需要征募具有特殊技能的人时，这些信息对他们很有用。在大学里公开这些信息也不是很好，哪些信息可以公开取决于隐私方面的考虑（通常还有法律约束）。

另一个丰富的数据资源是 DNS。我们已经讨论了这种数据的价值，通过它可以获得从组织细节到目标列表的丰富信息。但是控制数据的输出非常困难，通常，唯一的解决方法是限制外部可见的 DNS，让它们只列出网关计算机。

高明的黑客当然知道这些，并且不需要查看在你的网络世界里有哪些计算机存在。黑客们通过地址空间和端口号的扫描，就可以寻找隐藏的主机和感兴趣的服务。最好的防御方法是高性能的防火墙，如果黑客们不能向一台机器发送数据包，那么该机器就不容易被侵入。

6.2.7　拒绝服务

就像有人喜欢刺破别人的车胎或在墙上乱写乱画一样，也有人喜欢把别人的计算机搞瘫痪。新技术的出现为这些破坏者提供了新的途径。计算机网络也不例外，同样存在利用网络捣乱的人。

这种捣乱有多种形式。最野蛮和最容易的方式是试图用电子邮件或 FTP 发送几百兆的数据把某人的硬盘填满。这是因为人们很难对资源的消耗设置一个绝对的上界，除了对合法超级用户的需求不好达到以外，将 1 MB 的数据发送几百次简直太容易了。另外，那样还会在该计算机中产生许多接收进程，从而更进一步地耗尽资源。能采取的最好办法是提供足够的资源，以处理在某些部位（也就是电子邮件、FTP 和日志数据的分隔区域）发生的任何事情，并做好对严重故障的应对准备。

邮件发送器如果不能接收和将整个输入邮件作业送入队列，就应当及时通知发送者。在它得知报文已安全处理之前，它不应当给出一个“全部清除”的响应。

其他形式的计算机破坏行为更工于心计。一些人喜欢给某个站点发送假 ICMP 数据包以中断它的通信，并以此为乐。有时是 Destination Llnreachable 报文，有时是更具迷惑性和更致命的报文，它可以重置主机子网掩码。还有一些黑客与路由协议玩游戏，他们并不攻入计算机，而是使它失去与其他计算机进行对等通信的能力。

主动过滤可以起到很大的保护作用，但没有绝对的安全保障，而且也很难区分真正的报文、一般性故障和敌意行为。

6.3　攻击的实施

攻击者收集到足够的信息之后，就要开始实施攻击行动了。作为破坏性攻击，只需利用工具发动攻击即可。而作为入侵性攻击，往往要利用收集到的信息，找到其系统漏洞，然后利用该漏洞获取一定的权限。有时获得一般用户的权限就足以达到修改主页等目的了，但作为一次完整的攻击是要获得系统最高权限的，这不仅是为了达到一定的目的，更重要的是要证明攻击者的能力，这也符合黑客的追求。

6.3.1　实施攻击的人员

任何人都有可能对计算机网络实施攻击，但是以下 3 部分人员占了所有攻击者中的一大部分。

1. 计算机黑客

黑客（cracker 或 hacker）是一个充满神秘色彩的称谓。比较典型的黑客是一些具有计算机和调制解调器的青少年，他们以攻入计算机系统作为挑战，来证明自己的技术。他们通过 BBS 与朋友通信，在 BBS 上，计算机黑客交流他们发现的一些计算机系统的用户名、口令和其他信息。

现在，人们通常将入侵站点的人统称为黑客。

2. 不满或被解雇的雇员

虽然只有极少数不满或被解雇的雇员会对系统进行攻击，而绝大部分员工是好的，但并不是不存在这种可能。他们做这些事情通常都会比较顺利，因为他们非常了解网络的安全状况。

这类人知道许多调制解调器的号码和系统的一些后门。他们可能破坏 Web 服务器或使之无法正常地工作。而且他们对服务器、小应用程序及脚本程序非常熟悉，并且也知道系统的脆弱性。

因此，系统管理员应定期地更换密码和删改账户，以减少这种威胁。而且，要特别注意那些心怀不满的雇员，这些员工比已经离职的员工有着更大的威胁，他们可能会引进错误的信息，包括一些危险的程序，也会散发一些重要的安全信息或者故意输错数据、删改数据等。

3．极端危险的罪犯和工业间谍

这一类人员是指那些以故意破坏为目的的人，或者说他们设法破坏或改变属于他人的数据，并使其不可能复原。

在利益的驱使下，一些内部的职工和顾客也可能取得专用的数据，并提供给其他的公司或组织而成为工业间谍。当前工业间谍的数量正处于上升的趋势。他们所取得的信息包括生产和产品开发方面的信息、销售和价格数据、客户名单及研究和计划信息。

有些“间谍”是政府或者组织雇用来窃取秘密数据的人，有时也指组织中使用计算机的员工，他为个人的发展在计算机上寻找数据。

6.3.2 攻击的三个阶段

“黑客”能从很多途径入侵系统，特别是有些“黑客”能侵犯网络服务器。“黑客”可在你的Internet上截获传送的任何数据或者说能截获其能访问的任何网络上传送的数据。

1．寻找目标，收集信息

选定攻击目标即选定准备进攻的系统，目标通常是从已攻入系统的.rhosts和.netrc文件所列的主机中挑选出来。从系统的/etc/hosts文件中可以得到一个很全的主机列表，但在大多数情况下在选择攻击的目标时是很盲目的，除非攻击者有明确的目的和动机。攻击者也可能找到DNS表，通过DNS可以知道机器名、Internet地址、机器类型，甚至还可以知道机器的属主和单位。攻击目标还可能来自偶然看到的一个调制解调器的号码，和贴在旁边的机器使用者的名字。

2．获得初始的访问权和特权

攻击者需要伪造访问目标的ID，以冒充正式的用户。系统对用户的认证是依赖于用户名和口令进行的，攻击者喜欢用众所周知的用户名进行攻击。

许多情况下，用户名由姓和名的首字符构成。即使用户名没有这么明显，也很容易通过finger和ruser获得。finger命令不但能测试目标主机是否连通，而且还能告诉攻击者许多有用的信息。

口令则不容易获得，特别是用户口令通常为8个字符，又不是字典中的词。其组合有非常多的可能性。攻击者如果使用口令获取工具，则费时且不能保证奏效，至少他需要足够的耐心和时间，而且对于Windows NT和一些主要的操作系统来说，系统在3～5次试口令仍然失败的情况下会断掉连接，这就是为什么攻击者总是依赖网络服务，如NIS、Rlogin/Rsh与NFS等来攻击系统的原因。

当系统存在设置漏洞或者系统本身并不安全，例如存在危害安全的漏洞时，获得特权不是没有可能，甚至可以构造一个特洛伊木马程序让用户上当。现在，在许多的软件中发现了一类称为缓冲区溢出的错误，在UNIX系统中，利用一些SUIDroot程序的这种错误编写的程序，就可以帮助攻击者轻易地获取系统特权。

3．攻击其他系统

攻击一个系统得手后，攻击者往往不会就此罢手，他会在系统中寻找相关主机的可用信息继续进行攻击。攻击的方式有多种，比较通用的是装一个监听程序，这样，就可以掌握整个局域网。

6.4　黑客攻击的鉴别

认识各种“黑客”攻击的手段是十分有益的。在此对一些常见的“黑客”攻击手段进行分析。

6.4.1　最简单的“黑客”入侵

网上每台计算机都有唯一的 IP 地址。在网络中，网上机器把目标 IP 地址和一个唯一的顺序号加载于传输的每一个包上。在一个 TCP 连接中，接收机只收到具有正确 IP 地址和顺序号的那个包。许多安全设备，如路由器，只允许有一定 IP 地址的计算机收发传送。TCP/IP 顺序号预测入侵将使用网络给计算机赋值的方式和包交换的顺序来企图访问网络。

一般来说，“黑客”进行 TCP/IP 顺序号预测攻击分两步：第一，得到服务器的 IP 地址。“黑客”一般通过网上报文嗅探，顺序测试号码，由 Web 浏览器连接到结点上并在状态栏中寻找结点的 IP 地址。因为黑客知道其他计算机有一个与服务器 IP 地址部分公用的 IP 地址，他便设法模拟一个能让其通过路由器和作为网络用户访问系统的 IP 号码。例如，如果系统的 IP 地址为 192.0.0.15，那么“黑客”便知道有近 256 台计算机可以连入一个 C 级网，并猜出所有最后未在序列中出现过的地址号码。图 6-1 显示了“黑客”是怎样预测 C 级网的 IP 号码的。

“黑客”在试过网上 IP 地址之后，便开始监视网上传送包的序列号，然后，“黑客”将试图推测服务器能产生的下一个序列号，再将自己有效地插入服务器和用户之间。因为“黑客”有服务器的 IP 地址，所以他能产生有正确 IP 地址和顺序码的包以截获用户的传递，图 6-2 指明了怎样模仿 IP 地址及包序列号以愚弄服务器，使之信任“黑客”为合法网络用户。

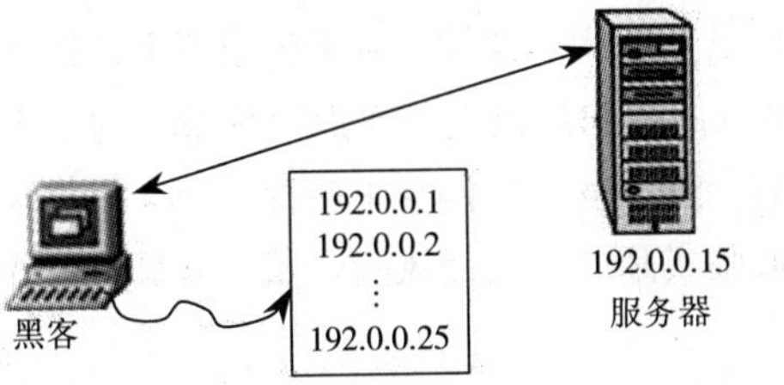

图 6-1　通过服务器的 IP 地址来猜测其他网络地址

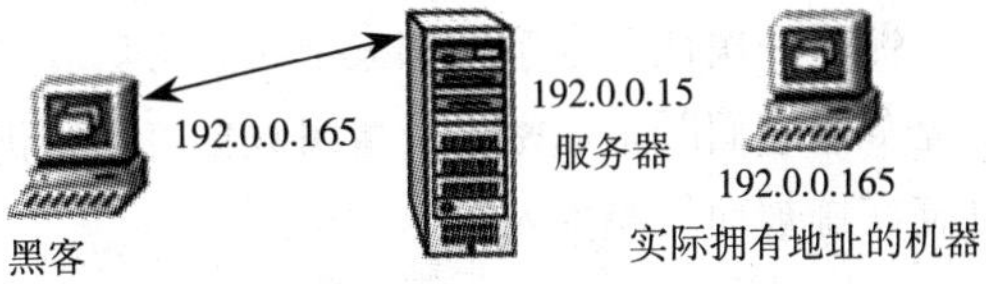

图 6-2　黑客模拟一个 TCP/IP 通信，愚弄服务器

“黑客”通过顺序号预测取得系统访问之后，便可访问通信系统传给服务器的任何信息，包括密钥文件、日志名、机密数据，或在网上传送的任何信息。典型地，“黑客”将顺序号预测看做是实际入侵服务器前的准备工作，或者说为入侵网上相关服务器提供一个基础。

6.4.2　TCP 劫持入侵

对连接于互联网的服务器的最大威胁可能就是 TCP 劫持入侵（即我们所知的主动嗅探）了，尽管顺序号预测入侵和 TCP 劫持有许多相似之处，但 TCP 劫持的不同之处在于“黑客”将强迫网络相信其 IP 地址为一个可信网址来获得访问，而不是不停地猜 IP 地址直至正确。TCP 劫持的基本思想是，“黑客”控制一台连接于入侵目标网的计算机，然后从网上断开以让网络服务器误以为“黑客”就是实际的客户端。图 6-3 显示了一个“黑客”怎样操作一个 TCP 劫持入侵。

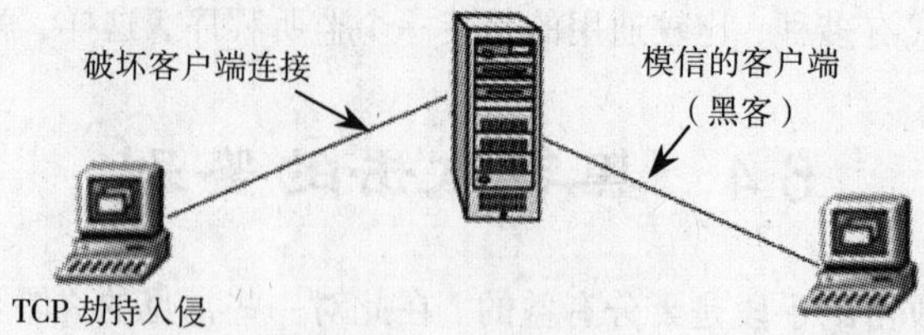

图 6-3 “黑客”通过断开和模仿实际客户端的连接来实施 TCP 劫持入侵

成功地劫持了可信任计算机之后，“黑客”将用自己的 IP 地址更换入侵目标机的每一个包的 IP 地址，并模仿其顺序号。安全专家称顺序号伪装为“IP 模仿”，“黑客”用 IP 在自己机器上模拟一个可信系统的 IP 地址。“黑客”模仿了目标计算机之后，并通过顺序号模仿法使自己成为一个服务器的目标。

“黑客”实施一个 TCP 劫持入侵后可让“黑客”通过一个一次性口令请求响应系统，并得到系统响应以寻求通过口令系统，让“黑客”穿过一个操作系统而不是“黑客”自己的系统。

最后，TCP 劫持入侵比 IP 模仿更具危害性，因为“黑客”一般在成功的 TCP 劫持入侵后比成功的 IP 模仿入侵后有更大的访问能力。“黑客”因为截取的是正在进行中的事务而有更大的访问权限，而不是模拟成一台计算机再发起一个事务。

6.4.3 嗅探入侵

利用嗅探程序的被动入侵已在互联网上频繁出现，被动嗅探入侵是“黑客”实施一次实际劫持或 IP 模仿入侵的第一步。要开始一个嗅探入侵，“黑客”需要拥有用户 IP 和合法用户的口令，从而用一个用户的信息注册于一个分布式网络上。进入网络之后，“黑客”嗅探传送的包并尽可能多地获取网上资料。

为了防止分布式网络上的嗅探入侵，系统管理员一般用一次性口令系统或票据认证系统（如 Kerberos）等识别方案。例如，一些一次性口令系统向用户提供在每次退出登录后的下次登录口令。尽管一次性口令系统和 Kerberos 方案让“黑客”在不安全的网络上嗅探口令变得更加困难，但是如果它们既未加密又未指明数据流，则仍将面临实际的被入侵风险。图 6-4 显示了“黑客”如何实施被动的嗅探入侵。

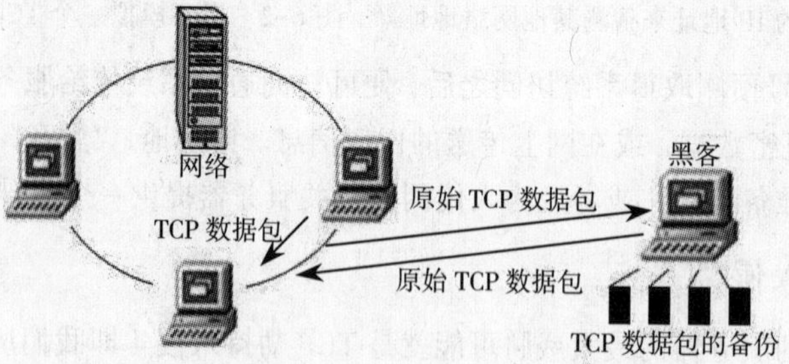

图 6-4 “黑客”实施一个被动嗅探入侵

下面描述“黑客”将 TCP 流定向到自己的机器上，完成对 TCP 的实际入侵的过程。在“黑客”重新定向了 TCP 流之后，“黑客”能通过无论是一次性口令系统还是票据认证系统提供的保护安全线，这样 TCP 连接对任何一个在连接路径上拥有 TCP 包嗅探器和 TCP 包发生器的人来说都变得非常脆弱。一个 TCP 包在到达目标系统之前要经过许多系统，换句话说，只要拥有一个放置好了的嗅探器和发生器，“黑客”能访问任何包，可能包括你在 Internet 上传送的包。

“黑客”能用本章所述的最简单的方法来入侵互联网主机系统，而且，“黑客”可以实施和被动嗅探所需资源一样少的主动非同步攻击。

6.4.4　主动的非同步入侵

TCP 连接需要同步数据包交换，实际上，如果由于某种原因，如果包的顺序号不是接收机所期望的，则接收机将遗弃它，而去等待正确顺序号的数据包。“黑客”可以探明 TCP 协议对顺序号的要求以截取连接。

下面详述如何用非同步入侵来攻击系统。“黑客”或骗取或迫使双方中止 TCP 连接并进入一个非同步状态，以使得两个系统再也不能交换任何数据。“黑客”再用第三方主机（换句话说，另一个连接于物理媒介并运送 TCP 包的计算机）来截取实际传输中的数据包和为最初连接的两台计算机创建的可接收的替代包。第三方产生数据包以模仿连接中的系统本应交换的数据包。

1．非同步后劫持入侵

假设，此刻“黑客”可以窃听两个系统交换的用以形成 TCP 连接的任何数据包，而且，在截取数据包之后，“黑客”可以伪造其想要的任何 IP 包来取代原包。“黑客”的伪包能让“黑客”冒充客户机或服务器，甚至伪包可以让“黑客”既冒充客户机又冒充服务器。如果“黑客”可以让这些假设变成现实，那么实际上“黑客”能迫使在客户机和服务器间传送的消息改变走向，即从客户机到“黑客”，从服务器到“黑客”。

“黑客”可以使用一些技术使一个 TCP 连接非同步。此时，假设“黑客”已成功地使 TCP 部分处于非同步状态，且“黑客”发送了一个包头中包含以下代码的包：

SEG _ SEQ=CLT _ SEQ

SEG _ ACK=CLT _ ACK

第一行，SEG _ SEQ=CLT _ SEQ，指明了包的顺序号是客户机系列的下一个顺序号（SEG 代表数据段）；第二行，SEG _ ACK=CLT _ ACK，把数据包的确认值赋给下一个确认值。因为“黑客”使 TCP 连接变成不同步的，因此客户机的包顺序号（CLT _ SEQ）与前面期望的顺序号不一致，服务器将不接收数据且将包放弃，“黑客”于是复制服务器放弃的包。图 6-5 显示了服务器放弃包而“黑客”顺便复制包的过程。

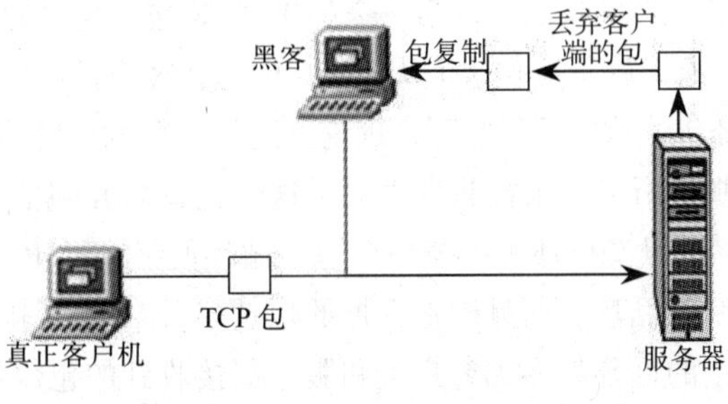

图 6-5　“黑客”复制服务器放弃的包

在服务器放弃包之后的短暂延迟时间里，“黑客”将与客户机一样发送同样的包，只是改变了 SEG _ SEQ 和 SEG _ ACK 命令（和包的计数值），以使包头域词条变成下面代码：

SEG _ SEQ=SVR _ ACK

SEG _ ACK=SVR _ SEQ

因为包头域的顺序号是正确的（SVR _ ACK 等于 SEG _ SEQ），所以服务器接收包头域部分词条，同时接收包且处理数据。另外，依据客户机传送但服务器放弃的包的数目，原客户机仍会不断传送包。

如果定义 CLT _ TO _ SVR _ OFFSET 等于 SVR _ ACK 减去 CLT _ SEQ 的结果（即服务器期待的顺序号和客户机实际的顺序号的相异数），则 SVR _ TO _ CLT _ OFFSET 等于 CLF _ ACK 减去 SVR _ SEG，“黑客”一定会重写客户机送给服务器的 TCP 包，让包代表 SEG _ SEQ 和 SEG _ ACK 之值，图 6-6 所示为被截获的连接。

因为所有的传送都经过“黑客”，所以他可以在传送流中加任何数据或删除任何数据。例如，如果连接是一个远程登录使用的 Telnet，那么“黑客”能代表用户添加任何命令（UNIX 命令 echo jamsa.com，将产生一个所有连接于 jamsa.com 服务器的网络的主机列表，这就是一个“黑客”发出命令的范例）。图 6-7 显示了“黑客”如何将命令添加到从客户机到服务器的数据流中。

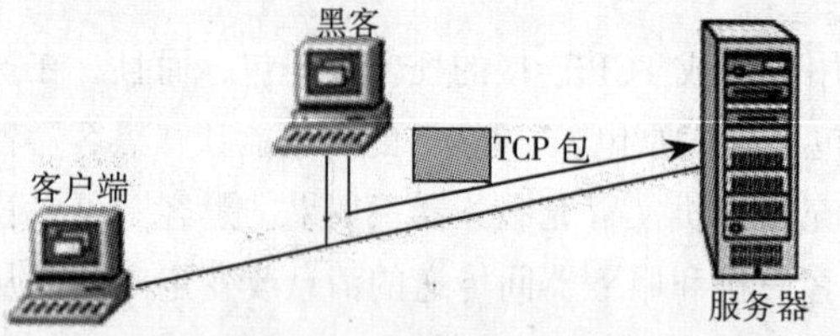

图 6-6　被截获的连接

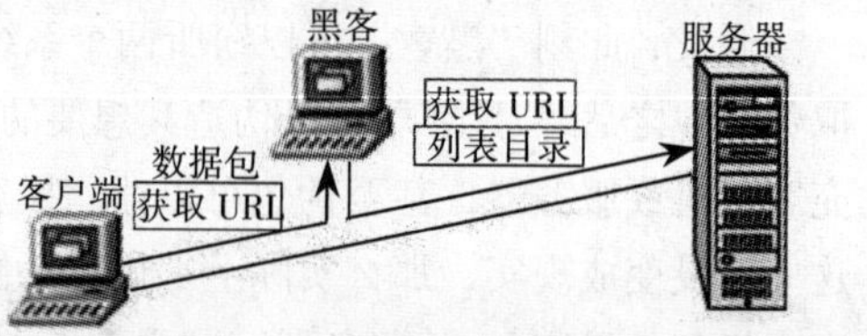

图 6-7　“黑客”往传送包中添加命令

在服务器接收到包之后，服务器对“黑客”请求的数据和客户端请求的数据予以响应。在服务器对客户端响应之前，“黑客”可以删除服务器对“黑客”命令的响应，这样用户便不会觉察到任何“黑客”入侵。

2．TCP ACK 风暴

前面所述的后期非同步劫持入侵有一个基本的不足，即它将大量地产生 TCP ACK 包，网络专家称这些大量的 ACK 包为 TCP ACK 风暴。当一个主机（无论客户机还是服务器）收到一个不能接收的包时，主机将向产生包的主机发送期待的顺序号来认证这个不能接收的包。这是一个认证包或叫做 TCP ACK 包。

在前面所述的主动 TCP 入侵的情况下，第一个 TCP ACK 包将包含服务器的顺序号。客户机因为没有送出请求更改的包，所以将不接收这个认证包。因此，客户机产生自己的认证包，它反过来迫使服务器产生另一个认证包，这样反复循环，理论上这是一个无止境的循环。

因为认证包不传送数据，所以如果接收者丢失了这个包，ACK 包的发送者将不再传递。换句话说，如果一台机器在 ACK 风暴循环中丢掉一个包，循环便终止。IP 在不可靠的网络层损失一个非空的包，网络将迅速结束循环。而且网上丢掉的包越多，ACK 风暴持续越短。由于 ACK 是自规的，所以“黑客”产生的循环越多，客户机和服务器接收到的包数量也越多，这样反而会增加拥塞，产生更多的丢包，会有更多的循环结束。

TCP 连接在每次客户机或服务器发送数据时创建一个循环。如果既不是客户机又不是服务器发送数据，TCP 连接便产生不了循环。如果客户机和服务器都未发送数据也没有“黑客”认证数据，那么发送者将再传送这个数据。在再传送之后，TCP 连接将为每一个再传送创建一个风暴，最后连接的双方放弃连接，因为客户机和服务器都未发送 ACK 包。如果“黑客”认证了数据传送，TCP 连接将仅产生一个风暴。实际上，由于网上的负荷，“黑客”经常错过数据包，因此“黑客”将认证再传送的第一个包，这意味着每次在“黑客”传输时入侵将至少产生一个 ACK 风暴。

3. 前期非同步入侵

前面我们了解到非同步后 TCP 劫持入侵（即在客户机和服务器连接之后发生的入侵）。不像非同步后劫持入侵，前期非同步入侵在客户机和服务器的早期连接建立时破坏其连接，而不是在连接已建立或完成之后。前期非同步入侵在服务器端破坏连接，在破坏连接之后，“黑客”创建一个具有不同顺序号的新连接。前期非同步入侵的工作如下：

① 在连接创建阶段，“黑客”窃听服务器发送到客户机的 SYN/ACK 包。图 6-8 显示了服务器的 ACK 包对客户机请求的响应。

② 当“黑客”检测到 SYN/ACK 包时，“黑客”发送一个 RST 复位请求包，接着发送一个与服务器的 SYN/ACK 包有相同参数的 SYN 包。然而，“黑客”的请求带有一个不同的顺序号。可以把这个看做是入侵者确认包（ATK-ACK-O）。图 6-9 显示了“黑客”的入侵包传送。

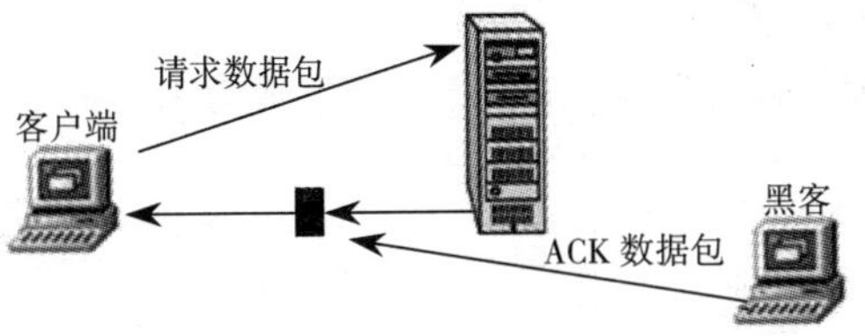

图 6-8　服务器给客户机发送一个 ACK 包

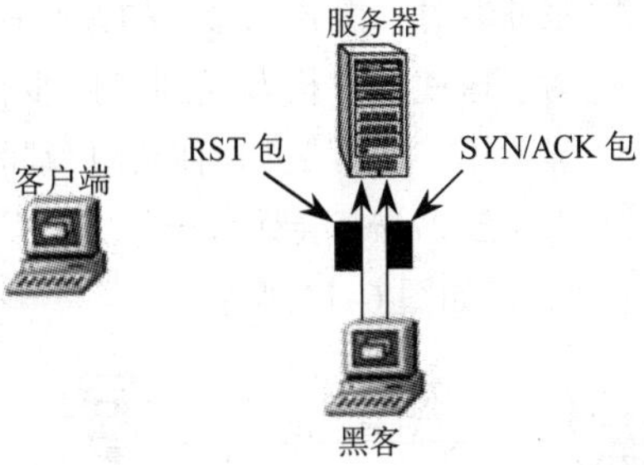

图 6-9　“黑客”发送两个数据包给服务器

③ 服务器将在收到 RST 包时关闭第一个连接，并且将在同一端重开一个新的连接，但当收到 SYN 包时，便具有不同的顺序号，于是服务器将向原用户回送一个 SYN/ACK 包。

④ “黑客”截取 SYN/ACK 包，向服务器发送它自己的 ACK 包，服务器转向同步连接以创建状态。图 6-10 显示了“黑客”截获包和建立同步连接的过程。

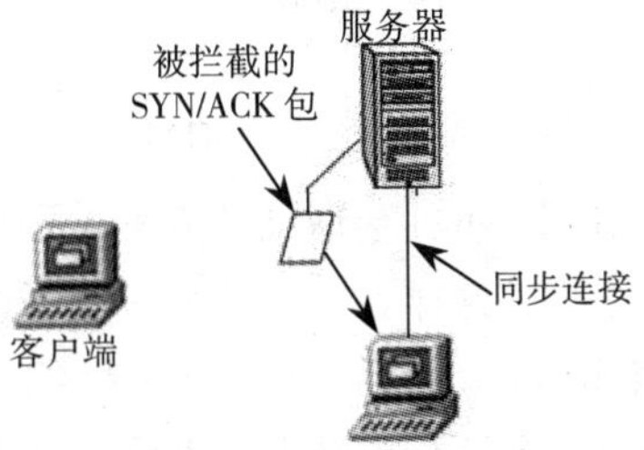

图 6-10　“黑客”截获包，建立同步连接

当客户端从服务器接收到第一个 SYN/ACK 包时便切换为 ESTABLISHED（已创建）状态。“黑客”的成功依赖于为 CLT_TO_SVR_OFFSET 选取了正确的数值，如果选取错误的数值将使客户端的包和“黑客”的包不能被接收，而且这样可能产生意想不到的结果，包括连接终止。

4. 空数据非同步入侵

前面我们已经了解了“黑客”如何在连接的早期阶段截获一个 TCP 连接来实施一次前期非同步入侵。那么在非同步一个 TCP 连接后，“黑客”能实施一次空数据非同步入侵。空数据是指不会影响服务器的任何东西，它不会改变 TCP 认证号，“黑客”通过同时向服务器和客户端发送大量数据来实施一次空数据入侵。

“黑客”发送的数据对客户端来说是不可见的。相反，空数据迫使 TCP 会话中连接的两台计算机切换到非同步状态，因为纯粹的空数据干预到了计算机维护 TCP 连接的能力。

6.4.5 Telnet 会话入侵

“黑客”能在一个已存在的或新运行的 TCP 连接上实施各种入侵。然而，“黑客”也可以干预几乎任何网络通信。例如，“黑客”可以用 Telnet 会话实施以下截获方案：

① 在入侵之前，“黑客”通常先观察网上的传送，而不进行任何干预。

② 在适当时候，“黑客”向服务器发送一大批空数据。在被截获的 Telnet 会话上，“黑客”发送一个含扩展字号 IAC NOP IAC NOP 的 ATK _ SVR _ OFFSET 字。Telnet 协议将 NOP 命令定义为“空操作”，换句话说，就是不做任何操作。由于此空操作，服务器的 Telnet 后台驻留程序将把每个字都解释为空数值，由此，后台驻留程序将数据流中的每个对删掉。然而，服务器接收扩展空传送的将扰乱正在运行的 Telnet 会话，在此之后，服务器接收以下命令：

SVR _ ACK = CLT _ SEQ+ATK _ SVR _ OFFSET

③ 服务器对“黑客”命令的接收将创建一个非同步 Telnet 连接。

④ 为了迫使客户机转换到非同步状态，“黑客”向客户端实施一个与服务器相同的步骤。图 6-11 显示了“黑客”如何向客户端和服务器发送空数据。

⑤ 为完成 Telnet 会话入侵，“黑客”实施前面详述的步骤，直到“黑客”成为 Telnet 会话连接的中间人，如图 6-12 所示。

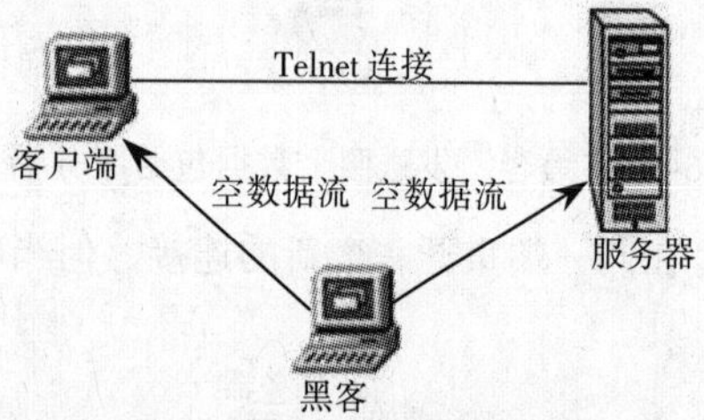

图 6-11 “黑客”向连接的双方发送空数据

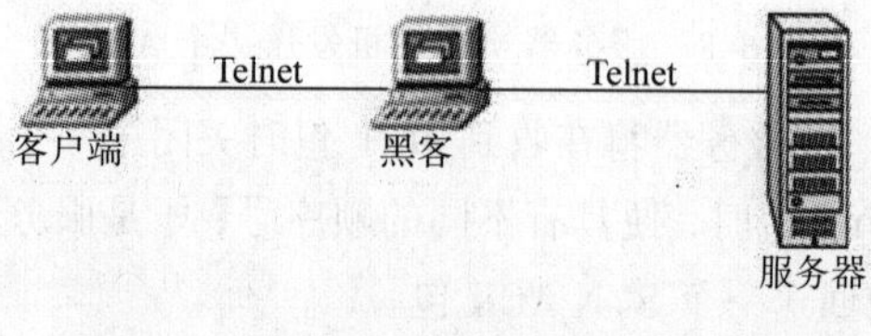

图 6-12 “黑客”成为 Telnet 的中间人

如果 Telnet 会话可以传送空数据，那么“黑客”只能利用前面详述的 5 个步骤的 Telnet 截获方式。即使这样，“黑客”对于选择合适时间发送空数据仍有困难。如果时间不正确，入侵将很容易破坏 Telnet 会话，或者会引起会话干扰，而不能让“黑客”控制会话。当你参与 Telnet 会话时，出现了预料不到的结果将表明“黑客”正在截获会话。

6.4.6 进一步了解 ACK 风暴

在 TCP 连接中，几乎所有含 ACK 设定标识而不带数据的包都是未接收包的确认信息。在任何网上，特别是在互联网通信中，这将发生大量的转送。在一个遭受了前面详述的各种入侵的网上，会发生更多的转送。转送的号码将依据网上的负荷和引起风暴的“黑客”主机而定，一个服务器登录包含多达 300 多个空包。特别是，在一个实际入侵中传送的数据包可能产生 10~30 个 ACK 空包。

6.4.7　检测及其副作用

可以利用 ACK 入侵的各种缺陷来检测入侵，下面将描述 3 种检测方式，也存在有其他方法，这里不再详述。

（1）非同步状态检测

可以利用 TCP 包来观察连接双方的顺序号。根据顺序号，可以判断出连接是否处于非同步状态。然而，这里假定你在连接上传送顺序号时没有“黑客”改变它，你才可以在连接的双方读出包。

（2）ACK 风暴检测

一些局域以太网的 TCP 流量在入侵前的统计表明，总的 Telnet 包的无数据包率为 1/3，而当一个“黑客”入侵时，为 1/300。

（3）包百分率计数

可以通过对包的百分率计数来监视连接的状态。通过对有入侵时的包百分率和普通数据包百分率的对比，来判断是否存在非同步入侵。表 6-1 显示了通常连接中数据包和 ACK 包每分钟的数目。

表 6-1　在普通传送中，每分钟数据包和 ACK 包的传递数目

包　类　型	本地以太网传输	快速以太网传输
Total TCP	80~100	1400
Total ACK	25~75	500
Total Telnet	10~20	1400
Total Telnet ACK	5~10	45

TCP 包和 ACK 包的数目在本地以太网上变化很大。表 6-1 显示了本地以太网上 TCP 或 ACK 包的一个可能变化。一个常规连接上的 ACK Telnet 包的百分率一般稳定在 45%左右.Telnet 会话是一种交互式会话，服务器必须对用户输入的每一个字母进行响应和认证。

相对地，当“黑客”入侵时，真正的包与 ACK 包的比值会发生改变。表 6-2 显示了“黑客”入侵时包的计数。

表 6-2　Telnet 遭入侵时 ACK 包的计数情况

包　类　型	本　地　连　接
Total Telnet	800～400
Total Telnet ACK	75～400

在表 6-2 中，本地连接是指只有少数来自客户端的 IP 跳点的一个主机的通信会话。通信会话的往返延迟（RTD）大约为 3ms。例如，通信会话可能跨越客户机与主机间的 4 个局域服务器。在“黑客”入侵时包计数器的改变很明显。即使有轻微的变化，ACK 计数与总包计数几乎是一致的，则传输量基本都是指认证包，这意味着几乎不包括数据包。

6.4.8　另一种嗅探——冒充入侵

在冒充入侵中，“黑客”用客户机 IP 地址作为源地址向服务器发送一个 SYN 包以初始化通话。“黑客”传送的地址必须是冒充的可信任主机地址。服务器将用一个 SYN/ACK 包来确认 SYN 包，它包含以下行：

SEG _ SEQ = SVR _ SEQ _ O

因此，“黑客”可以用自己的包来确认服务器的 SYN/ACK 包。“黑客”数据包中包含了“黑客”所猜的 SVR _ SEQ _ O 的值，即顺序号。如果成功，那么“黑客”不必嗅探客户包，因为“黑客”能预测 SVR _ SEQ _ O 且确认它。冒充入侵有以下两个主要缺点：

- “黑客”冒充的客户机将收到来自服务器的 SYN/ACK 包，从而该客户机向服务器回发一个 RST（复位）包，因为在客户机看来，通话不存在。而“黑客”可能阻止客户机的复位包产生，当客户机未接入网络时入侵，可能会使客户机的 TCP 队列溢出，这样，客户机将在往服务器上发送数据时丢失包。
- “黑客”不能从服务器上得到数据，然而“黑客”可以发送一些足以危害主机的数据。

冒充入侵和非同步后劫持入侵有 4 个不同之处：

- 非同步后劫持入侵让“黑客”实行并控制连接的鉴别阶段，而冒充入侵依靠于可信任主机的鉴别。
- 非同步后劫持入侵让“黑客”对于 TCP 流有很大的访问权。换句话说，“黑客”可以同时收发数据，而不是像冒充入侵那样仅能发送数据。
- 非同步后劫持入侵利用以太网嗅探来预测或得到 SVR _ SEQ _ O。
- “黑客”可以使用非同步后劫持入侵法攻击任何类型主机。因为冒充入侵要依赖于 UNIX 可信任主机的模式，所以它仅能对 UNIX 主机进行攻击。

然而，如果客户机脱线或是不能收发 RST 复位包，那么“黑客”就可以用冒充入侵来与服务器建立一个全面的 TCP 连接。“黑客”将代表客户机发送数据。当然，“黑客”必须通过认证障碍。如果系统采用的是基于可信任主机的认证，那么“黑客”将对主机的服务全权访问。

尽管当“黑客”采用非同步后劫持入侵进攻局域网时，系统分析员易于检测到入侵，但在远程低带宽和低延迟网上进行非同步后劫持入侵是很有效果的。而且，“黑客”可使用与进行被动嗅探入侵（它经常发生在 Internet）时相同的资源来实施非同步后劫持入侵。两种入侵对“黑客”来说其优点在于它们对用户都是不可见的。用户不可见很重要，Internet 上入侵主机越来越频繁，网络安全变得令人关注，“黑客”的秘密行动是“黑客”入侵的一个重要保护伞。

6.5 超链接欺骗

前面详述了“黑客”如何入侵 TCP 和 Telnet 通信，本节将详述超链接冒充入侵，它是“黑客”使用 HTTP 对计算机通信进行的一种普通入侵。“黑客”可入侵用于创建安全网络浏览器和服务器的 SSL 服务器认证协议。

6.5.1 利用路由器

TCP 和 UDP 服务假定主机的 IP 地址是合法的，因此相信这个地址。然而，“黑客”的主机可以用 IP 源路由器伪装成一个可信任的主机或客户机。“黑客”可以用 IP 源路由器来确定一条到目的路由器和返回起始处的直接路径。这样，“黑客”可以截获或更改发送到真正主机的包。下面的例子介绍了“黑客”是怎样冒充一个服务器的可信客户机的：

① “黑客”改变冒充主机的 IP 地址和并使其与可信任客户机的 IP 地址一致。

② “黑客”将构造一个指定的源路径给服务器，把可信任客户机看做到服务器的最后跳点。

③ “黑客”用源路径向服务器发送一个请求。

④ 服务器像接受可信任客户机的请求一样接受“黑客”的请求，且返送一个回执给可信任客户机。

⑤ 可信任客户机用源路径向“黑客”主机发送一个包。

许多 UNIX 主机将接收源路径包且将包按源路径所指定方向传递下去。许多路由器也会接收源路径包。然而，你可以配备一些路由器来阻止源路径包。图 6-13 显示了 IP 模仿入侵的基础。

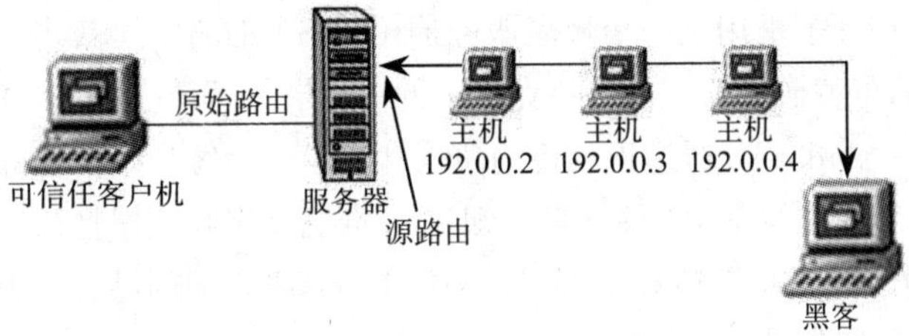

图 6-13　IP 模仿入侵的基础

模仿一个客户机的更简单办法是等待客户机系统关闭，从而自己扮演客户机。在许多组织中，成员用个人计算机与 TCP/IP 网络连接。通常用 NFS 来获得对服务器目录和文件的访问。“黑客”能冒充一个真实的客户机，并且将自己的计算机配置成与另一台 PC 有相同的名字和 IP 地址，然后与 UNIX 主机建立连接。“黑客”很容易完成这种模仿入侵，而且，这种入侵一般是内部入侵。因为只有内部人员才知道受保护的网上哪一台计算机关闭了。

6.5.2　冒充 E-mail

网上的 E-mail 很容易隐藏，而且你不能信任一个没有诸如数字签名的增强功能的 E-mail。考虑一下 Internet 主机交换 E-mail 时的情形。交换仅用一个简单的 ASCII 码字母命令构成的协议便可进行。“黑客”可以把 Telnet 直接连到系统的 SMTP 端，使用这些命令。接收主机将充分相信发送主机的真实性。所以“黑客”很容易便隐藏了 E-mail 的初始出处，通过改变 IP 地址，任何无特权的用户都能伪造 E-mail。

6.5.3　超链接欺骗

按照上述步骤，一个中间人“黑客”可说服浏览器连接到一个伪服务器并让浏览器显示出通话安全的提示（“中间人”黑客就是介入客户端和服务器间数据流中的“黑客”），然后诱使用户向伪服务器显示信息——例如信用卡号、个人身份证号、保险和银行详情或其他私人秘密。超链接冒充入侵另一个风险是用户（如银行或数据库客户）可能从伪服务器下载及运行恶性 Java 程序，他还以为是从真服务器下载的安全程序。下面讲述入侵的细节和一些可能遇到的困境。

注意，超链接冒充入侵利用的一个缺陷是许多浏览器用数字签证来确保安全会话。超链接入侵对低层加密法或是 SSL 协议本身的工作不进行攻击。结果是这种入侵可能发生于其他安全认证应用程序中，这要依据应用程序如何使用证书而定。Microsoft　Internet Explorer 3.x、Netscape Navigator 3.2 都易遭受超链接入侵。这样它也可能影响到其他浏览器和典型的 SSL 代理，超链接入侵不会影响到诸如“代码标记”或“applet 标记”的技术。来自 Verisign 或 Thawte 的服务器证书在浏览器 Internet Explorer 或 Navigotor 上也易遭爱超链接入侵。服务器可以对软件进行修改以使入侵不易成功，然而，最长远的解决方案是同时修改证书内容和普通的网络浏览器。如前面提到的，超链接入侵不会影响客户端证书或用于编码的服务器证书（例如，ActiveX 控件）。

1. 超链接欺骗的背景

当用户进行 SSL 连接时，浏览器和服务器共用一个协议对服务器和客户端进行认证，而超链接欺骗（冒充）只与服务器认证相关。在 SSL 初始协议交换时，服务器把它的证书送到浏览器。服务器的证书含有服务器公用密钥的数字签名。

现在，SSL 协议在证书里用了一个域名服务器（DNS）的名字。其实，证书更有可能含有一个 wildcard（不确定的可替换的值，类似扑克牌中的“百搭”）而不是一个 DNS 名字（例如，证书应读做 www.brd.it 或 *.brd.it）。通过正确传递协议和出示一个客户端信任的合法证书，服务器向浏览器证明它拥有一个相关的密钥（仅它自己知道）。浏览器接收证据且知道服务器确实可以有权使用 DNS 名字。而对于一个超链接冒充入侵，SSL 并不是真正的问题，认识到这一点很重要。相反，证书内容和浏览器用户界面才是问题所在。

2. 实施超链接欺骗

由于大多数用户并不请求连接到 DNS 或 URL 中去，但是现在的 SSL 部署（Deployment）证明，用户点到的只是 URL 的服务器部分，而不是超链接。

正如 DNS 易遭 DNS 冒充一样，URL 也易遭超链接冒充入侵。两种作假都将把你引向错误的 Internet 网址。然而，超链接冒充入侵在技术上比 DNS 作假容易得多。例如，“黑客”可以给你的浏览器输入 HTML 代码：

<A HREF=https://www.hacker.corn/infogatherer!>/This way to free books!</A>

你将收到上面有一链接写着“从这里可以到达免费主页”。然而，当你用鼠标单击此条时，链接却把你送到另一安全服务器，到一个名为 infogatherer 的目录中去。浏览器将检测你有无安全链接且让你出示固定密钥等，但“黑客”还是可以继续作假。他将用一些花招，使浏览器显示中你与期望到达的服务器已有一个私有连接。

遗憾的是当你建立了私有连接时，却是连在了一个错误的服务器上。当然，infogatherer 网址上不会有免费书籍，但在实际入侵中，“黑客”可以控制目标，使其看来像真网页一样，最终使你在收到免费书籍前交出信用卡信息。如果你更深入地进入浏览器的菜单，去查看文档源和文档信息，就会发现服务器的认证卡并不是你预料的那样。

随着服务器证书的使用变得越来越广泛，击败服务器认证并不是困难的事，而是也越来越容易了。当更多的服务器拥有证书时，“黑客”就有了更多的可选择的网址，可入侵不够谨慎的网络。如果用户每进入一个网页，浏览器便通知用户，则用户将关掉证书对话框。如果每个连接和文档都是安全的，那么确认服务器连接变得毫无意义。

3. 防卫超链接欺骗的方法

如果你已经使用了依赖于服务器认证的网络应用程序，而且不能从 Internet 软件提供商那里得到一个应付方法，那么唯一可行的办法便是使浏览器从一个安全网页开始，如此则可确信初始连接的正确性，而“黑客”不能把它们送到任何可疑之处去。一个安全页即一个你对其数字签名充分信任的页，它也许是一个当地的 HTML 文件或 SSL 服务页。

当需要时，用户的浏览器打开一个 SSL 页时，必须以一些难于被截获的方式为该页发送一个 URL（例如，用磁盘或寄信），否则该页将创建一个防止的入侵的入口。该页外的所有连接应向用户发送可信地址，最好所有连接都是 SSL 连接。可以用以下判别条件来决定哪些列出的网址是可信的：

- 网址安全运行（即网址是防入侵者和防页截取的）。
- 站点只向能安全运行的网站发送有超链接的页。

许多网址在第一条上不能过关，这样安全页访问代理可能仅为防火墙后的应用程序，或者是一些指定的互联网应用程序。

另外，可以在网页上放一个相关的等同于网址的对象，该对象有 Verisign Java 证书和 Microsoft Authenticode 证书。由于 Verisign 证书是从一些网页和其上的 applet 中得到的，所以“黑客”很难伪造。

许多商用网浏览器提供安全选项，其中之一是让你监视基于网址的证书。为网上浏览器能访问的每个网址列出一个网址证书。在安装了插件之后，用户可以看到谁拥有了与自己连接的网址。这样可防止入侵。

此外，在浏览器和服务器间建立了连接之后，证书信息将显示在浏览器窗口的装饰性部分中（不是状态栏，因为 Java、VBScript 和 JavaScript 都能编写状态栏）。证书显示将对现在发送页的主人的网址给出连续的反馈。

遗憾的是，如果作假者把客户端 HTTP 请求或服务器响应在同一网址中从一页改变到另一页（比如，从一个 CGI script 到另一个，或从一个 Java applet 到另一个等），即使证书显示对方是作假入侵也是无用的。

你可能在组织内申请的第 4 种策略便是使用可信任书签库。内部安全人员将在给每个人发送书签文件时对每个可信任书签进行确认。此外，安全人员仅用人工方式，如软盘，转载可信任书签。可信任书签将在浏览器的书签文件中以某种方式打上标识，以便于确认哪些是可信的，哪些是不可信的。与前面详述的证书管理信息安装一样，可信任书签安装要求你的组织编制一个插件以执行可信任书签。可信任书签可以映像从超链接文本、图像到域名、URL 这些保存在浏览器中的信息。例如，可信任书签词条可以包含下面行：

“*Jamsa Press * :*.jamsa.com”

然后，当浏览器看到含有“Jamsa Press”的链接时，浏览器会在 jamsa.com 域中查找服务器证书，以确信它是与 jamsa.com 服务器连接的。当浏览器连接到第三方域时，浏览器便警告用户连接域与期望的域不匹配。这样，运行可信任书签可以使用户只能连接到与之匹配的域。可信任书签解决方案让用户安装浏览器“警卫”，以使他们可以对某些“局域”的高价值服务进行访问，还可以保护公司免受缺乏安全意识的用户偶然传送未保护的信息。

可信任书签策略提供从链接文本到 URL 域名的安全映像。前面详述的每种可能的策略都试图提供映像或增加用户对安全性的信心。这 4 种可能的对付方法并不是到达安全网址映像的唯一方法。例如，你可以创建一个置于已存网址证书协议上的安全 Internet 目录服务。遗憾的是，创建目录服务将发生在链接、网址的“标识”和网址自身（私有密钥）之间，引起了一个人为的间接层次，这不仅导致其他一些对付方法失效，而且使链接的安全更难于戒备。最后，以上所述的策略均不能访问网上专有服务，而且，这些对付方法对防止网址内浏览被重定向也是无益的。

4. 对超链接欺骗的长远考虑

当用户浏览网址时，超链接入侵对用户安全构成严重威胁。超链接入侵导致的基本问题是SSL提供的证书中包含错误信息——DNS名。DNS比URL有更多的技术细节，而URL本身比用户点击中的超链接有更多的技术细节。当连接到网络的低水平用户越来越多时，证书显示的技术信息越少越好。许多人使用www.<company>.com或www.<product>.com来猜测URL。然而，许多网络用户后来已经懂得，一个URL看似应属于某个公司并不意味着真的如此。例如，网上最流行的搜索引擎是Digital的AltaVista。然而，AltaVista的网址不是http://www.altavista.com，实际上是http://www.digital.altavista.com。网址www.altavista.com属于美国加州的一家软件公司。最近，一家得克萨斯州的软件咨询公司其网址为www.microsoft.com，它不隶属于Microsoft公司，然而，它每天受到本意针对Microsoft网址进行的无数次攻击。

当注册一个域名时，Internet确认机构只确认注册的DNS仍未被他人注册，而不是确认被注册的DNS与版权法无冲突。最令人忧虑的是，DNS可以不是公司名或与其业务相关的名字。许多用户依据URL而不是DNS来访问网络。而且他们期望连接到URL的文本和图形是URL目的地的一种映像。DNS名从URL中获得，而URL名由用户选取的超链接获得。

一般的网络冲浪者并不理解DNS的重要性，以至于认证DNS名变得意义不大。许多用户不知道URL，除了电视或印刷广告中看到的www.company.com。而且，随着技术的发展，如Internet Explorer中宣称的"友好的URL"，它仅对地址行上的URL进行微小的改动便可访问整个网络，大大削弱了用户所见和服务器证书之间的关联。

互联网本身应解决的问题是决定哪个服务器证书应该核实，这要依据其应用程序。因为应用程序在一定程度上反映了用户的水平高低。一些应用程序（例如，命令行FTP），其DNS名可用来进行认证，因为DNS名是用户输入以访问网络的，所以用户也许对DNS名有较深的理解。然而，对于浏览，证书应包括超链接文本或图像，或者是认证页给浏览器提供的一些有意义的东西，也许是<META>标志。证书可包括证书的组成信息或网上使用的应用程序信息证书显示信息有下面几种：

- 代表图案（公司或产品标识、人物肖像）。
- 英语（如服务器通用语言）和连接得当的习惯短语（"jamsa press"）。
- 尽管URL对访问网络意义重大，但证书内的URL还是包含通配符或规则短语。注意，URL最可能代表着内部网应用程序或数据，也更有可能被一个内部的证书认证而不是一些如Verisign Internet的远程站认证。

如果证书包含一个图案，浏览器将把它显示在一个对话框中。此外，浏览器把它显示在浏览器图案框中而不是Netscape或Explorer标识内。正如前面所述，将证书显示于图案箱中导致向用户发出用户现在正与谁连接的一个连续反馈报告。即使一个非专业用户也将发现他没有连接到正确网址，例如，他在其朋友的超链接上单击鼠标而证书图标显示一个用他朋友不懂的语言创建的Web页。

浏览器也会以某些简单的修改来自动确认证书，如果用户跟随图案链接进入现有页，那么浏览器将检查证书以确认图案是否出现在此处；如果图案未在证书中出现，则浏览器将向用户报警。与之类似，如果用户跟随超链接到达现有页，则浏览器将寻找文本或文本的函数。例如，浏览器为文本链接子串或已知的哈希函数结果进行分析。确认图案或文本链接有效地确保了用户链接的正确性，它以一种端对端的方式防止了作假。

6.5.4 网页作假

网页作假是另一种“黑客”入侵。入侵时，“黑客”创建一个看似可信的网页，其实为假的拷贝，假拷贝看起来像真的——换句话说，假网页有着与真网页一样的页和链接。然而，“黑客”完全控制了假网页。所以受侵浏览器和网络间的所有网络流量都经过“黑客”。图 6-14 显示了网页作假的概念化模型。

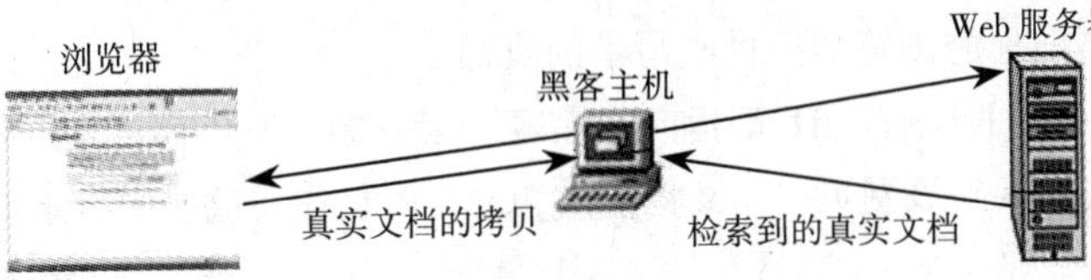

图 6-14 网页作假入侵的概念化模型

1. 网页作假的后果

“黑客”可对被入侵方与网络服务器间的任何数据进行窥探或更改。而且，“黑客”可控制从网络服务器到受害者的任何返回流量。结果，“黑客”有许多入侵通道。“黑客”破坏网络的两种最普通的形式便是嗅探和冒充作假。嗅探是一种监视类型的活动，因为“黑客”被动地注视网络流量。而作假是一种干预行为，因为“黑客”使主机相信自己是另一台可信任的主机，由此可以接收信息。

在网页作假入侵时，“黑客”记录受害者访问的页面内容。当受害者填写 HTML 页上的表格时，受害者的浏览器将所有输入数据传到网络服务器，因为“黑客”处于受害者和服务器之间，所以“黑客”可以记录所有数据。此外，“黑客”可以记录下服务器响应回来的数据。因为许多在线商务使用表格，所以“黑客”可以窥视到所有账号、密码或受害者输入到表格中的任何秘密信息。

“黑客”还可以对连接作假。换句话说，就算受害者的浏览器显示出安全运行链接图标，受害者仍可连接到一个不安全链接上。

“黑客”也可自由改动受害者和服务器间任何一个方向传送的数据。例如，若受害者在网上定购 100 元的物品，则“黑客”可以改动货物数量、品质或者邮购目的地，而送给自己 200 元的物品。“黑客”还可以改动服务器发回的数据。例如，“黑客”可以向服务器送回的文档中插入一个误导或冲突物，以使受害者受骗或导致服务器与受害者之间纷争。

2. 作假整个 Web

你也许以为“黑客”作假整个 Web 很困难。但很遗憾，并非如此。由于整个 Web 可在线使用。明白地讲，“黑客”服务器可以从真正的 Web 上取一页（当它需要向伪网提供一页拷贝时）。

既然请求途经“黑客”机器，那么只要受害方发出请求，“黑客”就可以获得每一个新页面。实际上，伪服务器只需保持网页作假入侵期间的缓存页面即可。

3. 入侵过程

网页作假入侵时将“黑客”的服务器置于受害者与网的其他部分之间。这种安排又称做“中间人入侵”。

“黑客”第一步是重写网页上的所有URL，让URL指向“黑客”服务器而不是真的服务器。这里不妨假设“黑客”服务器在域 hacker.hck 中，“黑客”因此将通过把 http://www.hacker.hck 加到URL标记之前来重写URL。例如，http://www.jomsa.com 变为 http://www.hacker.hck/www.jamsa.com。

当你到达被重写的网页，URL看似无异样，因为“黑客”已对URL作假了。如果用鼠标单击 http://www.jamsa.com 超链接，你的浏览器将从 www.hacker.hck 中请求页面，因为 URL 是从 http://www.hacker.hck 开始的。URL的剩余部分告诉“黑客”服务器到网上哪里去找你请求的文档。

当“黑客”服务器检索到满足请求的真文档之后，“黑客”采用初始对你作假时相同的特定形式重写文档中的URL，换句话说，“黑客”将 http://www.hacker.hck 加到请求页的每个URL的前面。最后，“黑客”服务器向你的浏览器提供改写了的页面。

因为改写了的页面中的所有URL都指向“黑客”服务器，所以你若是进入新网页上的链接，“黑客”服务器将再次检索到该网页。你又将陷入伪网，而且你在链接中将永不能离开“黑客”的伪Web。

4．重仿表格和安全连接

如果你在网上填写一份表格，它将对该页进行看起来是正确的处理。因为网络协议把表格集成得很紧密，所以作假表格运行自如。你的浏览器在HTTP请求中对Internet表格进行编码，服务器用普通的 HTML 回答表格请求。正如网页请求将途经“黑客”服务器一样，受害者的提交表格也是如此。“黑客”服务器由此可以窥探和改动受害者提交的数据。因此，“黑客”可以在将数据传到真正服务器之前任意改动数据。“黑客”服务器也可以改变真实服务器响应提交的返回数据。

网页作假入侵的另一个特别令人头疼的方面是，入侵能在受害者请求具有安全连接功能时进行。例如，如果你试图在伪网上作一次安全网络访问，你的浏览器将显示一切正常。“黑客”服务器将发送页面，而你的浏览器将亮起连接安全灯，通知你浏览器连接安全，因为确实如此。遗憾的是，却“安全”连接到了“黑客”的服务器，而不是所希望的页面。你的浏览器和你还以为一切正常。安全连接指示灯恰恰给你一个错误的安全感。

5．制造错觉——状态条

综上所述，入侵者必须以某些手段哄骗受害者进入伪网，因为入侵时必须说服受害者使他们认为仍处于真实网络内。网页作假入侵并不高明，如果“黑客”不够谨慎，或你关闭了浏览器中一些选项，作假网页将在状态条中显示某些网页的信息。这些信息足以提示你不要进入伪网。例如用鼠标单击超链接时，许多浏览器将于状态窗口中显示其绝对路径。

遗憾的是，狡猾的“黑客”可以利用一些编程技术来消除其入侵时留下的线索。证据是较易销毁的。因为通过对浏览器的简单定制，通常可以请求到网页控制浏览器的能力，但当页面不友好时，页面对浏览器的控制可能对用户危害很大。例如，“黑客”可以很容易地用 JavaScript、Java 和 VBScript 来操作浏览器状态栏。可以修改它使它显示出“Welcome to the Jamsa Press Web site!”。

网页作假入侵到目前为止已知会在状态栏中留下两种证据。

- 当你将鼠标放到超链接上时，浏览器状态条将显示链接中的URL，因此，受害者便会注意到“黑客”重写了超链接的URL。
- 当浏览器接收一个页面时，状态条简要显示浏览器连接的服务器名。因此，受害者便会注意到 www.hacker.hck 而不是 www.jamsa.tom，而这不是他所期望的。

6．位置行

如果“黑客”不想办法确保“黑客”所期望的信息显示于状态栏中，状态栏可能会使“黑客”的伪网露馅。此外，浏览器的位置行可以驱除“黑客”入侵。浏览器位置行显示了受害者现在的真的 URL。受害者也可在位置行中输入一个 URL，以使浏览器请求该 URL 之源。

如果没有更进一步的改动，网页作假入侵将显示重写的 URL（即 http://www.hack.hck/www.jamsa.com）。许多用户很可能会在位置行中注意到重写的 URL。如果受害者注意到这一点，那么他很可能意识到已遭受了入侵。

“黑客”可以用一个隐藏于伪服务器中的程序把重写的 URL 隐藏起来，这个程序可以用看似正确的伪位置行替代原行，伪位置行可以显示受害者期望看到的位置行信息。伪位置行可以接收键盘输入，让受害者无异样地输入 URL，这个程序可以在浏览器请求访问之前重写输入的 URL。

如果对高级用户，许多浏览器给用户提供一个让用户检查当前显示页的 HTML 源代码的菜单条。高级用户如果怀疑进入了伪网，可通过查看源代码找到改写的 URL。如果受害者发现 URL 被重写，他就能察觉遭到入侵了。反过来，入侵可利用一个隐藏于伪服务器的程序来隐藏菜单条，而代之以看似原样的菜单条。如果用户从伪菜单栏中选择 View Document Source，“黑客”打开一个新窗口以显示原始的 HTML 源代码（而非改变了的）。

7．对网页作假入侵的补救措施

网页作假入侵是一种危险的、近乎不可检测到的入侵。所幸的是，你可采用一些保护措施来保护你和你的网络用户免遭入侵。简而言之，最好的防御遵从以下三步策略：

① 将浏览器中的 JavaScript 和 VBScript 关掉，这样“黑客”便不能隐藏入侵的罪证。

② 确信浏览器位置行可见。

③ 注意浏览器位置行显示的 URL，确信 URL 始终指向你连接的服务器。

上述三步策略在很大程度上降低了入侵风险，尽管“黑客”还是可以让你和你的网络用户受害，特别是当用户并不警惕位置栏及其变动信息时。现在 JavaScript、VBScript、ActiveX 和 Java 都为作假和其他入侵提供了方便。因为网页作假入侵，你也许会考虑立即关掉这 4 种语言，然而这样做将让你失去许多有用功能，你可以恢复这些功能，做法是当你进入安全网址时便打开它们，退出时便关掉它们。

网页作假入侵的短期解决方案相对简单，而建立一个十分满意的长远解决方案却是很困难的。解决此问题的要旨在于要对浏览器框架作变动，改变浏览器代码以让浏览器总是显示位置行，从而提供安全性，这样可以防止浏览器被外部人更改——即确信网络程序不能创建伪菜单条、伪状态栏等。然而，这两种方案必须假定用户有高度警惕性且能重写 URL，在浏览器向用户显示信息且不被不可信方介入的情况下，一个保护措施就是使非用户对外部更改不生效，这是创建一个安全浏览器的第一步。如果不对更改设定明显的限制，那么浏览器对防止网页作假入侵是无能为力的。

对浏览器从安全链接中取回的页面来说，浏览器内一个改进的安全链接指示灯将有助于确保安全，而远远不止是指示安全链接。浏览器将清楚地报告完成安全链接的服务器名。浏览器将以简单语言，以一种用户可理解的方式显示链接信息。例如，浏览器将显示包含<META>在内的网址信息，例如“Jamsa.Press”，而不是“http://www.jamsa.com”。

然而，基本上每种针对网页作假入侵的手段都要依赖于用户的警惕性。作为一个系统管理员，是否应该对用户的警惕度进行检查呢？

小　结

本章介绍了几种“黑客”入侵的类型和如何应对这些入侵。“黑客”可以有许多途径入侵你的系统。本章主要讲解了以下关键概念：

- TCP/IP 顺序号预测入侵是最简单的入侵。
- TCP 劫持是对系统最大的威胁。
- 嗅探明显优先于劫持或作假。
- 作假是指在一个已存网络连接中冒充一个可信任用户。
- 利用嗅探被动入侵在如今的互联网上很普遍。
- 几乎每个“黑客”都留下踪迹，你可以跟踪、发现和制止。
- 许多“黑客”致力于破坏或扰乱已存在的 HTTP 操作或 TCP 通信。
- 超链接欺骗入侵可以让“黑客”入侵 SSL 服务器装置。
- 网页作假入侵使“黑客”获得了一种截获服务器和客户端双方数据的途径。
- “黑客”在安全专家击败入侵时不断发明新入侵。

思　考　题

1. 简述黑客攻击的一般过程。
2. 黑客攻击有哪些类型？
3. 寻找和实践两种安全扫描产品或工具，并简述其技术特点。
4. 简述两种安全扫描工具各自的特点、优缺点和功能。
5. 系统入侵是如何分类的？为什么要研究入侵分类？
6. 什么是最简单的“黑客”入侵？
7. 非同步入侵攻击包括哪些内容，如何防止这种攻击？
8. TCP 劫持入侵的基本思想是什么？它为什么比 IP 模仿入侵更具危害性？
9. 什么是超链接欺骗？
10. 描述网页作假的过程及其解决方案。

第7章 入侵检测

网络互联互通后，入侵者可以通过网络实施远程入侵。而入侵行为与正常的访问相比，还是有些差别，所以通过收集和分析这种差别可以发现很大部分的入侵行为，入侵检测技术就是应这种需求而诞生的。经入侵检测发现入侵行为后，可以采取相应的安全措施，如报警、记录、切断或拦截等，从而提高网络的安全应变能力。

7.1 入侵检测原理与技术

入侵检测（Intrusion Detection）就是发觉入侵行为。它从计算机网络或计算机系统的关键点收集信息并进行分析，从中发现网络或系统中是否有违反安全策略的行为和被攻击的迹象。负责入侵检测的软/硬件组合称为入侵检测系统（IDS）。

下面讨论入侵检测的方法及体系结构，并对有关入侵检测的测试和标准化问题进行阐述，同时还将讨论该领域存在的问题及未来的研究方向。

7.1.1 入侵检测的起源

入侵检测的概念最早由Anderson于1980年提出，他提出了入侵检测系统的3种分类方法。Denning对Anderson的工作进行了扩展，他详细探讨了基于异常和误用的检测方法的优缺点，于1987年提出了一种通用的入侵检测模型。这个模型独立于任何特殊的系统、应用环境、系统脆弱性和入侵种类，因此它提供了一个通用的入侵检测专家系统框架，并由入侵检测专家系统（Instrusion Detection Expert System，IDES）原型系统实现。

IDES原型系统采用的是一个混合结构，包含一个异常检测器和一个专家系统，如图7-1所示。

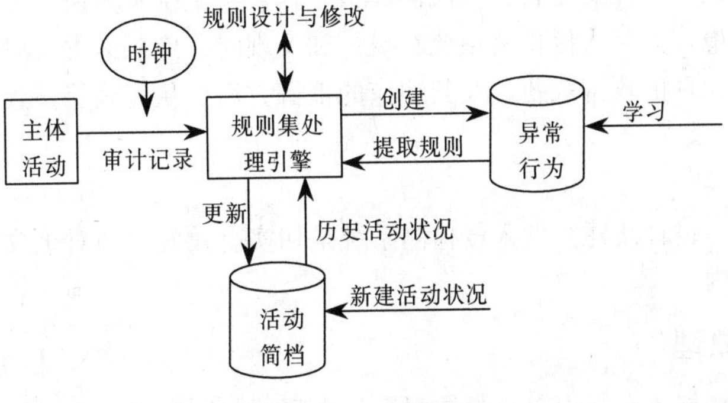

图7-1 IDES原型系统

异常检测器采用统计技术刻画异常行为，专家系统采用基于规则的方法检测已知的危害行为。异常检测器对行为的渐变是自适应的，因此引入专家系统能有效防止逐步改变的入侵行为，提高检测准确率。该模型为入侵检测技术的研究提供了良好的框架结构，为后来各种模型的发展奠定了基础，它引发了随后几年一系列系统原型的研究，如 Discovery、Haystack、MIDS、NADIR、NSM 和 Wisdom and Sense 等。

直到 1990 年，大部分入侵检测系统还都是基于主机的，它们对活动性的检查局限于操作系统审计跟踪数据及其他以主机为中心的信息源。1988 年，互联网蠕虫事件的发生使人们开始对计算机安全高度关注，分布式入侵检测系统（DIDS）随之产生。它最早试图将基于主机和网络监视的方法集成在一起，解决了大型网络环境中跟踪网络用户和文件及从发生在系统不同的抽象层次的事件中发现相关数据或事件的两大难题。

从 20 世纪 80 年代后期开始，数家机构开发了入侵检测工具，其中有一些是对信息安全新技术的尝试。如 ISS RealSecure™、CMDS™、NetProwler™ 及 NetRanger™ 等。

7.1.2 入侵检测系统的需求特性

一个成功的入侵检测系统至少要满足以下 5 个要求。

（1）实时性

如果攻击或者攻击的企图能够被尽快发现，就有可能查出攻击者的位置，阻止进一步的攻击活动；就有可能把破坏控制在最小限度，并记录下攻击过程，以作为证据回放。实时入侵检测可以避免管理员通过对系统日志进行审计以查找入侵者或入侵行为线索时的种种不便与技术限制。

（2）可扩展性

攻击手段多而复杂，攻击行为特征也各不相同。所以必须建立一种机制，把入侵检测系统的体系结构与使用策略区分开。入侵检测系统必须能够在新的攻击类型出现时，通过某种机制在无需对入侵检测系统本身体系进行改动的情况下，使系统能够检测到新的攻击行为。在入侵检测系统的整体功能设计上，也必须建立一种可以扩展的结构，以便适应扩展要求。

（3）适应性

入侵检测系统必须能够适用于多种不同的环境，比如高速大容量的计算机网络环境。并且在系统环境发生改变时，比如增加环境中的计算机系统数量，改变计算机系统类型，入侵检测系统仍然能够正常工作。适应性也包括入侵检测系统本身对其宿主平台的适应性，即跨平台工作的能力，适应其宿主平台软、硬件配置的不同情况。

（4）安全性与可用性

入侵检测系统必须尽可能的完善，不能向其宿主计算机系统及其所属的计算机环境中引入新的安全问题及安全隐患。并且入侵检测系统在设计和实现时，应该考虑可以预见的并针对该入侵检测系统类型与工作原理的攻击威胁，及其相应的抵御方法。从而确保该入侵检测系统的安全性与可用性。

（5）有效性

能够证明根据某一设计所建立的入侵检测系统是切实有效的，即对于攻击事件的错报与漏报能够控制在一定范围内。

7.1.3 入侵检测原理

入侵检测系统是根据入侵行为与正常访问行为之间的差别来识别入侵行为的，根据识别采用的原理，可以分为异常检测、误用检测和特征检测 3 种。

1．异常检测

进行异常检测（Anomaly Detection）的前提是认为入侵是异常活动的子集。异常检测系统通过运行在系统或应用层的监控程序监控用户的行为，通过将当前主体的活动情况和用户轮廓进行比较（用户轮廓通常定义为各种行为参数及其阈值的集合），来描述正常行为范围。当用户活动与正常行为有重大偏离时即被认为是入侵。如果系统错误地将异常活动定义为入侵，则称为错报（false positive）；如果系统未能检测出真正的入侵行为则称为漏报（false negative）。这是衡量入侵检测系统性能很重要的两个指标模型。异常检测模型如图 7-2 所示。

异常检测系统的效率取决于用户轮廓的完备性和监控的频率。因为不需要对每种入侵行为进行定义，所以能检测未知的入侵。同时系统能针对用户行为的改变进行自我调整和优化，但随着检测模型的逐步精确，异常检测会消耗更多的系统资源。

常见的异常检测方法包括统计异常检测、基于特征选择异常检测、基于贝叶斯推理异常检测、基于贝叶斯网络异常检测、基于模式预测异常检测、基于神经网络异常检测、基于贝叶斯聚类异常检测及基于机器学习异常检测等。目前一种比较流行的方法就是采用数据挖掘技术，来发现各种异常行为之间的关联性，包括源 IP 关联、目的 IP 关联、特征关联和时间关联等。

2．误用检测

进行误用检测（Misuse Detection）的前提是所有的入侵行为都有可被检测到的特征。误用检测系统提供攻击特征库，当监测的用户或系统行为与库中的记录相匹配时，系统就认为这种行为是入侵。如果入侵特征与正常的用户行为匹配，则系统会发生错报；如果没有特征能与某种新的攻击行为匹配，则系统会发生漏报。误用检测模型如图 7-3 所示。

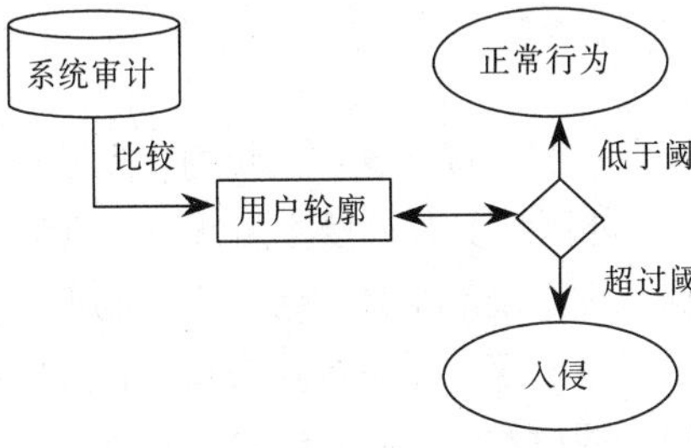

图 7-2　异常检测模型

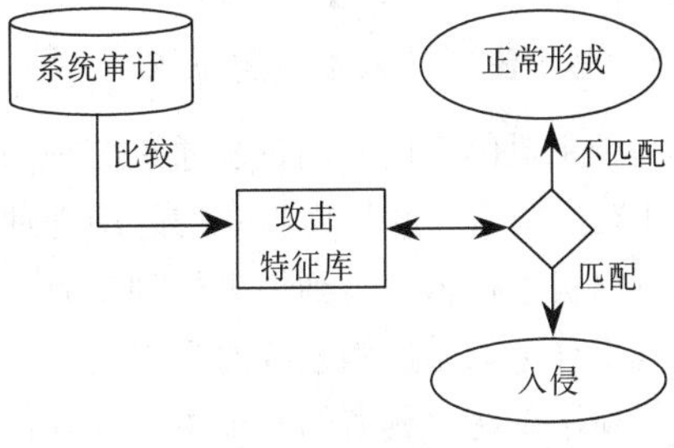

图 7-3　误用检测模型

采用特征匹配，误用模式能明显降低错报率，但漏报率随之增加。攻击特征的细微变化，会使得误用检测无能为力。

常见的误用检测方法包括基于条件概率的误用入侵检测、基于专家系统的误用入侵检测、基于状态迁移的误用入侵检测、基于键盘监控的误用入侵检测及基于模型的误用入侵检测等。

下面以基于条件概率的误用入侵检测方法为例介绍误用检测的原理，该方法将入侵方式对应于一个事件序列，然后通过观测事件发生情况来推测入侵出现。这种方法的依据是外部事件序列，它根据贝叶斯定理进行推理检测入侵。如令 ES 表示事件序列，先验概率为 $P(\text{Intrusion})$，后验概率为 $P(\text{ES}|\text{Intrusion})$，事件出现的概率为 $P(\text{ES})$，则：

$$P(\text{Intrusion} \mid \text{ES}) = P(\text{ES} \mid -\text{Intrusion})\frac{P(\text{Intrusion})}{P(\text{ES})}$$

通常可以给出先验概率 $P(\text{Intrusion})$，对入侵报告数据进行统计处理得出 $P(\text{ES} \mid \text{Intrusion})$和 $P(\text{ES}|-\text{Intrusion})$，于是可以计算出：

$$P(\text{ES})=((P(\text{ES} \mid \text{Intrusion}-P(\text{ES})|-\text{Intrusion}))\times P(\text{Intrusion})+P(\text{ES}|-\text{Intrusion})$$

因此可以通过对事件序列的观测，推算出 $P(\text{Intrusion} \mid \text{ES})$。基于条件概率的误用入侵检测方法是在概率理论基础上的一个普遍的方法。它是对贝叶斯方法的改进，其缺点就是先验概率难以给出，而且事件的独立性难以满足。

3. 特征检测

和以上两种检测方法不同，特征检测（Specification-based Detection）关注的是系统本身的行为。定义系统行为轮廓，并将系统行为与轮廓进行比较，对未指明为正常行为的事件定义为入侵。特征检测系统常采用某种特征语言定义系统的安全策略。

这种检测方法的错报与行为特征定义的准确度有关，当系统特征不能囊括所有的状态时就会产生漏报。

特征检测最大的优点是可以通过提高行为特征定义的准确度和覆盖范围，大幅度降低漏报和错报率；其最大的不足是要求严格定义安全策略，这需要经验和技巧。另外，维护动态系统的特征库通常是很耗时的事情。

由于这些检测各有优缺点，许多实际入侵检测系统通常同时采用两种以上的方法实现。

7.1.4 入侵检测分类

根据入侵检测系统所检测对象的不同可分为基于主机的入侵检测系统和基于网络的入侵检测系统。

1. 基于主机的入侵检测系统

基于主机的入侵检测系统通过监视与分析主机的审计记录检测入侵。这些系统的实现不全在目标主机上，有一些采用独立的外围处理机，如 Haystack。另外网络实时入侵检测系统（NIDES）使用网络将主机信息传到中央处理单元，但它们全部是根据目标系统的审计记录工作。能否及时采集到审计记录是这些系统的难点之一，从而有的入侵者会将主机审计子系统作为攻击目标以避开入侵检测系统。典型的基于主机的入侵检测系统模型如图 7-4 所示。

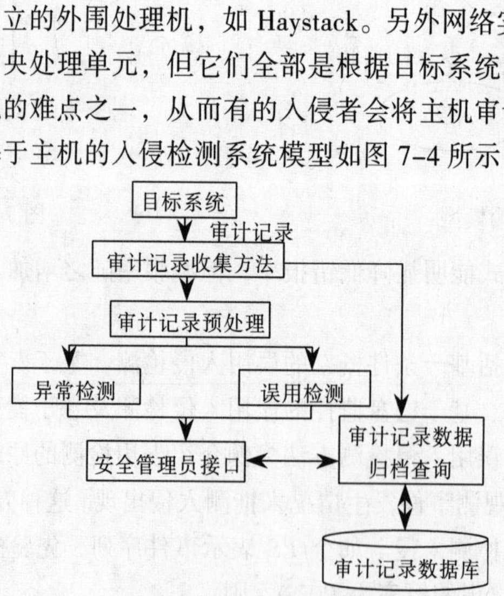

图 7-4 基于主机的入侵检测系统模型

基于主机的入侵检测系统具有检测效率高、分析代价小和分析速度快的特点，它能够迅速而准确地定位入侵者，并可以结合操作系统和应用程序的行为特征对入侵作进一步分析。目前，基于主机日志分析的入侵检测系统很多。基于主机的入侵检测系统存在的问题是，首先它在一定程度上依赖于系统的可靠性，它要求系统本身应该具备基本的安全功能并具有合理的设置，然后才能提取入侵信息；即使进行了正确的设置，对操作系统熟悉的攻击者仍然有可能在入侵行为完成后及时地将系统日志抹去，从而不被发觉；并且主机的日志能够提供的信息有限，有的入侵手段和途径不会在日志中有所反映，日志系统对有的入侵行为不能做出正确的响应。在数据提取的实时性、充分性和可靠性方面基于主机日志的入侵检测系统不如基于网络的入侵检测系统。

2．基于网络的入侵检测系统

基于网络的入侵检测系统模型如图 7-5 所示，它通过在共享网段上对通信数据进行侦听采集数据，分析可疑现象。与主机系统相比，这类系统对入侵者而言是透明的。由于这类系统不需要主机提供严格的审计，因而对主机资源消耗少，并且由于网络协议是标准的，它可以提供对网络通用的保护，而无需顾及异构主机的不同架构。基于网关的检测系统可以认为是这类系统的变种。

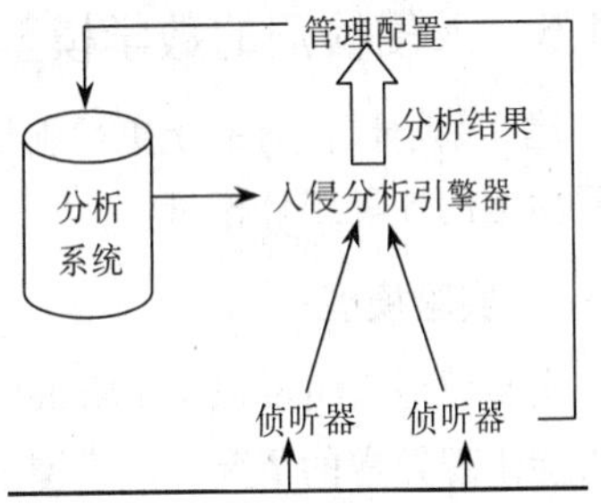

图 7-5　基于网络的入侵检测系统模型

基于网络的入侵检测系统能够检测那些来自网络的攻击，它能够检测到超过授权的非法访问。基于网络的入侵检测系统不需要改变服务器等主机的配置。由于它不会在业务系统的主机中安装额外的软件，因而不会影响这些机器的 CPU、I/O 与磁盘等资源的使用，也不会影响业务系统的性能。因此也不会成为系统中的关键路径，其发生故障不会影响正常业务的运行。

基于网络的入侵检测系统只检查直接连接网段的通信，它不能检测在不同网段的网络包。在使用交换以太网的环境中就会出现检测范围的局限。而安装多台基于网络的入侵检测系统的传感器会使部署整个系统的成本大大增加。同时，基于网络的入侵检测系统为了性能目标通常采用特征检测的方法，它可以检测出一些普通的攻击，而很难对一些复杂的需要大量计算与分析时间的攻击进行检测。

基于网络的入侵检测系统可能会将大量的数据传回分析系统中。在一些系统中监听特定的数据包会产生大量的分析数据流量。有些系统在实现时采用一定方法来减少回传的数据量，而对入侵判断的决策由传感器实现，而中央控制台成为状态显示与通信中心，不再作为入侵行为分析器。这样的系统中的传感器协同工作能力较弱。

3．其他分类

（1）按照控制方式分类

① 集中式控制

集中式控制要求在系统组件间提供保护消息的机制，能灵活方便地启动和终止组件，能集中控制状态信息并将这些信息以一种可读的方式传给最终用户。

② 与网络管理工具相结合

它将入侵检测简单地看做是网络管理的子功能。网络管理软件包搜集的一些系统信息流可以作为入侵检测的信息源。因此可以将这两个功能集成到一起，便于用户使用。

（2）根据系统的工作方式分类。

① 离线检测系统

离线系统是一种非实时的事后分析系统，它能通过集中化和自动化节省成本，也能分析大量的历史事件。

② 在线检测系统

在线系统是实时联机检测系统，它能对入侵迅速做出反应。在大规模的网络环境中保证检测的实时性是目前研究的热点。

7.1.5 入侵检测的数学模型

建立数学模型有助于更精确地描述入侵问题，特别是异常入侵检测。Dennying 提出了可用于入侵检测的 5 种统计模型。

1. 实验模型

实验模型（Operational Model）基于这样的假设：若变量 x 出现的次数超过某个预定的值，就有可能出现异常的情况。此模型适用于入侵活动与随机变量相关的情况，如口令失效次数。

2. 平均值和标准差模型

平均值和标准差模型（Mean and Standard Deviation Model）根据已观测到的随机变量 x 的样值 $X_i(i=1,2,\ldots,n)$计算出这些样值的平均值 mean 和标准方差 stddev，若新的样值 X_{n+1} 不在可信区间[mean−d×stddev，m+d×stddev]内时，则出现异常，其中 d 是标准偏移均值 mean 的参数。这个模型适用于事件计数器、间隔计时器和资源计数器 3 种类型的随机变量处理。该模型的优点在于不需要为了设定限制值而掌握正常活动的知识。相反，这个模型从观测中学习获取知识，可信区间的变动反映出知识的增长过程。另外，可信区间依赖于观测到的数据，这样如果对于用户正常活动定义不同则可能差异较大。此模型可加上权重的计算，如最近取样的值权重大些，这样就会更准确地反映出系统的状态。

3. 多变量模型

多变量模型（Multivariate Model）基于两个或多个随机变量的相关性计算，它适合于根据多个随机变量的综合结果来识别入侵行为，而不仅仅是单个变量的情况。例如，一个程序通过 CPU 使用时间和 I/O、用户注册频度、通信会话时间等多个变量来检测入侵行为。

4. 马尔可夫过程模型

马尔可夫过程模型（Markov Process Model）将离散的事件（审计记录）看做一个状态变量，然后用状态迁移矩阵刻画状态之间的迁移频度。若观察到一个新事件，而根据先前的状态和迁移检测矩阵得到新的事件的出现频率太低，则表明出现异常情况。该模型适合于通过寻找某些命令之间的转移来检测入侵行为的情况。

5. 时序模型

时序模型（Time Series Model）通过间隔计时器和资源计数器两种类型的随机变量来描述入侵行为。它根据 x_1，x_2，…，x_n 之间的相隔时间和它们的值来判断入侵。若在某个时间内 x 出现的频率太低，则表示出现异常情况。这个模型有利于描述行为随时间变化的趋势，缺点在于计算开销大。

7.1.6 入侵检测现状

目前大多数商业 IDS 都只使用了入侵检测的部分方法，这导致攻击者能采用新的攻击方法突破入侵检测系统的保护。传统的入侵检测面临以下这些问题：

① 随着能力的提高，入侵者将研制更多的攻击工具，以及使用更为复杂、精致的攻击手段，对更大范围的目标类型实施攻击。

② 入侵者采用加密手段传输攻击信息。

③ 日益增长的网络流量导致检测分析难度加大。

④ 缺乏统一的入侵检测术语和概念框架。

⑤ 不适当的自动响应机制存在着巨大的安全风险。

⑥ 存在对入侵检测系统自身的攻击。

⑦ 过高的错报率和误报率，导致很难确定真正的入侵行为。

⑧ 采用交换方法限制了网络数据的可见性。

⑨ 高速网络环境导致很难对所有数据进行高效实时的分析。

目前入侵检测领域要解决的一些难点包括：

① 更有效地集成各种入侵检测数据源，包括从不同的系统和不同的传感器上采集的数据，以减少虚假报警。

② 在事件诊断中结合人工分析。

③ 提高对恶意代码的检测能力，包括 E-mail 攻击、Java 和 ActiveX 等。

④ 采用一定的方法和策略来增强异种系统的互操作性和数据一致性。

⑤ 研制可靠的测试和评估标准。

⑥ 提供科学的漏洞分类方法，尤其注重从攻击客体而不是攻击主体的观点出发。提供对更高级的攻击行为，如分布式攻击、拒绝服务攻击等的检测手段。

7.2 入侵检测的特征分析和协议分析

目前，绝大多数入侵检测系统的检测机制是去捕获基本的数据包并加以非智能模式匹配与特征搜索技术来探测攻击。而协议分析能够智能地“理解”协议，它利用网络协议的高度规则性快速探测攻击的存在，从而避免了模式匹配所做的大量无用功，减少所需的计算量。

7.2.1 特征分析

IDS 要有效地检测入侵行为，必须拥有一个强大的入侵特征库。本节将对入侵特征的概念、种类及如何创建特征进行介绍，并举例说明如何创建满足实际需要的特征数据模板。

1. 特征的基本概念

IDS 中的特征（signature）是指用于识别攻击行为的数据模板，它们常因系统而异。不同的 IDS 系统具有的特征功能也有所差异。例如，有些网络 IDS 系统只允许少量地定制存在的特征数据或者编写需要的特征数据，另外一些则允许在很宽的范围内定制或编写特征数据，甚至可以是任意一个特征；一些 IDS 系统只能检查确定的报头或负载数据，另外一些则可以获取任何信息包的任何位置的数据。以下是一些典型的入侵识别方法：

- 来自保留 IP 地址的连接企图。可通过检查 IP 报头的来源地址识别。
- 带有非法 TCP 标志的数据包。可通过参照 TCP 协议状态转换来识别。
- 含有特殊病毒信息的 E-mail。可通过比较 E-mail 的主题信息或搜索特定附件来识别。
- DNS 缓冲区溢出企图。可通过解析 DNS 域及检查每个域的长度来识别。
- 针对 POP3 服务器的 DOS 攻击。通过跟踪记录某个命令的使用频率，并和设定的阈值进行比较而发出报警信息。
- 对 FTP 服务器文件的访问攻击。通过创建具备状态跟踪的特征样板以监视成功登录的 FTP 对话，从而及时发现未经验证的使用命令等入侵企图。

从以上分类可以看出特征涵盖的范围很广，有简单的报头和数值，也有复杂的连接状态跟踪和扩展的协议分析。

2. 报头值特征

报头值（Header Value）的结构比较简单，而且可以很清楚地识别出异常报头信息，因此，特征数据首先选择报头值。异常报头值的来源大致有以下几种：

- 大多数操作系统和应用软件都是在假定严格遵守 RFC 的情况下编写的，而没有添加针对异常数据的错误处理程序，所以许多涉及报头值的漏洞都会利用故意违反 RFC 的标准定义的手段。
- 许多包含错误代码的不完善软件也会产生违反 RFC 定义的报头值数据。
- 并非所有的操作系统和应用程序都能全面拥护 RFC 定义，会存在一些与 RFC 不协调的情形。
- 随着时间的推移，新的协议可能不被包含于现有 RFC 中。

由于以上几种情况，严格基于 RFC 的 IDS 特征数据就有可能产生漏报或误报。对此，RFC 也随着新出现的信息而不断进行更新。

另外，合法但可疑的报头值也同样要重视。例如，如果检测到有到端口 31337 或 27374 的连接，即可初步确定有特洛伊木马在活动，再附加上其他更详细的探测信息，就能够进一步地判断其真假。

3. 确定报头值特征

为了更好地理解如何发现基于报头值的特殊数据报，下面通过分析一个实例进行详细阐述。

Synscan 是一个流行的用于扫描和探测系统的工具，其执行过程很具有典型性，它发出的信息包具有多种特征，如不同的源 IP、源端口 21、目标端口 21、服务类型 0、IPID39426、设置 SYN 和 FIN 标志位、不同的序列号集合、不同的确认号码集合及 TCP 窗口尺寸 1028 等。可以对以上这些特征进行筛选，查看比较合适的特征数据。以下是特征数据的候选对象：

- 只具有 SYN 和 FIN 标志集的数据包，这是公认的恶意行为迹象。
- 没有设置 ACK 标志，却具有不同确认号的数据包，而正常情况应该是 0。
- 源端口和目标端口都被设置为 21 的数据包，且经常与 FTP 服务器关联。
- TCP 窗口尺寸为 1028，IPID 在所有的数据包中均为 39426。根据 IP RFC 的定义，这两类数值应有所变化，因此，如果持续不变就表明可疑。

从以上4个候选对象中，可以单独选出一项作为基于报头的特征数据，也可以选出多项组合作为特征数据。选择一项数据作为特征有很大的局限性，选择以上4项数据联合作为特征也不现实，尽管这能够精确地提供行为信息，但是缺乏效率。实际上，特征定义就是要在效率和精确度间进行折中。大多数情况下，简单特征比复杂特征更易引起误报，因为前者很普遍；复杂特征比简单特征更易引起漏报，因为前者太过全面，攻击的某个特征会随着时间的推进而变化，完全应由实际情况决定。例如，想判断攻击可能采用的工具是什么，那么除了SYN和FIN标志以外，还需要知道哪些属性？源端口和目的端口相同虽然可疑，但是许多工具都使用到它，而且一些正常通信也有此现象，因此不适宜选它为特征。TCP窗口尺寸1028尽管可疑，但这也会自然地发生。IP ID为39426也一样。没有ACK标志的ACK数值很明显是非法的，因此非常适于选为特征数据。

接下来我们真正创建一个特征，用于寻找并确定Synscan发出的每个TCP信息包中的以下属性：

- 只设置了SYN和FIN标志。
- IP的ID为39426。
- TCP窗口尺寸为1028。

第一项太普遍，第二和第三项联合出现在同一数据包的情况不很多，因此，将这三个项组合起来就可以定义一个详细的特征了。再加上其他的Synscan属性不会显著提高特征的精确度，只能增加资源的耗费。到此，特征就创建完成。

4. 特征的广谱性

以上创建的特征可以满足对普通Synscan软件的探测了。但Synscan可能存在多个变种，上述建立的特征很难适用于这些变种的工具，这时就需要结合特殊特征和通用特征。

首先看一个变种Synscan所发出的数据信息特征：

- 只设置了SYN标志，这纯属正常的TCP数据包特征。
- TCP窗口尺寸总是40而不是1028。40是初始SYN信息包中一个罕见的小窗口尺寸，比正常的数值1028少见得多。
- 端口数值为53而不是21。

以上3种特征与普通Synscan产生的数据有很多相似之处，因此可以初步推断产生它的工具或者是Synscan的不同版本，或者是其他基于Synscan代码的工具。显然，前面定义的特征已经不能将这个变种识别出来。这时，可以结合普通异常行为的通用特征和一些专用的特征进行检测。通用特征可以如下创建：

- 没有设置确认标志，但是却有确认数值非0的TCP数据包。
- 只设置了SYN和FIN标志的TCP数据包。
- 初始TCP窗口尺寸低于一定数值的TCP数据包。

使用以上的通用特征，上面提到过的两种异常数据包都可以有效地识别出来。如果需要更加精确地探测，可再在这些通用特征的基础上添加一些个性数据。

从上面讨论的例子中，我们看到了可用于创建IDS特征的多种报头信息。通常，最有可能用于生成报头相关特征的元素为以下几种：

- IP地址。保留IP地址、非路由地址或广播地址。
- 端口号。特别是木马端口号。

- 异常信息包片断。特殊 TCP 标志组合值。
- 不应该经常出现的 ICMP 字节或代码。

知道了如何使用基于报头的特征数据，接下来要确定的是检查何种信息包。确定的标准依然是根据实际需求而定。因为 ICMP 和 UDP 信息包是无状态的，所以在大多数情况下，需要对它们的每一个包都进行检查。而 TCP 信息包是有连接状态的，因此有时候可以只检查连接中的第一个信息包。其他特征，如 TCP 标志会在对话过程的不同数据包中有所不同，如果要查找特殊的标志组合值，就需要对每一个数据包进行检查。检查的数量越多，消耗的资源和时间也就越多。

另外，关注 TCP、UDP 或者 ICMP 的报头信息要比关注 DNS 报头信息更方便。因为 TCP、UDP 及 ICMP 的报头信息和载荷信息都位于 IP 数据包的载荷部分，比如要获取 TCP 报头信息，首先要解析 IP 报头，然后就可以判断出这个载荷采用的是 TCP。而要获取 DNS 的信息，就必须更深入地分析才能看到其真面目，而且解析此类协议还需要更多更复杂的编程代码。实际上，这个解析操作也正是区分不同协议的关键所在，评价 IDS 系统的好坏也体现在是否能够很好地分析更多的协议。

7.2.2 协议分析

以上将关注 IP、TCP、UDP 和 ICMP 报头中的信息作为入侵检测的特征。现在来看看如何通过检查 TCP 和 UDP 包的内容（其中包含其他协议）来提取特征。首先必须清楚某些协议，如 DNS 是建立在 TCP 或 UDP 包的载荷中的，且都在 IP 协议之上。所以必须先对 IP 头进行解码，看它的负载是否包含 TCP、UDP 或其他协议。如果负载是 TCP 协议，那么就需要在得到 TCP 负载之前通过 IP 协议的负载来处理 TCP 报头的一些信息。

入侵检测系统通常比较关注 IP、TCP、UDP 和 ICMP 特征，所以它们一般都能够解码部分或全部这些协议的头部。然而，只有一些更高级的入侵检测系统才能进行协议分析。这些系统能进行全部协议的解码，如 DNS、HTTP、SMTP 和其他一些广泛应用的协议。由于解码众多协议的复杂性，因此协议分析需要更先进的 IDS 功能，而不能只进行简单的内容查找。执行内容的查找只是简单地在包中查找特定的串或字节流序列，并不真正知道它正在检查的是什么协议，所以它只能识别一些明显的或具有简单特征的恶意行为。

协议分析表明入侵检测系统能真正理解各层协议是如何工作的，而且能通过分析协议的通信情况来寻找可疑或异常的行为。对于每个协议，分析不仅仅是建立在协议标准的基础上（如 RFC），而且还建立在实际的实现上，因为许多协议事实上的实现与标准并不相同，所以特征应能反映现实状况。协议分析技术观察涉及某协议的所有通信并对其进行验证，当不符合预期规则时进行报警。协议分析使得网络入侵检测系统可以监测已知和未知的攻击方法。

下面以分析 FTP 的众多弱点和漏洞为例，介绍如何进行协议分析。互联网上可以发现至少上百个 FTP 漏洞，攻击这类漏洞的程序和代码更是数不胜数，而且这些程序之间的差异也很大，确立一个建立在攻击程序基础上的特征集合显然是不可能的。另一个问题是时效性，在已知漏洞的基础上来确定特征，意味着该入侵检测系统不能在新漏洞被公开之前对其进行报警。而在大多数情况下，在漏洞第一次被利用到入侵检测系统能检测这种入侵行为会有相当长一段时间的延迟。

1. FTP 的协议解码

下面以 FTP 分析为例，讨论协议分析技术如何进行入侵检测。

一个典型的关于 FTP 命令 MKD 的缓冲区溢出漏洞，可以通过发送包含 shellcode 的代码加以利用。标准的包内容查找的特征包含 shellcode 的序列（通常是 10～20B），而且必须同 FTP 包中的数据完全匹配。协议分析可以检测到 MKD 命令的参数并确认它的长度和是否包含二进制数据。通过检查可以发现各种不同的尝试性攻击，而不仅仅发现已知的那些漏洞。

FTP 命令 SITE EXEC 用来在 FTP 服务器上执行命令，它被用于许多攻击中。SITE 是事实上的 FTP 命令，而 EXEC 是参数。包内容查找在包中寻找 SITE EXEC 时，试图找到一个与大小写无关的匹配。入侵者在 SITE 和 EXEC 之间加入一些空格就可以避免被监测到，而许多 FTP 服务器忽略多余的空格。显然，只通过内容查找并不能查找到后一个命令。一个协议分析的特征将这理解为如何分解 SITE EXEC，或其他变种，所以仍然可以准确地检测到该攻击。

以上只是一个有限的协议分析。在基于状态的协议分析中，可以检查一个会话的所有通信过程，如整个 FTP 会话，包括初始的 TCP 连接、FTP 认证、FTP 命令和应答、FTP 数据连接的使用、TCP 连接的断开等，以期获得更为精确的检测能力。

2. HTTP 的协议解码

许多攻击者都使用的一种简单的 IDS 逃避方法是路径模糊。这种技术的枋心是改变路径，使它可以在不同的出现方式下做同样的事情。这种技术在 URL 中频繁使用，用来隐藏基于 HTTP 的攻击。攻击者通常利用反斜杠符号、单点顺序及双点顺序等来模糊路径。

协议分析可以应对这些技术，因为它可以完成 Web 服务器同样的操作。在监听 HTTP 通信时，IDS 从 URL 中析取路径并进行分析。查找反斜杠、单点和双点目录，并进行适当的处理，在完成"标准化"URL 操作后，IDS 搜索合法的目录内容以确定异常。

IDS 识别并"标准化"URL 的实现步骤如下：

① 解码 IP 报头来检测有效负载包含的协议。在本例中，协议段为 6，它与 TCP 相对应。

② 解码 TCP 报头，查找 TCP 目的端口号。假定 Web 服务器监听端口为 80，若目的端口为 80，则表明用户正在发送 HTTP 请求给服务器。

③ 依靠 HTTP 协议分析将该请求进行解析，包括 URL 路径。

④ 通过处理路径模糊、Hex 编码、双重 Hex 编码和 Unicode 来处理 URL 路径。

⑤ 分离模糊路径，并进行异常匹配，在匹配成功时发出警告。

这是协议分析真实工作的例子，网络入侵检测识别所有这种攻击的唯一方法就是执行协议分析。

7.3　入侵检测响应机制

一次完整的入侵检测包括准备、检测和响应 3 个阶段。响应是一个入侵检测系统必需的部分，没有它，入侵检测就失去了存在的价值。通常在准备阶段制定安全策略和支持过程，包括如何组织管理和保护网络资源，以及如何对入侵进行响应等。

7.3.1 对响应的需求

在设计入侵检测系统的响应特性时，需要考虑各方面的因素。某些响应要设计得符合通用的安全管理或事件处理标准；而另一些响应的设计则要反映本地管理的重点和策略。因此，一个完好的入侵检测系统应该提供这样一个性能，即用户能够裁剪定制其响应机制以符合其特定的需求环境。

在设计响应机制时，必须综合考虑以下几个方面的因素：

- 系统用户。入侵检测系统用户可以分为网络安全专家或管理员、系统管理员和安全调查员。这3类人员对系统的使用目的、方式和熟悉程度不同，必须区别对待。
- 操作运行环境。入侵检测系统提供的信息形式依赖其运行环境。
- 系统目标。为用户提供关键数据和业务的系统，需要部分地提供主观响应机制。
- 规则或法令的需求。在某些军事环境里，允许采取主动防御甚至攻击技术来对付入侵行为。

7.3.2 自动响应

自动响应是最便宜、最方便的响应方式，这种事故处理方式得到了广泛采纳。只要小心实施，还是比较安全的。但其中存在两个问题：第一个问题是，既然入侵检测系统有产生错误报警的问题，那么就有可能错误地针对一个从未攻击过我们的网络结点进行响应；另一个问题是，如果攻击者判定系统有自动响应，他可能会利用这一点来攻击系统。想象一下，他可能与两个带自动响应入侵检测系统的网络结点建立起一个与 echo-chargen 等效的反馈环，再对那两个结点进行地址欺骗攻击。或者攻击者可从某公司的合作伙伴、客户或供应商的地址处发出虚假攻击，使得防火墙把一个公司与另一个公司隔离开，这样两者之间就有了不能逾越的隔离界限。

基于网络的入侵检测系统通常是被动式的，它仅分析比特流，它们通常不能做出响应（RESET 和 SYN | ACK 例外）。在大多数商业实现中，都是将入侵检测系统与路由器或防火墙结合起来，用这些设备来完成响应单元的功能。

常见的自动响应方式有如下几种：

（1）压制调速

对于端口扫描、SYN Flood 攻击技术，压制调速是一种巧妙的响应方式。其思想是在检测到端口扫描或 SYN Flood 行为时就开始增加延时，如果该行为仍然继续，就继续增加延时。这可挫败几种由脚本程序驱动的扫描，例如，对 0～255 广播地址 ping 映射，因为它们要靠计时来区分 UNIX 和非 UNIX 系统的目标。这种方式也被广泛地应用于防火墙，作为其响应引擎（尽管对其使用还存在争议）。

（2）SYN | ACK 响应

设想入侵检测系统已知某个网络结点用防火墙或过滤路由器对某些端口进行防守，当入侵检测系统检测到向这些端口发送的 TCP SYN 包后，就用一个伪造的 SYN | ACK 进行回答。这样，攻击者就会以为他们找到了许多潜在的攻击目标，而实际上他们得到的只不过是一些错误报警。最新一代的扫描工具以其诱骗功能给入侵检测带来很多的问题和麻烦，而 SYN | ACK 响应正是回击它们的最好办法。

（3）RESETs

使用这一技术应该持慎重的保留态度。RESET 可能会断开与其他人的 TCP 连接。这种响应的思想是，如果发现一个 TCP 连接被建立，而它连接的是你要保护的某种东西，就伪造一个 RESET 并将其发送给发起连接的主机，使连接断开。尽管在商用入侵检测系统中很可能会得到这一响应功能，但它不是经常被用到。一旦与错误报警联系在一起，这个技术就变得很有意思。另外攻击者可能很快就会修补他们的 TCP 程序使其忽略 RESET 信号。 当然，还有一种方式是向内部发送 RESET。

7.3.3　蜜罐

高级的网络结点可以采用路由器把攻击者引导到一个经过特殊装备的系统上，这种系统被称为蜜罐（Honeypot）。蜜罐是一种欺骗手段，它可以用于错误地诱导攻击者，也可以用于收集攻击信息，以改进防御能力。蜜罐能采集的信息量由自身能提供的手段及攻击行为的数量决定。

下面简单介绍几种常见的蜜罐：

① BOF。由 NFR 公司的 Marcus Ranum 和 crew 开发，能运行于大多数 Windows 平台。通过模拟有限的几种服务，它能够记录针对这些端口的攻击场景，并通过伪造数据包对攻击者进行欺骗。

② Deception Toolkit。由 Fred Cohen 开发，结合 Perl 和 C 两种语言编写，可模仿大量服务程序。DTK 是一个状态机，实际上它能模拟任何服务，并可方便地利用其中的功能直接模仿许多服务程序。

③ Specter。Specter 是商业产品，运行于 Windows 平台。和 BOF 相比，它能模拟多种操作系统上较大范围的端口；同时提供信息自动收集和处理功能。

④ Mantrap。由 Recourse 公司开发的商用软件。它最多能模拟 4 种操作系统，且允许管理员动态配置，并能在模拟平台上加载应用程序，收集包括从网络层到应用层的各种攻击信息。但这个产品也存在一些限制，如能模拟的操作系统产品有限，只能在 Solaris 上运行等。

⑤ Honeynets。这是一个专门设计用来让人“攻陷”的网络，一旦被入侵者所攻破，入侵者的一切信息、工具等都将被用来分析学习。其想法与 honeypot 相似，但两者之间还是有些不同点：

- Honeynet 是一个网络系统，并不是某台单一主机，这一网络系统是隐藏在防火墙后面的，所有进出的数据都受到关注、捕获及控制。这些被捕获的数据可以用来研究分析入侵者们使用的工具、方法及动机。在 Honeynet 中可以使用各种不同的操作系统及设备，如 Solaris、Linux、Windows NT 及 Cisco Switch 等。使用者可以学习不同的工具及不同的策略——或许某些入侵者仅仅把目标定位于几个特定的系统漏洞上，而这种多样化的系统，就可能更多地揭示出他们的一些特性。
- 在 Honeynet 中的所有系统都是标准的机器，上面运行的都是真实完整的操作系统及应用程序，就像在互联网上找到的系统一样。在 Honeynet 里面找到的存在风险的系统，可以简单地把各种操作系统放到 Honeynet 中，这并不会对整个网络造成影响。

7.3.4　主动攻击模型

更为主动的响应是探测到进攻时发起对攻击者的反击；但这个方法是非常危险的，它不但是非法的，而且也会影响到网络上无辜的用户。主动攻击模型如图 7-6 所示。

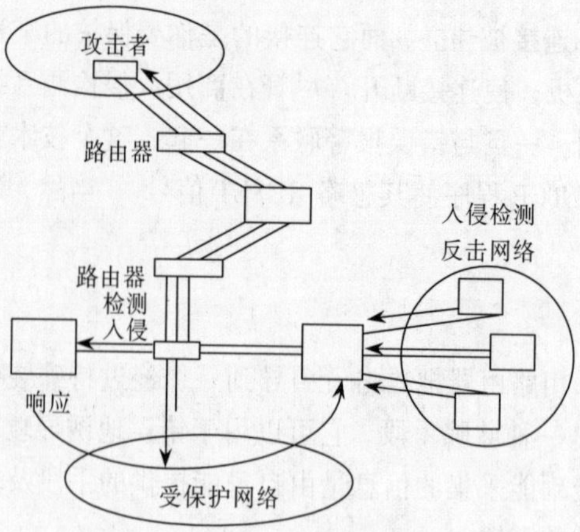

图 7-6 主动攻击模型

7.4 绕过入侵检测的若干技术

入侵检测系统的应用日益广泛，但也受到很多技术条件的限制，本节将结合网络入侵检测系统（又称 NIDS）的特点，探讨一些典型的技术和方法。掌握这些技术和方法，能对入侵检测系统的局限性有进一步的认识，有助于提高系统的检测和防护能力。

目前市场上有大量的网络入侵检测产品，这些产品来自不同的厂商，但按照所采用的检测技术主要可以分为两大类。一类是特征分析法，在这种方法中，系统捕获网络数据包，并将这些包和特征库中的攻击特征进行匹配，从而确定潜在的攻击行为。特征分析通常不对数据包进行任何处理，只是简单地进行特征字符串匹配。这类系统提供的检测能力有限，因此很难应用于重载荷和高带宽的网络环境中。另一类是协议分析法，在这种方法中，系统同样捕获和分析网络数据包，但它具有一定的协议理解能力，能通过模拟主机和应用环境的协议转换流程来进行检测。这类系统能检测较复杂的攻击，可以有效降低误报率和错报率，但其应用受到处理能力的限制。

7.4.1 对入侵检测系统的攻击

1. 直接攻击

网络入侵检测系统通常运行在一定的操作系统之上，其本身也是一个复杂的协议栈实现，这就意味着 NIDS 本身可能受到 smurf、synflood 或 jolt2 等攻击。如果安装 IDS 的操作系统本身存在漏洞或 IDS 自身防御能力差，则此类攻击很有可能造成 IDS 的探测器丢包、失效或不能正常工作。但是随着 IDS 技术的发展，一些 NIDS 采用了双网卡技术，一个绑定 IP 用于控制台通信，一个则无 IP，用于收集网络数据包。对于没有 IP 的 NIDS 则无法直接攻击，而且新的 IDS 一般采用了协议分析技术，这提高了 IDS 捕获和处理数据的能力，所以直接攻击的方法会失效。

2. 间接攻击

一般的 NIDS 都有入侵响应能力，攻击者可以利用其响应进行间接攻击，如使入侵次数迅速增多，发送大量的报警信息，并占用大量的 CPU 资源；或使防火墙错误配置，造成一些正常的 IP 无法访问等。

7.4.2　对入侵检测系统的逃避

1. 针对 HTTP 请求

- URL 编码。将 URL 进行编码，可以避开一些采用规则匹配的 NIDS。 如十六进制编码、Unicode/Wide 编码、斜线（包括“/”和“\”）、增加目录及各种等价命令替换等。另外，还包括各种不规则方式的编码，如用 Tab 替换空格、NULL 方式、虚假的请求结束及长 URL 等。
- 会话组合。如果将请求放在不同的报文中发出，IDS 就可能不会匹配出攻击了，但这种攻击行为无法逃避采用协议分析和会话重组技术的 NIDS。
- 大小写敏感。DOS、Windows 和 UNIX 不同，它们对大小写不敏感。这种手段可能造成一些老式的 IDS 匹配失败。

2. 针对缓冲区溢出

一些 NIDS 检测远程缓冲区溢出的主要方式是通过检测数据载荷里是否包含“bin/sh”或是否含有大量的 NOP。针对这种识别方法，某些溢出程序的 NOP 考虑用“eb 02”代替。另外，目前出现了一种多形态代码技术，攻击者能潜在地改变代码结构来欺骗许多 NIDS，但它不会破坏最初的攻击程序。经过伪装的溢出程序，每次攻击所采用的 shellcode 都不相同，这样降低了被检测到的可能。有些 NIDS 能依据长度、可打印字符等判断这种入侵，但会造成大量的错报。

3. 针对木马

IDS 对木马和后门程序一般是通过端口来判断的。如果按照木马的默认端口进行连接，很容易就能识别。目前大部分的木马都使用浮动端口，且采用加密方式传输数据，这样 NIDS 就很难检测到。

7.4.3　其他方法

- 慢扫描。网络入侵检测系统按照特定数据源的访问频率来判断网络扫描。扫描器可以通过延长扫描时间、降低扫描频率来躲避这种检测。
- 分片。数据报分片是 TCP/IP 协议适应各种网络环境应用的机制之一。很多入侵检测系统为了避免载荷过大，一般都不进行分片重组，因此，一些攻击数据可以通过分布在不同的数据分片中，逃避检测。
- 地址欺骗。利用代理或者伪造 IP 包进行攻击，隐藏攻击者的 IP，使 NIDS 不能发现攻击者。目前的 NIDS 只能根据异常包中的地址来判断攻击源。
- 利用 LLKM 处理网络通信。利用 LLKM 简单、临时改变 TCP/IP 协议栈的行为，如改变出现在网络传输线路上的 TCP 标志位，就可以躲避一些 NIDS。

7.5　入侵检测标准化工作

目前的入侵检测系统大部分是基于各自的需求和设计独立开发的，不同系统之间缺乏互操作性和互用性，这对入侵检测系统的发展造成了障碍。网络安全的发展要求 IDS 能够与其他组件，如访问控制、防火墙等系统共享信息和相互通信，相互协作，形成一个整体有效的安全保障系统。为此美国国防部高级研究计划署（DARPA）在 1997 年 3 月开始着手 CIDF（Common Intrusion

Detection Framework，公共入侵检测框架）标准的制定。现在加州大学 Davis 分校的安全实验室已经完成了 CIDF 标准，IETF（Internet Engineering Task Force，Internet 工程任务组）成立了 IDWG（Intrusion Detection Working Group，入侵检测工作组）负责建立 IDEF（Intrusion Detection Exchange Format，入侵检测数据交换格式）标准，并提供支持该标准的工具，以便更高效率地开发 IDS 系统。

CIDF 是一套规范，它定义了 IDS 表达检测信息的标准语言及 IDS 组件之间的通信协议。符合 CIDF 规范的 IDS 可以共享检测信息，相互通信，协同工作，还可以与其他系统配合实施统一的配置响应和恢复策略。CIDF 的主要作用在于集成各种 IDS 使之协同工作，实现各 IDS 之间的组件重用，所以 CIDF 也是构建分布式 IDS 的基础。

CIDF 的规范文档由 4 部分组成，分别为：

- 体系结构（The Common Intrusion Detection Framework Architecture）
- 规范语言（A Common Intrusion Specification Language）
- 内部通信（Communication in the Common Intrusion Detection Framework）
- 程序接口（Common Intrusion Detection Framework API）

其中体系结构阐述了标准 IDS 的通用模型；规范语言定义了用来描述各种检测信息的标准语言；内部通信定义了 IDS 组件之间进行通信的标准协议：程序接口提供了一整套标准的应用程序接口（API 函数）。下面将分别对 CIDF 的 4 个组成部分进行结构分析。

7.5.1 CIDF 体系结构

CIDF 的体系结构文档阐述了 IDS 的通用模型。它将一个 IDS 分为以下 4 个组件：

- 事件产生器（Event generators）
- 事件分析器（Event analyzers）
- 事件数据库（Event databases）
- 响应单元（Response units）

CIDF 将 IDS 需要分析的数据统称为事件（event），它可以是基于网络的 IDS 从网络中提取的数据包，也可以是基于主机的 IDS 从系统日志等其他途径得到的数据信息。

CIDF 组件之间是以通用入侵检测对象（generalized intrusion detection objects，以下简称为 GIDO）的形式交换数据的，一个 GIDO 可以表示在一些特定时刻发生的一些特定事件，也可以表示从一系列事件中得出的一些结论，还可以表示执行某个行动的指令。

CIDF 中的事件产生器负责从整个计算环境中获取事件，但它并不处理这些事件，而是将事件转化为 GIDO。标准格式提交给其他组件使用，显然事件产生器是所有 IDS 所需要的，同时也是可以重用的。CIDF 中的事件分析器接收 GIDO，分析它们，然后以一个新的 GIDO 形式返回分析结果。CIDF 中的事件数据库负责 GIDO 的存储，它可以是复杂的数据库，也可以是简单的文本文件。CIDF 中的响应单元根据 GIDO 做出反应，它可以是终止进程、切断连接、改变文件属性，也可以只是简单的报警。

CIDF 将各组件之间的通信划分为 3 个层次结构：GIDO 层、消息层和传输层。其中传输层不属于 CIDF 规范，它可以采用很多种现有的传输机制来实现。消息层负责对传输的信息进行加密认证，然后将其可靠地从源端传输到目的端，消息层不关心传输的内容，它只负责建立一个可靠的传输通道。GIDO 层负责对传输信息的格式化，正是因为有了 GIDO 这种统一的信息表达格式，才使得各个 IDS 之间的互操作成为可能。

CIDF 定义了 IDS 系统和应急系统之间交换数据的方式，共同协作来实现入侵检测和应急响应。CIDF 的互操作有下面 3 类：

- 配置互操作，可相互发现并交换数据。
- 语法互操作，可正确识别交换的数据。
- 语义互操作，可相互正确理解交换的数据。

同时，CIDF 定义了 IDS 系统的 6 种协同方式，即分析、互补、互纠、核实、调整和响应等。

7.5.2 CIDF 规范语言

CIDF 的规范语言文档定义了公共入侵标准语言（Common Intrusion Specification Language，以下简称为 CISL），各 IDS 使用统一的 CISL，来表示原始事件信息、分析结果和响应指令，从而建立了 IDS 之间信息共享的基础。CISL 是 CIDF 最核心也是最重要的内容。CISL 设计的目标如下：

- 表达能力。CISL 语言应当具有足够的词汇和复杂的语法来实现广泛的表达，主要针对事件的因果关系、事件的对象角色、对象的属性、对象之间的关系、响应命令或脚本等几个方面。
- 表示的唯一性。要求发送者和接收者对协商好的目标信息能够相互理解。
- 精确性。两个接收者读取相同的消息不能得到相反的结论。
- 层次化。语言当中有一种机制能够用普通的概念定义详细而又精确的概念。
- 自定义。消息能够自我解析说明。
- 效率。任何接收者对语言的格式理解开销不能成倍增加。
- 扩展性。语言里有一种机制能够让接收者理解发送者使用的词汇，或者是接收者能够利用消息的其余部分解析新的词汇的含义。
- 简单。不需理解整个语言就能接收和发送消息。
- 可移植性。语言的编码不依赖于网络的细节或特定主机的消息。
- 容易实现。

为了能够满足以上要求，CISL 使用了一种类似 Lisp 语言的 S 表达式，它的基本单位由语义标志符 SID、数据和圆括号组成。例如，（HostName ‘first.example.com’），其中 HostName 为 SID，表示后面的数据是一个主机名，‘first.example.com’为数据，括号将两者关联。多个 S 表达式的基本单位递归组合在一起，构成整个 CISL 的 S 表达式。在 CISL 中，所有信息（原始事件、分析结果和响应指令等）均用这种 S 表达式来表示。例如下面的 S 表达式：

```
(Delete
    (Context
        (HostName 'first.example.com')
        (Time '16:40:32 Jun 14 1998')
    )
    (Initiator
        (UserName 'joe')
    )
    (Source
        (FileName '/etc/passwd')
    )
)
```

表示用户名为'joe'的用户在 1998 年 6 月 14 日 16 点 40 分 32 秒删除了主机名为'first.example.com'的主机上的文件"/etc/passwd"。这是一个事件描述，其中的 Delete、Context、HostName 和 Time 等均为 SID。

这些 SID、S 表达式及 S 表达式的组合、递归和嵌套等构成了 CISL 的全部表达能力，即 CISL 本身。在计算机内部处理 CISL 时，为节省存储空间，提高运行效率，必须对 ASCII 形式的 S 表达式进行编码，将其转换为二进制字节流的形式，编码后的 S 表达式就是 GIDO。GIDO 是 S 表达式的二进制形式，是 CIDF 各组件统一的信息表达式，也是组件之间信息数据交换的统一形式。

7.5.3 CIDF 的通信机制

CIDF 要实现协同工作，还要解决构件之间通信方面的问题：

- CIDF 的一个构件怎样才能安全地联系到其他构件，其中包括构件的定位和构件的认证。
- CIDF 如何保证构件之间达到安全有效的通信。

为了解决以上两个问题，CIDF 采用了一种称为 Matchmaker 的通信架构。它提供了一个标准的、统一的方法，使得 CIDF 的构件之间互相识别和定位，让它们能够共享信息。这样极大地提高了构件间的互操作能力，从而使入侵检测和应急系统的开发变得容易。Matchmaker 支持目录服务，提供多种方式的查询构件。Matchmaker 体系结构的中间件是为 CIDF 的构件提供查询服务的。

CIDF 的内部通信文档描述了两种 CIDF 组件之间通信的机制：一种是匹配服务（Matchmaking Service）法；另一种是消息层（Message Layer）法。

CIDF 的匹配服务（又称匹配器），为 CIDF 各组件之间的相互识别、定位和信息共享提供了一个标准的统一机制。匹配器的实现基于轻量级目录存取协议（The Lightweight Directory Access Protocol，以下简称为 LDAP），每个组件通过目录服务注册，并公告它能够产生或能够处理的 GIDO，这样组件就被分类存放，其他组件就可以方便地查找到那些它们需要通信的组件。目录中还可以存放组件的公共密钥，从而实现对组件接收和发送 GIDO 时的身份认证。CIDF 的匹配器由 4 部分构成，它们分别为：

- 通信模块
- 匹配代理
- 认证和授权模块
- 客户端缓冲区

在 CIDF 的内部通信文档中还包括匹配器的目录数据格式与组织、组件查找协议及匹配协议等。CIDF 的消息层在易受攻击的环境中实现了一种安全（保密、可信和完整）并可靠的信息交换机制。

使用消息机制主要是为了达到以下目的：

- 使通信与阻塞和非阻塞处理无关。
- 使通信与数据格式无关。
- 使通信与操作系统无关。
- 使通信与编程语言无关。

利用消息格式中的选择项，消息层提供了路由信息追踪、数据加密和认证等功能，这些功能是在客户端与服务器之间的握手阶段完成的，从而既保证了数据的安全性又最大程度地减少了传输开销。应用程序可根据实际需要来决定是否使用这些选择项。默认情况下消息传输是基于 UDP

的，且使用端口 0x0CDF 作为 CIDF 消息传输的服务端口。在 CIDF 的内部通信文档中还描述了各种情况下的消息处理过程，其中包括与传输层协议无关的标准消息处理过程、1 基于可信 UDP 的消息处理过程和基于 CIDF 加密认证机制的消息处理过程等。

7.5.4　CIDF 程序接口

CIDF 的程序接口文档描述了用于 GIDO 编、解码及传输的标准应用程序接口（以下简称为 API），它包括以下几部分内容：

- GIDO 编码和解码 API
- 消息层 API
- GIDO 动态追加 API
- 签名 API
- 顶层 CIDF API

GIDO 有两种表现形式：一种为逻辑形式，表现为 ASCII 文本的 S 表达式，它是用户可读的；另一种为编码形式，表现为二进制的与机器相关的数据结构。GIDO 编解码 API 定义了 GIDO 在这两种形式之间进行转换的标准程序接口，它使应用程序可以方便地转换 GIDO 而不必关心其具体技术细节。每类 API 均包含数据结构定义、函数定义和错误代码定义等。

目前，CIDF 小组准备加入互联网工程任务组（IETF），CIDF 有可能成为入侵检测领域的标准。上述 CIDF 的内容仅仅是互联网草案。不过，CIDF 的重要贡献在于将软件构件理论应用到入侵检测系统中，定义构件之间的接口方法，从而使得不同的构件能够互相通信和协作。事实上，目前已有不少 IDS 研究原型和产品，但是都未考虑重用和环境变化。

小　　结

入侵检测作为一种积极主动的安全防护技术，它提供了对内部攻击、外部攻击和误操作的实时保护，在网络系统受到危害之前拦截和响应入侵。从网络安全立体纵深、多层次防御的角度出发，入侵检测应受到人们的高度重视。

入侵检测是包括技术、人和工具 3 方面因素的一个整体。如何建立一个良好的体系结构和合理组织和管理各种实体，以杜绝在时间上和实体交互中产生的系统脆弱性，是当前入侵检测研究的主要内容，也是保护系统安全的首要条件。

思　考　题

1. 简述入侵检测的目标和分类。
2. 异常检测和误用检测有何区别？
3. 标准差检测模型如何实现？举例说明。
4. 如何实现 SYN-Flooding 攻击检测？
5. 如何通过协议分析实现入侵检测？
6. 如何逃避缓冲区溢出检测？

第 8 章　防火墙技术

在古代，人们就已经想到了在寓所之间砌起一道防火墙，一旦火灾发生，它能够防止火势蔓延到别的寓所，于是有了“防火墙”的概念。进入信息网络时代后，“防火墙”又被赋予一个类似但又全新的含义。如果一个网络连接到互联网上，它的用户就可以访问外部世界并与之通信。但同时，外部世界也同样可以访问该网络并与之交互。为安全起见，可以在该网络和 Internet 之间插入一个中间系统，竖起一道安全屏障。这道屏障的作用是阻断来自外部网络对本地网络的威胁和入侵，提供保护本地网络安全和审计的关卡，其作用与防火砖墙有类似之处，因此把这个屏障就叫做防火墙。

防火墙是一种得到广泛应用的网络安全技术。本章介绍防火墙技术的基本概念、防火墙的体系结构及防火墙的选择与实施技术。

8.1　防火墙的基本概念

防火墙是在内部网与外部网之间实施安全防范的系统，如图 8-1 所示。可认为它是一种访问控制机制，用于确定哪些内部服务允许外部访问，以及允许哪些外部服务访问内部服务。内部网与因特网之间常用防火墙隔开。

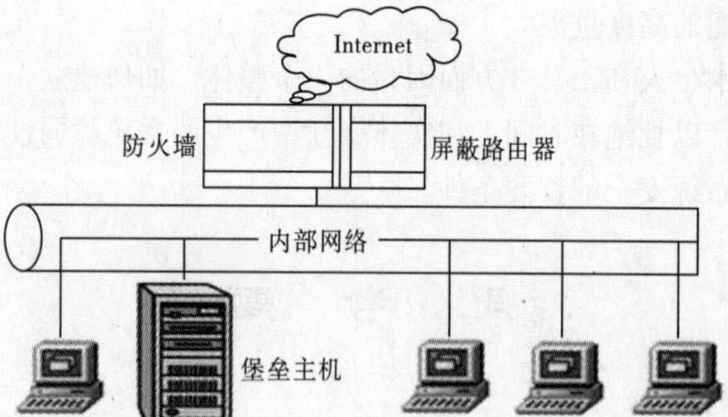

图 8-1　防火墙结构示意图

防火墙是一种有效的网络安全机制。在建筑上，防火墙被设计用来防止火势从建筑物的一部分蔓延到另一部分。而网络防火墙防止互联网的损坏波及内部网络，它就像中世纪的护城河。但必须指出的是，防火墙并不能防止站点内部发生问题。防火墙能起的作用是：

- 它限制人们进入一个被严格控制的站点。
- 它防止进攻者更接近其他的防御设备。
- 它限制人们离开一个被严格控制的站点。

一个网络防火墙通常安装在被保护的内部网与互联网的连接点上。从互联网或从内部网上产生的任何活动都必须经过防火墙，这样防火墙就有可能来确定这种活动是否可以接受。所谓可以接受是指它们（电子邮件、文件传输、远程登录或其他的特定活动）是否符合站点的安全规定。从逻辑上说，防火墙是一个分离器，是一个限制器，是一个分析器。各站点的防火墙的构造是不同的，通常一个防火墙由一套硬件（一个路由器，或路由器的组合，或一台主机）和适当的软件组成。组成的方式可以有很多种。这要取决于站点的安全要求、经费的多少及其他的综合因素。

8.1.1　有关的定义

概括地说，防火墙是位于两个（或多个）网络间用于实施网络间访问控制的一组组件的集合。

- 防火墙：限制被保护的网络与互联网络之间，或者与其他网络之间相互进行信息存取、传递操作的部件或部件集。
- 主机：与网络系统相连的计算机系统。
- 堡垒主机：是指一个计算机系统，它对外部网络（互联网络）暴露，同时又是内部网络用户的主要连接点，所以非常容易被侵入，因此这个系统需要严加保护。
- 双宿主主机：具有至少两个网络接口的通用计算机系统。
- 包：在互联网络上进行通信时的基本信息单位。
- 路由：为转发的包分组选择正确的接口和下一个路径片段的过程。
- 包过滤：设备对进出网络的数据流进行有选择的控制与操作。包过滤操作通常在选择路由的同时对数据包进行过滤操作（通常是对从互联网络到内部网络的包进行过滤）。用户可以设定一系列的规则，指定允许哪些类型的数据包可以流入或流出内部网络（例如，只允许来自某些指定的 IP 地址的数据包或者内部网络的数据包可以流向某些指定的端口），哪些类型的数据包的传输应该被阻断。包过滤操作可以在路由器上进行，也可以在网桥，甚至在一个单独的主机上进行。
- 参数网络：为了增加一层安全控制，而在外部网络与内部网络之间增加的一个网络。参数网络有时也被称为停火带。
- 代理服务器：代表内部网络用户与外部网络服务器进行信息交换的程序。它将内部用户的请求送达外部服务器，同时将外部服务器的响应再回送给用户。

8.1.2　防火墙的功能

- 隔离不同的网络，限制安全问题的扩散。防火墙作为一个中心“遏制点”，它将局域网的安全进行集中化管理，简化了安全管理的复杂程度。
- 防火墙可以很方便地记录网络上的各种非法活动，监视网络的安全性，遇到紧急情况可以报警。
- 防火墙可以作为部署 NAT（Network Address Translation，网络地址变换）的地点。利用 NAT 技术，可以将有限的 IP 地址动态或静态地与内部的 IP 地址对应起来，用来缓解地址空间短缺的问题或者隐藏内部网络的结构。

- 防火墙是审计和记录 Internet 使用费用的一个最佳地点。网络管理员可以在此向管理部门提供 Internet 连接的费用情况，查出潜在的带宽瓶颈位置，并能够依据本机构的核算模式提供部门级的计费。
- 防火墙也可以作为 IPSec 的平台。
- 防火墙可以连接到一个单独的网段上，从物理上和内部网段隔开，并在此部署 WWW 服务器和 FTP 服务器，将其作为向外部发布内部信息的地点。从技术角度来讲，就是所谓的停火协议区（DMZ）。

8.1.3 防火墙的不足之处

尽管目前的防火墙一般都具有非常丰富的功能，但仍有很多方面需要改进和完善。防火墙的不足之处主要有：

- 网络上有些攻击可以绕过防火墙，而防火墙却不能对绕过它的攻击进行阻挡。
- 防火墙管理控制的是内部与外部网络之间的数据流，它不能防范来自内部网络的攻击。
- 防火墙不能对被病毒感染的程序和文件的传输提供保护。
- 防火墙不能防范全新的网络威胁。
- 当使用端到端的加密时，防火墙的作用会受到很大的限制。
- 防火墙对用户不完全透明，可能带来传输延迟、瓶颈及单点失效等问题。

8.2 防火墙的类型

随着互联网和内部网的发展，防火墙的技术也在不断发展，其分类和功能不断细化，但总的来说，可以分为如下 3 类：

- 分组过滤路由器
- 应用级网关
- 电路级网关

8.2.1 分组过滤路由器

分组过滤路由器也称包过滤防火墙，又称网络级防火墙，因为它工作在网络层。

它一般是通过检查单个包的地址、协议和端口等信息来决定是否允许此数据包通过的，有静态和动态两种过滤方式。路由器就是一个网络级防火墙。

这种防火墙可以提供内部信息来说明所通过的连接状态和一些数据流的内容，把判断的信息同规则表进行比较。在规则表中定义了各种规则来表明是否同意或拒绝包的通过，包过滤防火墙检查每一条规则直至发现包中的信息与某规则相符。如果没有一条规则相符，防火墙就会使用默认规则。一般情况下，默认规则就是要求防火墙丢弃该包。其次，通过定义基于 TCP 或 UDP 数据包的端口号，防火墙能够判断是否允许建立特定的连接，如 Telnet、FTP 连接。

一些专门的防火墙系统在此基础上又对其功能进行了扩展，如状态检测等。状态检测又称动态包过滤，它是在传统包过滤上的功能扩展，最早由 CheckPoint 提出。传统的包过滤在遇到利用动态端口的协议时会发生困难，如 FTP，防火墙事先无法知道哪些端口需要打开。而如果采用原始的静态包过滤，又希望用到此服务，就需要将所有可能用到的端口打开，而这往往是个非常大的范围，会给安全带来不必要的隐患。而状态检测通过检查应用程序信息（如 FTP 的 PORT 和 PASV 命令），来判断此端口是否允许需要临时打开，而当传输结束时，端口又马上恢复为关闭状态。

网络级防火墙的优点是简洁、速度快和费用低，并且对用户透明，但它也有不少的缺点，如定义复杂，容易出现因配置不当而带来的问题；它只检查地址和端口，允许数据包直接通过，容易造成数据驱动式攻击的出现；不能理解特定服务的上下文环境，相应控制只能在高层由代理服务和应用层网关来完成等。

8.2.2 应用级网关

应用级网关主要工作在应用层。应用级网关往往又称为应用级防火墙。

应用级网关检查进出的数据包，通过自身（网关）复制传递数据，防止在受信主机与非受信主机间直接建立联系。应用级网关能够理解应用层上的协议，能够做复杂一些的访问控制，并做精细的注册和审核。其基本工作过程是：当客户机需要使用服务器上的数据时，首先将数据请求发给代理服务器，代理服务器再根据这一请求向服务器索取数据，然后再由代理服务器将数据传输给客户机。由于外部系统与内部服务器之间没有直接的数据通道，因此外部的恶意侵害也就很难伤害到内部网络。

常用的应用级网关已有相应的代理服务软件，如 HTTP、SMTP、FTP 和 Telnet 等，但是对于新开发的应用，尚没有相应的代理服务，它们将通过网络级防火墙和一般的代理服务（如 sock 代理）来提供相应的代理服务。

应用级网关有较好的访问控制能力，是目前最安全的防火墙技术。但其实现麻烦，而且有的应用级网关缺乏"透明度"。在实际使用中，用户在受信网络上通过防火墙访问 Internet 时，经常会出现延迟和多次登录才能访问外部网络的问题。此外，应用级网关每一种协议都需要相应的代理软件，使用时工作量大，效率明显不如网络级防火墙。

8.2.3 电路级网关

电路级网关是防火墙的第三种类型，它不允许端到端的 TCP 连接，相反，网关建立了两个 TCP 连接，一个是在网关本身和内部主机上的一个 TCP 用户之间；另一个是在网关和外部主机上的一个 TCP 用户之间。一旦两个连接建立了起来，网关典型地从一个连接向另一个连接转发 TCP 报文段，而不检查其内容。其安全功能体现在决定哪些连接是允许的。电路级网关的典型应用场合是系统管理员在信任内部用户的情况下。网关可以配置成在进入连接上支持应用级或代理服务，在输出连接上支持电路级功能。在这种配置中，网关可能为了禁止功能而导致检查进入的应用数据的处理开支，但不会导致输出数据上的处理开支。

电路级网关实现的一个例子是 SOCKS 软件包，第五版的 SOCKS 在 RFC1928 中定义。

此外，有时还把混合型防火墙（Hybrid Firewall）作为一种防火墙类型。混合型防火墙把过滤和代理服务等功能结合起来，形成新的防火墙，所用主机称为堡垒主机，负责代理服务。

各种类型的防火墙各有其优缺点。当前的防火墙已不是单一的包过滤型或代理服务器型防火墙，而是将各种防火墙技术结合起来，形成一个混合的多级防火墙，以提高防火墙的灵活性和安全性。一般采用以下几种技术：动态包过滤、内核透明技术、用户认证机制、内容和策略感知能力、内部信息隐藏、智能日志、审计检测和实时报警、防火墙的交互操作性等。

8.3 防火墙的体系结构

除了使用单个系统（如单个分组过滤路由器或单个网关）组成的简单配置之外，更加复杂的配置也是可以的，而且实际上更为常见。

首先介绍一下什么是堡垒主机（Bastion Host）。堡垒主机的硬件是一台普通的主机，它使用软件配置应用网关程序，从而具有强大而完备的功能。它是内部网络和互联网之间的通信桥梁，它中继所有的网络通信服务，并具有认证、访问控制、日志记录和审计监控等功能。它作为内部网络上外界唯一可以访问的点，在整个防火墙系统中起着重要的作用，是整个系统的关键点。

防火墙主要有 3 种常见的体系结构：

- 双宿/多宿主机（Dual-homed/Multi-homed）模式
- 屏蔽主机（Screened Host）模式
- 屏蔽子网（Screened Subnet）模式

8.3.1 双宿主机模式

双宿主主机模式是最简单的一种防火墙体系结构。双宿主主机结构是围绕着至少具有两个网络接口的双宿主主机而构成的。双宿主主机内外的网络均可与双宿主主机实施通信，但内外网络之间不可直接通信，内外网络之间的 IP 数据流被双宿主主机完全切断。双宿主主机可以通过代理或让用户直接到其上注册来提供很高程度的网络控制。由于双宿主主机是唯一隔开内部网和外部之间的屏障，如果入侵者得到了双宿主主机的访问权，那么内部网络就会被入侵。所以为了保证内部网的安全，双宿主主机首先要禁止网络层的路由功能，还应具有强大的身份认证系统，尽量减少防火墙上用户的账户数。典型的双宿主主机模式如图 8-2 所示。

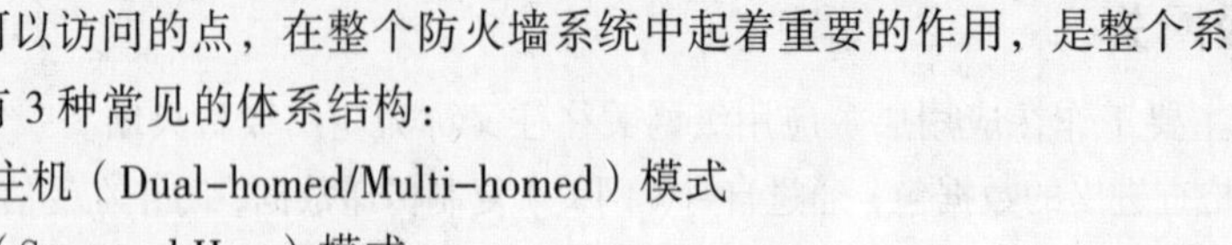

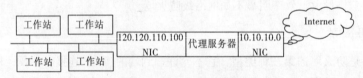

图 8-2　双宿主主机模式

8.3.2 屏蔽主机模式

屏蔽主机模式中的过滤路由器为保护堡垒主机的安全建立了一道屏障。它将所有进入的信息先送往堡垒主机，并且只接受来自堡垒主机的数据作为发出的数据。这种结构高度依赖过滤路由器和堡垒主机，只要有一个失败，则整个网络的安全将受到威胁。过滤路由器是否正确配置是这种防火墙安全与否的关键，过滤路由器的路由表应当受到严格的保护，否则如果遭到破坏，则数据包就不会被转发到堡垒主机上。该防火墙系统提供的安全等级比包过滤防火墙系统要高。典型的屏蔽主机模式如图 8-3 所示。

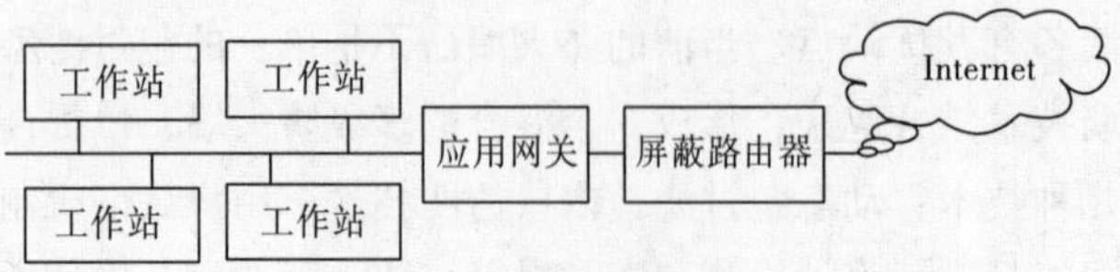

图 8-3　屏蔽主机模式

8.3.3　屏蔽子网模式

屏蔽子网模式增加了一个把内部网与互联网隔离的周边网络（也称为非军事区 DMZ），从而进一步实现屏蔽主机的安全性。通过使用周边网络隔离堡垒主机能够削弱外部网络对堡垒主机的攻击。典型的屏蔽子网模式如图 8-4 所示，其结构有两个屏蔽路由器，分别位于周边网与内部网之间、周边网与外部网之间，攻击者要攻入这种结构的内部网络，必须通过两个路由器，因而不存在危害内部网的单一入口点。这种结构安全性好，只有当两个安全单元被破坏时，网络才会暴露，但是成本也很贵。

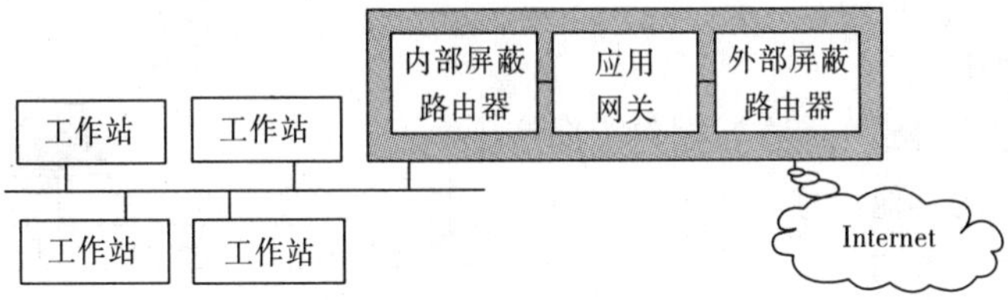

图 8-4　屏蔽子网模式

以上所介绍的是防火墙的 3 种基本体系结构，实际应用中还存在着一些由以上 3 种模式组合而成的体系结构。例如使用多堡垒主机，合并内部路由器与外部路由器，合并堡垒主机与外部路由器，合并堡垒主机与内部路由器，使用多台内部路由器，使用多台外部路由器，使用多个周边网络，使用双重宿主主机与屏蔽子网等。

8.4　防火墙的基本技术与附加功能

8.4.1　基本技术

防火墙的基本技术有下面 3 种。

（1）包过滤型

包过滤功能通常由路由器来完成，大多数商用路由器都提供了包过滤的功能。另外，PC 上同样可以安装包过滤软件。包过滤规则以 IP 包信息为基础，对 IP 源地址、IP 目标地址、封装协议（TCP、UDP、ICMP 及 IP Tunnel 等）及端口号等进行筛选。包过滤在 OSI 协议的网络层进行。

（2）代理服务型

代理服务型防火墙通常由两部分构成：服务器端程序和客户端程序。客户端程序与中间结点（Proxy Server）连接，中间结点再与要访问的外部服务器实际连接。与包过滤防火墙不同的是，代理服务型防火墙的内部网与外部网之间不存在直接的连接，它同时提供日志（Log）及审计（Audit）服务。代理服务运行在 OSI 协议的应用层。

（3）复合型（Hybrid）防火墙

它把包过滤和代理服务两种方法结合起来，构成复合型的防火墙。所用主机称为堡垒主机（Bastion Host），负责提供代理服务。

下面详细介绍包过滤与代理服务这两种方法。

1. 包过滤

包过滤系统是有选择地让数据包在内部与外部主机间进行交换。包过滤系统将根据站点的安全规则允许某些数据包流过同时又阻断某些数据包，即有选择地路由，如图 8-5 所示。这种在包过滤防火墙中使用的路由器称为过滤路由器。

正如在前面所介绍的，每个数据包的头部信息主要包含以下内容：

- IP 源地址
- IP 目标地址
- 协议（表明该数据包是 TCP、UDP 或 ICMP 包）
- TCP 或者 UDP 源接口
- TCP 或者 UDP 目标接口
- ICMP 信息类型

另外，路由器也会得到一些在数据包头部信息中没有的、关于数据包的其他信息。如：

- 数据包要到达的端口
- 数据包要出去的端口

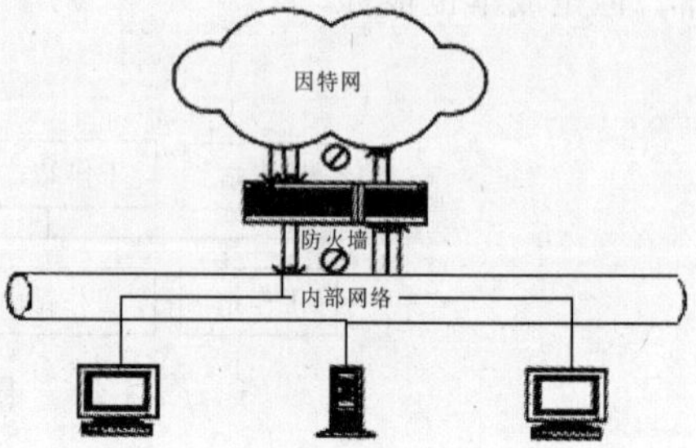

图 8-5 用过滤路由器进行包过滤

在互联网上提供某些特定服务的服务器一般都使用相对固定的端口号。因此，路由器在设置包过滤规则时要指定：对于某些端口号允许数据包与该端口交换，或者阻断数据包与它们的连接（如 TCP 端口 23 是提供 Telnet 服务的）。

一个过滤路由器的包过滤规则可以像下面这样来设定：

- 除了进入内部网络的 SMTP 连接外，阻断所有来自于外部的连接。
- 阻断内部网络与某些认为不可靠的外部网络的所有连接。
- 允许使用电子邮件和文件传输服务，但是阻断诸如 TFTP、X Windows System、RPC 和 R 类服务（如 RLOGIN、RSB 及 RCP）等较为危险的服务。

普通路由器与包过滤路由器间的区别表现为：

普通路由器仅仅是简单检查一下每个数据包的目标地址，同时为数据包选择一个它所知道的最佳路由，并将这个数据包发往目的地址。路由器对数据包的操作完全由数据包的目的地址决定。路由器对包只可能有两个操作：当它知道包到达目的地址的路由时，便把包发给目的地址；当它不知道包的路由时，便将包退回源地址。

而过滤路由器对数据包的检查将更为仔细。除了决定该数据包能否被它路由到目的地址之外，过滤路由器还要决定是否应该对这个包进行路由。是否对这个包进行路由是依据站点的安全规则而定的。站点可依据自己的安全规则来配置路由器。

有时只有一台过滤路由器位于内部网络与互联网络之间（如图 8-2 所示），对于内部网络的信息安全来讲，它的责任是重大的。过滤路由器不仅要承担所有包的路由任务，而且要决定是否对它进行路由。它是对内部网络仅有的一层保护。如果这些保护失效（被入侵者绕过或者保护层崩溃），内部网络就处于全暴露状态。

2. 代理服务

代理服务是运行在防火墙主机上的一些特定的应用程序或者服务器程序。而所谓的防火墙主机是指有一个网络接口连接互联网而另一个接口连接内部网络的双宿主主机；或其他既能连接互联网络又能连接内部网络的堡垒主机。这些程序将用户对互联网络的服务请求依据已制定的安全规则向外提交。代理服务替代了用户与互联网络的直接连接。对于用户请求的外界服务而言，代理服务相当于一个网关。正因为如此，代理服务有时被称为应用层网关。

代理服务位于内部网络的用户和外部网络的服务（一般是互联网络）之间，它在很大程度上是透明的。在代理服务中，内、外部各站点之间的直接连接被切断了，所有的数据包都必须经过代理服务器转发。代理服务在幕后控制着各站点间的连接。

透明性是代理服务的一个主要优点。在用户端，代理服务给用户的假象是：用户是直接与真正的外部服务器相连的；而在服务器端代理服务给出的假象是：外部服务器是直接面对连在代理服务器上的用户的。

要注意的是，如果内、外部主机能够通过其他通信链路直接相互通信的话，那么用户就有可能绕过代理服务器。此时代理服务也不可能起到保护作用。这种有旁路的拓扑与网络的信息安全是相悖的。

下面用一个简单的例子来说明如何通过一个双宿主主机来执行代理服务。

如图 8-6 所示，代理服务要求有两个部件：一个代理服务器和一个代理客户。在这种情况下，代理服务器是一个运行代理服务程序的双宿主主机；而代理客户是普通客户程序（如一个 Telnet 或 FTP 客户）的特别版本，它与代理服务器交互而并不与真正的外部服务器相连。如若普通客户按照一定的步骤操作，则普通客户的程序就直接可用做代理客户程序。

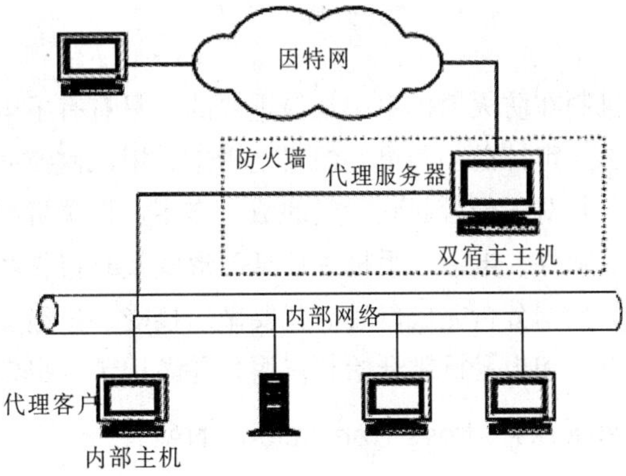

图 8-6　用一个双宿主主机执行代理服务

代理服务器依据一定的安全规则来评测代理客户的网络服务请求，然后决定是支持还是否决该请求。如果代理服务器支持该请求，那么代理服务器就代表客户与真正的外部服务器相连，并将外部服务器的响应传回给代理客户。

在有些代理服务系统中，用户只需要设置一定的普通客户的特定工作步骤而不用再安装客户端的代理服务程序。

代理服务是一种软件防火墙的解决办法，而不是防火墙的完整结构。可以把代理服务和任何一种防火墙结构进行组合。

代理服务器并非将用户的所有网络服务请求全部提交给互联网上的服务器，相反它会首先依据安全规则判断是否执行该代理请求，所以它能控制用户的请求。有些请求可能会被否决，比如，FTP 代理就可能拒绝用户把文件往远程主机上传送，或者它只允许用户下载某些特定的外部站点的文件。更精细的代理服务可能对于不同的主机执行不同的安全规则，而不对所有主机执行同一个标准。

3. 多种技术的混合使用

仅使用某种单个技术往往是不足以构建一个正确完整的防火墙的。在实际应用中要根据提供给客户的服务种类和安全保护级别，分析由此而产生的各类问题，然后混合使用多种技术方可保障安全。具体采用何种技术主要是依据资金、开发时间的限制和其他一些因素。对于某些协议（如 Telnet 和 SMTP）用包过滤技术比较有效；而对于其他的一些协议（如 FTP、Archie 和 www）则用代理。

8.4.2 附加功能

由于防火墙所处的优越位置（内网与外网的分界点），它在实际应用中也往往会加入一些其他功能，如审计和报警机制、NAT、VPN 等附加功能。

1. 多级过滤技术

防火墙采用分组过滤、应用网关和电路网关的 3 级过滤措施。在分组过滤一级，能过滤掉所有非法的源路由（Source Router）分组和 IP 源地址；在应用网关一级，能利用 FTP、SMTP 等各种网关，控制和检测互联网提供的所有通用服务；在电路网关一级，实现内部主机与外部站点的透明连接，并对服务进行严格的控制。

2. 审计和报警机制

防火墙的审计和报警机制在防火墙体系中是最重要的。只有有了审计和报警，管理人员才可能知道网络是否受到了攻击。审计是一种重要的安全措施，用以监控通信行为和完善安全策略，检查安全漏洞和错误配置，并对入侵者起到一定的威慑作用。报警机制是在通信违反相关策略以后，以多种方式，如声音、邮件、电话、手机短信息等形式及时报告给管理人员。在防火墙结合网络配置和安全策略对相关数据分析完成以后，就要做出接受、拒绝、丢弃或加密等决定。如果某个访问违反安全规定，审计和报警机制开始起作用，并做记录、报告等。

3. 网络地址转换（Network Address Translation，NAT）

NAT 用于地址与外网的 IP 地址间的相互转换，其目的一是可以解决 IP 地址的相互转换；二是解决 IP 地址空间不足的问题。使用 NAT 以后，可以使用很少的外部实际地址，而内部可以采用大量的虚地址（如 10.X.X.X），从而缓解 IP 地址紧张的问题；另外，它也向外界隐藏内部结构，使外部无法获知内部的网络结构，从而提高安全性。

4. 虚拟专用网（VPN）

VPN 是在公共网络中建立专用网络，数据通过安全的“加密通道”在公共网络中传播。VPN 的基本原理是通过对 IP 包的封装及加密、认证等手段，从而达到保证安全的目的。它往往是在防火墙上附加一个加密模块来实现。

5. Internet 网关技术

由于防火墙直接连接在网络之中，因此它必须支持用户在 Internet 上的所有服务，同时还要防止与 Internet 服务有关的安全漏洞，故它要以多种安全的应用服务器（包括 FTP、News 和 WWW

等）来实现网关功能。

6．安全服务器网络（SSN）

为适应越来越多的用户向互联网提供服务而带来的对服务器进行保护的需要，防火墙采用分别保护的策略保护对外服务器。它利用一张网卡将对外服务器作为一个独立网关完全隔离，这就是安全服务网络（SSN）技术。对 SSN 上的主机既可以单独管理，也可以设置成通过 FTP、Telnet 等方式从内部网上管理。SSN 与外部网之间有防火墙保护，SSN 与内部网间也有防火墙保护，一旦 SSN 遭到破坏，内部网络仍会处于防火墙的保护之下。

7．用户鉴别与加密

为了降低在 Telnet、FTP 等服务和远程管理上的风险，防火墙采用一次性的口令字系统作为用户的鉴别手段，并实现了对邮件的加密。

此外，防火墙的一些附加功能还有路由安全管理、远程管理、流量控制（带宽管理）和统计分析、流量计费、URL 级信息过滤和扫毒等。

8.5　防火墙技术的几个新方向

随着网络安全威胁的手法越来越多，传统防火墙的功能早就有了鞭长莫及之感。在这样的状况下，逐渐出现了一些新型的防火墙产品，这些新型防火墙试图突破传统防火墙的局限性。

8.5.1　透明接入技术

一般来说，不透明的堡垒主机的接入需要修改网络拓扑结构，内部子网用户要更改网关，路由器要更改路由配置等。而且路由器和子网用户都需要知道堡垒主机的 IP，一旦整个子网的 IP 地址改动了，针对堡垒主机的相关改动则非常麻烦。而透明接入技术的实现完全克服了以上的种种缺陷，同时，具有透明代理功能的堡垒主机对路由器和子网用户而言是完全透明的，也就是说，它们根本感觉不到防火墙的存在，犹如网桥一样。典型的透明接入关键技术包括 ARP 代理和路由转发。

8.5.2　分布式防火墙技术

1．边界防火墙的缺陷

首先是结构性限制。随着企业业务规模的扩大，数据信息的增长，在国内构建分支机构发展业务，并利用互联网与分支机构的网络环境互通有无，已成不争的事实。特别是目前宽带网络的构建，以及企业数据信息集中化管理模式的普及，使得不同企业的设备连接在同一个交换机设备上，以方便用户进出对方的内部网络，这些使得企业网的边界已成为一个逻辑边界的概念，物理的边界日趋模糊，因此边界防火墙的应用受到越来越多的结构性限制。

其次是内部威胁。据有关统计数据显示，80%的攻击和越权访问来自企业内部。边界防火墙将网络一边设置为不可信任地带，将另一边设置为可信任地带，当攻击来自可信任的地带时，边界防火墙自然无法抵御，被攻击在所难免。

最后是效率和故障。边界防火墙把检查机制集中在网络边界处的单点上，一旦出故障或被攻克，整个内部网络将完全暴露在外部攻击者面前。

2．分布式防火墙的产生及其优势

面对边界防火墙的这些弱点，早在 1999 年，就有专家提出分布式防火墙的概念。所谓分布式防火墙，通俗地讲，可以认为是由 3 部分组成的立体防护系统：一部分是网络防火墙（Network Firewall），它承担着传统边界防火墙看守大门的职责；一部分是主机防火墙（Host Firewall），它解决了边界防火墙不能很好解决的问题（例如，来自内部的攻击和结构限制等）；还有一部分是集中管理（Central Management），它解决了由分布技术而带来的管理问题。分布式防火墙的优势主要有：

- 保证系统的安全。分布式防火墙技术增加了针对主机的入侵检测和防护功能，加强了对来自于内部攻击的防范，它对用户网络环境可以实施全方位的安全策略，并提供多层次立体的防范体系。
- 保证系统性能稳定高效。它消除了结构性瓶颈问题，提高了系统整体安全性能。
- 保证系统的扩展性。伴随网络系统的扩充，分布式防火墙技术可为安全防护提供强大的扩充能力。

8.5.3 以防火墙为核心的网络安全体系

如果防火墙能和 IDS、病毒检测等相关安全系统联合起来，充分发挥各自的长处，协同配合，就能共同建立一个有效的安全防范体系。

解决的办法是：

① 把 IDS、病毒检测部分“做”到防火墙中，使防火墙具有简单的 IDS 和病毒检测的功能。

② 各个产品分离，但是通过某种通信方式把它们形成一个整体，即相关专业检测系统专职于某一类安全事件的检测，一旦发现安全事件，则立即通知防火墙，由防火墙完成过滤和报告。

8.6 常见的防火墙产品

防火墙是网络安全的第一道防线，越来越多的人认识到安装防火墙的重要性。下面介绍几种防火墙产品，这些厂家都获得了国际计算机安全协会的认证资格。

8.6.1 常见的防火墙产品

1．Checkpoint 公司的 FireWall-I 防火墙

作为开放安全企业互联联盟（OPSEC）的组织者和倡导者之一，Checkpoint 公司在企业级安全产品开发方面占有世界市场的主导地位。FireWall-I 是第三代防火墙，可以提供 7 层应用识别，支持 160 种以上预定义应用程序。FireWall-I 的主要功能分为三大类：第一类为安全功能类，包括访问控制、授权论证、加密、内容安全等；第二类是管理和记账，包括安全策略管理、路由器安全管理、记账、监控等；第三类为链接控制，主要为企业消息发布的服务器提供可靠的链接服务，包括负载均衡、高可靠性等。它的认证方法有三种：用户认证、客户认证和会话认证。

在内容安全方面，FireWall-I 的数据监测功能扩展到高层服务协议，它可以进行计算机病毒扫描，保护用户的网络和信息资源免遭宏病毒、恶意 Java 和 ActiveX 小应用程序的侵扰，同时还保证对互联网的良好访问。FireWall-I 的加密提供了基于 VPN（虚拟专用网）的技术，从而保证在公共网络上企业信息的安全传输。专用网之间 VPN 的加密算法由 FireWall-I 实施，而无需在每一台主

机上都安装加密软件。在管理上，FireWall-I 采用基于图形界面的集中式管理，提供集中的日志数据、系统状态、监控信息和报警功能等。此外，FireWall-I 还提供负载均衡功能和地址翻译功能。

2. Sonicwail 系列防火墙

Sonicwall 系列防火墙是 Sonic System 公司针对中小企业需求开发的产品，并以其高性能和极具竞争力的价格受到中小企业和 ISP 公司的青睐。Sonicwall 系列防火墙包括 Sonicwall/10、50、Plus、Bandit 和 DMZ Plus 等。这些产品除具有普通防火墙的功能外，还可管理和控制访问互联网的流量。其可视化的 Web Browser 设置，使得非专业人员也可以方便地进行配置和管理。Sonicwall 系列防火墙都具有以下主要功能：阻止未授权用户访问防火墙内网络；阻止拒绝服务攻击，并可完成互联网内容过滤；IP 地址管理；网络地址转换（NAT）；也可作为 Proxy；制定网络访问规则，规定对某些网站访问的限制；提供 VPN 功能等。

3. NetScreen 防火墙

NetScreen 科技公司推出的 NetScreen 防火墙产品是一种新型的网络安全硬件产品，具有可信端口（Trusted）、非信任端口（Untrusted）、可选端口（Optional）三个 J-45 网络接口，配有 PCMCIA 插槽，支持 10 MB、20 MB、40 MB 和 150 MB 快闪存储器。防火墙的配置可在网络上任何一台带有浏览器的机器上完成，它把多种功能（诸如流量控制、负载均衡、VPN 等）集成到一起。NetScreen 的优势之一是采用了新的体系结构，它可以有效地消除传统防火墙实现数据加密时的性能瓶颈，能实现最高级别的 IP 安全保护。

4. 阿尔卡特 Internet Devices 系列防火墙

阿尔卡特公司收购了 Internet Devices 公司之后，推出了其系列产品 Internet Devices 1000/3000/5000/10K，分别适用于小型、中型和大型网络环境。Internet Devices 硬件防火墙采用独有的 ASIC 设计和基于 Intel 的 FreeBSD UNIX 平台，简单易用，用户只需要插入装置，开通 Web 浏览器与内部网络接口的连接并进行简单的设置，就可以完成防火墙的配置。Internet Devices 系列产品都支持自定义插件组合，所有产品都具备以下特性：企业级防火墙安全性、集中策略管理、网络地址转换、完整的 LDAP 数据库、SPAM　E-mail 过滤器、Web 高速缓存、全面的报告及广泛的诊断。

5. Cisco 公司的 PIX

美国 Cisco 公司是世界上占领先地位的提供网络技术和产品的公司。近年来，它开发的 PIX 防火墙系列是一种理想的解决网络安全的产品。PIX 防火墙的内核采用的是 ASA（Adaptive Security Algorithm）的保护机制，ASA 把内部网络与未经认证的用户完全隔离。每当一个内部网络的用户访问 Internet 时，PIX 防火墙从用户的 IP 数据包中卸下 IP 地址，用一个存储在 PIX 防火墙内已登记的有效 IP 地址代替它，而真正的 IP 地址隐藏起来。PIX 防火墙还具有审计日志功能，并支持 SNMP 协议，用户可以利用防火墙系统包含的实时报警功能，产生报警报告。

PIX 防火墙通过一个 cut-through 代理要求用户最初类似一个代理服务器，在应用层工作。但是用户一旦被认证，PIX 防火墙切换会话流和所有的通信流量，保持双方的会话状态，并使其快速和直接地进行通信。cut-through 代理的处理速度比代理服务器快得多。PIX 防火墙采用了增强的多媒体适用安全策略，所以应用了 PIX 防火墙的网络，就不需要再做特殊的客户设置。

6. AbirNet 公司的 SessionWall-3 防火墙

大多数防火墙对来自内部的非法活动都没有防护能力。这些活动包括职员对网络资源的滥用、刺探私人账户、在工作时间阅读 Web 主页上与工作无关的内容，甚至发送下流的电子邮件、下载色情图片等。AbirNet 公司的 SessionWall-3 能够检测出职员对资源的滥用，向管理员发出警告并停止其活动。

SessionWall-3 在 Windows 平台上运行，它既可以安装在防火墙内，也可以安装在防火墙外。它不是在两个网络间存储转发数据包，而是检测所有进入、发出及在网络内部传输的 TCP/IP 数据包，以分析网络使用的状况。SessionWall-3 可以在内部网中某职员试图与外界一个被禁止的主机或 Web 站点建立会话时，立即向双方的计算机发送断线请求，致使会话终止，在这种情况下，只有初始数据包能够到达目的地。

7. 北京天融信息公司的防火墙系列产品

北京天融信息公司的防火墙系列产品包括“专线卫士”、“信息卫士”和“系统卫士”防火墙系统，分别用于 x.25 环境、代理型防火墙和应用网关防火墙。其功能是对站点、子网和服务进行过滤；对访问事件进行记录、跟踪和告警；进行网络地址转换；使用户数据加密传输等。因此该系统能为与企业内部网提供全面的安全保护，防止信息被非法泄露、篡改及在 TCP / IP 环境上网络资源的非法使用等。

8. 广东天海威数码技术有限公司的蓝盾防火墙系统

蓝盾防火墙根据系统管理员设定的安全规则守护企业网络，提供访问控制、身份认证、应用选通、网络地址转换、信息过滤及流量控制等功能。它还提供安全性设置，可以通过网络核心进行访问控制。它使用新颖的 WWW 管理界面，通过直观、易用的界面管理强大、复杂的系统功能。其设计不但界面全中文化，而且还提供了符合中国国情的全文过滤系统。

蓝盾防火墙是一个软、硬件一体化的系统，系统与硬件紧密地结合在一起，避免了系统安全受操作系统本身安全问题的影响。

8.6.2 选购防火墙的一些基本原则

- 要支持“除非明确允许，否则就禁止”的设计策略。
- 安全策略是防火墙本身所支持的，而不是另外添加上去的。
- 如果组织机构的安全策略发生改变，可以加入新的服务。
- 所选购的防火墙应有先进的认证手段或有相关程序，装有先进的认证方法。
- 如果需要，可以运用过滤技术和禁止服务功能。
- 可以使用 FTP 和 Telnet 等服务代理，以便先进的认证手段可以被安装和运行在防火墙上。
- 拥有界面友好、易于编程的 IP 过滤语言，并可以根据数据包的性质进行包过滤。

小 结

随着 Internet/Intranet 技术的飞速发展，信息安全问题必将愈来愈引起人们的重视。近几年来，防火墙的技术发展日新月异，其产品也在不断地更新换代，人们在不断地寻求高效、低价的防火墙产品。防火墙技术作为目前用来实现网络安全措施的一种主要手段，它主要用来拒绝未经授权的用户访问，阻止未经授权用户存取敏感数据，同时允许合法用户不受妨碍地访问网络资源。若使用得当，可在很大程度上提高网络安全。

但是没有一种技术可以百分之百地解决网络上的所有问题，例如，防火墙虽然能对来自外部网络的攻击进行有效的保护，但对于来自网络内部的攻击却无能为力。事实上有 60%以上的网络安全问题来自网络内部。即使来自网络外部，目前的系统在设计上也不能完全阻挡有经验的黑客袭击。因此网络安全单靠防火墙是不够的，还需要有其他技术和非技术因素的考虑，如信息加密技术、身份认证技术、制定信息安全法规和提高网络管理人员的安全意识等。尽管如此，随着防火墙技术的不断发展，它在网络安全方面将发挥越来越重要的作用。

思 考 题

1. 什么是防火墙？它的基本功能是什么？
2. 防火墙的基本类型有哪几种？试比较包过滤技术和代理服务技术的区别。
3. 防火墙的基本体系结构有哪几种？试分析它们各自的构成原理和优缺点。
4. 将堡垒主机与内部路由器合并，为什么会损害防火墙系统的安全性？试分析使用多个内部路由器会引发的问题。
5. 为什么要联合使用防火墙？
6. 防火墙有哪些局限性？
7. 怎样选择合适的防火墙？

第 9 章 虚拟专用网（VPN）

虚拟专用网（Virtual Private Network，VPN）是网络安全中的一个重要技术，它通过多种安全机制提供了链路层和网络层上的一些安全服务，是链路层和网络层上数据安全的有力保障。

虚拟专用网中的重点是 L2TP 和 IPSec。

9.1 虚拟专用网的产生与分类

如果局域网是一个孤岛，就不会涉及 VPN。但是，随着经济的发展，跨国公司、有众多分支机构的集团公司大量涌现，使得公司分支机构与总部之间、分支机构与分支机构之间的网络互连需求猛增，从而推动了 VPN 的发展。

9.1.1 虚拟专用网的产生

简单地说，VPN 是指构建在公共网络上，能够实现自我管理的专用网络。有时候，用户为了实现与远程分支机构的连接，在电信部门租用了帧中继或异步传输技术 ATM 来提供虚拟线路的连接。这种情况不属于 VPN 的范畴，因为用户对这类网络互连是无法控制和无法管理的。

归纳起来，VPN 需求大致包括以下几种情形：

- 分支机构、办公地点或需要连网的远程客户多且分散。
- 在广域网范围内进行互连。
- 对线路的安全保密性有需求。
- 带宽和实时性要求不高。

VPN 除了能满足以上需求外，还应具有以下一些特点：

- 降低成本。租用电信的帧中继或 ATM 实现跨地区的专网当然也能满足以上需求，但费用非常昂贵，尤其当分支地点比较多时。VPN 应具有较低的成本。
- 实现网络安全服务。通过加密、访问控制和认证等安全机制可实现网络安全服务。
- 自主控制。对用户认证、访问控制等安全性的控制权应该属于企业，这样更容易被企业接受。

9.1.2 虚拟专用网的分类

根据建立 VPN 的目的，可以将 VPN 分为三类：

（1）内联网 VPN

企业内部虚拟专网（Intranet VPN）与企业内部的 Intranet 相对应。

在 VPN 技术出现以前，公司两个异地机构的局域网想要互连一般采用租用专线的方式，虽然该方式也采用隧道技术等手段，在一端将数据封装后通过专线传输到目的地再解封装，该方式也能提供传输的透明性，但是它与 VPN 技术在安全性上有本质的差别。而且，当分公司很多时，费用很昂贵。利用 VPN 技术可以在互联网上组建世界范围内的 Intranet VPN。

（2）外联网（Extranet VPN）

外联网 VPN 与企业网和相关合作伙伴的企业网所构成的 Extranet 相对应。

这种类型的 VPN 与内联网 VPN 没有本质的区别，只是因为在不同公司之间通信，所以需要更多地考虑安全策略的协商等问题。外联网 VPN 的设计目标是：既可以向客户、合作伙伴提供有效的信息服务，又可以保证自身的内部网络的安全。

（3）远程接入（Access VPN）

Access VPN（远程访问虚拟专网）与传统的远程访问网络相对应。

在该方式下远端用户不再像访问传统的远程网络那样，通过长途电话拨号到公司远程接入端口，而是拨号接入到用户本地的 ISP，利用 VPN 系统在公众网建立一个从客户端到网关的安全传输通道。

根据 VPN 在 IP 网络中的层次可将 VPN 分为两类：

- 二层 VPN。二层 VPN 主要包括 PPTP 和 L2TP。
- 三层 VPN。三层 VPN 主要包括 IPSec。

有时候，也把更高层的 SSL 看做是 VPN，称为 SSL VPN。

9.2　VPN 原理

VPN 是一种网络技术，通常用以实现相关组织或个人开放的、分布式的公用网络的安全通信。其实质是利用共享的互联网络设施，模拟“专用”广域网，最终以极低的费用为远程用户提供能和专用网络相媲美的保密通信服务。

VPN 用户都希望以最小的代价，使数据安全性得到一定程度的保证。互联网具有极为广泛的网络覆盖范围和接入费用远比长途通信费用低廉等优点，却存在内在不安全的缺点，于是用户有了根据自身业务特点和需要，选择自己构建 VPN，或者直接向 VPN 服务供应商购买合适的 VPN 服务。

这两种方案虽然实现策略不同，但都基于相同的安全原理，即通过一定方式将互联网上每个 VPN 用户的数据与其他数据区分开，避免未经授权的访问，从而确保数据的安全。

9.2.1　VPN 的关键安全技术

目前 VPN 主要采用 5 项技术来保证安全，这 5 项技术分别是隧道技术、加/解密技术、密钥管理技术、使用者与设备身份认证技术和访问控制技术。

隧道技术按其拓扑结构分为点对点隧道和点对多点隧道。点对多点隧道，如距离-向量组播路由协议（Distance-Vector Multicast Rouring Protoco1），只是为提高组播时的带宽利用率，适当扩展点对点隧道的功能，而 VPN 中使用更多的是点对点通信。

隧道由隧道两端的源地址和目的地址定义，叠加于 IP 主干网之上运行，为两端的通信设备（物理上不毗连）提供所需的虚拟连接。VPN 用户根据自身远程通信分布的特点，选择合适的隧道和结点组成 VPN，通过隧道传送的数据分组被封装（封装信息包括隧道的目的地址，可能也包括隧道的源地址，这取决于所采用的隧道技术），来确保数据传输的安全。隧道技术不仅屏蔽了 VPN 所采用的分组格式和特殊地址，支持多协议业务传送，解决了证书撤销列表 CRL 所存在的 VPN 地址冲突的问题，而且可以很方便地支持 IP 流量管理，如 MPLS 等（Multi-Protocol Label Switching，多协议标记交换）中基于策略的标记交换路径能够很好地实现流量工程。

目前存在多种隧道技术，包括 IP 封装（IP Encapsulation）、GRE（Generic Routing Encapsulation，一般路由封装）、L2TP（Layer 2 Tunneling Protocol，第二层隧道协议）、PPTP（Point-to-Point Tunneling Protocol，点对点隧道协议）、IPSec（IPSec 存在两种工作模式，传输模式和隧道模式，这里仅指隧道模式）和 MPLS 等。

1. L2TP

L2TP 定义了利用分组交换方式的公共网络基础设施（如 IP 网络、ATM 和帧中继网络）封装链路层 PPP（Point-to-Point Protocol，点到点协议）帧的方法。承载协议首选网络层的 IP 协议，也可以采用链路层的 ATM 或帧中继协议。L2TP 可以支持多种拨号用户协议，如 IP、IPX 和 AppleTalk，还可以使用保留 IP 地址。目前，L2TP 及其相关标准（如认证与计费）已经比较成熟，并且用户和运营商都已经可以运用 L2TP 组建基于 VPN 的远程接入网，因此国内外已经有不少运营商开展了此项业务。

2. IPSec

IPSec 是一组开放的网络安全协议的总称，在 IP 层提供访问控制、无连接的完整性、数据来源验证、防回放攻击、加密及数据流分类加密等服务。IPSec 包括报文认证头 AH（Authentication Header）和报文安全封装协议 ESP（Encapsulating Security Payload）两个安全协议。AH 主要提供数据来源验证、数据完整性验证和防报文回放攻击功能。除具有 AH 协议的功能之外，ESP 还提供对 IP 报文的加密功能。和 L2TP、GRE 等其他隧道技术相比，IPSec 具有内在的安全机制——加、解密，而且可以和其他隧道协议结合使用，为用户的远程通信提供更强大的安全支持。IPSec 支持主机之间、主机与网关之间及网关之间的组网。此外，IPSec 还提供对远程访问用户的支持。虽然 IPSec 和与之相关的协议已基本完成标准化工作，但测试表明，目前不同厂家的 IPSee 设备还存在互操作性等问题，因此目前大规模部署使用基于 IPSec 的 VPN 还存在困难。

3. MPLS

MPLS 源于对突破 IP 路由瓶颈的需要，它融合了 IP Switching 和 Tag Switching 等技术，跨越多种链路层技术，为无连接的 IP 层提供面向连接的服务。面向连接的特性，使 MPLS 自然支持 VPN 隧道，不同的标记交换路径组成不同的 VPN 隧道，从而有效隔离不同用户的业务。当用户分组进入 MPLS 网络时，由特定入口路由器根据该分组所属的 VPN，标记（即封装）并转发该分组，经一系列标记交换，到达对应出口路由器，然后剥除标记，恢复分组并传送至目的子网。和其他隧道技术相比，MPLS 的封装开销很小，这大大提高了带宽利用率。然而，基于 MPLS 的 VPN 还限于 MPLS 网络内部，尚未充分发挥 IP 的广泛互连性，这有待于实现 MPLS 隧道技术与其他隧道技术的良好互通。

一项好的隧道技术不仅要提供数据传输通道，还应满足一些应用方面的要求。首先，隧道应能支持复用，结点设备的处理能力限制了该结点能支持的最大隧道数。复用不仅能提高结点的可扩展性（可支持更多的隧道），部分场合下还能减少隧道建立的开销和延迟。其次，隧道还应采用一定的信令机制，好的信令不仅能在隧道建立时协调有关参数，而且还能显著降低管理负担。L2TP、IPSec 和 MPLS 分别通过 L2TP 控制协议、IKE（Internet Key Exchange，因特网密钥交换）协议和基于策略的路由标记分发协议与针对标记交换路径隧道的资源保留协议进行扩展。此外，隧道技术还应支持帧排序和拥塞控制并尽量减少隧道开销等。

9.2.2　隧道技术

对于构建 VPN 来说，隧道技术是个关键的技术。隧道技术是一种通过使用互联网的基础设施在网络之间传递数据的方式。

使用隧道传递的数据（或负载）可以是不同协议的数据包。隧道协议将这些其他协议的数据包重新封装在新的包头中发送。新的包头提供了路由信息，从而使封装的负载数据能够通过互联网络传递。

被封装的数据包在隧道的两个端点之间通过公共互联网进行路由。被封装的数据包在互联网上传递时所经过的逻辑路径称为隧道。一旦到达网络终点，数据将被解包并转发到最终目的地。

为了理解封装的概念，下面将以早期的通用路由封装协议（Generic Routing Encapsulation，GRE）为例来说明。

1. IP 协议

IP 包的格式如图 9-1 所示。如果不含选项域，一般的 IP 头长为 20 B。

<table>
<tr><td>版本</td><td>首部长度</td><td>服务类型</td><td>总长度（B）</td></tr>
<tr><td colspan="2">标识</td><td>标志</td><td>片偏移</td></tr>
<tr><td>TTL</td><td>协议</td><td colspan="2">首部校验和</td></tr>
<tr><td colspan="4">源 IP 地址</td></tr>
<tr><td colspan="4">目的 IP 地址</td></tr>
<tr><td colspan="4">选项（可选）</td></tr>
<tr><td colspan="4">数据</td></tr>
</table>

图 9-1　IP 包结构

对于 IPv4 来说，协议版本是 4。服务类型（TOS）域包括一个 3 位的优先权子域，4 位的 TOS 域和 1 位未用位必须置 0。总长度域是指整个 IP 数据包的长度，以 B 为单位。利用首部长度域和总长度域，就可以知道 IP 数据包中数据内容的起始位置和长度。标识域唯一地标识主机发送的每一份 IP 包，通常每发送一份报文它的值就会加 1。

生存时间域 TTL 设置了数据包可以经过的最多路由器数，它指定了数据包的生存时间。TTL 的初始值由源主机设置，一旦经过一个处理它的路由器，它的值就减去 1。当该域的值为 0 时，数据包就被丢弃，并发送 ICMP 报文通知源主机。

2. GRE

GRE 是一种第三层隧道协议，它通过对某些网络层协议（如 IP 和 IPX）的数据包进行封装，使这些被封装的数据包能够在另一个网络层协议（如 IP）中传输。

数据包要在隧道中传输，必须经过封装与解封装两个过程。下面假设隧道传输采用 IP 协议，被封装数据包采用 IPX 协议。

（1）封装过程

当连接 Novell Groupl 的接口收到 IPX 数据包后，首先进行 IPX 协议处理，IPX 协议检查 IPX 报头中的目的地址域来确定如何路由此包。

当发现当前的 IPX 数据包是要发送给 Novell Group2 时，进行封装。

封装好的报文的形式如图 9-2 所示。

IP 协议头（隧道传输协议）	GRE 协议头（封装协议）	IPX 载荷（被封装协议）

图 9-2 已封装的隧道包格式

IP 协议头是图 9-2 中数据前面的部分，GRE 协议头和 IPX 载荷相当于 IP 协议的数据部分。

（2）解封装过程

解封装过程和封装的过程相反。如果从隧道接口收到 IP 报文后，通过检查目的地址，发现目的地址正是该路由器，那么剥掉 IP 协议头，交给 GRE 协议处理（检查校验和报文的序列号等）。GRE 协议处理后，剥掉 GRE 包头，再交给 IPX 协议，在这里像对待一般数据包一样对此数据包进行处理。

当系统收到一个需要封装和路由的数据包（称之为净荷（Payload））时，这个净荷首先被加上 GRE 封装，成为 GRE 数据包，然后被封装在 IP 包中，这样就可完全由 IP 层负责此数据包的传输和转发，这个负责传输和转发的协议称为隧道传输协议。隧道传输协议一般还是采用 IP 协议。

GRE 的隧道由两端的源 IP 地址和目的 IP 地址来定义，它允许用户使用 IP 封装 IP、IPX 和 AppleTalk，并支持全部的路由协议，如 RIP、OSPF、IGRP 和 EIGRP 等。

通过 GRE，用户可以利用公共 IP 网络连接 IPX 网络、AppleTalk 网络，还可以使用保留地址进行网络互连，或者对公网隐藏企业网的内部 IP 地址等。

GRE 在包头中包含了协议类型，标明被封装协议的类型；校验和包括了 GRE 的包头和完整的乘客协议与数据；序列号用于接收端数据包的排序和差错控制；路由用于本数据包的路由。

GRE 只提供了数据包的封装，它并没有通过加密功能来防止网络侦听和攻击，这是 GRE 协议的局限性。另外，需手工配置也限制了 GRE 的应用。

通过 GRE 协议的例子，可以看到隧道技术应包含 3 个部分：网络隧道协议、隧道协议下面的承载协议和隧道协议所承载的被承载协议。

9.2.3 自愿隧道和强制隧道

隧道可分为自愿隧道和强制隧道两种。

（1）自愿隧道

自愿隧道是使用最普遍的隧道类型。客户端可以通过发送 VPN 请求配置和创建一条自愿隧道。

为建立自愿隧道，客户端计算机必须安装适当的隧道协议，并需要一条 IP 连接（可通过局域网或拨号线路）。如果使用拨号方式，客户端必须在建立隧道之前创建与公共互联网的一个拨号连接。

（2）强制隧道

强制隧道由支持 VPN 的拨号接入服务器配置和创建。在这种情况下，用户计算机不作为隧道端点，而是由位于用户计算机和隧道服务器之间的远程接入服务器作为隧道客户端，成为隧道的一个端点。

一些厂家提供能够创建隧道的拨号接入服务器，包括支持 PPTP 协议的前端处理器（FEP）、支持 L2TP 协议的 L2TP 接入集线器（LAC）或支持 IPSec 的安全 IP 网关等。

FEP 和隧道服务器之间建立的隧道可以被多个拨号客户共享，而不必为每个客户建立各自的隧道。因此，一条强制隧道中可能会传递多个客户的数据信息，只有在最后一个隧道用户断开连接之后才能终止这条隧道。

有关 GRE 的详细说明可参考 RFC 1701 和 RFC 1702 文档。

9.3　PPTP 协议分析

在了解 PPTP 之前，有必要先介绍一下 PPP 协议。

9.3.1　PPP 协议

点到点协议（Point-to-Point Protocol，PPP）最初的目的是希望通过拨号或专线方式建立点对点连接来交换数据，作为各种主机、网桥和路由器之间简单连接的通用解决方案。

PPP 协议提供了解决链路建立、维护、拆除、上层协议协商和认证等问题的完整方案，并支持全双工方式，可按照顺序传递数据包。

PPP 包含以下几个部分：

- 链路控制协议（Link Control Protocol，LCP）。LCP 负责创建、维护或终止一次物理连接。
- 网络控制协议（Network Control Protocol，NCP）。NCP 是一族协议，它主要负责确定物理连接上运行什么网络协议，并解决上层网络协议发生的问题。
- 认证协议。最常用的认证协议是口令验证协议和握手验证协议。

一个典型的链路建立过程分为下面几个步骤。

（1）创建 PPP 链路

LCP 负责创建链路，并对基本的通信方式进行选择。具体做法是：链路两端设备通过 LCP 向对方发送配置信息报文。一旦一个配置确认信息包完成发送和接收，就完成了交换，并进入了 LCP 开启状态。

在链路创建阶段，只是对验证协议进行选择，用户验证将在下一阶段实现。

（2）用户验证

在这个阶段，客户端会将自己的身份发送给远端的接入服务器。该阶段使用一种安全验证方式避免第三方窃取数据或冒充远程客户端接管与客户端的连接。在认证完成之前，禁止从认证阶段直接进入到网络层协议阶段。如果认证失败，进入链路终止阶段。

在这一阶段里，只有 LCP、认证协议和链路质量监视协议的协议数据是被允许的，其他的数据将被默认丢弃。

（3）PPP 回呼控制（Call Back Contro1）

微软设计的 PPP 还包括一个可选的回呼控制协议（CBCP）。

如果配置使用回呼控制，那么在验证之后远程客户和网络接入服务器（Network Access Server，NAS）之间的连接将被断开，然后由 NAS 使用特定的电话号码回呼远程客户。

通过这种方法，可以进一步保证拨号网络的安全性。

（4）调用网络层协议

认证阶段完成之后，PPP 将调用在链路创建阶段选定的各种网络控制协议（NCP）。选定的 NCP 解决 PPP 链路上的高层协议问题。例如，在该阶段，IP 控制协议可以向拨入用户分配动态地址。

经过以上几个阶段以后，一条完整的 PPP 链路就建立起来了。

在用户验证过程中，PPP 支持下列认证方式。

（1）口令验证协议

口令验证协议（Password Authentication Protocol，PAP）是一种简单的明文验证方式。

NAS 要求用户提供用户名和密码，PAP 以明文方式返回用户信息。很明显，这种验证方式的安全性较差，第三方可以很容易地获取被传送的用户名和密码，并利用这些信息与 NAS 建立连接，获取 NAS 提供的所有资源。

一旦用户密码被第三方窃取，PAP 将无法提供避免被第三方攻击的保障措施。

（2）挑战/握手验证协议

挑战/握手验证协议（Challenge-Handshake Authentication Protocol，CHAP）是一种加密的验证方式，它能够避免建立连接时传送用户密码的明文。

NAS 向远程用户发送一个挑战口令，其中包括会话 ID 和一个任意生成的挑战字串。远程客户必须使用 MD5 算法返回用户名和加密的挑战口令、会话 ID 及用户口令，其中用户名以非加密的方式发送。

CHAP 为每一次验证随机生成一个挑战字串以防止受到回放攻击。在整个连接过程中，CHAP 将不定时地向客户端重复发送挑战口令，从而避免第三方冒充远程客户进行攻击。

（3）微软挑战/握手验证协议（MS-CHAP）

MS-CHAP 的特点是，在调用网络层协议时，支持对数据的压缩和加密。

9.3.2 PPTP 协议

点对点隧道传送协议（Point-to-Point Tunneling Protocol，PPTP）是由 3Com 和微软公司合作开发的第一个用于 VPN 的协议，它是 PPP 协议的扩展，微软在 Windows NT 中全面支持该协议。

前面介绍过的 PPP、PAP、CHAP 和 GRE 协议构成了 PPTP 协议的基础。

PPTP 的隧道通信包括 3 个过程：

① PPP 连接和通信。

② PPTP 控制连接。它建立到 PPTP 服务器上的连接，并形成一个虚拟隧道。

③ PPTP 数据隧道。在隧道中，PPTP 协议建立包含加密的 PPP 包的 IP 数据包，这些数据包通过 PPTP 隧道进行收发。

后面的过程取决于前面过程的成功与否。如果有一个过程失败了，那么整个过程都必须重来。

PPTP 协议在一个已存在的 IP 连接上封装 PPP 会话，而不管 IP 连接是如何建立的。也就是说，只要网络层是连通的，就可以运行 PPTP 协议。

PPTP 协议将控制包与数据包分开，控制包采用 TCP 控制，用于严格的状态查询及信令信息；数据包部分先封装在 PPP 协议中，然后封装到 GRE 协议中，见图 9-3。

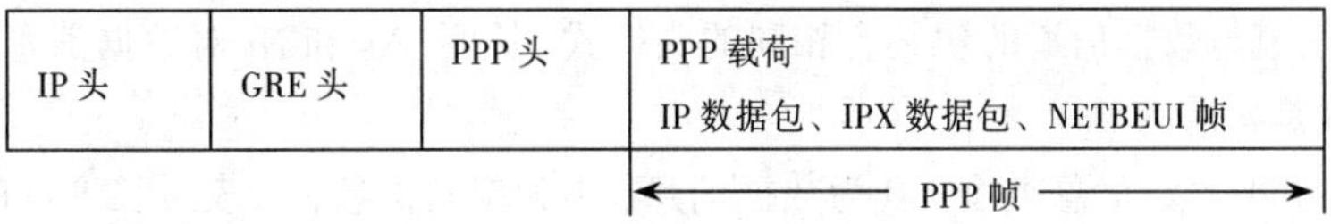

图 9-3 PPTP

在 PPTP 中，GRE 用于在标准 IP 包中封装协议数据包，因此 PPTP 可以支持多种协议，包括 IP、IPX 和 NETBEUI 等。

除了搭建隧道，PPTP 本身并没有定义加密机制，但 PPTP 继承了 PPP 的认证和加密机制，如认证机制 PAP 和 CHAP。

PPTP 协议是一个面向中小企业的 VPN 解决方案。它的安全性不算太好，有些场合甚至比 PPP 协议还要弱，因此不适合安全性要求高的场合。有一种说法是，PPTP 将逐步被另一个二层隧道协议 L2TP 取代。

9.3.3 L2TP 协议分析

二层隧道协议（Layer 2 Tunneling Protocol，L2TP）将网络层数据包封装在 PPP 帧中，然后通过 IP、X.25、FR 和 ATM 网络中的任何一种点到点串行链路进行传送。

1. 通过 IP 传送 L2TP 协议数据

图 9-4 是通过 IP 传送 L2TP 协议数据的示意图。

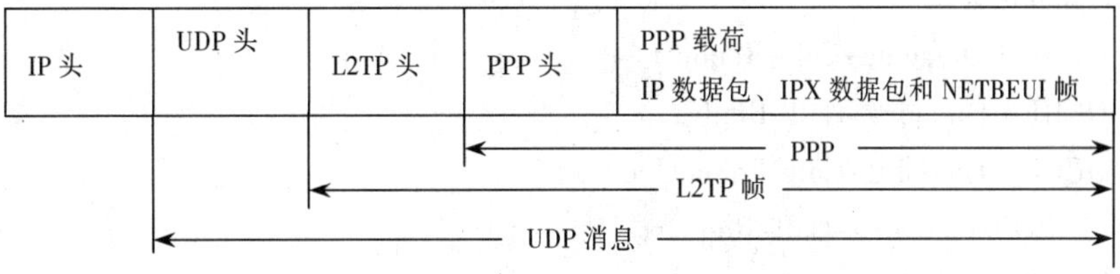

图 9-4 通过 IP 传送 L2TP 协议数据的示意图

L2TP 消息有控制消息与数据消息两种类型。控制消息用来建立、保持和清除隧道，数据消息用来封装在隧道中传送的 PPP 帧。

2. L2TP 协议的结构和头格式

图 9-5 是 L2TP 协议的结构，图 9-6 是 L2TP 的头格式。

PPP 帧	
L2TP 数据消息	L2TP 控制消息
L2TP 数据信道（不可靠）	L2TP 控制信道（可靠）
包传输（UDP、FR 和 ATM 等）	

图 9-5 L2TP 协议结构

T |L |x |x |S |x |O |P |x |x |x |x Ver	长度（可选）
隧道 ID	会话 ID
Ns（可选）	Nr（可选）
偏移量（可选）	偏移填充（可选）

图 9-6 L2TP 头格式

L2TP 控制信道与数据信道的包具有相同的头格式，长度、Ns 和 Nr 对数据消息来说是可选的，但对控制消息则是必需的。

在图 9-6 中，T 表示消息类型，0 为数据消息，1 为控制消息；L 表示长度域的存在，0 表示不存在，1 表示存在；x 保留；S 表示 Ns 与 Nr 域的存在，0 表示不存在，1 表示存在；O 表示偏移量域的存在，0 表示不存在，1 表示存在；P 表示数据的处理方式；Ver 为 2 时表示 L2TP。

有关各个域的详细描述可参考 RFC 2661 文档。

3. L2TP 定义的控制消息

L2TP 定义了以下 4 类控制消息：

（1）控制连接管理消息

0（保留值）

1（SCCRQ）Start-Control-Connection-request

2（SCCRP）Start-Control-Connection-Reply

3（SCCCN）Start-Control-Connection-Connected

4（StopCCN）Stop-Control-Connection-Notification

5（保留值）

6（HELL）Hello

（2）调用管理消息

7（OCRQ）Outgoing-Call-Request

8（OCRP）Outgoing-Call-Reply

9（OCCN）Outgoing-Call-Connected

10（ICRQ）Incoming-Call-Request

11（ICRP）Incoming-Call-Reply

12（ICCN）Incoming-Call-Connected

13（保留值）

14（CDN）Call-Disconnect-Notify

（3）错误报告消息

15（WEN）WAN-Error-Notify

（4）PPP 会话控制消息

16（SLI）Set-Link-Info

L2TP 的控制连接协议对隧道的建立、保持、认证和清除进行了详细规定，可参考 RFC 2661 文档。

4. L2TP 与 PPTP 的差别

尽管 PPTP 和 L2TP 都使用 PPP 协议对数据进行封装，然后添加附加包头用于数据在互联网上的传输，但实质上它们之间有很大的差别：

- PPTP 要求传输网络为 IP 网络。L2TP 对传输网络的要求不高，可以在 IP（使用 UDP）、帧中继永久虚拟电路（PVC）、X.25 虚电路上使用，也就是说 L2TP 只要求提供面向数据包的点对点连接即可。
- PPTP 只能在两点之间建立单一隧道，而 L2TP 允许在两点之间建立多个隧道。使用 L2TP，用户可以针对不同的服务质量创建不同的隧道，这是很有用的功能，而 PPTP 不具备这一功能。

- L2TP 可以提供包头压缩。当压缩包头时，系统开销仅占用 4B，而 PPTP 协议必须占用 6B。
- L2TP 可以提供隧道验证，而 PPTP 则不支持隧道验证。

9.3.4　IPSec 协议分析

二层隧道协议只能从隧道起始端到隧道终止端通过认证和加密实现一定的安全，而隧道在 IP 公网的传输过程中并不能保证足够安全。IPSec 技术则在隧道外面再进行封装，保证了隧道在传输过程中的安全，如图 9-7 所示。

IPSec 是一种三层隧道协议，它为 IP 层提供安全服务。IPSec 提供的安全服务包括：

- 访问控制；
- 无连接完整性；
- 数据源认证；
- 防重放保护；
- 保密性；
- 有限的通信业务流保密性。

采用的安全机制包括数据源验证、无连接数据的完整性验证、数据内容的保密性保护和防重放保护等。

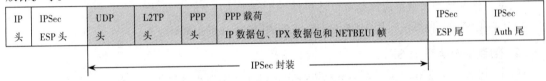

IP 头	IPSec ESP 头	UDP 头	L2TP 头	PPP 头	PPP 载荷 IP 数据包、IPX 数据包和 NETBEUI 帧	IPSec ESP 尾	IPSec Auth 尾

← IPSec 封装 →（自 UDP 头至 PPP 载荷）

图 9-7　IPSec 封装示意图

IPSec 协议主要由 AH 协议、ESP 协议、安全关联和密钥管理协议 4 个部分组成。

1. 认证头（AH）

AH 被用来为 IP 数据包提供无连接完整性和数据来源认证，并提供防重放保护。AH 可以单独使用，也可以与 ESP 组合使用，或利用隧道模式的嵌套方式使用。安全服务可以在正在通信的主机之间提供，也可以在正在通信的安全网关之间提供，或者在主机与安全网关之间提供。

所谓安全网关，是指实现 IPSec 协议的一个中间系统。例如，一个实现了 IPSec 的路由器或防火墙就是一个安全网关。

认证头(AH)由下一头、净荷长度、保留值、安全参数索引(SPI)、序列号域和认证数据（可变）6 个域组成，如图 9-8 所示。这些域都是强制性的，总是在 AH 格式里出现，并且包括在完整性检测值(ICV)的计算中。其中，32 位的安全参数索引用来标识安全关联 SA。

下一头	净荷长度	保留值
安全参数索引（SPI）		
序列号域		
认证数据（可变）		

图 9-8　认证头格式

AH 有传输模式和隧道模式两种工作方式，如图 9-9 所示。

传输模式通常在主机之间的 VPN 上使用，传输模式使用原始明文 IP 头，它仅对数据进行加密，包括它的 TCP 和 UDP 头。

原始数据包	原 IP 头	数据			
传输模式	原 IP 头	AH	ESP	数据	
隧道模式	IP 头	AH	ESP	原 IP 头	数据

图 9-9　传输模式和隧道模式

隧道模式通常在安全网关中使用，隧道模式处理整个 IP 数据包，包括全部 TCP 或 UDP 数据。它用自己的地址作为源地址加入到新的 IP 头中。

在传输模式中，AH 被插入在 IP 头之后，上层协议（如 TCP、UDP、ICMP 等）之前，或在任意已经插入的 IPSec 头之前。

在隧道模式中，AH 保护整个内 IP 包，包括整个内 IP 头。

引入完整性校验 ICV 计算的认证算法由安全关联 SA 指定（SA 的概念在后面介绍），ICV 是一种报文认证编码 MAC 或 MAC 算法生成的截断代码。ICV 的引入主要是为了保证数据完整性。

出界包处理将依次经过查找安全关联、产生序列号、计算 ICV 和分段 4 个相继的过程。相应的入界包处理也将依次经过重组、查找安全关联、验证序列号和验证 ICV 4 个相继的过程。

如果不存在有效的安全关联，那么接收方必须丢弃此包。

如果计算的 ICV 与收到的 ICV 匹配，则数据包有效并被接受；如果检测失败，则接收方必须将收到的 IP 数据包视为无效的而丢弃它。

丢弃事件和检测失败都应该是可审计事件。

AH 必须实现两种算法：用 MD5 的 HMAC 和用 SHA-1 的 HMAC。

2．封装安全净荷 (ESP)

在 IP 环境里，封装安全净荷 ESP 是设计来提供混合安全服务的，ESP 为 IP 数据包提供的安全服务有保密性、数据源认证、无连接完整性、防重放保护和有限的通信业务流保密性等。

ESP 可以单独使用，也可以与 AH 组合使用，或者通过使用隧道模式以嵌套方式使用。

与 AH 类似，ESP 的安全服务可以在一对正在通信的主机之间提供，可以在正在通信的安全网关之间提供，或者可以在主机与安全网关之间提供。

ESP 头插在 IP 头后，高层协议头（传输模式）或封装的 IP 头（隧道模式）前。

ESP 包由安全参数索引、序列号、净荷数据（可变）、填充（0～255B）、填充长度、下一头和认证数据（可变）共 7 个域组成，如图 9-10 所示。

在这些域中，填充长度域和认证数据域是可选的，其他的域都是必选的，可选域是否选取作为安全关联（SA）定义的一部分。

安全参数索引		
序列号		
净荷数据		
填充（0~255B）	填充长度	下一头
认证数据（可变）		

图 9-10　封装安全净荷包格式

ESP 可以用传输模式或隧道模式两种方法引入。

在传输模式中，ESP 被插入在 IP 头之后，上层协议（如 TCP、UDP 和 ICMP 等）之前，或在已经任意插入的 IPSec 头之前。

隧道模式 ESP 可以用在主机或安全网关上。在隧道模式中，ESP 保护整个内 IP 包，包括整个内 IP 头。

隧道模式中 ESP 的位置，相对于外 IP 头，它与在传输模式中 ESP 的位置一样。

加密算法由 SA 指定，ESP 是为使用对称加密算法设计的，不过加密也是可选的。

引入 ICV 计算的认证算法也由 SA 指定，合适的认证算法包括基于对称算法（如 DES）或单向 Hash 函数（如 MD5 或 SHA-1）的带密钥的消息认证码（MAC）。认证算法也是可选的，但加密算法和认证算法不能都不选。

出界包处理将依次经过查找 SA、包加密、产生序列号、计算完整性检测值和分段 5 个过程。相应地，入界包处理将依次经过重组、查找 SA、验证序列号、验证完整性检测值和包解密 5 个过程。

ESP 必须实现的算法包括：CBC 模式的 AES、用 MD5 的 HMAC 和用 SHA-1 的 HMAC。

AH 和 ESP 都支持传输模式和隧道模式两种方式。表 9-1 概括并比较了 AH 和 ESP 在两种模式下的功能，表 9-2 概括并比较了 AH 和 ESP 提供的安全服务。

表 9-1　传输模式与隧道模式中 AH 和 ESP 功能的比较

认证服务方式	传输模式 SA	隧道模式 SA
AH	认证 IP 载荷和 IP 头中的一部分	认证整个内部 IP 包和部分外部 IP 包头部分
不带认证的 ESP	加密 IP 载荷	加密内部 IP 包
带认证的 ESP	加密 IP 载荷，认证 IP 载荷	加密内部 IP 包，认证内部 IP 包

表 9-2　AH 和 ESP 的安全服务

安全服务	AH	不带认证的 ESP	带认证的 ESP
访问控制	√	√	√
无连接完整性	√		√
数据源认证	√		√
防重放保护	√	√	√
保密性		√	√
有限通信业务流保密性		√	√

从表 9-2 可以看到，防重放保护是 AH 和 ESP 都提供的安全服务。下面对防重放的原理进行说明。

重放攻击是指攻击者在得到一个已经过认证的包后，反复将其传送到目的站点的行为。如果发生了重复接收经认证的包的情况，没有采取针对性措施的应用程序将可能出现异常，导致服务中断或其他不可预料的后果。

AH 和 ESP 的序列号域的正确使用可防止这种重放攻击。

当一个新的 SA 建立时，发送方将序列号初始值置 0，每次在 SA 上发送一个包时，计数器加 1 并将新值填入序列号域。如果不考虑防重放需求，序列号可以循环使用，即当序列号达到 2^{32} 后，重新置 0，周而复始。为了实现防重放的安全服务，要求摒弃循环计数机制，即当序列号达到 $2^{32}-1$ 时，SA 终止，后续的通信将在新的 SA 上进行。

3. 安全关联

在 IPSec 中，安全关联（Security Association，SA）是一个很重要的概念。

安全关联是两个或多个实体之间的关系，它描述实体怎样利用安全服务安全地通信。这种关系通过一个信息集表现出来，是实体间的一种约定。

信息必须得到所有实体的认同和分享，安全通信才有可能实现。在 IPSec 中，AH 和 ESP 都利用 SA，互联网密钥交换协议（Internet Key Exchange，IKE）（参见 RFC 2409）中的大多数功能函数都是用来建立和保持 SA 的。

SA 由以下元素形成的三元组构成：

- 安全参数索引 SPI；
- IP 目的地址；
- 安全协议。

建立 SA 分两个阶段，这有利于提高密钥交换速度。

第一阶段称为主模式协商，步骤如下：

（1）策略协商

在这一步中，就 4 个强制性参数值进行协商：

- 加密算法；
- Hash 算法；
- 认证方法；
- Diffie-Hellman 组的选择。

（2）密钥交换

密钥交换在实体间交换生成共享密钥所需要的基本材料信息。密钥交换可以是公开的，也可以是受保护的。在彼此交换密钥生成"材料"后，两端主机可以各自生成出完全一样的共享"主密钥"，保护其后的认证过程。

（3）认证

密钥交换需要得到进一步认证，如果认证不成功，通信将无法继续下去。"主密钥"结合在第一步中确定的协商算法，对通信实体和通信信道进行认证。在这一步中，整个待认证的实体载荷，包括实体类型、端口号和协议，均由前一步生成的"主密钥"提供保密性和完整性保证。

第二阶段称为快速模式协商，步骤如下：

（1）策略协商

- 确定使用哪种 IPSec 协议（AH 还是 ESP）；
- 确定 Hash 算法；
- 确定是否要求加密，如果需要加密，将建立起两个 SA，分别用于入站和出站通信。

（2）会话密钥"材料"刷新或交换

（3）SA 和密钥连同 SPI，递交给 IPSec 驱动程序

第一阶段 SA 建立起安全通道后保存在高速缓存中，在此基础上可以建立多个第二阶段 SA 协商，从而提高整个建立 SA 过程的速度。只要第一阶段 SA 不超时，就不必重复第一阶段的协商和认证。允许建立的第二阶段 SA 的个数由 IPSec 策略决定。

如果 AH 和 ESP 保护都用在同一个业务流中，则需要产生两个或多个 SA 对此业务流提供保护。两主机之间或两个安全网关之间典型的双向通信要求至少两个 SA（每个方向一个）。第一阶段 SA 有一个默认的有效时间，也可以对其进行设定。如果 SA 超时，或"主密钥"和"会话密钥"中任何一个生命期结束，都要向对方发送第一阶段 SA 删除消息，通知对方第一阶段 SA 已经过期。

IP环境下的SA包括传输模式SA和隧道模式SA两种类型。

传输模式SA是两主机间的一个安全关联。对于ESP的情形，传输模式SA仅为高层协议提供安全服务，并不为在ESP头前的IP头提供安全保护。对于AH的情形，这种保护延伸到了IP头的选择部分、扩展头的选择部分和选择的选项。

在IP隧道中应用SA时必须用隧道模式SA。任何时候，安全关联只要有一端是安全网关则SA必须是隧道模式。

对于隧道模式SA存在一个“外部的”IP头，用来说明IPSec包的目的地址。“内部的”IP头说明包的最终目的地址。安全协议头出现在外部IP头后，内部IP头前。如果在隧道模式中引入AH，则外部IP的一些部分会得到像隧道IP包一样的保护（即所有内部IP头和高层协议都得到保护）。如果在隧道模式中引入ESP，则只对隧道包提供保护，并不对外部的IP头提供保护。

由SA提供的安全服务取决于所选的安全协议、SA的模式、SA的端点和在协议中可选服务的选择。当不要求保密性时，引用AH协议更合适一些。

在单个SA之上传送的IP数据包，仅能由一个安全协议提供保护，要么是AH，要么是ESP，不能两个都用。

安全关联可用传输邻接和迭代隧道两种方法实现捆绑（这两种方法也能组合，如一个SA捆绑可以由一个隧道模式SA与一个或两个传输模式SA构成）。

传输邻接是指不调用隧道，对同一个数据包使用多个安全协议。

迭代隧道是指多层安全协议的应用通过IP隧道来实现。由于每个隧道在IPSec路径上可以起始于或终止于不同的站点，因此这种方法允许多重级别的嵌套，并且允许AH与ESP任意顺序的组合。

迭代隧道有3种基本情形：

- SA的两个端点都相同。内部和外部隧道都可以是AH或者ESP。
- SA的一个端点相同。内部和外部隧道都可以是AH或者ESP。
- SA的两个端点都不相同。内部和外部隧道都可以是AH或者ESP。

4. 密钥管理

密钥管理技术包括密钥的产生、认证、交换、存储、使用及销毁等方面，IPSec实现要求支持人工的与自动的SA和密钥管理。

（1）人工方式

管理最简单的形式是人工管理，由人用密钥材料手工地配置每个系统。人工管理技术适用于静态小环境。

（2）自动方式

大范围的IPSec应用需要用自动的密钥管理协议。为了互通，使用IPSec选择的自动的密钥管理协议必须支持默认的IKE，同时可以采纳自动的SA密钥管理协议。

自动的SA密钥管理协议的输出应该可以用来产生多重密钥，以满足加密算法使用多重密钥和认证算法使用多重密钥的需要。

密钥管理的自动方式主要通过以下协议完成。

（1）Oakley密钥交换协议

Oakley是DH密钥交换算法的细化和改进。与DH密钥交换算法不同，Oakley密钥交换协议对交换密钥双方进行认证，防止中间人攻击；并使用临时序列号，防止重放攻击。

（2）互联网安全关联和密钥管理协议

互联网安全关联和密钥管理协议（Internet Security Association and Key Management Protocol，ISAKMP）本身并不包含特定的密钥交换算法，而是定义了建立、协商、修改和删除安全关联的过程和包格式。与 Oakley 密钥交换协议相比，ISAKMP 更像是个自动交换密钥的管理框架。ISAKMP 甚至可以涵盖 Oakley 算法，ISAKMP 的第一个版本就是使用 Oakley 算法作为自己的密钥交换算法。

ISAKMP 定义了生成协商密钥的载荷和认证数据，载荷的格式提供了一种框架，这种框架与密钥交换协议、加密算法及认证机制无关。

9.4 VPN 产品与解决方案

根据 VPN 主要设备的归属不同，VPN 可分为基于用户设备的 VPN 和基于网络的 VPN。在构建 VPN 时应从企业实际需求出发选择相应的设计方案。这里提出两种解决方案供参考。

9.4.1 解决方案一

某企业有分支机构设在外地，每天日常的信息资源流动（如电子邮件、公文流转等）都通过长途电话拨号进入总部，每月的长途话费开销数万元，而且由于拨号网络的速度限制，用户都普遍反应网络效率甚低。

考虑到现在互联网接入的费用日趋下降，可以利用当地 ISP 提供的宽带网络服务接入到互联网，再利用互联网公众网络使分支机构与总部公司实现网络互连。但公众网络上黑客众多，公司内部邮件和公文需要保密，不可以直接暴露在公众网络中。基于用户的需求，可以采用 VPN 方式来进行网络互连。利用互联网既节省了原有的长途话费开销，又具有一定强度的安全性，还提高了整个网络的吞吐量和效率。网络拓扑图的实现，如图 9-11 所示。

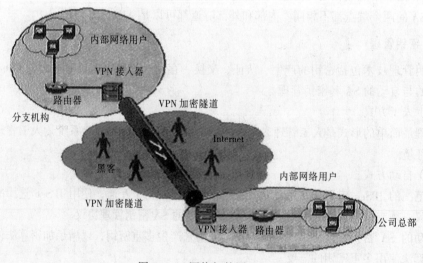

图 9-11 网络拓扑图

9.4.2 解决方案二

某 IT 公司的业务分布在各省市，员工出差的频率相当高。出差员工日常与总公司只能通过长途电话汇报情况，由于 IT 公司有相当多的资料更新比较快，而且往往是电子文档，一般员工就只能通过 Internet 公众网络中的电子邮件信箱或匿名 FTP 来交换资料，而且经常受到信箱大小的限制，或匿名 FTP 不安全因素的威胁。

由于现在大多数员工都使用 Windows 2000 或 Windows XP 作为操作系统，可以利用这些操作系统内置的 VPN 拨号功能来实现异地、安全、低开销的与总公司网络的连接。这样员工无论出差在哪个城市，都可以利用当地的 ISP 连回总公司，使用总部的网络资源、收发电子邮件等，这显著提高了工作效率。基本示意图如图 9-12 所示。

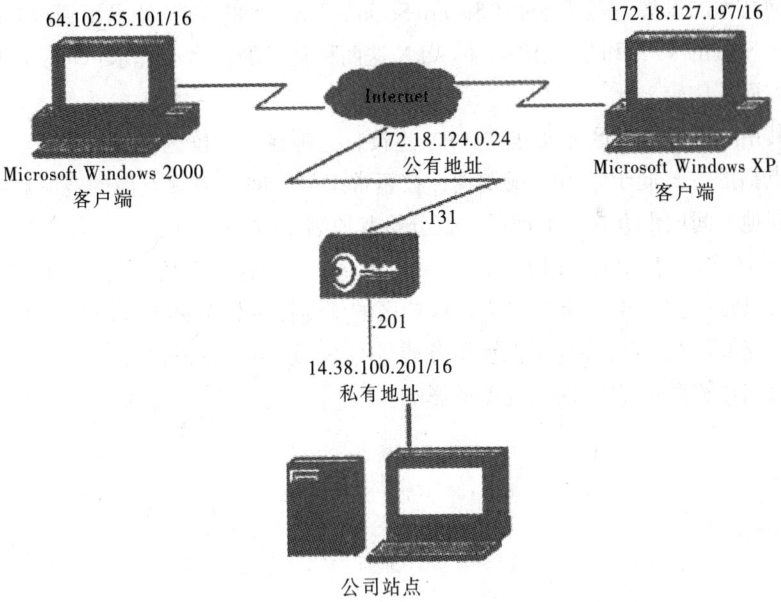

图 9-12　远程连网

小　　结

VPN 通过安全隧道、身份认证和访问控制等手段，在互联网上以较低的费用，实现人们远程通信的安全保证。随着移动办公、信息共享和安全通信等需求的增加，VPN 将受到更多的关注。

然而，我们应当看到，由于 VPN 对服务质量的支持并没有传统专用网络那么强，因此目前，VPN 主要也只能承载一些对时延不很敏感的数据业务。

随着分组语音和流媒体等业务的发展，人们不再仅满足于安全保证，希望 VPN 还能够提供诸如网络性能和服务质量方面的保证。

同时，IP 技术也正在经历巨大变化，从尽力传送到业务区分，对服务质量的支持已具雏形。VPN 和 IP 的天然渊源，使新的 IP 技术能够自然运用于 VPN。

相信 VPN 在将来会以更强的安全保证、更好的服务质量满足人们更多的通信需求。

思 考 题

1. 与 PPP 相比，L2TP 有哪些改进？
2. 传输模式和隧道模式的本质区别是什么？
3. IPSec 中的 SA 起什么作用？
4. 我们身边存在着许多 VPN 的运用。试着了解这些机构所采用的具体 VPN 技术，结合其实际通信需求分析其技术优劣。
5. 随着万维网技术的发展，基于 SSL（Secure Sockets Layer）的 VPN 技术得到越来越多的关注。试比较基于 SSL 的 VPN 和基于 IPSec 的 VPN 这两种技术的优劣（提示：可从应用范围、功能和成本等方面作比较）。
6. 某大学在其甲校区和乙校区之间建立 VPN 连接，老师在任一校区授课时，另一校区的学生可通过视频点播的方式同步学习。现发现，在正常工作时间，视频点播的音频和视频质量均较差，而在其他时间段没有这样的问题。试分析其原因。

   附：两个校区均自构 VPN，并由一 IP 网络运营商分别为这两个校区提供 100 Mbit/s 带宽的出口。同时，通过这个 100M 端口也为对应校区的师生提供如 Web 访问等网络服务。
7. 结合上例研究如何在 VPN 环境下保证服务质量 QoS（Quality of Service）。
8. 结合实例研究加解密对 VPN 网络性能的影响。

第 10 章 病毒的防范

众所周知，计算机病毒是对网络安全最具有威胁的因素之一。像医学上的病毒一样，计算机病毒也是通过将其自身附着在健康程序（类似于医学上的健康细胞）上进行传播的。感染上一个系统后，计算机病毒就附着在它所寄居的系统的每个可执行文件和目标文件上，并感染它们。更有甚者，有些病毒还会感染磁盘驱动器的引导区，这意味着病毒将会感染所有在执行其他程序之前引导该磁盘的计算机。

说到病毒大家可能并不陌生，相信 CIH 病毒、爱虫病毒、尼姆达（Nimda）病毒这些名字都听到过。每年，在全球范围内都会有大的病毒爆发事件，比如 1999 年的 CIH 病毒、2000 年的爱虫病毒和 2001 年的尼姆达病毒等。这些病毒的快速传播正是借助于因特网的飞速发展，而有些病毒更是直接针对网络设计其传播的方式。在网络环境下对病毒的防范已经不像以前单台计算机防病毒那么容易了。

10.1 病毒的发展史

说起病毒，首先要来了解一下它的发展历史，以便我们对病毒有一个大概的了解。

1. 计算机病毒的早期阐述

计算机病毒并非是最近才出现的新产物。事实上，早在 1949 年计算机诞生初期，计算机之父约翰·冯·诺依曼（John Von Neumann）在他的《复杂自动机组织论》一书中便对计算机病毒进行了最早的阐述，他指出计算机程序能够在内存中自动复制，这已把病毒程序的蓝图勾勒了出来。当时，绝大部分的计算机专家都无法想象这种会自我繁殖的程序是什么样。

2. 计算机病毒的形成

① 20 世纪 50 年代末 60 年代初，在美国电话电报公司（AT&T）下设的著名的贝尔实验室里，H·Douglas McIlroy、Victor Vysottsky 和 Robert T·Morris 3 个 20 岁左右的年轻程序员，受到冯·诺依曼理论的启发，在工休之余玩一个叫做 Core War（磁芯大战）的游戏。

磁芯大战的基本玩法是参与者在同一台计算机内各自创建进程，这些进程相互开展竞争，通过不断复制自身的方式摆脱对方进程的控制并占领计算机，取得最终的胜利。这个游戏的特点在于双方的程序一旦进入计算机之后，玩游戏的人只能看着屏幕上显示的战况，而不能做任何更改，一直到某一方的程序被另一方的程序完全“吃掉”为止。

磁芯大战是个笼统的名称，事实上还可细分成几种游戏程序。

- 这是 H · Douglas McIlroy 所写的程序叫“达尔文”（Darwin），程序的名称包含了“物竞天择，适者生存”的意思。它的游戏规则跟以上所描述的最接近，双方以汇编语言各写一套程序，称为有机体，这两个有机体在计算机里争斗不休，直到一方把另一方杀掉而取代之，便算分出胜负。在比赛时 Robert T · Morris 经常匠心独具，击败对手。
- “爬行者”（Creeper）程序。程序每一次读出时，它便自己复制一个副本。此外，它也会从一台计算机“爬”到另一台连网的计算机。很快地计算机中原有资源便被这些爬行者挤掉了，爬行者的唯一生存目的是繁殖。为了对付“爬行者”，其他人便写出了“收割者”（Reaper）。它的唯一生存目的便是找到爬行者，并把它们毁灭掉。当所有爬行者都被消灭掉之后，收割者便执行程序中最后一项指令：毁灭自己，从计算机中消失。
- “双子星”（Germini）程序。该程序的作用只有一个：复制自己，送到下一百个地址后，便抛弃掉“正本”。从双子星衍生出一系列的程序，如“牺牲者”（Juggeraut）把自己复制后送到下 10 个地址，而“大脚人”（Bigfoot）则把正本和复制品之间的地址定为某一个大质数，想抓到“大脚人”是非常困难的。此外，还有 John F · Shoch 所写的“蠕虫”（Worm），它的目的是要控制侵入的计算机。最奇特的就是一个叫做“小淘气”（Imp）的程序了，它只有一行指令 MOV 01，当它展开行动后，计算机中原有的每一行指令都被改为 MOV 01。换句话说，屏幕上会留下一大堆 MOV 01。

② 1977 年夏天，托马斯·捷·瑞安（Thomas·J·Ryan）的科幻小说《P-1 的青春》（The Adolescence of P-1）成为美国的畅销书，轰动了美国科普界。作者幻想出世界上第一个计算机病毒，这个病毒可以从一台计算机传染到另一台计算机，最终控制了 7 000 台计算机，酿成了一场灾难，这实际上是计算机病毒的思想基础。“计算机病毒”这一概念就是在这部科幻小说中提出的。

③ 1983 年 11 月 3 日，美国计算机安全学家弗雷德·科恩（Fred Cohen）博士研制出一种在运行过程中可以复制自身的破坏性程序，伦·艾德勒曼（Len Adleman）将它正式命名为计算机病毒（Computer Virus），并在每周一次的计算机安全讨论会上正式提出。8 小时后专家们在 VAX 11/750 计算机系统上运行第一个病毒获得成功，一周后又获准进行 5 个实验的演示，从而在实验上验证了计算机病毒的存在。

3. 计算机病毒的流行

（1）Brain 病毒的影响

1986 年初，在巴基斯坦的拉合尔，巴锡特（Basit）和阿姆杰德（Amjad）两兄弟经营着一家 IBM PC 机及其兼容机的小商店。他们编写了 Pakistan 病毒，即 Brain 病毒（国内称为“巴基斯坦大脑病毒”或“大脑”病毒），该病毒在一年内流传到了世界各地。这是世界上第一例传播的病毒，使人们认识到计算机病毒对计算机的影响。

1987 年 10 月，Brain 病毒在美国被发现，世界各地的计算机用户几乎同时发现了形形色色的计算机病毒，如大麻病毒、IBM 圣诞树病毒、黑色星期五病毒等。病毒以强劲的势头蔓延开来，面对计算机病毒的突然袭击，众多计算机用户甚至专业人员都惊慌失措。就这样，经过 10 年的时间，计算机病毒的幻想终于变成了现实。

1988 年 3 月 2 日，一种苹果机的病毒发作，这天受感染的苹果机停止工作，只显示“向所有苹果计算机的使用者宣布和平”的信息，以庆祝苹果机生日。

（2）蠕虫病毒

1988 年，当年玩“磁心大战”出名的罗伯特·莫里斯的儿子小罗伯特·莫里斯利用 UNIX 操作系统一个小小的漏洞编制了一个特殊的程序，它自动寻找 ARPANET 网络上的主机，并向新的主机系统不断复制自己，这就是有名的“莫里斯蠕虫”。从 11 月 2 日起的短短两天时间内，莫里斯蠕虫感染了全美军事、大学等 ARPANET 上几乎所有的 UNIX 系统，耗尽了 ARPANET 上所有资源。到 11 月 3 日，包括五个计算机中心和 12 个地区结点，连接着政府、大学、研究所和拥有政府合同的 150 000 台计算机遭受攻击，造成 ARPANET 不能正常运行。这是一次非常典型的计算机病毒入侵计算机网络的事件，美国政府由此立即做出反应，国防部成立了计算机应急行动小组，这更引起了世界范围的轰动。这次事件，计算机系统直接经济损失达 9 600 万美元。小莫里斯也因此被判 3 年缓刑，罚款 1 万美元，还被命令进行 400 小时的社区服务。小莫里斯当年只有 23 岁，是在康乃尔大学攻读学位的研究生。由于小莫里斯成了入侵 ARPANET 网最大的电子入侵者，他被获准参加康乃尔大学的毕业设计，并获得哈佛大学 Aiken 中心超级用户的特权。

（3）小球病毒

1988 年底，在我国的国家统计部门发现的小球病毒是我国发现的首例计算机病毒感染事件。1989 年，全世界的计算机病毒攻击十分猖獗，我国也未幸免。其中“米开朗基罗”病毒给许多计算机用户造成极大损失。

1991 年，在“海湾战争”中，美军第一次将计算机病毒用于实战，在空袭巴格达的战斗中，成功地破坏了对方的指挥系统，使之瘫痪，从而保证了战斗的顺利进行，直至最后胜利。这是计算机病毒首次在战争中作为武器使用。这一年，首次出现能够突破 Novell Netware 网络安全机制进行传播的网络计算机病毒。

（4）幽灵病毒

1992 年，出现针对杀毒软件的“幽灵”病毒 One-Half。当年还出现了一种实现机理与以往的病毒有明显区别的 DIR II 病毒，该病毒的传染速度、传播范围及其隐蔽性堪称所有病毒之首。DIR II 病毒专门感染磁盘的目录区，并不感染文件或引导扇区，当干净的软盘在染毒的系统中执行 DIR 命令时，病毒就传播到了干净的软盘上。

1994 年 5 月，南非第一次多种族全民大选的计票工作，因计算机病毒的破坏而停顿达 30 余小时，被迫推迟公布选举结果，世界为之哗然。外电发表评论：计算机病毒不仅给人类的正常工作和生活造成破坏，扰乱正常的社会秩序，而且已经开始对人类的历史进程产生严重的影响。

（5）宏病毒

1996 年，出现针对微软公司 Office 软件的“宏病毒”（Macro Virus）。1997 年被公认为计算机反病毒界的“宏病毒年”。宏病毒主要感染用 Word、Excel 等程序制作的文档。宏病毒自 1996 年 9 月开始在国内出现并逐渐流行，如 Word 宏病毒，早期是一类用专门的 Basic 语言，即 Word Basic 脚本语言编写，后来使用 Visual Basic for Application（VBA）语言编写。与其他计算机病毒一样，它能对用户系统中的可执行文件和文档造成破坏，常见的有 Concept 等宏病毒。

（6）CIH 病毒

1998 年 8 月，中央电视台在《晚间新闻》中播报公安部要求各地计算机管理监察处严加防范一种直接攻击和破坏计算机硬件系统的新病毒（CIH）的消息，立即引起人们对计算机病毒的恐慌，在我国掀起一股“病毒热”狂潮。1998 年被公认为计算机反病毒界的 CIH 病毒年。CIH 病毒是继 DOS 病毒、Windows 病毒和宏病毒后的第四类新型病毒。

这种病毒与 DOS 下的传统病毒有很大不同，它是第一个直接攻击、破坏硬件的计算机病毒，是迄今为止破坏最为严重的病毒。它主要感染 Windows 95/98 的可执行程序，发作时破坏计算机主板上 Flash BIOS 芯片中的系统程序，导致主板损坏，无法启动，同时破坏硬盘中的数据。1999 年 4 月 26 日，CIH 病毒在我国大规模爆发，造成巨大损失。全世界至少有 6 000 万台计算机遭受到过它的侵害，我国受损的计算机总量达到了 36 万台，其中主板的受损比例为 15%。所造成的直接经济损失为 0.8 亿元人民币。

（7）网络病毒

随着互联网技术的发展，1999 年 3 月 26 日，出现了一种通过因特网进行传播的 Melissa 病毒（美丽莎病毒）。2000 年 5 月 4 日，爱虫病毒在全世界范围内大爆发，至少 4 500 万台计算机受到影响，经济损失高达 100 亿美元。到 2001 年，“红色代码”、“蓝色代码”、“Nimda” 等大量针对微软的 Internet Information Server（IIS）服务器漏洞进行传播和破坏的计算机病毒接踵而至。计算机病毒一经出现，便以极其迅猛的速度增加。据统计，1989 年 1 月，病毒种类不过 100 种，而最新资料却表明，计算机病毒总数已超过 6 万种，而且还有快速增长的趋势。

另一方面，计算机网络尤其是互联网技术的快速发展，也使得计算机病毒的传播速度更快，潜伏期更短。以前，一个 DOS 病毒通过软盘传播的方式，一般需要一年的时间才能够传遍全球，而现在只需要短短的几个小时就能够传播到不同国家、不同地域的计算机中。随着计算机技术的不断发展，病毒的传播途径将会越来越多，传播速度也将会越来越迅速。

10.2 病毒的原理与检测技术

要了解如何防范计算机病毒，首先需要了解计算机病毒的原理及常见计算机病毒的检测技术。通过研究计算机病毒的原理，能够从根本上对计算机病毒进行防范。

10.2.1 计算机病毒的定义

首先让我们来看一看什么是计算机病毒。对计算机病毒的定义有很多，目前国内比较流行的是采用 1994 年颁布的《中华人民共和国计算机信息系统安全保护条例》第二十八条中的定义，即“计算机病毒，是指编制或者在计算机程序中插入的破坏计算机功能或者毁坏数据，影响计算机使用，并能够自我复制的一组计算机指令或者程序代码”。

随着互联网技术的发展，计算机病毒的定义正在逐步扩大化，与计算机病毒的特征和危害有类似之处的黑客有害程序（Hack Program）、特洛伊木马程序（Trojan Horse）和蠕虫程序（Internet Worm）从广义角度也被归入计算机病毒的范畴。

10.2.2 计算机病毒的特性

一般来说，计算机病毒通常具有主动传染性、破坏性、寄生性、隐蔽性和不可预见性等特性。这些特性在计算机病毒的定义中有所体现。

1. 主动传染性

计算机病毒必须具有主动传染性，这是病毒区别于其他程序的一个根本特性。在计算机病毒的定义中也强调计算机病毒是要“能够自我复制的”。病毒能够将自身代码主动复制到其他文件或扇区中，这个过程并不需要人为的干预。形象地说，计算机病毒能够自己“跑”到别的程序或计算机中去。

2. 破坏性

计算机病毒同时又要具有破坏性，这也是计算机病毒的一个基本特性。计算机病毒往往是带有某种破坏功能的，比如删除文件、毁坏主板 BIOS、影响正常的使用，等等。近年来随着将黑客程序、特洛伊木马程序和蠕虫程序等纳入计算机病毒的范畴，破坏性也被赋予了新的内涵，比如将盗取信息、使用他人计算机的资源等也列入了破坏行为的范围。

3. 寄生性

计算机病毒还具有寄生性，也就是说病毒并不一定是完整的程序，早期的计算机病毒绝大多数都不是完整的程序，通常都是附着在其他程序中，就像生物界中的寄生现象。被寄生的程序称为宿主程序，或者称为病毒载体。当然现在的某些病毒本身就是一个完整的程序。

4. 隐蔽性

同时，计算机病毒还具有隐蔽性，这和寄生性是分不开的。隐蔽性是指计算机病毒采用某些技术来防止被发现。潜伏期越长的病毒传播的范围通常来说也会越广，造成的破坏也就越大。目前通过网络传播的计算机病毒往往采取快速传播的方法，因此可能在这些病毒的身上并没有表现出隐蔽特性。

5. 不可预见性

计算机病毒还具有不可预见性，也就是说永远无法预见下一分钟会出现什么病毒，会造成什么样的后果。同样，谁也无法准确地预见计算机病毒什么时候会入侵，什么时候会传播爆发。

10.2.3　计算机病毒的命名

在国际上还没有对计算机病毒命名方法的规定。一般来说，各个厂商对计算机病毒有其自己的一套命名方法。但在国际上通行一个计算机病毒命名的准则，即同一厂商对同一病毒及变种的命名一致，也就是说在同一厂商的反病毒产品中，对同一病毒（包括变种）的各种存在形式的检测所报警的病毒名必须一致。

一般常见的计算机病毒命名方法有：

- 采用病毒体字节数命名，如 1050 病毒、4099 病毒等；
- 采用病毒体内或传染过程中的特征字符串命名，如 CIH、爱虫病毒等；
- 根据发作的现象命名，如小球病毒等；
- 根据发作的时间及相关的事件命名，如黑色星期五病毒等；
- 根据病毒的发源地命名，如合肥 2 号等；
- 根据特定的传染目标命名，如 DIR II 病毒等。

通常还会加上某些指明病毒属性的前后缀，如 W32/xxx、mmm.W97M 等。此外，对病毒的命名除了标准名称外，还可以有“别名”，也就是说可以通过上述的几种命名方式来对一个病毒进行命名，以便记忆。

10.2.4　计算机病毒的分类

对病毒可以从不同的角度进行分类。按破坏性来分类存在恶性病毒（如 CIH）和良性病毒（如

“杨基”病毒，发作时在计算机上播放歌曲）两种。按所攻击的操作系统划分有 DOS 病毒、Windows 病毒、Linux 病毒、UNIX 病毒等。按病毒的表观来划分，可以分成简单病毒和变形病毒等。按病毒的感染途径及所采用的技术划分，存在引导型病毒、文件型病毒和混合型病毒等。

通常是根据计算机病毒的感染途径及所采用的技术来划分的，传统上对计算机病毒的分类包括引导型病毒、文件型病毒和混合型病毒 3 大类。随着病毒制造技术的不断提高，各种新的病毒分类如：变形病毒、宏病毒、电子函件病毒、脚本病毒、网络蠕虫、黑客程序、特洛伊木马/后门程序、Java/ActiveX 恶意代码新的分类也逐渐被人们所采用。随着科学技术的不断进步，还会有手机病毒、PDA 病毒、Palm 病毒等新的分类。

计算机病毒是一个实实在在的东西，而且具有危险性，据专家们估计，在所有病毒中，仅有 5%的病毒会销毁计算机的硬件或系统部件。大部分病毒都是简单地自己繁衍自己，也就是说它们不失时机地复制自己，并不干涉系统的活动。尽管大部分病毒不会破坏计算机和文件，但我们也应当尽最大努力保护计算机免遭感染。

综上所述，病毒的种类很多，而且每种病毒又具有不同的破坏性，因此有必要了解每种病毒的特点。

1. 特洛伊木马

特洛伊木马藏身在非可执行文件的代码中（例如，压缩文件和文档文件），为了不被众多的检测程序发现，也有可以藏身于可执行文件中的特洛伊木马。特洛伊木马在安全地通过了反病毒程序检测后开始运行，这种病毒经常作为有用软件出现，或者在压缩备份中作为库文件出现。然而，一个特洛伊木马经常含有病毒子程序。也许 Dan Edwards 给出了特洛伊木马最好的定义，Dan 说特洛伊木马是一个满怀敌意的破坏安全性的程序。它伴装为某种形式，例如，路径列表、备份、游戏或者查找并破坏病毒的程序。最近大多数的反病毒软件都能定位大多数的特洛伊木马。

著名的特洛伊木马之一是 Crackeriack 共享软件的一个早期版本。与其他的互联网上可利用的破解口令一样，Crackeriack 检测口令文件中相关口令的长度。当用户运行 Crackeriack 破解口令时，它列出破解的所有口令，并要用户删除该文件。这个软件的最初版本的功能不仅是破解口令，而且还秘密地把口令文件的内容报告给企图把特洛伊木马插入该软件的人。在 Crackeriack 删除该文件之前，特洛伊木马破坏无数系统的可靠性。Crackeriack 后来证明了它自己是一个非常有用的工具。

2. 多态病毒

多态病毒能够自身加密，加密的病毒经常隐藏它的特征，避开反病毒软件。为了传播多态病毒（或其他加密病毒），病毒首先用一种专门的解密程序为加密端口解密。解密程序把加密文件转换成最初的状态。当多态病毒的解密程序取得对计算机的控制权时病毒自身解密。解密后，解密程序把计算机控制权传给病毒，病毒因此而传播。

最早的加密病毒是非多态的。也就是说，在感染过程中，它们用的解密工具是从来不变的。因此，尽管这种病毒能够自身加密，隐藏起来避开反病毒软件，反病毒软件仍然能够根据病毒的解密程序的可预测的不变特征来识别并杀死这种病毒。

反病毒软件要想定位多态病毒非常困难。多态病毒每次感染一个 EXE 文件时，都产生一个解密程序，生成不同的病毒特征。通常，多态病毒用一个简易的机器码产生器，如变异引擎来改变它的特征。变异引擎利用一个随机数产生器和相关的简单的数字算法来改变病毒特征。病毒程序员，简单地改变一下源代码，使病毒自我复制之前调用变异引擎，就能制造出多种多态病毒。

尽管一般的扫描方式（如字符串匹配）不能发现多态病毒，但为识别加密病毒而装备的一种特殊构造的搜索引擎却能够检测它们。多态病毒并不是不能克服的，但它们使病毒的检测更加困难和昂贵。为了防止多态病毒，大部分新的病毒扫描软件都包括加密扫描。

3. 行骗病毒

行骗病毒隐藏它对你的文件或引导扇区的修改。行骗病毒通过监控操作系统从存储介质中读文件或扇区的系统函数，并消除它们调用系统函数产生的后果，从而达到隐藏修改的目的。这样当程序读这些被感染的文件或扇区时，它们看到的是原始的、未被感染的形式，而不是被感染的形式。因此反病毒程序可能检测不出病毒的修改。为了不被发现，当你运行反病毒程序时，它们一定寄居在存储器中。如果程序被装入内存，任何好的反病毒程序都能发现这种病毒。

关于行骗病毒的一个很好的例子就是 Brain。这种引导扇区感染性病毒控制着磁盘的输入/输出（I/O）操作，并在操作系统每次试图读取被该病毒感染的引导扇区时使系统重新定位。Brain 将操作系统重定位到磁盘上它存放原来的引导区内容的位置。其他类似的行骗病毒包括文件感染型病毒，如 Number、Beas!及 Frodo。病毒捕获了 DOS 中断 21 H，该中断执行 DOS 的系统服务器功能，于是，一旦用户命令的结果中指示了被感染文件的存在，病毒就将正常的 DOS 服务器定位到内存中另外一个地方，这就会给 DOS 服务提供一个错误信息。

行骗病毒通常具有长度行骗或读取行骗病毒的功能，长度行骗是文件感染型病毒的变种。这种病毒将自身覆盖在目标程序文件上然后开始复制，这使得该文件长度增大。因为它是一种行骗病毒，它能够屏蔽文件长度，被病毒感染的用户通常在使用机器期间不能发现这种病毒的活动。

读取行骗病毒，例如，著名的 StonedMonkey，它窃取被感染扇区的记录或文件的请求，并且向请求者提供原始的未感染的目录，又一次隐藏病毒的存在。

击败行骗病毒很容易。在正常的系统上运行反病毒程序，都将检测到行骗病毒。检测病毒前，要从一个可靠的、正常的引导盘上启动计算机，这样就可以发现所有的行骗病毒而不会导致计算机被感染。如前面所说的，行骗病毒只有在存储器中寄居或活动时才能隐藏自身。如果没有安装驻留内存的服务设备，反病毒软件很容易检测到这种病毒。

行骗病毒的感染过程如下：

① 用户请求读硬盘驱动器引导区。

② 病毒服务设施请求。

③ ROM 服务器给该用户提供一个正常的引导记录。

4. 慢效病毒

慢效病毒是很难被检测到的，因为它们仅感染操作系统正在修改和复制的文件（如 DOS、Windows 中的 COM 文件），也就是说，慢效病毒仅在用户操作文件时感染该文件。例如，慢效病毒在 FORMAT 或 SYS 写引导区时感染引导区。这种病毒也可能只感染复制过来的文件，而不感染原文件。Darth-Vader 是一种很普遍的慢效病毒，它仅感染 COM 文件，而且仅当操作系统写 COM 文件时感染它。

Integrity checker 是一个反病毒程序，它检测计算机磁盘驱动器的内容和驱动器上每一个文件校验和的长度。如果发现内容或长度有变化，它就会报警。然后，用户可以使用 Integrity checker

给这个新文件（感染文件）计算出一个新的检验和。

对付慢效病毒最成功的工具是 Integrity shells——驻留内存的 Integrity checker。Integrity shells 总是监督每个新文件的生成路径，并试图使生成过程的每一步都是无病毒的、有效的。

另一种可行的检测方法是 Decoy lunching，在 Decoy lunching 中，反病毒软件生成一些仅有 Integrity checker 知道其内容的 COM 和 EXE 文件。生成这些文件后，软件检查文件内容，查找慢效病毒。

例如，慢效病毒可能感染复制文件的 DOS 程序。当 DOS 执行复制请求时，病毒程序就会把病毒附着在新复制生成的文件上。该病毒感染的过程如下：

① 慢效病毒在存储器上。

② DOS 把感染的文件写入磁盘。

③ 磁盘上有被感染的文件，每次执行文件时都会运行病毒。

5. 制动火箭病毒

制动火箭病毒通过对反病毒软件的直接进攻来阻碍反病毒程序或程序组的操作。专家们更愿意把制动火箭病毒称为反反病毒（不要混淆了反反病毒与反病毒，病毒不能感染其他病毒）。

制造一个制动火箭病毒并不是一件困难的事。病毒制造者的任务就是研究他们想击败的程序，直到发现反病毒开发者没有预测到的不足。他们就利用这些不足来制造制动火箭病毒。最普通的制动火箭病毒是在存有病毒特征的反病毒软件中寻找数据文件，并且删除该文件，使该文件不能再检测到病毒。更高级的制动火箭病毒是在 Integrity checker 软件中寻找 integrity 信息的数据库，并且删除数据库。删除数据库与删除数据文件一样可以使 Integrity checker 不再有效。

还有一些制动火箭病毒能骗过反病毒的检测，并避开该程序，中止反病毒程序的运行或在反病毒程序运行之前生成一个有破坏性的程序。有些制动火箭病毒能改变计算机环境，以达到影响反病毒程序运行的目的。还有一些病毒利用一些特殊的弱点和漏洞来阻碍反病毒程序的运行。

6. 多成分病毒

多成分病毒感染可执行文件和引导区分区，有时也感染软盘引导扇区。命名为多成分病毒是因为它有多种方法感染计算机。当运行一个被多成分病毒感染的应用程序时，它就会感染计算机的硬盘引导区。当下次开机时，病毒就开始活动，感染你运行的每一个程序。One-Half 就是著名的多成分病毒之一，它不仅具有行骗病毒的威力，同时还具有多态病毒的威力。

7. 装甲病毒

装甲病毒利用一些难以跟踪也难以理解的代码程序来保护自己。它们可以用“打包代码”（wrapping code）来迷惑观察者，保护自己。也可能暴露一个错误的地址，而隐藏真正的地址。Whale 是著名的装甲病毒之一。

8. 同伴病毒

同伴病毒通过创建一个新的扩展文件而把自己附着在一个可执行文件上。它可以给被它感染的每一个可执行文件建立一个同伴文件。例如，一个同伴病毒可以用 winword.com 来保存。每当用户运行 winword.exe 文件时，操作系统首先运行 winword.com 文件。

9. 噬菌体病毒

最后一种病毒是噬菌体病毒，它未经允许就能修改程序和数据库。病毒专家根据医学上的噬菌体病毒命名它。这种病毒用它自己的代码代替被它感染的代码。它们不满足于简单地把代码附着在其他的程序代码上，它们更喜欢用自己取代可执行的程序，噬菌体常常产生同伴病毒。它极具破坏力，它不仅能够自我复制、自我传染，而且在处理过程中，它还能破坏它感染的每一个程序。

10.2.5 关于宏病毒

宏病毒是对网络计算机最具威胁的病毒，目前，宏病毒可能是在互联网上传播最快的一个病毒种类。宏病毒不仅对个人计算机同时也对各种类型的网络构成了威胁。其最大的威胁就是宏病毒能像互联网自身一样独立于平台和操作系统，而这一点与文件型及引导型病毒是不同的。还有，宏病毒并不把自己限制在可执行文件和目标文件，而是主要针对数据文件。

宏病毒数量正在增多，1996 年 10 月所公布的宏病毒还不到 100 种。而到了 1997 年 5 月，已有近 700 种宏病毒的变种被公布。宏病毒是用专门应用程序的互联网编程语言（有时也叫做脚本语言或宏语言）写成的小程序。使用宏语言的常见例子包括字处理程序、传递表程序及图形操作工具。

病毒编写者通常编写宏病毒以便在应用程序生成的文档中进行复制。于是，当主机的其他用户相互交换被感染的文件时，宏病毒便得以传播到其他计算机。宏病毒常常以某种方式删除文件以至于这些文件无法恢复。宏病毒能运行在各种平台上，只要在那里它们能找到相关的应用程序及它们内部的编程语言即可。这些基于应用编程语言的宏病毒不再局限于单一的平台式操作系统。

大多数流行的应用程序的内部编程语言都是非常强大的工具。它们不仅能改变已存文件的目录，也能够进行如删除和重命名文件和路径的操作。用这些语言写成的宏病毒可执行同样的操作。

目前，已有的大量的宏病毒是用 Microsoft WordBasic 或 Microsoft Visual Basic for Applications（VBA）写成的。WordBasic 是 Microsoft Word for Windows 和 Word for Macintosh 的内部程序语言。每当用户在 Microsoft Office 的配套产品中执行一个程序时，VBA 就执行，所以用 VBA 写成的宏病毒是相当危险的。换句话说，用 VBA 写成的宏病毒会感染 Excel 文档、Access 数据库和 PowerPoint 文档。由于应用程序越来越强大，并能支持终端用户编程，因此宏病毒也随之越来越猖獗。

Microsoft Word 为宏病毒提供了一个很舒适的繁衍之地，主要是以下原因造成的：

① Microsoft Word 有一个庞大的安装库。另外，Word 也是一个跨平台产品，含有各种版本，如 DOS、Windows 3.x、Windows 95/98、Windows NT 和 MacOs，这就增大了病毒的感染范围。

② Word 的 Normal 版本（在 Windows 版本上的 normal.bat 文件）包括 Word 常用的 global 宏。对于一个宏病毒，这个模板就是它存放宏的“肥沃的土地”，随后，它把这个宏复制到其他的 Word 文档中或其他的 Microsoft 应用程序中去。

③ Microsoft Word 未经指导，可执行特殊命令的宏。它的这种功能使得宏病毒易于将打开的宏病毒和打开的其他合法宏相关联在一起。在一些任务中，Word 利用合法的宏去创建、打开或关闭文档，并显示 Word 应用程序。

④ 与用汇编语言编写系统病毒这个困难的任务相比，Word 宏病毒更易于编写。

⑤ 用户把 Word 文档附着在电子邮件信息上，寄给 ftp 站点并传至邮件列表。用这种方式，大量的用户会很快通过这个 Word 文档被感染。遗憾的是，这种病毒传播的方式相对来说是新的，Microsoft Word 宏病毒的生产者能够在用户没有准备的情况下传播病毒。

1. 一些流行的宏病毒

Word Macro/Concept—Word Prank Macro 或 WWW6 Macro，是用 Mircosoft Word 6.0 语言写的一种宏病毒。Concept 实际上由以下 Word Macro 组成：AAAZAO、AAAZFS、AutoOpen、FileSaveAs 和 Payload（AutoOpen 和 FileSaveAs 都是合法的宏名字，不同于并高于它们在 Concept 中扮演的角色）。病毒试图感染 Word 的 global 文档模板 normal.dot。感染 normal.dot 时，若病毒发现 Payload 宏或 FileSaveAs 已经存在于这个模板上，则它会处理已经感染的模板部分，停止它的攻击。如果已经感染了 global 模板，由感染程序创建的 Save As 命令生成的所有文档都会被感染，它可以通过这些文档去传染其他系统。通过检查 Word 的 Tools 菜单中的 Macro 选项，可以发现 Concept。如果宏列表中有名为 AAAZFS 的宏，那么，Concept 病毒就可能感染了你的系统。

通过创建一个名为 Payload 的空白宏，可以保护你的计算机不被病毒感染。建立的 Payload 宏覆盖了 Concept 的 Payload 的实现。病毒以为它已经感染了你的计算机，就不会再感染你的 global 模板 normal.dot 了。创建一个 Payload 宏仅是一个暂时的解决办法。现在有人正在修改 Concept 的 AutoOpen Macro 来感染系统，无论你的 normal.dot 是否包含 FileSaveAs 或 Payload 都会被感染。

尽管有些不同之处，WordMacro/Atom 与 Concept 还是非常相似的，Atom 的作者加密了这个病毒的宏，这种病毒很难被检测到。因为它在打开或关闭时加密，这使防止病毒传染更加困难。这两个 Payload 与 Concept 中的相似但也有明显的不同。

第一个 Payload 的活动发生在 12 月 13 日，在这一天，病毒删除当前目录中所有文件。第二个 Payload 活动发生在用户用 FileSaveAs 命令时，并且同时计算机上的时钟计时等于 13。在这一点上，病毒口令保护了当前文档，使它不能再访问该用户。屏蔽宏的自动执行或从对话框选项中选择 Prompt to Save global.dot（选择 Tools 菜单中的 Option 选项）会中止 Atom 的传播。

Word Macro Bandung 包括以下 6 种宏：AutoExec、AutoOpen、FileSave、FileSaveAs、ToolsCustomize 和 ToolsMacro。如果你在每月的 20 号或其后的上午 11:00 以后打开一个被 Bandung 病毒感染的文档（或用被感染的 normal.dot 启动 Word），病毒会删除 C 盘上所有子目录中的文件，但 Windows、WinWord 和 WinWord 6.0 例外。删除文件时，病毒会显示这样的信息："Reading menu…Please Wait!"（正在读菜单……请等候!）。删除完成后，它创建一个 C:\Pesan.txt 文件，并在文件中写入一个消息。

如果用户选择 Tools 菜单中的 Customize 选项或 Macro 选项，它会在一个对话框中显示"Fail onstep 29296"（使用错误提示码和停止号）。接下去，它在文档中所有出现'a'的地方用'#@'来代替，并保存更改后的文档。无论是 Tools 菜单中的 Customize 选项还是 Macro 选项，Word 都不会再执行实际上的功能。实际上，它执行的是宏病毒功能。

WordMacro/Colors 病毒在 1995 年首次出现，有人把它寄给 Usenet 新闻组。有时人们也称它为 Rainbow 病毒，它来自葡萄牙。这种病毒在 Win.ini 中含有一个计数生成器，当宏执行时，它在当前窗口中文件的端口增加 countersu 行。当计数达到某一值时，病毒修改系统的颜色设置。在下次启动时，各窗口的颜色会发生奇怪的变化。这种病毒感染 Word 文档的方式与其他宏病毒相似，但它不仅仅依靠宏的自动执行。即使屏蔽了 AutoMacro，它也可以传播。也就是说，即使你调用

Winword.exe/DisableAutoMacro 或使用了 Microsoft 的反病毒模板工具(可从 www.microsoft.com 中得到)，这种病毒照常行动。Colors 病毒的宏名字如表 10-1 所示。

表 10-1　Colors 病毒的宏名字

AutoClose	AutoExec	AutoOpen
FileExit	FileNew	FileSave
FileSaveAs	ToolsMacro	Macros

当选中 File 菜单中的 New、Save、SaveAs、Exit 选项或 Tools 菜单中的 Macro 选项时，病毒就得到了控制权。如果你打开了一个被感染的文档，当你创建一个新文件，关闭一个被感染的文件，保存这个文件或用 Tools 菜单中的 Macro 列出宏时，病毒就会运行。这样，你就不能用 Tools 中的 Macro 来检查病毒是否感染了你的系统，你只能执行病毒。可以用 File 中的 Templates 打开 Organizer 对话框，选中 Macro tab，在 Macro tab 中删除宏病毒——注意将来的病毒也可能入侵这个命令。Colors 病毒的作者写病毒时也非常小心。

WordMacro/Hot 病毒包含 4 个可执行的宏。它首先在 winword.ini 文件中生成一个入口。在将来的 14 天中含有一个“hot date”。被感染的 ini 文件中含有类似于“QLHot = 120497”的一行。这个病毒把表 10-2 中的宏复制到 normal.dot 文件中并改变宏名字。

表 10-2　WordMacro/Hot 的宏名

MacroStartName	MacroEndName
AutoOpen	StartOfDoc
DrawBringInFont	AutoOpen
InsertPBreak	InsertPageBreak
ToolsRepaginat	FileSave

如果从 Word Tools 菜单中选择 Macro 选项，会看到表 10-2 右栏中列出的宏。安装的文档揭露出所有的宏集合。如果在系统感染之前关闭 Auto Execute Macro 选项并装入被感染的文档，就会看到表 10-2 左栏中列出的宏。

在“hot”期间的几天中，病毒会触发它的 Payload。Payload 会随机决定抹去选项中文件的内容。为了除掉这种病毒，可以用 Tools 菜单中 Macro 选项来显示 Macro 对话框，删除表 10-2 中列出的宏。选中要删除的宏，单击 Delete 按钮即可。

WordMacro/MDMA 宏病毒仅含有一个宏——AntoClose，它感染 WinWord 6.0 的所有版本或更高版本。在每月的第一天激活 Payload。Payload 依靠平台，在 Macro 中，它企图删除当前文件夹中的所有文件，但未能达到目的，因一个语法错误导致它的失败。在 Windows NT 中它删除当前目录中所有文件并删除 C:\shmk。

WordMacro/NUCLEAR 是一种普通的宏病毒。与其他宏病毒一样，它企图感染 Word 的 global 文档模板。与其他宏病毒不同的是，它不用 POP—UP 对话框宣布它的到达，它把自己附着在用 File 菜单中的 Save As 命令创建的每一个文件上，并感染这些文件。每当关闭文档时，它会关闭 Prompt to SAVE NORMAL TEMPLATE(打开 Tools 菜单，在 Options 对话框中)，以隐藏起来。这样应用程序不会再问你是否要保存 Normal.dot 的改变，病毒也就不会被注意到(很多用户用这个选项来防止感染 Concept。但这种方法对 Nuclear 是无效的）。

在 4 月 5 日，NUCLEAR 的 Payload 宏，会删除系统文件 IO.SYS 和 COMMAND.COM（它包含 DOS 的执行程序）。在每分钟的最后五秒，它会把下列两行加在每一个从 Word 中打印或复制的文档中。"And finally 1 would like to say：STOP ALL FRENCH NUCLEAR TESTING IN THE PACIFIC。"因为它仅在打印时添加这段文本，所以用户不可能注意到这个异常的变化。它的 Payload 宏处理这个功能。选中 Tools 菜单中的 Macro 选项，然后检查宏列表中是否有 NUCLEAR 诸如 InsertPayload 等奇怪的宏名字，就能确定是否有 NUCLEAR 病毒。

WordMacro/WAZZU 仅包括 AutoOpen 宏。它的语言是独立的，也就是说，它不仅仅感染 Word 的英语版本，还感染用于其他语言的 Word 本地化版本。WAZZU 修改文档内容，在其中插入文本"WAZZU"。虽然难以确定这个病毒的来源，但 WAZZU 是华盛顿州立大学的别称。

2．宏病毒的最佳解决办法

当用户打开一个含有宏病毒的文档时，Word for Windows 都会自动警告用户。对于 Microsoft Word 的 Windows 和 Macintosh 用户，Microsoft 提供了 Macro Virus Protection（MVP）工具。MVP 内部安装了一个保护性的宏，它能检测到宏病毒，并警告用户打开一个含有宏的文件是有危险的。访问 http://www.microsoft.com/word/freestuff/mvtool/mvtool2.htm 下的 Microsoft Web，可以下载该工具。当你从电子邮件信息或互联网上下载文件时，在打开这些文件之前，应当用反病毒工具扫描该文档。

从 Microsoft Word 7.0 以来最新的 Microsoft Word 版本对现存的 Word 宏病毒的灵敏度有所下降。这主要是它们伴随着 Excel、Access 和 PowerPoint 工具的出现，使用了一种新的内部脚本集成语言。Microsoft 称这种新的内部语言为 Visual Basic for Applications（VBA）。另外，Chameleon（NetManage）、Photoshop（Adobe）和 AutoCAD（AutoDesk）都使用 VBA。

幸运的是，这种新的脚本语言使得许多 Word 宏病毒无效（它没有执行旧的 Word Basic 宏的反向兼容模式）。然而，VBA 5.0 的优点和它在许多程序中的公用性为新一代的宏病毒提供了新的机会。有人用 VBA 编写新一代的病毒，它能感染多种应用程序中的文件。如果想更多地了解宏病毒，CIAC 的站点值得一看。在 http://cic.llnl.gov/ciac/bulletins/g1oa.shtml 中提供了更多、更好的说明。Richard John Martin 已经把关于 Word 宏病毒经常出现的问题列出了一个很好的清单，可在 ftp://ftp.gate.net/pub/users/risl/word.faq 下找到该清单。

10.2.6 计算机病毒的传播途径

计算机病毒要进行传染，必然会留下痕迹。检测计算机病毒，就是要到病毒寄生场所去检查，验明"正身"，确证计算机病毒的存在。计算机病毒存储于磁盘中，激活时驻留在内存中。因此对计算机病毒的检测分为对内存的检测和对磁盘的检测。一般对磁盘进行计算机病毒检测时，要求内存中不带病毒。这是由于某些计算机病毒会向检测者报告假情况。例如 4096 病毒，当它在内存中时，查看被感染的文件长度，不会发现该文件的长度已发生变化，而当在内存中没有该病毒时，才会发现文件长度已经增长了 4096 字节。又如 DIR II 病毒，它在内存中时，用 DEBUG 程序查看，根本看不到 DIR II 病毒的代码，很多检测程序因此而漏过了被其感染的文件。再如引导型的巴基斯坦智囊病毒，当它在内存中时，检查引导区看不到该病毒程序而只看到正常的引导扇区。因此，只有在要求确认某种病毒的类型和对其进行分析和研究时，才在内存中带毒的情况下做检测工作。

从原始的、未受计算机病毒感染的 DOS 系统软盘启动，可以保证内存中不带毒。启动必须是上电启动而不能是按键盘上的 Alt+Ctrl+Del 三个键，因为某些计算机病毒通过截取键盘中断处理程序，仍然会将自己驻留在内存中。可见保留一份未被计算机病毒感染的、写保护的 DOS 系统软盘是很重要的。

需要注意的是，若要检测硬盘中的计算机病毒，则启动系统的 DOS 软盘的版本应该等于或高于硬盘内 DOS 系统的版本号。若硬盘上使用了磁盘管理软件、磁盘压缩存储管理软件等，则启动系统的软盘上应该把这些软件的驱动程序包括在内，并把它们添加在 CONFIG.SYS 文件中。否则用系统软盘引导启动后，将不能访问硬盘上的所有分区，从而使躲藏在其中的计算机病毒逃过检查。

计算机病毒可以通过各式各样的手段进行传播，经常检查这些传播途径可以尽早地、有效地发现计算机病毒。计算机病毒传播的途径一般有以下几种：

1. 通过不可移动的计算机硬件设备进行传播

即利用专用集成电路芯片（ASIC）进行传播。这种计算机病毒虽然极少，但破坏力却极强，目前尚没有较好的检测手段对付。

2. 通过移动存储设备来传播 (包括软盘、磁带等)

其中软盘是使用广泛、移动频繁的存储介质，因此也成了计算机病毒寄生的“温床”。盗版光盘上的软件和游戏及非法拷贝也是目前传播病毒的主要途径。随着大容量可移动存储设备，如 Zip 盘、U 盘可擦写光盘和磁光盘（MO）等的普遍使用，这些存储介质也将成为计算机病毒寄生的场所。

3. 通过计算机网络进行传播

随着因特网的高速发展，计算机病毒也走上了高速传播之路，现在通过网络传播已经成为计算机病毒的第一传播途径。除了传统的文件型病毒以文件下载、电子邮件的附件等形式传播外，新兴的电子邮件病毒，如美丽莎病毒、我爱你病毒等则是完全依靠网络来传播的。甚至还有利用网络分布计算技术将自身分成若干部分，隐藏在不同的主机上进行传播的计算机病毒。

4. 通过点对点通信系统和无线通信系统传播

随着 WAP 等技术的发展和无线上网的普及，通过这种途径传播的计算机病毒也将占有一定的比例。

10.2.7　计算机病毒的检测方法

检测磁盘中的计算机病毒可分成检测引导型计算机病毒和检测文件型计算机病毒。这两种检测从原理上讲是一样的，但由于各自的存储方式不同，检测方法是有差别的。

1. 比较法

比较法是用原始备份与被检测的引导扇区或被检测的文件进行比较。比较时可以靠打印的代码清单（比如 DEBUG 的 D 命令输出格式）进行比较，或用程序来进行比较（在如 DOS 的 DISKCOMP、FC 或 PCTOOLS 等其他软件）。这种比较法不需要专用的反计算机病毒的程序，只要用常规 DOS 软件和 PCTOOLS 等工具软件就可以进行。而且用这种比较法还可以发现那些尚不能被现有的反计算机病毒程序发现的计算机病毒。因为计算机病毒传播得很快，新的计算机病毒层出不穷，由于目前还没有做出通用的能查出一切计算机病毒，或通过代码分析，可以判定某个程序中是否含有计算机病毒的查毒程序，所以发现新计算机病毒就只有靠比较法和分析法，有时必须结合这两者来一同工作。

使用比较法能发现异常，如文件的长度有变化，或虽然文件长度未发生变化，但文件内的程序代码发生了变化。对硬盘主引导扇区或对 DOS 的引导扇区做检查，比较法能发现其中的程序代码是否发生了变化。由于要进行比较，保留好原始备份是非常重要的，制作备份时必须在无计算机病毒的环境里进行，制作好的备份必须妥善保管，写好标签，并加上写保护。

比较法的好处是简单、方便，不需专用软件。缺点是无法确认计算机病毒的种类名称。另外，造成被检测程序与原始备份之间差别的原因尚需进一步验证，以查明是由于计算机病毒造成的，或是由于 DOS 数据被偶然原因，如突然停电、程序失控、恶意程序等破坏的。这些要用到以后讲的分析法，查看变化部分代码的性质，以此来确定是否存在计算机病毒。另外，当找不到原始备份时，用比较法就不能马上得到结论。因此可以看到制作和保留原始主引导扇区和其他数据备份的重要性。

2. 加总比对法（Checksum）

根据每个程序的档案名称、大小、时间、日期及内容，加总为一个检查码，再将检查码附于程序的后面，或是将所有检查码放在同一个数据库中，再利用此加总对比系统，追踪并记录每个程序的检查码是否更改，以判断是否感染了计算机病毒。一个很简单的例子就是当您把车停下来之后，将里程表的数字记下来。那么下次您再开车时，只要比对一下里程表的数字，那么您就可以断定是否有人偷开了您的车子。这种技术可侦测到各式的计算机病毒，但最大的缺点就是误判较高，且无法确认是哪种计算机病毒感染的，而且它对于隐形计算机病毒也无法侦测到。

3. 特征字串搜索法

特征字串搜索法是用每一种计算机病毒体含有的特定字符串对被检测的对象进行扫描，如果在被检测对象内部发现了某一种特定字节串，就表明发现了该字符串所代表的计算机病毒。国外把这种按特征字串搜索法工作的计算机病毒扫描软件叫做 Virus scanner。计算机病毒扫描软件由两部分组成：一部分是计算机病毒代码库，含有经过特别选定的各种计算机病毒的代码串；另一部分是利用该代码库进行扫描的扫描程序。目前常见的防杀计算机病毒软件对已知计算机病毒的检测大多采用这种方法。计算机病毒扫描程序能识别的计算机病毒的数目完全取决于计算机病毒代码库内所含计算机病毒的种类多少。显而易见，库中计算机病毒代码种类越多，扫描程序能认出的计算机病毒就越多。计算机病毒代码串的选择是非常重要的。短小的计算机病毒只有一百多个字节，长的有上万字节。如果随意从计算机病毒体内选一段作为代表该计算机病毒的特征代码串，则可能在不同的环境中，该特征串并不真正具有代表性，不能用于检查对应的计算机病毒。选这种串作为计算机病毒代码库的特征串就是不合适的。

另一种情况是代码串不应含有计算机病毒数据区的数据，数据区是会经常变化的。对于代码串，一定要在仔细分析了程序之后才选出最具代表性的，足以将该计算机病毒区别于其他计算机病毒的字节串。选定好的特征代码串是很不容易的，这是计算机病毒扫描程序的精华所在。一般情况下，代码串是连续的若干个字节组成的串，但是有些扫描软件采用的是可变长串，即在串中包含有一个到几个“模糊”字节。当扫描软件遇到这种串时，只要除“模糊”字节之外的字串都能完好匹配，则也能判别出计算机病毒。

除了前面说的选特征串的规则外，最重要的一条是特征串必须能将计算机病毒与正常的非计算机病毒程序区分开。不然将非计算机病毒程序当成计算机病毒报告给用户，将是假警报，这种“狼来了”的假警报太多了，就会使用户放松警惕，等真的计算机病毒一来，破坏就严重了；再就是若将这假警报送给杀计算机病毒程序，会将好程序给“杀死”了。

大多数计算机病毒检测软件使用特征串扫描法。当特征串选择得很好时，计算机病毒检测软件使用起来很方便，它可以让对计算机病毒了解不多的人也能用它来发现计算机病毒。另外，不用专门软件，用 PCTOOLS 等软件也能用特征串扫描法去检测特定的计算机病毒。

这种扫描法的缺点也是明显的。第一是当被扫描的文件很长时，扫描所花时间也很多；第二是不容易选出合适的特征串；第三是当新的计算机病毒的特征串未加入计算机病毒代码库时，老版本的扫毒程序将无法识别出新的计算机病毒；第四是当怀有恶意的计算机病毒制造者得到代码库后，他会很容易地改变计算机病毒体内的代码，生成一个新的变种，使扫描程序失去检测它的能力；第五是容易产生误报，只要在正常程序内带有某种计算机病毒的特征串，即使该代码段已不可能被执行，而只是被杀死的计算机病毒体残余，扫描程序仍会报警；第六是不易识别多维变形计算机病毒。不管怎样，基于特征串的计算机病毒扫描法仍是今天用得最为普遍的查计算机病毒方法。

4．虚拟机查毒法

该技术专门用来对付多态变形计算机病毒。多态变形计算机病毒在每次传染时，都将自身以不同的随机数加密于每个感染的文件中，传统搜索法的方式根本就无法找到这种计算机病毒。虚拟机查毒法则是用软件仿真技术成功地仿真 CPU 执行，在 DOS 虚拟机（Virltual Machine）下伪执行计算机病毒程序，安全并确实地将其解密，使其显露出本来的面目，然后再加以扫描。

5．人工智能陷阱技术和宏病毒陷阱技术

人工智能陷阱是一种监测计算机行为的常驻式扫描技术，它将所有计算机病毒所产生的行为归纳起来，一旦发现内存中的程序有任何不当的行为，系统就会有所警觉，并告知使用者。这种技术的优点是执行速度快，操作简便，且可以侦测到各式计算机病毒；其缺点就是程序设计难，且不容易考虑周全。不过在这千变万化的计算机病毒世界中，人工智能陷阱扫描技术是一种至少具有主动保护功能的新技术。

宏病毒陷阱技术结合了搜索法和人工智能陷阱技术，它依行为模式来侦测已知及未知的宏病毒。其中，配合 OLE2 技术，可将宏与文件分开，使得扫描速度变得飞快，而且可更有效地将宏病毒彻底清除。

6．分析法

一般使用分析法的人不是普通用户，而是防杀计算机病毒的技术人员。使用分析法的目的在于：

- 确认被观察的磁盘引导扇区和程序中是否含有计算机病毒；
- 确认计算机病毒的类型和种类，判定其是否是一种新的计算机病毒；
- 搞清楚计算机病毒体的大致结构，提取特征识别用的字节串或特征字，增添到计算机病毒代码库供计算机病毒扫描和识别程序用；
- 详细分析计算机病毒代码，制定相应的防杀计算机病毒措施方案。

上述 4 个目的按顺序排列起来，正好是使用分析法的工作顺序。使用分析法要求具有比较全

面的有关计算机、DOS、Windows 和网络等的结构和功能调用及关于计算机病毒方面的知识，这是与其他检测计算机病毒方法不一样的地方。

要使用分析法检测计算机病毒，除了要具有相关的知识外，还需要反汇编工具、二进制文件编辑器等分析用工具程序和专用的试验计算机，因为即使是很熟练的防杀计算机病毒技术人员，使用性能完善的分析软件，也不能保证在短时间内将计算机病毒代码完全分析清楚。而计算机病毒有可能在被分析阶段继续传染甚至发作，从而把软盘及硬盘内的数据完全毁坏掉，这就要求分析工作必须在专门设立的试验计算机上进行，不怕其中的数据被破坏。在不具备条件的情况下，不要轻易开始分析工作，很多计算机病毒采用了自加密、反跟踪等技术，这使得分析计算机病毒的工作经常是冗长和枯燥的。特别是某些文件型计算机病毒的代码可达 10KB 以上，与系统的牵扯层次很深，使详细的剖析工作十分复杂。

对计算机病毒的分析是防杀计算机病毒工作中不可缺少的重要技术，任何一个性能优良的防杀计算机病毒系统的研制和开发都离不开专门人员对各种计算机病毒的详尽而认真的分析。

分析的步骤分为静态分析和动态分析两种。静态分析是指利用反汇编工具将计算机病毒代码打印成反汇编指令和程序清单后进行分析，看计算机病毒分成哪些模块，使用了哪些系统调用，采用了哪些技巧，并将计算机病毒感染文件的过程翻转为清除该计算机病毒、修复文件的过程，以判断哪些代码可被用做特征码及如何防御这种计算机病毒。分析人员具有的素质越高，分析过程就越快，且理解越深。动态分析则是指利用 DEBUG 等调试工具在内存带毒的情况下，对计算机病毒做动态跟踪，观察计算机病毒的具体工作过程，以进一步在静态分析的基础上理解计算机病毒工作的原理。在计算机病毒编码比较简单的情况下，动态分析不是必需的。但当计算机病毒采用了较多的技术手段时，必须使用动、静相结合的分析方法才能完成整个分析过程。

7. 先知扫描法

先知扫描技术是继软件仿真后的一大技术突破。既然软件仿真可以建立一个保护模式下的 DOS 虚拟机，仿真 CPU 动作并伪执行程序以解开多态变形计算机病毒，那么类似的技术也可以用来分析一般程序，检查可疑的计算机病毒代码。因此使用先知扫描法的技术专业人员将用来判断程序是否存在计算机病毒代码的方法，分析归纳成专家系统和知识库，再利用软件模拟技术伪执行新的计算机病毒，超前分析出新计算机病毒代码，对付以后的计算机病毒。

10.3 病毒防范技术措施

当计算机系统或文件染有计算机病毒时，需要检测和消除。但是，计算机病毒一旦破坏了没有副本的文件，便无法医治。隐性计算机病毒和多态性计算机病毒更使人难以检测。在与计算机病毒的对抗中，如果能采取有效的防范措施，就能使系统不染毒，或者染毒后能减少损失。让我们从技术角度出发，看看如何来防范计算机病毒的侵害。

计算机病毒防范，是指通过建立合理的计算机病毒防范体系和制度，及时发现计算机病毒侵入，并采取有效的手段阻止计算机病毒的传播和破坏，恢复受影响的计算机系统和数据。

计算机病毒利用读写文件能进行感染，利用驻留内存、截取中断向量等方式能进行传染和破坏。预防计算机病毒就是要监视、跟踪系统内类似的操作，提供对系统的保护，最大限度地避免各种计算机病毒的传染破坏。

老一代的防杀计算机病毒软件只能对计算机系统提供有限的保护，只能识别出已知的计算机病毒。新一代的防杀计算机病毒软件则不仅能识别出已知的计算机病毒，在计算机病毒运行之前发出警报，还能屏蔽掉计算机病毒程序的传染功能和破坏功能，使受感染的程序可以继续运行（即所谓的带毒运行）。同时还能利用计算机病毒的行为特征，防范未知计算机病毒的侵扰和破坏。另外，新一代的防杀计算机病毒软件还能实现超前防御，将系统中可能被计算机病毒利用的资源都加以保护，不给计算机病毒可乘之机。防御是对付计算机病毒积极而又有效的措施，比等待计算机病毒出现之后再去扫描和清除更能有效地保护计算机系统。

计算机病毒的工作方式是可以分类的，防杀计算机病毒软件就是针对已归纳总结出的这几类计算机病毒工作方式来进行防范的。当被分析过的已知计算机病毒出现时，由于其工作方式早已被记录在案，因此防杀计算机病毒软件能识别出来；当未曾被分析过的计算机病毒出现时，如果其工作方式仍可被归入已知的工作方式，则这种计算机病毒也能被反病毒软件所捕获。这也是采取积极防御措施的反计算机病毒方法优越于传统方法的地方。

当然，如果新出现的计算机病毒不按已知的方式工作，而且这种新的传染方式又不能被反病毒软件所识别，那么反病毒软件也就无能为力了。这时只能采取两种措施进行保护：第一是依靠管理上的措施，及早发现疫情，捕捉计算机病毒，修复系统；第二是选用功能更加完善的、具有更强超前防御能力的反病毒软件，尽可能多地堵住能被计算机病毒利用的系统漏洞。

以下我们仅从技术的角度来说明计算机病毒防范的常见方法。

10.3.1　单机的病毒防范

与以往的平台相比，Windows 引入了很多非常有用的特性，充分利用这些特性将能大大地增强软件的能力和便利。应该提醒的是，尽管 Windows 平台具备了某些抵御计算机病毒的天然特性，但还是未能摆脱计算机病毒的威胁。单机防范计算机病毒，一是要在思想上重视，管理上到位；二是依靠防杀计算机病毒软件。

1. 选择一个功能完善的单机版防杀计算机病毒软件

一个功能较好的单机防杀计算机病毒软件应能满足下面的要求。

（1）拥有计算机病毒检测扫描器

检测计算机病毒有两种方式：对磁盘文件的扫描和对系统进行动态的实时监控。同时提供这两种功能是必要的，实时监控保护更不可少。

① DOS 平台的计算机病毒扫描器：由于系统在引导过程中，Windows 未能提供任何保护。因此，在 Windows 启动之前，有必要通过 autoexec.bat 或 config.sys 载入 DOS 平台的计算机病毒扫描器，对引导扇区、内存或主要的系统文件进行扫描，确保无毒后才继续系统的启动。同时，在系统由于感染计算机病毒而崩溃或在内存中发现计算机病毒时，通过“干净的”系统引导软盘启动，DOS 扫描器便成为主要的杀毒工具。

不过，在 Windows 下“重新引导并切换到 MS-DOS 方式”对大多数防杀计算机病毒软件来说存在漏洞。此时针对 Windows 的监视已失效，只有少数软件在 Windows 目录下的 dosstart.bat 里加入了 DOS 指令扫描器。我们自己可以将 DOS 指令扫描器添加到 dosstart.bat 中去，以增加 DOS 下的保护。

② 32 位计算机病毒扫描器：供用户对本地硬盘或网络进行扫描。它是专门为 Windows 而设计的 32 位软件，从而支持长文件名及确保发挥最高的性能。

（2）实时监控程序

它通过动态实时监控来进行防毒。一般是通过虚拟设备程序（VxD）或系统设备程序（Windows NT/2000 下的 SYS）形式而不是传统的驻留内存方式（TSR）进行实时监控。实时监控程序在磁盘读取等动作中实行动态的计算机病毒扫描，并对计算机病毒和一些类似计算机病毒的活动发出警告。

（3）未知计算机病毒的检测

新的计算机病毒平均以每天 4～5 个的速度出现，而计算机病毒特征代码库的升级一般每月一次，这是不够的。理想的防杀计算机病毒软件除了使用特征代码来检测已知计算机病毒外，还可用如启发性分析或系统完整性检验等方法来检测未知计算机病毒的存在。然而，要 100%地区分正常程序和计算机病毒是不大可能的。在检测未知计算机病毒时，最后的判断工作常常要靠用户的经验。

（4）压缩文件内部检测

从网络上下载的免费软件或共享软件大部分都是压缩文件，防杀计算机病毒软件应能检测压缩文件内部的原始文件是否带有计算机病毒。

（5）文件下载监视

有相当一部分计算机病毒的来源是在下载文件中，因此有必要对下载完成的文件，尤其是下载完成的可执行程序时进行动态扫描。

（6）计算机病毒清除能力

仅仅检测计算机病毒还不够，软件还应该有很好的清除计算机病毒的能力。

（7）计算机病毒特征代码库升级

定时升级计算机病毒特征代码库非常重要。当前通过因特网进行升级已成为潮流，理想的是按一下按钮便可直接连线进行升级。

（8）重要数据备份

对用户系统中重要的数据进行备份，以便在系统受计算机病毒攻击而崩溃时进行恢复。通常数据备份在可启动的软盘上，并包含有防杀计算机病毒软件的 DOS 平台计算机病毒扫描器。

（9）定时扫描设定

对个人用户来说，这一功能并不重要，但对网络管理员来说，它可以避开高峰时间进行扫描而不影响工作。

（10）支持 FAT32 和 NTFS 等多种分区格式

Windows 95 OSR2 以后版本中增加了 FAT32 分区格式的支持，从而增加了硬盘的利用率，但同时也禁止了某些低级存取方式；而传统的软件大多都使用低级存取方式检测或消除计算机病毒。如果软件不支持 FAT32，便很难充分发挥其功能甚至误报。对于运行 Windows NT/2000 的计算机来说，NTFS 也是防杀计算机病毒软件必须支持的。

（11）关机时检查软盘

这一功能便是利用了关机的漫长时间，再次对 A 盘的引导区进行检测，以防止下次引导时计算机病毒入侵。

（12）还必须注重计算机病毒检测率

检测率是衡量防杀计算机病毒软件最重要的指标。

这里只能引用一个间接参考标准。美国 ICSA（国际计算机安全协会，原名国家计算机安全协会 NCSA）定期对其 AVPD 会员产品进行测试，要求其对流行计算机病毒检测率为 100%（参照 Joe Well 的流行计算机病毒名单 WildList），对随机抽取的非流行计算机病毒检测率为 90%以上。

2．主要的防护工作

① 检查 BIOS 设置，将引导次序改为硬盘先启动（C：A：）。

② 关闭 BIOS 中的软件升级支持，如果是底板上有跳线的，应该将跳线跳接到不允许更新 BIOS 上。

③ 用 DOS 平台防杀计算机病毒软件检查系统，确保没有计算机病毒存在。

④ 安装较新的正式版本的防杀计算机病毒软件，并经常升级。

⑤ 经常更新计算机病毒特征代码库。

⑥ 备份系统中重要的数据和文件。

⑦ 在 Word 中将“宏病毒防护”选项打开，并打开“提示保存 Normal 模板”，退出 Word，然后将 Normal.dot 文件的属性改成只读。

⑧ 在 Excel 和 PowerPoint 中将“宏病毒防护”选项打开。

⑨ 若要使用 Outlook/Outlook Express 收发电子邮件，应关闭信件预览功能。

⑩ 在 IE 或 Netscape 等浏览器中设置合适的因特网安全级别，防范来自 ActiveX 和 Java applet 的恶意代码。

⑪ 对外来的软盘、光盘和网上下载的软件等都应该先进行查杀计算机病毒，然后再使用。

⑫ 经常备份用户数据。

⑬ 启用防杀计算机病毒软件的实时监控功能。

10.3.2　小型局域网的防范

1．小型局域网的特点

小型局域网大多以一台服务器和多台工作站组成，服务器主要提供简单的文件共享服务、打印服务和小规模的数据库访问服务。对等网络、Windows NT 网、NetWare 网及 UNIX/Linux 网为局域网的典型代表，计算机病毒一旦感染了其中的一台计算机，将会很快地蔓延到整个网络，而且不容易一下子将网络中传播的计算机病毒彻底清除。所以对于小型局域网的计算机病毒防范必须要全面预防计算机病毒在网络中的传播、扩散和破坏，客户端和服务器端必须要同时考虑。

2．简单对等网络的防范

简单对等网络，就是将一些计算机简单地通过集线器（Hub）连接在一起。这类网络的特点是架构简单，没有明确的服务器，大多采用文件共享的方式进行数据交换。

由于这种网络相对封闭，或者某些主机通过拨号接入的方式连接到因特网，因此计算机病毒只能通过某台主机的软盘、光盘等入侵整个网络。对这类网络的防毒主要还是基于单机计算机病毒防范，同时对每台计算机安装计算机病毒实时监控程序，这样可以防止计算机病毒通过文件共享等方式在网络内传播。

3．Windows 网络的防毒

大多数的中小企业的局域网都是 Windows 网络。Windows 网络一般由一台 Windows 主域控制器作为中心服务器，管理用户信息和访问权限控制。而工作站大多是采用有硬盘的 PC 计算机，操作系统以 Windows 98、Windows 2000 专业版、Windows NT Workstation 为主，主要用做文件共享和打印共享。网络相对封闭，或通过在中心服务器上安装访问代理程序（Proxy）来接入因特网。

除了对每台工作站进行单机防护外，针对 Windows 网络的特点，Windows 网络的防毒还应采取如下措施：

- Windows NT/2000 服务器必须全部为 NTFS 分区格式。有的用户在安装系统时，一部分为 FAT16 分区格式，一部分为 NTFS 分区格式。这样就会把计算机病毒感染到服务器的 FAT16 分区中，严重时计算机病毒破坏 FAT16 分区而导致 Windows NT 无法正常启动。
- Windows 服务器很容易把光盘作为共享给用户调用，因此要严格控制不知名的外来光盘的使用，以免传染上计算机病毒。
- 用户的权限和文件的读写属性要加以控制。用户权限越大，在工作站上能看到的共享目录和文件就越多。那么一旦工作站感染上计算机病毒，所能传染的范围就越大，破坏性就越强。若公用文件属性为只读形式，则计算机病毒就无法传播，系统就更安全。
- 由于登录 Windows 网络的工作站基本上为有盘工作站，这样就为计算机病毒进入网络创造了更多的机会。必须在工作站上选择优秀的具有实时检查、实时杀毒功能的杀毒软件，才能阻止计算机病毒从工作站进入网络系统。
- 在服务器端安装面向 Windows 服务器开发的 32 位的实时检查、实时杀毒的服务器杀毒软件，可消除计算机病毒在网上的传播。
- 利用登录 Windows 网络后执行脚本的功能，实现工作站防杀计算机病毒软件的升级和更新。
- 尽量不要直接在服务器上运行各类应用程序，包括 Office 之类的办公自动化软件，因为有很多计算机病毒发作是恶性的，一旦遇到格式化硬盘、删除重要文件等现象，那后果非常严重。
- 服务器必须物理上绝对安全，不能有任何非法用户能够接触到该服务器，并且设置成只从硬盘启动。因为目前有些工具可以在 DOS 下直接读写 NTFS 分区。

综上所述，Windows 网络防范计算机病毒应先从工作站入口开始，采取切实有效的措施，防止工作站感染计算机病毒，同时也在服务器端安装可靠、有效的网络杀毒软件，实时阻止计算机病毒在网络中的转播、扩散。另外，还必须要对网络服务器重要的数据时刻进行备份，这样一旦网络出了意外，也能随时恢复正常。

4. NetWare 网络的防毒

在金融、证券等行业的局域网中，NetWare 网络还是具有一定的生命力的。NetWare 网络的系统漏洞相对来说比较少，而且可以支持无盘工作站。大多数的 NetWare 网络以一台 NetWare 文件服务器为中心，并用同轴电缆或双绞线连接许多工作站。这些工作站大多是无盘工作站，没有软驱、硬盘和光驱。各个工作站利用映射（Map）网络驱动器的方式共享文件服务器上的应用程序和用户数据区。

NetWare 网络的计算机病毒防范主要采取如下措施：

（1）保护 NetWare 文件服务器

在 NetWare 网络，文件服务器可以说是局域网的核心，所以加强对文件服务器的保护是一项重要的工作。

首先，从安全的盘上引导机器，如果文件服务器有 DOS 分区，那么最好从硬盘启动系统；一般来说，文件服务器上并不需要 DOS 分区。在没有 DOS 分区的文件服务器上，如果有不带计算机病毒的正版可启动光盘，就不要用软盘启动系统。

其次，必须经常备份文件服务器上的重要数据。

（2）保护网络文件的管理对策

Novell 在 NetWare LAN 中为网络管理提供了一些十分有用的功能，可以有效地消除计算机病毒的威胁。

将“.exe”与“.com”文件置为只读属性和只可执行的属性。其次，对 sys：\public 与 sys：\login 和应用程序目录及所有常规用户授予只读和扫描权限。并且不要经常使用 Supervisor 或与之等效的用户注册网络。

计算机病毒总是会有意无意地被带入网络，进而对工作造成不同程度的破坏。这就必须进行网络杀毒与数据恢复。据最新的调查报告称，NetWare 网络的专有的计算机病毒数量很少，而在我国现有 NetWare LAN 上流行的计算机病毒主要还是 DOS 计算机病毒。

DOS 计算机病毒在 NetWare 网上传播主要是通过带毒客户机对网络文件的调用而进行传播。目前对付 DOS 计算机病毒的杀毒软件随处可见，所以可以利用现有的 DOS 杀毒软件来对付 NetWare 网上的计算机病毒。但必须按照严格的步骤来进行：

① 逐一用无毒软盘启动工作站，用杀毒软件杀除工作站本地硬盘上计算机病毒（如果有的话）。

② 使某一工作站登录到文件服务器，并保证网上不得有其他的工作站连接到服务器上，利用杀毒软件将目录 sys:\login 下的计算机病毒扫描杀除。

③ 用 login / s：x 登录，必须加参数 / s：x，以使登录时不执行脚本 logintext 与 usetext。

④ 扫描文件服务器上的所有目录（重点为用户数据区）。

（3）控制有盘工作站的使用

多用无盘站，少用有盘站。使用无盘站，用户只能执行服务器上的文件，这样就减少了计算机病毒从工作站侵入网络的机会。

（4）控制用户的权限

对普通用户，不允许其具有对其他的用户目录的浏览和访问权限，以防止用户通过复制他人已被计算机病毒感染的文件，将网络中的计算机病毒传至自己目录中的文件上。超级用户越少，能够访问整个服务器全部目录的使用者则越少，这就能增大整个网络的工作安全性，从而对重要的网络文件进行权限保护。

对公用目录中的系统文件和工具软件，要设置为只读和执行属性；对系统程序所在的目录不授予修改和管理权。这样，计算机病毒就无法对系统程序实施感染和寄生，其他用户也不会受到计算机病毒感染。工作站是网络的入口，只要将入口管理好，就能有效地防止计算机病毒的入侵。

在 NetWare 网络中，安装用 NLM 模块方式设计、以服务器为基础、具有实时监控能力的杀毒软件，从而使服务器不被感染，消除计算机病毒在网上的传播。

5. UNIX/Linux 网络的防毒

对于 UNIX 网络来说，其安全性和用户权限的控制可以说是很强大的，但这并不是说就没有计算机病毒的危害存在。大多数的 UNIX/Linux 网络主要是由一台或多台安装 UNIX/Linux 操作系统的服务器作为 Web Server 或 FTP Server，通常也有 Mail Server。而工作站端大多是安装 Windows 2000 或 Windows NT 操作系统的计算机。对这种网络的计算机病毒防护主要还是基于工作站的单机防护。可以在 UNIX/Linux 服务器上安装 Samba 服务，从某个安全的工作站定期对服务器磁盘上的文件进行扫描。

10.3.3 大型网络的病毒防范

1. 大型复杂企业网络的特点

这是目前比较流行的企业组网方式。整个网络分为内网（intranet）和外网（Extranet）。内网和外网之间基本上是处于隔离状态，一般通过防火墙设备在内、外网之间建立一条受控的通路，从内网访问因特网一般采用代理的方式，外网通过路由器或直接与因特网相连。内网大多采用 Windows 网络组建，分配虚拟地址，并安装有内部办公自动化信息系统，如 Lotus Domino 或 Microsoft Exchange server 等；而外网一般多为 UNIX/Linux 网络，也有采用 NetWare 网络或 Windows 网络的，分配实地址，并对外提供服务。外网一般安装有 Web 服务器、FTP 服务器、电子邮件服务器、域名服务器，以及其他一些服务器等。从整个网络来看，可能由多个内网和一个外网构成，也有在外网中再划分子网的情况，网络内存在移动工作站（存在便携机接入的情况）。

2. 大型复杂企业网络病毒的防范

对于这种网络的计算机病毒防护，除了要对各个内网严加防范外，更重要的是要建立多层次的网络防范架构，并同网管结合起来。主要的防范点有因特网接入口、外网上的服务器及各内网的中心服务器等。可以采用以下一些主要手段：

- 在因特网接入口处安装网点型计算机病毒防治产品；
- 在外网单独设立一台服务器，安装服务器版的网络防杀计算机病毒软件，并对整个网络进行实时监控；
- 如果外网的服务器是基于 Windows NT/2000 操作系统的，那么需要在外网的各个服务器上安装相应的计算机病毒防护软件，比如电子邮件服务器使用的是 Microsoft Exchange Server，那么就需要在该服务器上安装专为 Microsoft Exchange Server 设计的防杀计算机病毒软件；
- 外网上如果有工作站，就需要进行单机防范布防，并适当参考小型局域圆的防范要点进行有选择地增加；
- 在每个内网参照小型局域网的防范要点布防；
- 内网中的工作站参考单机防范的重点，并适当参考小型局域网的防范要点进行布防；
- 建立严格的规章制度和操作规范，定期检查各防范点的工作状态。

10.4 病毒防范产品介绍

随着计算机病毒的出现及蔓延，市场上出现了各式各样的防杀计算机病毒的产品，有硬件产品（如硬件防病毒卡），也有软件产品（如防杀病毒软件、病毒防火墙等）。计算机病毒防治产品是用户常用的防杀计算机病毒工具，它使用简单，不需要用户具有很专业的防杀计算机病毒的技术和知识，而且快捷、安全，能够清除已知的计算机病毒。尽管它们不是万能的，但确实对抑制计算机病毒的肆虐和危害起到了很大的作用，在一定程度上避免了更大的损失。

计算机病毒防治产品有其不同的功能及缺点，必须对其原理有所了解，才能正确使用，扬长避短，发挥其防杀计算机病毒的作用。

10.4.1　计算机病毒防治产品的分类

在目前的计算机市场上有形形色色的计算机病毒防治产品供用户选用。不同的计算机病毒防治产品有不同的功能。对计算机病毒防治产品有多种分类方法。

1. 按使用操作平台分类

按使用操作平台分类，计算机病毒防治产品可分为 Windows 平台、Wmdows NT 平台、NetWare 平台及一些 UNIX、Linux、Mac 平台等，同时针对特殊的应用又可以分出 Exchange、Lotus Domino 等不同平台上的计算机病毒防治产品。

2. 按使用范围分类

按使用范围分类，计算机病毒防治产品可分为单机版和网络版。单机版计算机病毒防治产品主要是面向单机用户防杀计算机病毒的，同时它也可对网络中的计算机提供单机防杀计算机病毒服务。网络版主要是面向网络防杀计算机病毒的，由于网络防杀计算机病毒的特殊性，单机版计算机病毒防治产品不可替代网络版计算机病毒防治产品。

3. 按实现防杀计算机病毒手段分类

按实现防杀计算机病毒手段分类，计算机病毒防治产品可分为防杀计算机病毒软件和防杀计算机病毒卡。防杀计算机病毒软件是目前比较流行的计算机病毒防治产品，具有预防、检测和消除等功能。防杀计算机病毒卡主要是预防计算机病毒的，所以又称为防计算机病毒卡，其独特的作用机制对预防计算机病毒有特殊作用。

4. 按功能分类

按功能分类，计算机病毒防治产品可分为检测类、消除类和实时监测类。目前计算机病毒防治产品的发展趋势是集成化，越来越多的产品都是集实时监测、检测和消除计算机病毒于一体的软件。计算机病毒防治产品都有其各自的优点和缺点。

10.4.2　防杀计算机病毒软件的特点

防杀计算机病毒软件是当前国际上最流行的对抗计算机病毒的工具之一，也是用户最熟悉的工具软件之一。防杀计算机病毒软件有很多优点，也有许多缺点。总的来讲，它具有以下主要特点：

1. 能够识别并清除计算机病毒

识别并清除计算机病毒是防杀计算机病毒软件的基本特征之一，它最突出的技术特点和作用就是能够比较准确地识别计算机病毒，并有针对性地加以清除，杀灭计算机病毒的个体传染源，从而限制计算机病毒的传染和破坏。

2. 查杀病毒引擎库总是需要不断更新

由于计算机病毒的多样性和复杂性，以及 DOS、Windows 等操作系统的开放性和技术上的原因，再加上计算机病毒变种的不断出现，使得目前流行的计算机防杀计算机病毒软件的更新总是落后于计算机病毒的出现，因此防杀计算机病毒总是处于被动的地位。它只能对已知计算机病毒进行检测、清除，而对新出现的计算机病毒几乎无能为力。

由于计算机病毒的不断出现，任何计算机病毒防治产品，如果不能及时更新查杀病毒引擎库就起不到防杀计算机病毒的效果。目前世界上公认的计算机病毒防治产品的更新周期为 4 周，超过这一周期仍未更新的产品几乎是形同虚设。

10.4.3 对计算机病毒防治产品的要求

计算机病毒防治产品是防治计算机病毒的武器，所以对其安全性、兼容性和功能性等都有特定的要求。

1. 计算机病毒防治产品的自身安全

计算机病毒防治产品也是软件产品，它自身也有安全问题。防杀计算机病毒软件自身也是程序，它也可以成为计算机病毒感染的目标。用染毒的计算机病毒防治产品来查杀计算机病毒，会造成系统受感染。在有毒环境下，使用未做写保护的计算机病毒防治产品，产品自身也会感染上计算机病毒。常驻内存的计算机病毒防治产品的程序代码，无力保护自身代码不受攻击。

2. 计算机病毒防治产品与系统和应用软件的兼容

计算机病毒往往利用操作系统控制系统资源，有时甚至直接越过操作系统强行控制计算机系统硬件资源，入侵并破坏计算机系统。计算机病毒的这一特点，决定了查杀计算机病毒技术对操作系统具有很强的依赖性。计算机病毒防治产品只有与操作系统紧密连接，才可正常工作和发挥防杀计算机病毒的功能。同样，也要求计算机病毒防治产品与应用软件兼容。

3. 对查毒产品的要求

静态检查计算机病毒产品主要是检查程序是否染毒。对这类产品的主要要求是能发现尽可能多的计算机病毒、误报警率低、速度快。它识别的计算机病毒种类愈多，实用价值就愈大。而误报警可能引起用户恐慌。由于硬盘容量增大，数据增多，如果每天查计算机病毒，要求高速度是很自然的。

在静态检查计算机病毒产品时，必须注意产品自身不能染毒，产品运行的环境是清洁无毒的，计算机病毒不能进驻内存。

4. 对杀毒产品的要求

查计算机病毒是安全操作，杀计算机病毒是危险操作。查计算机病毒产品只是打开并读取被查文件，产品对被查对象文件不做任何写入动作，最坏的情况不过是误报警或是有毒而未报警，被查文件不会被损坏。而杀毒产品在清除计算机病毒时，必须对对象文件进行写入。如果杀毒产品自身有毒，或是判错了计算机病毒种类、变种或遇到新变种等情况，那么杀毒产品就可能将错误代码写入对象文件，或写入到对象文件的错误位置，造成将文件损坏。如果是清除硬盘系统区的主引导型计算机病毒，此种失误，可以使硬盘无法识别和启动。

因此，使用杀毒产品时，必须牢记杀引导型计算机病毒，事先应对硬盘引导区备份；杀文件型计算机病毒，应对染毒文件先备份，后杀毒。

有了防杀计算机病毒软件，还要注意定期升级计算机病毒特征代码库及软件版本，这样才能保证你的软件具备消除最新计算机病毒的能力。防杀计算机病毒软件应该选用正式版本，测试版本和盗版软件一般都不能保证功能的完全实现。

10.4.4　常见的计算机病毒防治产品

在我国，计算机病毒防治产品是需要通过国家有关部门的检验，然后取得销售许可证才可以在市场上销售的。以下按单机版和网络版分类列举一些目前已经取得销售许可证的计算机病毒防治产品。

1. 单机计算机病毒防治产品

市场上常见的单机版计算机病毒防治产品有 KVW3000、瑞星、金山毒霸、Kill、安全之星 1+e、北信源、诺顿（Norton）、趋势（Trend）、McAfee、熊猫卫士（Panda）及 CA InoculateIT 等。

2. 网络计算机病毒防治产品

市场上常见的网络版计算机病毒防治产品有瑞星、Kill、北信源、启明星辰（天蘅）、诺顿（Norton）、趋势（Trend）、McAfee、熊猫卫士（Panda）、CA InoculateIT 等。

3. 其他比较有名的反病毒软件

其他还有一些比较有名的反病毒产品，如 AVP、Dr. Web、安博士等。

小　　结

通过本章的内容，大家可以大体了解到计算机病毒的历史、病毒检测的基本方法及计算机病毒的防范方法等。

计算机病毒并不像人们想象的那么可怕，只要做好防范工作，我们还是可以很容易地抵御计算机病毒的侵害的。计算机病毒防范技术伴随着计算机技术和病毒制造技术的发展而发展，只有不断提高防范的技术手段才可能有效防范计算机病毒的入侵。计算机病毒防范是一个长期的过程，任何的松懈和漏洞都可能造成不可估量的损失。

思　考　题

1. 什么是计算机病毒？计算机病毒具有哪些特性？
2. 计算机病毒的传播途径有哪些？
3. 计算机病毒的类型有哪些？
4. 计算机病毒的检测方法一般有哪些？
5. 简述特征字串查毒法的原理及其优缺点。
6. 简要描述一下单机和网络防范计算机病毒的要点。

第11章 身份认证与访问控制

用户身份合法性的识别，对计算机系统的安全是很重要的。例如，我们所熟悉的银行系统的自动出纳机(ATM)，它能正确地识别账号并支付现金。而计算机的交互作用正适合于做这种工作，然而它可能导致的问题就是对伪装身份的错误识别。对人来说，根据用户身份判别能否进入一个计算机系统是容易的，然而这项工作对计算机系统来说却是相当困难的。

本章从个人特征的角度，论述依据个人记忆、个人持有物、个人物理特征和个人随意行为对用户进行安全识别的理论和应用。

11.1 口令识别

在网络时代，成千上万的网络用户在分享网络所带来的快捷、方便和利益的同时，还必须面对由网络系统的不安全性而带来的巨大风险，网络安全的问题也就越来越重要了。网络的安全性可以粗略地分为4个相互交织的部分：保密、鉴别、反否认及完整性控制。保密是指保护信息不被未授权者访问；鉴别是指在揭示敏感信息或进行事务处理之前先确定对方身份；反否认是指防止用户否认已经完成的某项操作；完整性控制是指保证数据信息的完好，不会被破坏。

用户识别的问题，即用户怎样向计算机系统证明自己的真实身份。在数字化的世界中，通常是通过用户是否持有正确的钥匙（口令）来判断其身份的。

11.1.1 用户识别方法分类

在计算机发展的早期，单因素用户识别系统最为普遍，例如经典的UNIX口令系统。随着计算机的发展，逐渐出现了考虑多因素的用户识别系统，以提高安全性。用户识别的方法大致可分为3大类：

- 根据用户知道什么来判断。如果用户能说出正确的口令，则说明他是真的，如经典的UNIX口令系统。
- 根据用户拥有什么来判断。如果用户能提供正确的物理钥匙，则说明他是真的，如普通的门钥匙和磁卡钥匙。
- 根据用户是什么来判断。如果用户生理特征与记录相符，则说明他是真的，如指纹、声音、视网膜等。连接在网络上的用户识别系统还存在另一种隐患，就是当用户反复登录时，同一口令可以重复使用，该口令在网络传输时很容易被截获或被盗用。因为用户输入的账号和口令都是以明文形式在网络上传输的。一些口令“嗅探软件”，可以用来截获口令，冒充用户身份登录。解决这些问题的方法，就是采用一次性口令系统。由于口令只使用一次，使用过后随即失效，因此在网络上截获一条口令毫无意义。因为当口令被截获时，它已经宣告作废了。一次性口令系统可以极大地提高计算机网络系统和电子商务应用系统的安全性。

11.1.2　不安全口令的分析

1．使用用户名（账号）作为口令

很明显，这种方法在便于记忆上有着相当的优势，可是在安全上几乎是不堪一击。几乎所有以破解口令为手段的黑客软件，都首先会将用户名作为口令的突破口，而破解这种口令几乎不需要时间。

2．使用用户名（账号）的变换形式作为口令

使用这种方法的用户自以为聪明，将用户名颠倒或者加前后缀作为口令，这样既容易记忆又可以防止许多黑客软件。不错，这种方法的确使相当一部分黑客软件无用武之地，不过那只是一些初级的软件。一个真正优秀的黑客软件完全有办法对付这种情况，比如说著名的黑客软件 John，如果你的用户是 fool，那么它在尝试使用 fool 作为口令之后，还会试着使用如 fooll23、loof、loofl23 和 lofo 等作为口令，只要是你想得到的变换方法，John 也会想到，它破解这种口令，几乎也不需要时间。

3．使用自己或者亲友的生日作为口令

这种口令有着很大的欺骗性，因为这样往往可以得到一个 6 位或者 8 位的口令，从数学理论上来说分别有 1 000 000 和 10 000 000 的可能性，很难得到破解。其实，由于口令中表示月份的两位数字只有 1～12 可以使用，表示日期的两位数字也只有 1～31 可以使用，而 8 位数的口令作为年份的 4 位数是 19xx 年，经过这样推理，使用生日作为口令尽管有 6 位甚至 8 位，但实际上可能的表达方式只有 100×12×31=37 200 种，即使再考虑到年月日三者有 6 种排列顺序，一共也只有 37 200×6=223 200 种，而一台普通的计算机每秒可以搜索 3～4 万个，仅仅需要 5.58 秒就可以搜索完所有可能的口令，如果再考虑实际使用计算机人的年龄，就又可以去掉大多数的可能性，那么搜索需要的时间还可以进一步缩短。

4．使用学号、身份证号、单位内的员工号码等作为口令

使用这种方法对于完全不了解用户情况的攻击者来说，的确不易破解。但如果攻击者是某个集体中的一员，或对要攻击的对象有一定的了解，则破解这种口令也不需要花费多少时间。即使是用身份证号这样多位数的口令，也存在上述的情况，即实际上很多位数的取值范围是有限的，因而搜索空间将大为减少。

5．使用常用的英文单词作为口令

这种方法比前几种方法要安全一些。前几种只要时间足够一定能破解，而这一种则未必。如果你选用的单词是十分生僻的，那么黑客软件就可能无能为力了。不过不要高兴得太早，黑客都有一个很大的字典库，一般包含 10～20 万英文单词及相应词组，如果你不是研究英语的专家，那么你选择的英文单词恐怕十之八九可以在黑客的字典库中找到。如果是那样，以 20 万单词的字典计算，再考虑到一些 DES（数据加密算法）的加密运算，每秒 1800 个的搜索速度也不过只需要 110 秒。

那么，怎样的口令才是安全的呢？首先必须是 8 位长度，其次必须包括大小写字母、数字，如果有控制符就更好。最后就是不要太常见。例如：e88326vO 或者 fooL6mAN 这样的密码都是比较安全的。当然，这样的口令也存在一个问题——难于记忆。

11.1.3 一次性口令

对于任何一个系统来说，口令设置无疑是第一道关口，使用口令进行用户鉴别，可以防止非法用户的侵入。如果在进入系统起始处就将非法分子拒之门外，那将是非常成功的。但由于用户在口令的设置上有很多缺陷，如使用很容易猜测的字母或数字组合，长时间不改变口令，系统口令文件的不安全性，网络传输的不安全性，都会导致口令被盗。尤其是在用户远程登录时，口令在网络上进行传输，很容易被监听程序获取。一次性口令就是为了解决这一问题而提出的。

1. 一次性口令的特点

一次性口令是一种比较简单的认证机制。虽然没有 Kerberos 强大，但可以免于被动攻击。具体地讲，一次性口令的主要特点有：

- 概念简单，易于使用；
- 基于一个被记忆的口令，不需要任何附加的硬件；
- 算法安全；
- 不需要存储诸如密钥、口令等敏感信息。

2. 一次性口令的原理

一次性口令是基于客户/服务器模式的，它有操作的两方，一方是用户端，它必须在一次登录时生成正确的一次性口令；另一方是服务器端，一次性口令必须在此被验证。一次性口令的生成和认证都是基于公开的单向函数，如 MD5、MD4 等。

一次性口令的多次使用形成了一次性口令序列，序列中各个元素是按以下规律生成的。假设一次性口令序列共有 n 个元素，即有一个可使用 n 次的一次性口令序列。它的第一个口令使用单向函数 n 次，第二个口令使用单向函数 $n-1$ 次，依此类推。如 $n=4$，则第一个口令为 $p(1)=f(f(f(f(s))))$，第二个口令为 $p(2)=f(f(f(s)))$，……这样，即使窃听者监听到第 i 个口令（p_i），也不能生成第 $i+1$ 个，因为这需要求得单向函数的反函数，而因为不知道单向函数循环起始点使用的密钥，所以这一点是不可实现的。而循环起始点使用的密钥只有用户自己知道，这就是一次性口令的安全原理。

在客户端，使用单向函数时引入的参数就是用户输入的密码和“种子”，其循环数，也就是使用单向函数的次数是由服务器端传来的序列号决定的。其中的“种子”也是服务器端传过来的而且是唯一用于用户和此次登录的一个字符串，它增强了系统的安全性。

口令在被用户生成并发送到服务器端后，要得到正确的验证。

服务器端首先暂存它所接收到的一次性口令，然后对其使用一次单向函数，若计算结果与上一次成功登录所使用的口令相同，则本次登录成功，并用本次使用的口令更新口令文件中的记录，以作为系统口令文件的新入口点；若不相同，则登录失败。

总之，一次性口令系统对一个用户输入的密码使用单向函数以生成一个口令序列。它的安全性基于这个用户输入的密码只有用户自己知道，而网络上传输的口令只是经过计算而且是一次性这一事实。所以口令的风险很小，只要用户以最安全的方式记忆这个密码而不被外人所知即可。

3. 一次性口令协议

① 用户输入登录名和相关身份信息 ID。

② 如果系统接受用户的访问，则给用户传送一次性口令建立所使用的单向函数 f 及一次性口令 k，这种传送通常采用加密方式。在信息传递中，可根据实际需要，给出允许用户访问系统的次数 n。

③ 用户选择“种子”密钥 x，并计算第一次访问系统的口令 $z = f^n(x)$。向第一次正式访问系统所传送的数据为(k,z)。

④ 系统核对 k，若正确，则将$(\text{ID}, f^n(x))$保存。

⑤ 当用户第二次访问系统时，将$(\text{ID}, f^{n-1}(x))$传送给系统。系统计算 $f(f^{n-1}(x))$，将其与存储的数据对照，如果一致，则接受用户的访问，并将$(\text{ID}, f^{n-1}(x))$保存。

⑥ 当用户第三次访问系统时，将$(\text{ID}, f^{n-2}(x))$传送给系统。系统计算 $f(f^{n-2}(x))$，将其与存储的数据对照，如果一致，则接受用户的访问，并保存新计算的数据。

⑦ 当用户每一次想要登录时，函数相乘的次数只需-1。

通常情况下，系统在口令的输入过程中不予显示，以防旁观者窥视口令。使用一次性口令就没有这个必要了。因为即使口令被看到，它也不能在下一次登录中使用了。

11.1.4 Secur ID 卡系统

美国 Security Dynamics 公司的 SecurID 系统即是一款基于时间的一次性口令系统。SecurID 卡片是个带有液晶显示屏的卡片，显示每分钟变换一次。用户使用 Telnet 和 ftp 登录时，要输入账号和口令，以及当时 SecurID 卡片上的显示码。如果账号名、用户口令和 SecurID 显示码正确，则用户登录成功，否则失败。

要冒充用户登录，至少需要知道用户设置的口令，并得到他的 SecurID 卡片。只有这两个因素都正确后，才可能登录。另一方面，SecurID 卡片的显示码每分钟变换一次，每次的号码不同，从而构成多因素的一次性口令系统，增加了破译的难度。

SecurID 系统在用户登录时要用到卡片时钟和登录系统时钟，所以为了保证卡片时间和系统时间的一致，系统服务器必须考虑卡片时钟的缓慢漂移，从而作相应的调整。这样，可能导致不仅登录时刻的显示码可以登录，而且登录前一分钟的显示码也可以使用，如果用户的秘密口令和一次性口令在网络上被截获，那么任何人都可以同时在 1～2 分钟内冒充用户登录，这就削弱了 SecurID 系统的安全性。另外，如果卡片长期不用，时钟漂移得太远，那么登录系统有可能拒绝它的一次性口令。此时，用户只能求助于系统管理员，重新调整系统和卡片的时钟，使之同步，这是 SectlrID 系统的不便之处。

11.2 特征识别

由于口令会因用户的粗心大意而造成泄露，个人身份标记也有丢失和被仿造的危险，所以采用这两种方法的保护措施，总是不能令人满意。基于这种原因，某些系统采取了用个人某些物理特征作为识别的方法，这些被采用的特征都是很难伪造而且能被一些较粗心的用户所接受的。

1. 机器识别

现在有许多用于身份识别的技术，其中应用较广泛的有：签名识别法、指纹识别法和语音识别法。下面将对这 3 种方法作较详细的介绍。其他一些不常见的方法有：使用头盖骨的轮廓（机器骨相学）、唇印、脚印甚至利用人体骨骼对物理刺激的反应进行身份识别。

我们曾经强调身份识别的方法必须能被系统所接受。但上面提到的某些方法虽然比较精确，可是并不能满足这个要求。如果要进行唇印的检查，就必须要求用户亲吻机器上的某个表面，而这将是许多用户所不愿接受的；用骨骼反应法对用户身份进行识别，将要求用户准备接受机器的某种敲打，显然这也是广大用户不愿接受的。

当入侵行为被发现后，入侵者所面临的危险程度是一个很重要的问题。如果这将导致他被捕入狱，除非他有极大的把握，或成功后的所得颇为可观，否则他是不敢尝试的。可以在重要场所的出入口安装上警报器，作为一种保护手段，如果把它引入到计算机系统中，建立一种“陷阱”，要求所有未经识别的用户都先进入到里面，这样也会起到保护系统的作用。总而言之，究竟利用何种手段进行身份识别，一要依赖于该方法的可行性；二要依赖于该方法的可靠性。

2. 系统误差

对人体物理特征的测量可能会出现多次测量结果不一致的情况，所以，一个实用系统必须考虑到这一点并允许测量误差的存在。但由此产生的问题是，随着所允许的误差范围的扩大，不同个人之间产生混淆的几率也越大。如果系统错误地拒绝了一个合法用户的请求，那么称这种错误为错误警告或第一类错误；如果系统接受了一个非法用户的请求，就称之为错误接受或非法闯入，也称为第二类错误，而这两种错误是经常交替出现的。

因为在测量时出现误差是正常的，而且是不可避免的，所以当系统收到一个各项参数都非常精确的测量结果时，很可能意味着一个入侵者找到了有关这个用户各方面的材料，而且正利用它想闯入系统，因此，一个非常精确的测量结果并不意味着用户身份的正确。

下面将分别讨论几种实用系统，在最后，还将讨论这几种系统的差别。

11.2.1 签名识别法

用手写签名作为对某文件的同意批示是习以为常的，如协议书上的签字。近年来，用签名作为身份识别的方法也已得到广泛的应用。传统的签名鉴别方法是对字体进行鉴别，也就是说，当签名写好后，把它交给专家们进行识别。例如在法庭上，当需要鉴别一个残缺不全的签名时常常要把一些专家请来，但这并不能保证绝对的准确。

因为我们经常要进行签名，所以已使之成为一种反射性的动作了。因此，几乎可以把它作为一种人的物理特征，而事实上它也不仅仅是在肌肉控制下的运动结果。要模仿他人签名是相当困难的，而要把这个签名在正常的速度下书写出来就更加困难了。目前，人们的注意力都集中在如何实现用机器识别签名上，也就是说要使机器能识别出签名是什么字，而且更重要的是要能根据字体识别出书写它的人。当把这种机器用于身份识别时，人们所关心的并不是它能否解释签名写的是什么，而是关心它是否能识别出签名人。现在已提出两种识别的方式：一种是根据最后的签名进行识别；另一种是根据签名的书写过程进行识别。目前许多研究都是针对后者的，但这并不是说前一种识别方法就不重要。在银行中，大多数对签名的识别都用这种方法。

在文件或支票上进行伪造签名有 3 种类型：自由伪造、模仿伪造及摹写伪造。当某人捡到一本别人遗失的支票簿时，他并不知道失主平时的签名是什么样的，这时他伪造的签名就是自由伪造。因为支票簿上印有失主的姓名，所以伪造者就能在支票的姓名栏上填上姓名，但这种伪造是很容易被识别的。对于模仿和摹写伪造，伪造者事先存有被仿造者的签名并进行模仿。当对自由伪造的签名进行机器识别时，其方法主要是检查签名的大小比例、笔画的角度，并且这种检查是针对签名的整体及字母进行的，而表示这些参数的标准信息是存储在计算机内的一个文件上的，当机器收到一个签名后，就逐一地对这些信息进行核查，显然自由伪造的签名是很难得逞的。

如果把签名的动态书写过程作为识别过程的参数，那么这将使识别工作变得相当简单，同时使伪造者面临更大的困难。另外，签名的书写时间也应作为一个参数存入识别程序中，使用这种技术进行识别的设备能够测试签名的书写节奏，从起笔一直到落笔，能成功地对其执行过程进行测试。

1．记录书写过程的技术

最早使用这种技术的设备是电动绘图仪，它使用一个杠杆控制系统来记录笔尖的运动，而这个运动过程被转化成数字，并通过通信线路送入计算机中。目前使用的绘图笔上配有两个加速计，用以记录水平和垂直两个方向上的加速运动过程，另外还在上面配有压力测量计，用以测量绘图笔对纸的压力；同时绘图笔上还接有信号线，通过它们可把以上各种设备测量到的信息传送给具有分析能力的设备。但这使得书写者感到有很大的不便，甚至会影响他们的书写习惯，使字体变形。所以需要一种既能记录书写过程又不影响书写者的设备。由 NPL（National Physical Laboratory）开发的名为 CHIT 的书写器使这个问题得到了解决，这种绘图器可以感知笔与纸的接触和分离，同时也能在两块不同的区域中记录下笔在 X 和 Y 方向的运动过程。

2．签名识别法的使用

作为使用签名进行身份识别系统的用户，首先要向系统提供一定数量的签名，系统分析用户的这些签名，然后记录下它们各自的特征。向用户要求多个签名是为了能对用户的签名进行多次而全面的分析，从而找出能反映用户签名特点的参数。对于一些字体不固定的用户来说，系统也许找不到足够的参数，在这种情况下，系统也许要求用户接受某些特殊的测量，这包括放宽用户签名的误差范围，或允许用户以其他方式接受检查，但随着误差范围的扩大，被他人冒名顶替的危险也增加了。

11.2.2　指纹识别技术

很早以前，人们就发现每个人的指纹及身体其他部位的皮肤纹路是不同的。虽然手指随着身体的长大而长大，但是指纹的几何形状是不会变的，除非做过某种外科手术，否则我们的指纹一生都不会改变。又因为指纹很容易留在所摸过的东西上，所以长久以来，它一直作为一种进行刑事侦察的有效手段。

为了能使用这些记录对人的身份进行识别，必须能够区分指纹的各种特征。目前，许多公安机关使用的系统是根据 Edward Henrry 爵士 1897 年提出的思想设计的。他将指纹划分为弓形、圈形和涡形 3 大类型。在该系统中，每一种类型又被分为许多子类型。对其特征的细分，将有助于对指纹的分析和鉴别。通常每个手指上都有大约 50～200 个这样的特征，人们正是依赖这些微小特征的位置和方向进行身份识别的。据说，根据一个已有的指纹，只需比较 20 个这样的微小特征便能正确地识别出一个未知的指纹。

当读取用户的指纹时，系统可以得到许多可靠的信息，因为读取机是在非常严密的控制条件下进行工作的，它不需要通过印泥等记录下待识别的指纹，而只需把指纹按到一个规定的区域上就可以了。一种阅读指纹的方法是利用玻璃片内的全反射。由于用户每次按指纹时，手指的方向、倾斜度都难免有所变化，所以指纹阅读机应用玻璃片内的全反射能使指纹转动一个小的角度，这样就能找出指纹的微小特征，且能识别出它们的位置和方向，最后指纹阅读机把得到的信息与系统内部存储的用户的有关信息进行比较，从而得出识别结果。

有的人也许因为手指曾受伤，从而使指纹识别变得比较困难。但是除非手指受伤的程度很深，否则系统得到他的指纹后，可以恢复它的原来面目。

指纹的识别对用户来说也并非是十分愿意接受的，因为他们总认为它是和犯罪联系在一起的，所以许多守法的公民都不愿意把他们的指纹提供给系统。因此要使用户乐于接受这种识别方法，就必须使得系统非常可靠，并且使用起来非常方便，只有这样，才能消除人们心中对指纹识别的偏见。一个指纹识别系统是非常昂贵的，因为指纹阅读机的构造相当复杂，同时指纹鉴别的工作也很困难，所以从这方面来说，它反而不如签名识别系统。

1.指纹识别技术简介

人们手掌及手指、脚、脚趾内侧表面的皮肤凸凹不平产生的纹路会形成各种各样的图案。人们注意到，包括指纹在内的这些皮肤的纹路在图案、断点和交叉点上各不相同，也就是说，是唯一的。依靠这种唯一性，就可以把一个人同他的指纹对应起来，通过对他的指纹和预先保存的指纹进行比较，就可以验证他的真实身份。这种依靠人的身体特征来进行身份验证的技术称为生物识别技术，指纹识别是生物识别技术的一种。研究和经验表明，人的指纹、掌纹、面孔、发音、虹膜、视网膜、骨架等都具有唯一性和稳定性的特征，即每个人的这些特征都与别人不同且终生不变，因此就可以识别出人的身份。基于这些特征，人们发展了指纹识别、面部识别及发音识别等多种生物识别技术。

指纹识别技术的发展得益于现代电子集成制造技术和快速可靠的算法研究。尽管指纹只是人体皮肤的一小部分，但用于识别的数据量相当大，对这些数据进行比较也不是简单的相等与不相等的问题，而是使用需要进行大量运算的模糊匹配算法。现代电子集成制造技术使得可以制造相当小的指纹图像读取设备，同时飞速发展的个人计算机运算速度提供了在微机甚至单片机上可以进行两个指纹的对比运算的可能。另外，匹配算法可靠性也不断提高，指纹识别技术已经非常成熟。

2．指纹取像的几种技术和特点

光学取像设备依据的是光的全反射原理。光线照到压有指纹的玻璃表面，反射光线由CCD(电荷耦合装置）去获得，反射光的量依赖于压在玻璃表面指纹的脊和谷的深度及皮肤与玻璃间的油脂和水分。光线经玻璃射到谷的地方后在玻璃与空气的界面发生全反射，光线被反射到CCD，而射向脊的光线不发生全反射，而是被脊与玻璃的接触面吸收或者漫反射到别的地方，这样就在CCD上形成了指纹的图像。

由于光学设备的不断革新，从而极大地降低了设备的体积。20世纪90年代中期，传感器可以装在6×3×6英寸的盒子里，在不久的将来可缩小至3×1×1英寸。这些进展取决于多种光学技术的发展而不仅仅是光的全反射原理的发展。例如，可以利用纤维光束来获取指纹图像。纤维光束垂直射到指纹的表面，它照亮指纹并探测反射光。另一个方案是把含有微型三棱镜矩阵的表面安装在弹性的平面上，当手指压在此表面上时，由于脊和谷的压力不同而改变了微型三棱镜的表面，这些变化通过三棱镜对光的反射而反映出来。

晶体传感器是最近在市场上才出现的最常见的硅电容传感器，它通过电子度量的设计来捕捉指纹。在半导体金属阵列上能结合大约100 000个电容传感器，其外面是绝缘的表面，当用户的手指放在上面时，皮肤组成了电容阵列的另一面。电容器的电容值由于导体间的距离而降低，这里指的是脊（近的）和谷（远的）相对于另一极之间的距离。另一种晶体传感器是压感式的，其表面的顶层是具有弹性的压感介质材料，它们依照指纹的外表地形（凹凸）转化为相应的电子信号。其他的晶体传感器还有温度感应传感器，它通过感应压在设备上的脊和远离设备的谷温度的不同而获得指纹图像。

超声波扫描被认为是指纹取像技术中非常好的一种。它很像光学扫描的激光，超声波首先扫描指纹的表面。紧接着，接收设备获取了其反射信号，测量它的范围，得到脊的深度。它不像光学扫描，积累在皮肤上的脏污和油脂对超声速获得的图像影响不大，所以这样的图像是实际脊地形（凹凸）的真实反映，应用起来更为方便。

总之，各种技术都具有它们各自的优势，也有各自的缺点。表 11-1 给出了 3 种主要技术的比较。

表 11-1　3 种主要技术的比较

比较项目	光学全反射技术	硅晶体电容传感技术	超声波扫描
体积	大	小	中
耐用性	非常耐用	容易损坏	一般
成像能力	干手指差，但汗多的和稍脏的手指成像模糊	干手指好，但汗多的和稍脏的手指不能成像	非常好
耗电	较多	较少	较多
成本	低	低	很高

3. 指纹识别系统中的软件和固件

指纹采集头中的固件负责处理图像和与 PC 的连接。在大多数的系统中，固件显得相对简单，它不停地将数据传送给计算机，然而这样做存在着很多的问题，一是这样传输数据很容易被记录并且被再次使用，这使得系统受到潜在的威胁；另一个问题是必须为指纹采集头供给电源。计算机必须不停地捕捉图像以决定是否有指纹按压上去，这样才能在最恰当的时候捕捉指纹图像。通过设计好的固件来处理这些问题，可以改善整个系统的性能；使用 USB 接口是目前一个好的接口方案，能够提供电源、带宽和即插即用功能；传输到计算机的指纹需要进行必要的加密以保证安全；并且，在不读取指纹的状态下，固件应该转入低功耗状态。

当主机从计算机中安全地得到指纹图像后，识别算法就进行下一步的验证过程。指纹是如此可靠的生物特征，以至于只需很少的信息就可以进行比对。而指纹的这一特点却没有在大多数的指纹识别算法中得到体现，大多数的系统都要求用户按上整个的手指，用户必须很小心地按上手指。如果指纹的位置不对或者指纹质量不高都会使验证无法进行，用户必须再次按压手指，这样的产品无法在市场中立足。

因此，好的系统应该更加易于使用、可靠，用户不必担心指纹的放置位置，算法要支持 360° 旋转和残缺的指纹。用户只需轻轻地按上手指而无需担心是否位置合适或只按压了一部分。对于手指的压感、旋转、质量，以及采集头的灰尘和薄雾，系统都要能很好地解决监控和无监控的操作。而要将指纹识别算法推向市场，指纹的读取必须是建立在无监控的状态下。这样，只需轻轻地按压而无需等待指纹图像达到最好。另外，在处理电子商务时，数据会跟已经登记好的指纹进行比对，大多数情况下是一对一的比对而不是一对多的比对。无监控的取像和一对一的比对算法及一对多的比对算法在系统中都有很好的对策，无监控模式必须使得比对算法能够处理质量差的指纹并且算法必须比监控状态下要可靠。

4. 指纹识别技术的优缺点

（1）指纹识别的优点

- 指纹是人体独一无二的特征，它们的复杂度足以提供用于鉴别的特征；如果想要增加可靠性，只需登记更多的指纹，鉴别更多的手指，最多可达 10 个，而每一个指纹都是独一无二的。
- 指纹识别的速度很快，使用非常方便。
- 识别指纹时，用户必须将手指与指纹采集头相互接触，与指纹采集头直接接触是读取人体生物特征最可靠的方法。这也是指纹识别技术能够占领大部分市场的一个主要原因。
- 采集头可以更加小型化，并且价格会更加的低廉。

（2）指纹识别的缺点

- 某些群体的指纹因为指纹特征很少，故而很难成像。
- 在犯罪记录中使用指纹，使得某些人害怕“将指纹记录在案”。
- 每一次使用指纹时都会在指纹采集头上留下用户的指纹印痕，这些指纹有可能被他人复制。

5. 指纹识别技术的可靠性问题

指纹识别技术通过分析指纹的全局特征和局部特征，例如，脊、谷、终点、分叉点或分歧点等特征点，可以可靠地来确认一个人的身份。平均每个指纹都有几个独一无二的可测量的特征点，每个特征点大约有 7 个特征，10 个手指至少可以产生 4 900 个独一无二的可测量的特征点，这足以说明指纹识别是否是一个更加可靠的鉴别方式。

由于计算机处理指纹时，只是涉及了指纹的一些有限的信息，而且比对算法并不精确，因此其结果也不能保证 100%的准确。指纹识别系统特定应用的重要衡量指标是识别率，主要由两部分组成：拒判率（FRR）和误判率（FAR）。可以根据不同的用途来调整这两个值。FRR 和 FAR 是成反比的，用 0～1.0 或百分比来表示。

尽管指纹识别系统存在着可靠性问题，但其安全性也比相同可靠性级别的用户 ID+密码方案的安全性高得多。例如采用 4 位数字密码的系统，不安全概率为 0.01%，如果同采用误判率为 0.01% 指纹识别系统相比，由于不诚实的人可以在一段时间内试用所有可能的密码，因此 4 位密码并不安全，但是他绝对不可能找到一千个人去为他把所有的手指（10 个手指）都试一遍。正因为如此，权威机构认为，在应用中 1%的误判率就可以接受。

FRR 实际上也是系统易用性的重要指标。由于 FRR 和 FAR 是相互矛盾的，这就使得在应用系统的设计中，要权衡易用性和安全性。一个有效的办法是比对两个或更多的指纹，从而在不损失易用性的同时，极大地提高系统的安全性。

6. 指纹识别技术的应用系统

指纹识别技术的应用系统有两种，即嵌入式系统和连接 PC 的桌面应用系统。嵌入式系统是一个相对独立的完整系统，它不需要连接其他设备或计算机就可以独立完成其设计的功能，如指纹门锁、指纹考勤终端就是嵌入式系统。其功能较为单一，主要用于完成特定的功能。而连接 PC

的桌面应用系统则具有灵活的系统结构，并且可以多个系统共享指纹识别设备，还可以建立大型的数据库应用。当然，由于需要连接计算机才能完成指纹识别的功能，因而限制了这种系统在许多方面的应用。

当今市场上的指纹识别系统厂商，除了提供完整的指纹识别应用系统及其解决方案以外，还可以提供从指纹取像设备的 OEM 产品到完整的指纹识别软件开发包，从而使得无论是系统集成商还是应用系统开发商都可以自行开发自己的增值产品，包括嵌入式的系统和其他应用指纹验证的计算机软件。

7. 指纹识别技术的一些应用

指纹识别技术可以通过几种方法应用到许多方面。IBM 公司已经开发成功并广泛应用的 Global Sign On 软件通过定义唯一的口令，或者使用指纹，就可以在公司整个网络上畅行无阻。把指纹识别技术同 IC 卡结合起来，是目前最有前景的一个方向。该技术把卡的主人的指纹（加密后）存储在 IC 卡上，并在 IC 卡的读卡机上加装指纹识别系统，当读卡机阅读卡上的信息时，一并读入持卡者的指纹，通过比对卡上的指纹与持卡者的指纹就可以确认持卡者是否是卡的真正主人。在更加严格的场合，还可以进一步同后端主机系统数据库上的指纹作比较。指纹 IC 卡可以广泛地运用于许多行业中，例如取代现行的 ATM 卡、制造防伪证件（签证或护照、公费医疗卡、会员卡、借书卡等）。目前 ATM 提款机加装指纹识别功能在美国已经开始出现。持卡人可以取消密码（避免老人和孩子记忆密码困难）或者仍旧保留密码。在操作上按指纹与输入密码的时间差不多。

由于指纹特征数据可以通过电子邮件或其他传输方法在计算机网络上进行传输和验证，通过指纹识别技术，限定只有指定的人才能访问相关信息，可以极大地提高网上信息的安全性，这样，包括网上银行、网上贸易及电子商务的一系列网络商业行为，就有了安全性保障。美国 SFNB（Security First Network Bank，安全第一网络银行）就是通过因特网来进行资金划算的，他们目前正在实施以指纹识别技术为基础来保障安全的项目，以增强交易的安全性。

11.2.3　语音识别系统

关于声音的采样和分析，是人们争论最多的问题，即使是专家也无法保证每次都能有效地识别声音。用语音进行识别时，机器要做的不是要分辨出用户说的是什么，而是要能根据机内存储的信息对语音进行分析，辨别出是谁说的，即判别真伪。对此非常重要的一点是要能创造一个良好的环境，使系统在语音失真和周围的噪音很大的情况下，也能进行正确识别。在理想的情况下，每次进行识别时，都应使用户处在一个相同的环境下，所以，这将需要一个特殊的场所。另外，应该对用户朗读的单词做某些规定，而不应只要求读出它们的名字，因为有些字的发音，如 Kim King 只能提供很少的信息，而另外一些字的发音，如 Padding Bear 却能提供很多信息。事实上，系统应挑选一些字符组成短语，使之能最大限度地提供信息，通过要求用户读这些短语，系统能提高身份识别的正确率。同时，被挑选的字符也应是一些常用字符。

由得克萨斯仪器公司研制的语音识别系统，要求用户说的话是从一个包含 16 个单词的标准集中选出的，由这 16 个单词，组成了 32 个句子，在对这些句子进行识别时，利用傅里叶分析，每隔 10ms 进行一次采样，以寻找这个词句中语音变化大的部分，从而找到语音特征。每当识别出一个变化后，就计算该时刻前后 100 ms 内频率为 300～2 500 Hz 声波的能量，从而得到用户声音的参考样本。当受测者访问系统时，他将被要求说一段由系统指定的话，每隔 10 ms，系统将对这段话进行傅里叶分析，并将所得结果与每个参考样本进行比较，从而判别受测者的真伪。

语音识别系统的一个弱点是它往往要求受测者多次重复语音口令（对采用口头叙述的系统往往要重复两次），因而分析过程需要更长的时间，并且系统吞吐量也会减小，同时使延时增加。另外，人的身体状况会影响语音，比如，呼吸道感染就会引起声音的变化，同时人的精神状况也会对此产生影响。

11.2.4 网膜图像识别系统

人眼视网膜血管分布是因人而异的，利用这一特点，Eyedentify 公司已研制了一个身份识别系统。

系统要求受测者看一个双目透镜，并通过调整瞳间距，找到透镜上的叉丝，当受测者准备好后就按一下按钮通知系统，通过让受测者凝视叉丝，测试机器可以找到受测者视网膜上的中央小凹，并用弱强度的红外线围绕该点旋转扫描，形成视网膜的血管组织分布。

正如上述的其他身份识别技术一样，视网膜图像识别技术也需要机器对初次接触该系统的用户的视网膜图像进行取样，并存储。在随后的访问中，只需用测试所得的图像与存储的信息进行比较，就可以进行身份识别，虽然这种系统的性能优良，但必须得到受测者的密切合作，所以难以推广使用。

11.3 识别过程

利用人的不同物理特征进行身份识别的方法有很多，通常从一般意义上来权衡比较这些方法。先考虑使用中的两个阶段——新用户的引入和识别。

11.3.1 引入阶段

用户通常在操作员的监督下，登记自己的名字或其他标志（或者是系统分配的标识符）并完成要求的动作，例如签名、按指纹或者说一段指定的话。这些动作要重复几遍以获得可靠的测试参考样本，系统分析这些数据，并将其存储在中央计算机内的指定文件或其他设备中，如磁条卡中。

11.3.2 识别阶段

首先，用户为识别其身份向系统递交身份标识或其他可被机器阅读的身份卡等。接着，识别系统从系统文件中或从用户递交的卡中，找到与该标识符对应的个人特征测试样本。最后，用户做出能为系统识别的动作，识别系统由此又建立起一套个人特征测试数据并与原参照样本比较。测试数据与参照类样本均包含一系列参数，都是测试时得到的计算结果。例如，在人的签名动作中进行间隔为 20 ms 的监视，则参数一般可以是其签名时的平均运算速度。参数的设置应使得入侵者不易掌握，并且尽可能使同一用户在不同时期的测试值保持一致，而不同用户的参数值保持差异。

测试数据与参照类样本完全吻合是不大可能的，这就引起了对系统可靠性的怀疑。做出识别成功的决定需要根据系统测量的精确及容错程度。每个参数值均有其误差范围，该范围决定于用户在被引入系统时所做的多次测试。

误差范围及参照值都允许修正。由于用户在初次取参照值时，会因初次学做指定动作而产生紧张感，而这种紧张感会在以后的测试中消失，所以进行修正是具有意义的。对一些较客观的测试方法，如取指纹和视网膜映像紧张感的影响很小。需要注意的是，必须在用户身份已得到识别的情况下进行修正。

11.3.3 折中方案

允许误差范围的设置，对于系统的成功与否是至关重要的。如果范围过大，受测者之间的差别会减小，入侵成功（第二类错误）的可能性会增大；另一方面，若范围限制过小，系统就可能拒绝合法用户的请求，从而不该发生的警告（第一类错误）将会增加。通常，误差范围的值是允许调整的，于是就产生了在两类错误中进行折中的问题。如何确定“出错”和“容错”之间的关系是系统设计的一个重要部分，并且有许多不同的方法。在此首先讨论一下测试过程及误差范围是怎样被调整的。在初步测试（比如签名时钢笔的位置或者说话时的频谱分析）时，需要计算一些参数，通常取多次测试的平均值以减少波动造成的影响。研究人员设置了许多签名的参数并测试了许多人，然后从中选出 10 个参数以满足前面提到的要求，并尽可能使这些参数互不相干。对每一个参数，根据参考样本可得到标准的偏差，并以此作为衡量单位。

我们可以得到误差的一般表达形式，例如，取所有参数误差的平方和，这样当一个参数的相对误差超过了其误差允许范围，但其他参数与正常值相当接近时，这时受测者仍将通过测试。然而事实上，许多系统并不是这样工作的，而是要求所有测试参数均在指定范围才接受受测者。为进行误差允许范围的调整，必须确定一个阈值。设 X 为某参数的测量值，m 是由参考样本得到的该参数的平均值，则误差为 $|X-m|$；再设 S 是参考样本的标准偏差，则 $|X-m|/S$ 就是误差的标准值。则满足下式的 X 才会被接受：

$$|X-m|/S<t$$

于是，若 t=0，则任何测试均不能通过；如果 t 足够大，则几乎所有测试都能通过。

一个理想的阈值应能严格区分注册用户和入侵者，让合法用户都能顺利通过，同时拒绝入侵者的进入。但事实上，这几乎是不可能的。因此不得不选择一个两类错误都存在的阈值 t'：

- 第一类错误——合法用户到 t' 不能通过，其合法用户的通过率为 100–FAR，FAR 即是出错警告率（false alarm rate）；
- 第二类错误——入侵者到 t' 获得通过，入侵者的通过率为 IPR（impostor pass rate）。

11.4 身份识别技术的评估

在这方面 Mitre 公司做了较为出色的研究。他们对几种不同的身份识别系统进行了比较性研究并做出评价。这次研究的结论在 Fejfar 和 Myer 的论文中公开了。

11.4.1 Mitre 评估研究

这次研究的对象是在 BISS（Base Installation Security System）下的 US 空军的 ESD（Electronics Systems Devision），要求识别系统的第一类错误率小于 1%，第二类错误率小于 2%，每分钟能识别 4 个对象。

被测试的系统有 3 个：语音识别（Texas 仪器公司出品）、签名识别（Veripen 公司出品）和指纹识别（Calspan 公司出品）。评测分两个实验阶段，在这之前还到一空军基地进行了野外测试。

第一阶段只进行了头两种系统的评测，结果反馈给制造商以改进其设施。第二阶段对 3 种系统都作了比较，每一阶段都有 200 多人参加了实验，每个人都试图获得每个系统的确认。实验室里的受测对象是 Mitre 公司的各类职员。野外测试的对象是能接近一个武器库的空军人员。每一次评估都记录了错误率和识别的时间。第一类错误无需多谈，对第二类错误，即对象的错误接受，实验主要指与其他对象标本的偶然的匹配错误。

11.4.2 语音识别

语音识别包括 3 个过程。首先，被测对象显示身份，然后为应答系统讲 20 个不重复的四字短语。这些短语经过处理形成样本文件。

第二个过程要求被测者读 4 个由系统选择的短语，并进行 4 次识别尝试，最后用一种不同于前面的判断策略进行判断，被测者要按要求读短语直至被确认。最多可有 8 次尝试机会。为了不让假冒者有机可乘，系统要求在每次尝试成功之后，测试数据和存储样本之间的相关性应更强。经过 8 次测试失败，就产生了第一类错误，识别也被否认了。考虑到声音特征的长期性变化，在每次确认后系统都对样本进行部分修改。尽管如此，那些重感冒和喉炎患者仍遇上了很大麻烦。表 11-2 给出了语音识别系统的测试结果。

表 11-2 语音识别系统的测试结果

	第一阶段	第二阶段	野外测试
第一类错误率（%）	0.92	0.20	1.06
第二类错误率（%）	0.99	4.40	3.26
验证时间（s）	6.54	5.85	6.21

表 11-2 引用的仅是在最后过程中对系统的测试结果，因为这是识别的最后阶段也是最重要的阶段。可以看到在第二阶段试验中第二类错误的数据很糟，这是由于第一阶段后制造商作了过分的修正。野外测试中，第一类错误率为 1.1%，第二类错误率为 3.3%，考虑到没有任何伪装，而且越到后面阶段测量的相关性就越强，这样的错误率太高了。评估者谈到有 11%的受测者发生了第一类错误，有 9%的受测者发生了第二类错误。这些受测者不能保持发声的一致性，在现实生活中也不能进行正确识别。另外，女性的错误率要比男性高，虽然差别并不太大。评估中还谈到，地区、年龄、教育水平与此基本不相关。平均验证时间为 6.2 s，加上进入、插钥匙、验证身份和离去的时间 12.3 s，共需 18.5 s。

11.4.3 签名识别

签名识别系统的评估过去常利用书写时接触面感应的方法，Mitre 实验室用的是测量施于圆珠笔尖的压力，笔自身装置了压力计，书写面在测量中不起作用。

登记过程，每个对象总共需要书写 3 个（后增至 9 个）签名，其中 5 个用于构成标准参考样本。最后，9 组测量数据构成每个对象的参考样本。实际上若为区别对象的身份仅需接受 3 个中的一个签名就够了。最后，对象从签名到被接受为止，失败尝试限制为 3 次，若超过此数识别就被否认。第三个过程中只有被接受的签名才用于修改参考样本。

下面是第三个过程结束后系统对男性对象在实验室和野外用签名识别得出的测试结果，如表 11-3 所示。

第一阶段和第二阶段的识别算法是不同的，这已被证实可使实施得到很大改进。最后，第一类错误率有 1.9%，第二类错误率则超过 5.6%。实验也说明了女性和左撇子的第一类错误率比一般人高。时间对结果的影响不大，20%的人在登记过程中需 3 次签名（允许多到 9 次）。鉴别平均时间要 13.5 s，加上其他时间 12.3 s，共需 25.8 s。

表 11-3　签名识别系统的测试结果

	第一阶段	第二阶段	野外测试
第一类错误率（%）	6.25	3.20	1.88
第二类错误率（%）	2.97	1.71	5.63
验证时间（s）	14.42	13.03	13.49

11.4.4　指纹识别

在指纹识别的测试中，用仪器扫描手指，记录位置和纹脉的走向及分叉，这些参数经数字化储存起来以形成对象的参考样本。在登记过程中所有 10 个手指均经过扫描，由系统决定哪一个手指最先被检查。然后对这个手指扫描 10 次以形成参考文件。在随后的过程中，系统再次扫描被测者第一个手指，如果扫描细节和参考文件的相关性不足，则系统进行重复扫描。若三次识别均不成功，系统转而扫描第二个手指，这个手指也许允许三次尝试，6 次均失败的则被拒绝。指纹识别与语音和签名识别的一个显著差别是参考文件不加以修改，也无登记后这一过程。

下面的数据是由 Mitre 得到的，如表 11-4 所示。没有第一阶段的数据。尽管允许再次登记，许多被测者仍难以被系统识别。很多人只有一个手指与系统产生一致结果。第一个手指和第二个手指的被拒绝率分别达到了 14%和 43%，差别之大令人惊奇。评估指出，若每次成功识别后都对参考文件进行修正或许会得到好的结果，这也反驳了指纹不变的理论。野外测试比实验室的结果要差得多。评估推测可能是由于实验室内允许多次再登记，而野外的寒冷气候不允许这样。评估还发现，早上的错误率要比下午高。这大概是因为早晨的手指相对干净无油。系统设计者和评估者一致同意干燥和干净的皮肤使识别变得更困难。另一方面系统在识别手工劳动者时也遇到了困难。系统识别平均需 8.9 s，加上 12.3 s 的其他时间，共需 21.2 s。

表 11-4　指纹识别系统的测试结果

	第二阶段	野外测试
第一类错误率（%）	4.58	6.54
第二类错误率（%）	2.18	2.32
验证时间（s）	8.53	8.94

11.4.5　系统间的比较

由于 Mitre 的评估没有对第一类、第二类错误的折中进行控制，因此对第三种系统进行精确比较很困难，但可以把第一类和第二类错误率相加得出粗略的比较。用这种方法得到语音识别的总错误率为 4.4%，签名识别的总错误率为 7.5%，指纹识别的总错误率为 8.8%。US 空军的要求是，第一类错误率小于 1%，第二类错误率小于 2%。这样无论如何折中都不能使任意一种系统满足设计要求。在吞吐量指标方面 3 种系统也都失败了。然而，由于吞吐量要求每分钟 4 人，而附加动作要 12.3 s，仅留给系统识别 2.7 s，这对实际系统来说实在是太短了！因此我们应着眼于改善系统环境以减少附加时间，例如，视觉响应可能比听觉要快。最后 Mitre 的评估得出结论，语音识别系统经过改进后是最有希望适应将来应用的。

11.4.6 身份识别系统的选择

NBS 出版了一本 *Cuidelines on Evaluation of Techniques for Automated Personal Identification*，读书是评估和选择身份识别系统的有用向导，其中列出了 12 点以供参考：

- 对假冒的识别力；
- 伪造赝品的简易度；
- 对欺骗的敏感性；
- 获得识别的时间；
- 用户的方便性；
- 性能价格比；
- 设备提供的接口；
- 调整用的时间和潜力；
- 支持识别过程所需计算机系统的处理；
- 可靠性和可维护性；
- 保护设备的代价；
- 配电与后勤支持的代价。

上述 12 点可分为 3 组：系统安全设备的能力、用户的可接受性和系统代价。某种程度上用户的可接受性依赖于响应速度和方便性，用户不能忍受一个慢且笨拙的系统。如果用户不能接受系统，他们就会想出各种方法去欺骗系统。如果代价很重要，可以进行大概的分析以确定系统的性能是否与代价相符。

11.5 访问控制

访问控制主要通过操作系统来实现。除了保护计算机网络安全的硬件之外，网络操作系统是确保计算机网络安全的最基本部件。网络操作系统安全保密的核心是访问控制，即确保主体对客体的访问只能是授权的，未经授权的访问是不允许的，而且操作是无效的。因此，网络操作系统的访问控制是很重要的一条防线。

11.5.1 访问控制的概念与原理

这里讨论的是“系统内部的访问控制”，包括存取控制的含义，它是指系统内部的主体对客体的访问所受到的控制。主体指的是用户、进程和作业等，客体指的是所有可供访问的软、硬件资源。

1. 网络访问安全控制的含义

- 保密性控制，保证数据资源不被非法读出；
- 完整性控制，保证数据资源不被非法改写或删除；
- 有效性控制，保证网络所有客体不被非法主体破坏。

2．访问控制的主要措施和目的

- 授权、确定访问权限及实施权限。它对处理状态下的信息进行保护，保证对所有直接存取进行授权，检查程序执行期间访问资源合法性的重要手段，它控制着对数据和程序的读取、写入、修改、删除和执行等操作。
- 访问控制的目的是保护被访问的客体安全，在保证安全的前提下最大限度地共享资源。

3．访问控制的核心

授权控制是访问控制的核心，即控制不同用户对信息资源的访问权限。对授权控制的要求主要有：

- 一致性。也就是对信息资源的控制没有二义性，各种定义之间不冲突。
- 统一性。对所有信息资源进行集中管理，统一贯彻安全政策；要求有审计功能，对所授权记录可以核查；尽可能地提供细粒度的控制。

访问控制根据控制范围的不同可分为网内控制和网间控制。网内控制可采用控制矩阵的方法，用户使用网络资源的权限由矩阵值决定，系统对用户的访问申请，必须根据矩阵值确定是否响应。在网间控制方面，由于用户跨网访问给资源管理带来了比较复杂的问题，一般采用的控制方式有：一是基于资源的集中式控制，即把网内所有资源集中起来编号，采用网内控制算法，该方式只适用于资源、用户数量较少的网间控制；二是基于源、目的地址的过滤管理，即在网关过滤掉那些非法访问或传输的报文，如网络防火墙技术；三是网络签证技术（Visas），当用户需要跨网访问时首先必须获得本网的出网签证（Exit Visas），网关检查其出网签证是否合法而予以拒绝或放行，到达目的网后经网关检查认为合法而发放入网签证（Entry Visas）。

11.5.2　访问控制策略及控制机构

1．访问控制策略的概念

访问控制策略，就是关于在保证系统安全及文件所有者权益前提下，如何在系统中存取文件或访问信息的描述，它由一整套严密的规则所组成。

访问控制安全策略是通过不同的方式和过程建立的，其中有一些是操作系统固有的，有一些是在系统管理中形成的，还有些是在用户对其文件资源和程序进行保护时定义的，因此一个系统访问控制安全策略的实施必须具有灵活性。

2．访问控制策略的研究和制定

在研究访问控制策略时，要将访问控制策略与访问控制机构区分开。

访问控制策略是操作系统的设计者根据安全保密的需要，并根据实际可能性所提出的一系列概念性条文。例如，一个数据库为了达到安全保密的要求，可采取“最小访问特权”的策略，该策略是指系统中的每一个用户（或用户程序和进程）在完成某一操作时，只应拥有最小的必需的存取权。最小特权要保证用户和进程完成自己的工作而又没有从事其他操作的可能，这样可以使失误出错或蓄意袭击造成的危害降低。

访问控制机构，则是在系统中具体实施这些策略的所有功能的集合，这些功能可以通过系统的硬件或软件来实现。

将访问控制的策略与机构区分开来考虑，有以下 3 个优点：

- 可以方便地在先不考虑如何实施的情况下，仔细研究系统的安全需求。
- 可以对不同的访问控制策略进行比较，也可以对实施同一策略的不同机构进行比较。
- 可以设计一种能够实施各种不同策略的机构，这样的机构即使是由硬件组成的也不影响系统的灵活性。

3. 访问控制机构

访问控制机构要将访问控制策略抽象模型的许可状态转换为系统的物理形态，同时必须对系统中所有访问操作、授权指令的发出和撤销进行监测。

（1）访问控制机构的状态

访问控制机构如果能使系统物理形态与控制模型的许可状态相对应，则该系统可以认为是安全的。

（2）设计访问控制机构的原因

- 保证访问控制的有效性，即每一次访问都必须是受到控制的。
- 访问控制的可靠性，即要防止主体经过已得到授权的访问路径去隐蔽地实现某些越权的非法访问，系统还应该经得起可能出现的恶意攻击。
- 保证实体权限的时效性，即实体所拥有的权限不能永远不变。
- 保证共享访问最少化。一些可供共享的公用访问控制机构往往会存在一些意想不到的潜在通道，因此要尽量减少公用机构，并对用户采取隔离的方法加以限制。
- 经济性。控制机构在保证有效性的前提下，应该是最小化、简单化的。
- 方便性。访问控制机构应当是方便的，应当让用户容易接受并乐于使用。

11.5.3 访问控制措施

应用比较普遍的访问控制措施主要有自主访问控制和强制访问控制两种。

1. 自主访问控制

自主访问控制又称任意访问控制，是访问控制措施中最常用的一种方法，这种访问控制方法允许用户自主地在系统中规定谁可以存取它的资源实体，即用户（包括用户程序和用户进程）可选择同其他用户一起共享某个文件。所谓自主，是指具有授予某种访问权限的主体（用户）能够自己决定是否将访问权限授予其他的主体。安全操作系统需要具备的特征之一就是自主访问控制，它基于对主体所属的主体组的识别来限制对客体的存取。在大多数的操作系统中，自主存取控制的客体不仅仅是文件，还包括邮箱、通信信道和终端设备等。

存取许可与存取模式是自主访问控制机制中的两个重要概念。存取许可的作用在于定义或改变存取模式，或向其他用户（主体）传送；存取模式的作用是规定主体对客体可以进行何种形式的存取操作。

在各种以自主访问控制机制进行访问控制的系统中，存取模式主要有读、写、执行及空模式（即主体对客体不具有任何的存取权）。自主访问控制的具体实施可采用以下几种方法。

（1）目录表访问控制

在目录表访问控制方法中借用了系统对文件的目录管理机制，它为每一个欲实施访问操作的主体，建立一个能访问的“客体目录表（文件目录表）”。当然，客体目录表的修改只能由该客体的合法属性确定，否则将可能出现对客体访问权的伪造。因此操作系统必须在客体的拥有者控制下维护所有的客体目录。目录表访问控制机制的优点是容易实现，每个主体拥有一张客体目录表，这使能访问的客体及权限一目了然，依据该表可对主体和客体的访问与被访问进行监督。它的缺点是系统开销、浪费较大，这是由于每个用户都有一张目录表，如果某个客体允许所有用户访问，则将给每个用户逐一填写文件目录表，因此会造成系统额外开销；二是由于这种机制允许客体属主用户对访问权限实施传递转移并可多次进行，因而造成同一文件可能有多个属主的情形，各属主每次传递的访问权限也难以相同，因此使得能越权访问的用户大量存在，在管理上繁乱易错。

（2）访问控制表（Access Control List）

访问控制表的策略正好与目录表访问控制相反，它是从客体角度进行设置的面向客体的访问控制。每个目标有一个访问控制表，用以说明有权访问该目标的所有主体及其访问权。访问控制表方式的主要优点就是能较好地解决多个主体访问一个客体的问题，不会像目录表访问控制那样因授权繁乱而出现越权访问。缺点是访问控制表需占用存储空间，每个客体被访问时都需要对访问控制表从头到尾扫描一遍，这影响系统的运行速度，也浪费存储空间。

（3）访问控制矩阵（Access Control Matrix）

访问控制矩阵是对上述两种方法的综合。存取控制矩阵模型是用状态和状态转换进行定义的，系统和状态用矩阵表示，状态的转换则用命令来进行描述。直观地看，访问控制矩阵是一张表格，每行代表一个用户（即主体），每列代表一个存取目标（即客体），表中纵横对应的项是该用户对该存取客体的访问权集合（权集）。表 11-5 给出了一个访问控制矩阵。抽象地说，系统的访问控制矩阵表示了系统的一种保护状态，如果系统中用户发生了变化，访问对象发生了变化，或者某一用户对某个对象的访问权限发生了变化，都可以看做是系统的保护状态发生了变化。由于存取矩阵模型只规定了系统状态的迁移必须要有规则，而没有规定是什么规则，因此该模型的灵活性很大，但也给系统带来了安全漏洞。

表 11-5　访问控制矩阵

主体 / 目标	目标 1	目标 2	目标 3
用户 1	读	读	写
用户 2		写	
用户 3			
…	执行		读

（4）能力表

在访问控制矩阵表中可以看到，矩阵中存在一些空项（空集），这意味着有的用户对一些目标不具有任何访问或存取的权限，显然保存这些空集没有意义。能力表的方法是对存取矩阵的改进，它将矩阵的每一列作为一个目标而形成一个存取表。每个存取表只由主体、权集组成，无空集出现。为了实现完善的自主访问控制系统，由存取控制矩阵提供的信息必须以某种形式保存在系统中，这种形式就是用存取表和能力表来实施的。

2．强制访问控制

强制访问控制就是用户的权限和文件（客体）的安全属性都是固定的，由系统决定一个用户对某个文件能否实行访问。所谓“强制”就是安全属性由系统管理员人为设置，或由操作系统自动地按照严格的安全策略与规则进行设置，用户和他们的进程不能修改这些属性。所谓“强制访问控制”是指访问发生前，系统通过比较主体和客体的安全属性来决定主体能否以他所希望的模式访问一个客体。

强制访问控制的实质是根据安全等级的划分，以某些需要来确定系统内所有实体的安全等级，并予以标识。例如，当选取信息密级作为参量时，则各个实体的安全属性分别为：绝密、机密、秘密、内部和公开等。在访问发生时，系统根据以下准则进行判定：只有当主体的密级高于客体的密级时，访问才是允许的，否则将拒绝访问。

前面讨论的自主访问控制是保护系统资源不被非法访问的一种有效的方法，用户可以利用自主存取控制来防范其他用户向自己客体的攻击。它对用户来说，提供了很强的灵活性，但却给系统带来了安全漏洞。这是由于客体的属主用户可以自主更改文件的存取控制表，从而造成操作系统无法判别某个操作是否合法。尤其是不能防止具有危害性的“特洛伊木马”通过共享客体（如文件、报文及共享存储等）从一个进程传到另一个进程。而强制访问控制则是用无法回避的访问限制来防止“特洛伊木马”的非法潜入，它提供一个更强的、不可逾越的系统安全防线，以防止用户偶然失误造成安全漏洞或故意滥用自主访问控制的灵活性。

强制访问控制机制的特点主要有：

- 强制性。这是强制访问控制的突出特点，除了代表系统的管理员外，任何主体、客体都不能直接或间接地改变它们的安全属性。
- 限制性，即系统通过比较主体和客体的安全属性来决定主体能否以他所希望的模式访问一个客体；同时，也不可避免地要对用户自己的客体施加一些严格的限制。例如一个用户欲将其工作信息存入密级比他高的文件中就会受到限制。

有的策略将自主访问控制和强制访问控制结合在一起，如 Bell&LaPadula 模型的安全策略就是由强制存取控制和自主存取控制两部分组成的。它的自主存取控制用存取矩阵表示，除读、写和执行等存取模式之外，自主存取方法还包括附加控制方式。该策略的强制存取部分，是将多级安全引入到存取矩阵的主体和客体的安全级别中。所以，该策略有较好的灵活性和安全性。Bell&LaPadula 模型是对存取矩阵的一种改进，就是在存取矩阵上进行扩展，将主体和客体的安全级别及与此级别有关的规则包含进去。在该模式中，如果一个状态是安全的，则它满足两个性质：

- 简单安全性。任何一个主体不能读存取类高于他的存取类的客体，即不能“向上读”。
- 任何一个主体不能写存取类低于它的存取类的客体，即不能“向下写”。

这两条性质约束了所允许的存取操作。在存取一个被允许的客体时，任意检查和强制检查都会发生。

11.5.4 信息流模型

上述的存取矩阵、Bell&LaPadula 等模型都是依据主体对客体存取权限的控制进行建模的，属于存取控制模型。另一类重要的安全模型则针对的是客体之间实际的信息传递，其中最主要的是信息流模型。它与 Bell&LaPadula 等模型不同的是，Bell&LaPadula 等存取安全模型主要应用于类似于文件和进程这样的“大”客体，而信息流模型可以直接应用于程序中的变量。信息流分析可以揭示 Bell&LaPadula 模型所无法表达的隐秘存储通道，因此它比存取控制模型更为精确。与存取模型抽象的状态表示不同，信息流模型需要更详细的形式描述，以表示程序中信息的细节。另外，虽然信息流模型能够分析隐秘存储通道，但是它仍不能防止隐秘的时间通道。

一个信息流模型由以下部分组成：

- 客体集合。表示信息的存放处，如文件、程序、变量及字位（bit）等。
- 进程集合表示与信息流有关的活动的实体。
- 安全类集合。与互不相关的离散的信息类相对应。
- 一个辅助交互类复合操作符。确定在两类信息上的任何二进制操作所产生的信息。
- 一个流关系。用于决定任何一对安全类之间，信息是否能从一个安全类流向另一个安全类。

存取控制模型和信息流模型是计算机系统安全模型中最主要的两类，代表着计算机系统安全的两种策略。存取控制策略指定了主体对客体的权限；信息流向策略则指定了客体所能包含的信息类别及客体之间的关系。从系统工程的角度来说，这两种策略是相互补充、相互依赖的。

11.5.5　访问控制类产品

访问控制类产品提供主体访问客体时的存取控制，如通过授权用户在存取系统敏感信息时进行安全性检查，以实现对授权用户的存取权限的控制。

1. 产品安全功能

访问控制类产品安全功能可归纳为以下 4 个方面：

- 提供对口令字的管理和控制功能。
- 防止入侵者对口令字的探测。
- 监测用户对某一分区或域的存取。
- 提供系统主体对客体访问权限的控制。

2. 产品举例

（1）SunScreen

SunScreen（SPF-100）是由 Sun Microsystems 开发的网络系统，它具有先进的过滤、鉴别和保密技术而且管理简单。它与网络、协议和应用无关，功能强且容易使用。SunScreen 的使用基于 SPARC 技术的专用硬件设备。SunScreen 产品的配置有一个核心硬件设备（SunScreenSPF-100）和一个管理控制台（Administration Station），该管理台规定了 SunScreen 的安全规则和安全参数。

SunScreen 的主要特点如下：

- SunScreen 产品的核心是一个功能很强的数据分组扫描监视模块，此模块具有很强的扫描过滤功能和很强的分组功能。
- SunScreen 整个装置在网络上是隐形的、不透明的，这是 SunScreen 的最大特点。
- SunScreen 通过数据包筛选、过滤来对出入网络的通信信息进行控制，并能对数据包的任何部分进行抽检，允许采用强有力的通信规则和决策。它还可以保留状态信息，这有助于安全地让 UDP（用户数据记录协议）和 TCP（传输控制协议）服务通过。SunScreen 从通过的数据包中提取出有关信息并将其存储起来，这有助于以后决定对通过它的数据包应采取哪种措施。

- SunScreen 具有很强的密码加密功能，可以用来在网络上建立虚拟加密系统。在 SunScreen 产品中有可以自动完成安全保密工作的装置，它混合使用了专用密码编码技术和公用密码编码技术，还能完成简单的密钥管理工作。
- SunScreen 通过数据隧道化（tunneling）把数据包填充到另外的包里并进行加密，使公共网络也能达到专用网络的安全标准。分散的各个业务部门可以利用这种方法建立虚拟专用网络，并按虚拟专用网络来进行管理。同时，连接在这样网络上的主机可以拥有相同的 IP 地址空间。
- SunScreen 管理台是一个专用系统，拥有简单而可靠的制定并实施安全策略的机制，可提供功能强大的安全开发工具以开发、设置数据包过滤系统。
- SunScreen 的分组监控扫描过滤模块和防火墙是相互分开的两个不同的设备，利用这个装置既能保证系统原有功能和服务，又可以向用户提供最大的安全保密性功能。

（2）WebST 安全平台

WebST 是为企业网络提供的统一管理的安全平台，其主要机制是身份主授权访问控制、数据保密和数据完整性及集中的安全管理、分布的时间记录和审计，它使原来不具有安全性能的应用系统也能具有安全控制的能力。

WebST 由 WebST 安全服务器、WebSEAL 服务器、NetSEAL 服务器、PKMS、NetSEAL 客户软件和管理控制台组成，其中 WebSEAL 和 NetSEAL 是应用代理级服务器，它们在 WebST 安全服务器进行身份认证之后实施应用级的访问控制。PKMS 是 WebSEAL 的安全代理，它是由 SSL 安全通道到 WebST 安全通道的安全网关。在一个 WebST 安全域内的所有 WebSEAL 和 NetSEAL 都可以由管理控制台统一管理。WebST 服务器这部分可以运行在 UNIX 及 NT 平台上，NetSEAL 客户端软件能运行在 Windows 9x/NT 平台。

WebST 解决方案的主要特点如下：

- 授权访问控制。这是 WebST 最主要的机制。它为企业网可能会运行着的多种应用提供了统一的访问控制策略。
- 认证身份传递。对于被 WebST 认证了的用户身份，不管用户是使用何种方法在 WebST 取得的，当与 NetSEAL 进行通信时，NetSEAL 从安全服务器获得用户 ID，再传递给后台的应用服务器。它兼顾了系统的安全与效率。
- WebST 访问控制是将访问控制表（ACL）与应用服务器上的每一个对象联系起来，一个 ACL，规定了对目标对象完成一些操作的权限。例如，某目标对象是一个文件，ACL 能规定某个用户对它进行读、写和执行等操作的权限，同时也能规定这个文件在网上传输时是否必须加密。每个用户都有一组相关的、可维护的权限关系，当用户登录 WebST 系统时，用户和权限就被联系起来了。WebST 安全服务可以将用户组成“组”，每一组成员具有相同的权限，这简化了访问控制特权的管理。比如“普通用户”组的成员可以读这些文件，而“管理员”组的成员可以修改那些文件。
- 两种访问控制粒度。在 WebST 的访问控制机制中有粗、细两种控制粒度，粗粒度控制用于网络连接的访问控制，细粒度控制用于具体应用对象的访问控制。对于企业应用来说首先需要粗粒度的控制，以管理和控制谁可以访问哪些服务器的哪些应用。而细粒度访问控制可用来加强对网络资源的控制，如细致到某用户是否可以访问 Web 服务器上的某些页面。

- 访问控制表的可继承性。访问控制表（ACL）数据库由每个控制对象的 ACL 组成，ACL 是稀疏型数据结构。ACL 具有继承性，如果没有特别设置，一般一个对象的 ACL 继承这种策略。只要在关键的几个结点设置实际的 ACL 而其他采用继承的 ACL，就可以扩大 ACL 数据库的规模，提高访问控制、处理的效率。
- 安全通道。WebST 可以控制使用安全通道进行通信。在客户端可以使用两种方式：一种是运行 NetSEAT 安全客户端软件时使用 WebST 通道（即 DCE 的安全 PRC 协议），对传输的数据有选择地进行加密，以提高系统的效率；另一种是使用浏览器时，客户端使用 SSL 通道通信，对所有的传输数据都进行加密。
- 数据加密的手段。采用了秘密密钥和公共密钥两种加密形式，每种加密形式都根据其优点被应用于不同情况下。如果没有特别指定，WebST 采用数据加密标准（DES）进行加密，这是一种秘密密钥加密的机制。

（3）HP Praesidium 授权服务器

HP Praesidium 授权服务器是由惠普和世界上最大的银行共同开发的。该产品加强了 Web 网站、Internet 和 intranet 应用的安全性，简化了管理和编程，有助于在开发、建设一个网络及其信息技术基础设施的同时，同步引入应用部门所制定的安全政策。它通过集中授权规则和单一服务器对所有应用的特权进行授予和管理，从而降低了费用。由于安全要求正在变得越来越复杂，今天许多企业要求对于访问许可的授权分别植入的维护安全政策已经不现实了。HP Praesidium 授权服务器消除了这种复杂性，它将集中式环境的最终用户的一致性，与分布式环境中的灵活性及功能性结合起来。集中式的基于政策的系统将有更好的一致性，且易于管理。授权服务器根据一些业务规则来确定授权，这种业务规则可权衡一个指定用户对于那些需要运行一种特定应用或进行交易的人所具有的权限。当应用被运行或交易将发生时将询问授权服务器，以确保该用户是已经合法授权的，所请求的交易是允许的。一个典型的规则可能将用户对应用的访问许可限制在一天内的某几个小时或一周之内的某些天，还可以限定其交易量；单就交易量而言，交易量是可调的（如可高达 50 万美元），而且交易被限制在一个特定账号上。

授权服务器使组织能够控制因人员流动所带来的安全问题。对于雇员在公司入职、转换岗位或离开公司的情况，应能对所有或部分应用软件的访问权限进行立即授予或取消。

（4）NetKey 网络安全认证系统

基于 NetKey 的身份认证系统，是海信防火墙系统的组成部分。它既是防火墙强大的功能之一，也可自成体系，单独应用在服务器、台式机及笔记本式计算机上，实现强有力的身份认证和操作管理功能，具有强大的灵活性和实用性。

基于 NetKey 的网络安全身份认证系统采用客户/服务器端结构，它利用存储在 NetKey 中的用户认证信息，来完成网络管理员和一般用户的登录。网络管理员利用 NetKey，在终端机上调用网络管理界面，进行网络配置和其他管理操作。所有网络用户的 NetKey 均由系统管理员定制。用户在终端的 USB 接口中插入 NetKey，首先实现本机登录，之后，向服务器提出网络登录请求。当认证服务器端接收到用户在终端提出的登录请求时，自动实行网络认证，判定用户是否合法，这样就可以最大程度地杜绝网络内部的安全隐患，防止内部用户无意或有意地泄露敏感信息。利用 NetKey 可以有效地保护个人敏感数据和个人隐私。同时，利用 NetKey 还可以有效地保护安装在个人计算机上的一些应用软件和机密文件。

利用 NetKey 进行网络身份认证，可以弥补“用户名+密码”认证方式的种种缺陷和不足，消除由于网络内部用户有意或无意造成的安全隐患。利用 NetKey 能以硬件方式实现用户认证信息的安全存取，即把用户的登录密码和身份等信息存储在 NetKey 中，登录时 PC 与 NetKey 自动进行信息交互，这不但省去了记忆密码、输入密码的麻烦，而且防止了密码等信息暴露在外而引起的密码泄露问题，具有较高的安全性。NetKey 直接应用在计算机的 USB 接口上，属于即插即用型的外部设备，不用单独配备电源和读写器等。

（5）Cisco NetRanger

NetRanger 是一种企业级规模的实时入侵检测系统，它用于检测、报告和终止整个网络中未经授权的活动。NetRanger 可以在 Internet 和内部网环境中操作，保护企业的整个网络。NetRanger 包括两个部件：NetRanger Sensor 和 NetRanger Director。NetRanger Sensor 不影响网络性能，它分析各个数据包的内容和上下文，确定流量是否未经授权。如果一个网络的数据流遇到未经授权的活动，例如 SATAN 攻击、PING 攻击或秘密的研究项目代码字，那么 NetRanger Sensor 可以实时检测政策违规，向 NetRanger Director 管理控制台发出警告，并从网络中删除入侵者。

NetRanger 的关键特性如下：对合法流量/网络使用透明的实时入侵检测；对未经授权活动的实时应对可以阻止黑客访问网络或终止违规会话；全面的攻击签名目录可以检测广泛的攻击，检测基于内容和上下文的攻击；支持广泛的速度和接口类型；警告包括攻击者和目的地 IP 地址、目的地端口、攻击介绍及捕获的攻击前键入的 256 个字符；适合特大规模分布式网络的可伸缩性。

小　结

本章详细论述了认证的理论和技术，主要介绍了单机状态下和网络状态下的用户身份认证现状及发展趋势，综合评价了各种认证机制和方案。在实际应用中，认证方案的选择应从系统需求和认证机制的安全性能两个方面来综合考虑，安全性能最高的不一定是最好的。

认证的理论和技术还在不断发展之中，尤其是移动计算环境下的用户身份认证技术和对等实体的相互认证机制发展还不完善。如何减少身份认证机制和信息认证机制中的计算量和通信量，同时又能提供较高的安全性能，这是信息安全领域的研究人员需要进一步研究的课题。

思　考　题

1. 简述身份识别技术可分为哪几类？它们有什么特点？
2. 简述指纹识别、语音识别和网膜识别等技术各自的性能与特点。指出上述几种个人特征识别技术如何推广应用。
3. 简述一次性口令的安全原理和协议。
4. 身份识别的过程可分为哪几个阶段？ 在这几个阶段中应着重考虑的因素是什么？
5. 什么是访问控制？访问控制的目的和核心是什么？
6. 信息流模型和存取控制模型有什么不同？

第12章 PKI和PMI技术

近年来，信息安全成为极度热门的话题，特别是电子商务的兴起使信息安全问题更为突出。人们从现实世界进入电子世界，通过网络进行交流和商业活动，面临的最大问题是如何建立相互之间的信任关系及如何保证信息的真实性、完整性、机密性和不可否认性，而PKI则是解决这一系列问题的技术基础。

PKI是Public Key Infrastructure的缩写，意为公钥基础设施。简单地说，PKI技术就是利用公钥理论和技术建立的提供信息安全服务的基础设施。公钥体制是目前应用最广泛的一种加密体制，在这一体制中，加密密钥与解密密钥各不相同，发送信息的人利用接收者的公钥发送加密信息，接收者再利用自己专有的私钥进行解密。这种方式既保证了信息的机密性，又能保证信息具有不可抵赖性。目前，公钥体制广泛地用于CA认证、数字签名和密钥交换等领域。

PMI是Privilege Management Infrastructure的缩写，意为授权管理基础设施。又称为属性特权机构，它依赖于公钥基础设施PKI的支持，旨在提供访问控制和特权管理，提供用户身份到应用授权的映射功能，实现与实际应用处理模式相对应的、与具体应用系统和管理无关的访问控制机制，并能极大地简化应用中访问控制和权限管理系统的开发与维护。

12.1 理论基础

PKI从字面上去理解，就是利用公钥理论和技术建立的提供安全服务的基础设施。而基础设施就是指在某个大环境下普遍适用的系统和准则。在现实生活中有一个大家熟悉的例子，这就是电力系统，它提供的服务是电能，我们可以把电灯、电视及电炉等看成是电力系统这个基础设施的一些应用。公钥基础设施（PKI）则是希望从技术上解决网上身份认证、电子信息的完整性和不可抵赖性等安全问题，为网络应用（如浏览器、电子邮件和电子商务等）提供可靠的安全服务。

从理论上讲，只要PKI具有友好的接口，那么普通用户就只需要知道如何接入PKI就能获得安全服务，完全无需理解PKI是如何实现安全服务的。正如电灯只要接通电源就能亮一样，它并不需要知道电力系统是如何将电能传送过来的。值得注意的是，虽然都是服务，但安全服务和电能服务在表现形式上却有很大的差别。通过电灯的亮与不亮，我们可以感觉到电能服务的存在与否；而安全服务却是对用户透明的，它隐藏在其他应用的后面，用户无法直观地感觉到它是否有效或起作用。因此，虽然并不需要精通密码理论，但如果我们理解了PKI为什么能够解决网上的安全问题，它的基本理论基础是什么，就会更有利于推动PKI的应用和发展。

12.1.1 可认证性与数字签名

信息的可认证性是信息安全的一个重要方面。认证的目的有两个：一个是验证信息发送者的真实性，确认他没有冒充；另一个是验证信息的完整性，确认被验证的信息在传递或存储过程中没有被篡改、重组或延迟。认证是防止敌手对系统进行主动攻击（如伪造、篡改信息等）的一种重要技术。认证技术主要包括数字签名、身份识别和信息的完整性校验等技术。在认证体制中，通常存在一个可信的第三方，用于仲裁、颁发证书和管理某些机密信息。

信息认证所需要检验的内容包括消息的来源、消息的内容是否被篡改及消息是否被重放等。消息的完整性经常通过杂凑技术来实现。杂凑函数可以把任意长度的输入串变化成固定长度的输出串，它是一种单向函数，根据输出结果很难求出输入值，并且可以破坏原有数据的数据结构。因此，杂凑函数不仅应用于信息的完整性，而且经常应用于数字签名。

从上面的分析看，公钥密码技术可以提供网络中信息安全的全面解决方案。采用公钥技术的关键是如何确认某个人真正的公钥。在 PKI 中，为了确保用户及他所持有密钥的正确性，公共密钥系统需要一个值得信赖而且独立的第三方机构充当认证中心（CA），来确认声称拥有公钥的人的真正身份。要确认一个公钥，CA 首先制作一张“数字证书”，它包含用户身份的部分信息及用户所持有的公钥，然后 CA 利用本身的密钥为数字证书加上数字签名。CA 目前采用的标准是 X.509 V3。

任何想发放自己公钥的用户，可以去认证中心（CA）申请自己的证书。CA 中心在认证该人的真实身份后，颁发包含用户公钥的数字证书，它包含用户的真实身份，并证实用户公钥的有效期和作用范围（用于交换密钥还是数字签名）。其他用户只要能验证证书是真实的，并且信任颁发证书的 CA，就可以确认用户的公钥。

在日常生活中，经常需要人们签署各种信件和文书，传统上都是用手写签名或印鉴。签名的作用是认证、核准和生效。随着信息时代的来临，人们希望对越来越多的电子文件进行迅速的、远距离的签名，这就是数字签名。数字签名与传统的手写签名有很大的差别。首先，手写签名是被签署文件的物理组成部分，而数字签名不是；其次，手写签名不易复制，而数字签名正好相反，因此必须阻止一个数字签名的重复使用；第三，手写签名是通过与一个真实的手写签名比较来进行验证，而数字签名是通过一个公开的验证算法来验证。数字签名的签名算法至少要满足以下条件：签名者事后不能否认；接收者只能验证；任何人不能伪造（包括接收者）；双方对签名的真伪发生争执时，有第三方进行仲裁。

在数字签名技术出现之前，曾经出现过一种数字化签名技术，简单地说就是在手写板上签名，然后将图像传输到电子文档中。这种数字化签名可以被剪切，然后粘贴到任意文档上，这样非法复制变得非常容易，所以这种签名的方式是不安全的。数字签名技术与数字化签名技术是两种截然不同的安全技术，数字签名使用了信息发送者的私钥变换所需传输的信息。对于不同的文档信息，发送者的数字签名并不相同。没有私钥，任何人都无法完成非法复制。从这个意义上来说，数字签名是通过一个单向函数对要传送的报文进行处理得到的，它是一个用以认证报文来源并核实报文是否发生变化的字母数字串。

该技术在具体工作时，首先发送方对信息施以数学变换，所得的信息与原信息唯一对应；在接收方进行逆变换，得到原始信息。只要数学变换方法优良，变换后的信息在传输中就具有很强的安全性，很难被破译、篡改，这一个过程称为加密，对应的反变换过程称为解密。

现在有两类不同的加密技术：一类是对称加密，这种加密需要双方具有共享的密钥，只有在双方都知道密钥的情况下才能使用，它通常应用于孤立的环境之中，比如在使用自动取款机(ATM)时，用户需要输入用户识别号码（PIN），银行确认这个号码后，双方在获得密码的基础上进行交易。如果用户数目过多，超过了可以管理的范围时，这种机制并不可靠。另一类是非对称加密，也称为公钥加密，在这种加密技术中，密钥是由公钥和私钥组成的密钥对，用私钥进行加密，而利用公钥可以进行解密，但是由于从公钥无法推算出私钥，所以公钥并不会损害私钥的安全，公钥不需保密，可以公开传播，而私钥必须保密，丢失时需要报告鉴定中心及数据库。

数字签名的算法很多，应用最为广泛的3种是：Hash签名、DSS签名和RSA签名。

1. Hash签名

Hash签名不属于强计算密集型算法，应用较广泛。它可以降低服务器资源的消耗，减轻中央服务器的负荷。Hash的主要局限是接收方必须持有用户密钥的副本以检验签名，因为双方都知道生成签名的密钥，所以较容易被攻破，存在伪造签名的可能。

2. DSS和RSA签名

DSS和RSA采用了公钥算法，所以不存在Hash的局限性。RSA是最流行的一种加密标准，许多产品的内核中都有RSA的软件和类库。早在Web飞速发展之前，RSA数据安全公司就负责数字签名软件与Macintosh操作系统的集成，在Apple的协作软件PowerTalk上还增加了签名拖放功能，用户只要把需要加密的数据拖到相应的图标上，就完成了电子形式的数字签名。与DSS不同，RSA既可以用来加密数据，也可以用于身份认证。和Hash签名相比，在公钥系统中，由于生成签名的密钥只存储于用户的计算机中，因此安全系数大一些。

数字签名可以解决否认、伪造、篡改及冒充等问题。具体为，发送者事后不能否认发送的报文签名，接收者能够核实发送者发送的报文签名，接收者不能伪造发送者的报文签名，接收者不能对发送者的报文进行部分篡改，网络中的某一用户不能冒充另一用户作为发送者或接收者。数字签名的应用范围十分广泛，它在保障电子数据交换（EDI）的安全性上是一个突破性的进展，凡是需要对用户的身份进行判断的情况都可以使用数字签名，比如加密信件、商务信函、订货购买系统、远程金融交易及自动模式处理等。

数字签名在引入的过程中不可避免地会带来一些新问题，需要进一步加以解决。同时数字签名需要相关法律条文的支持。

- 需要立法机构对数字签名技术有足够的重视，并且迅速制定有关法律，以充分实现数字签名具有的特殊鉴别作用，有力地推动电子商务及其他网上事务的发展。
- 如果发送方的信息已经进行了数字签名，那么接收方就一定要有数字签名软件，这就要求软件具有很高的普及性。
- 假设某人发送信息后脱离了某个组织，被取消了原有数字签名的权限，那么以往发送的数字签名在鉴定时只能在取消确认列表中找到原有确认信息，这样就需要鉴定中心结合时间信息进行鉴定。
- 基础设施（鉴定中心、在线存取数据库等）的费用，是采用公共资金还是在使用期内向用户收费？如果在使用期内收费，会不会影响到这项技术的全面推广？

数字证书是一个经证书认证中心（CA）数字签名的包含公钥拥有者信息及公钥的文件。认证中心（CA）作为权威的、可信赖的、公正的第三方机构，专门负责为各种认证需求提供数字证书服务。认证中心颁发的数字证书均遵循 X.509 V3 标准。X.509 标准在编排公钥密码格式方面已被广为接受。X.509 证书已应用于许多网络安全服务中，其中包括 IPSec（IP 安全）、SSL、SET 及 S/MIME 等。

数字证书包括证书申请者的信息和发放证书 CA 的信息，认证中心所颁发的数字证书均遵循 X.509 V3 标准。数字证书的格式在 ITU 标准和 X.509 V3 里定义。根据这项标准，数字证书包括证书申请者的信息和发放证书 CA 的信息。证书各部分的含义如表 12-1 所示。

表 12-1 证书各部分的含义

域	含义
Version	证书版本号，不同版本的证书格式不同
Serial Number	序列号，同一身份认证机构签发的证书序列号唯一
Algorithm Identmer	签名算法，包括必要的参数
Issuer	身份认证机构的标识信息
Period Of Validity	有效期
Subject	证书持有人的标识信息
Subject's Public Key	证书持有人的公钥
Signature	身份认证机构对证书的签名

CA 的信息包含发行证书 CA 的签名和用来生成数字签名的签名算法。任何人收到证书后都能使用签名算法来验证证书是否是由 CA 的签名密钥签发的。

12.1.2 信任关系与信任模型

在基于 Internet 的分布式安全系统中，信任和信任关系是很重要。如，作为分发公钥的 KDC（Key Distribution Center）的用户必须完全信任 KDC，相信它是公正和正确的，不会与特殊用户勾结，也不会犯错误。有时，一个被用户信任的实体可以向用户推荐他所信任的实体，而这个实体又可以推荐其他的实体，从而形成一条信任路径。直观地讲，路径上的结点越远，越不值得信任。所以，有必要引进信任模型。

信任模型主要阐述了以下几个问题：

- 一个 PKI 用户能够信任的证书是怎样被确定的？
- 这种信任是怎样建立的？
- 在一定的环境下，如何控制这种信任？

为了进一步说明信任模型，我们首先需要阐明信任的概念。每个人对术语“信任”（Trust）的理解并不完全相同，在这里我们只简单地叙述在 ITU_T 推荐标准 X.509 规范（X.509，Section3.3.23）中给出的定义：Entity “A” trusts entity “B” when “A” assumes that “B” will behave exactly as “A” expects。如果翻译成中文，这段话的意思是：当实体 A 假定实体 B 严格地按 A 所期望的那样行动，则 A 信任 B。从这个定义可以看出，信任涉及假设、期望和行为，这意味着信任是不可能被定量测量的，信任是与风险相联系的并且信任的建立不可能总是全自动的。在 PKI 中，我们可以把这个定义具体化为：如果一个用户假定 CA 可以把任一公钥绑定到某个实体上，则他信任该 CA。

目前常用的有 4 种信任模型：认证机构的严格层次结构模型（Strict Hierarchy of Certification Authorities Model）、分布式信任结构模型（Distributed Trust Architecture Model）、Web 模型（Web Model）和以用户为中心的信任模型（User-Centric Trust Model）。

1. 认证机构的严格层次结构模型

认证机构（CA）的严格层次结构可以被描绘为一棵倒置的树，根在顶上，树枝向下伸展，树叶在下面。在这棵倒置的树上，根代表一个对整个 PKI 系统的所有实体都有特别意义的 CA——通常叫做根 CA（Root CA），它充当信任的根或"信任锚"（Trust Anchor），也就是认证的起点或终点。在根 CA 的下面是零层或多层中介 CA（Intermediate CA），也被称为子 CA（Subordinate CA），因为它们从属于根 CA。子 CA 用中间结点表示，从中间结点再生出分支。与非 CA 的 PKI 实体相对应的树叶通常被称为终端实体（End Entities）或被称为终端用户（End Users）。在这个模型中，层次结构中的所有实体都信任唯一的根 CA。这个层次结构按如下规则建立：

- 根 CA 认证（更准确地说是创立和签署证书）直接连接在它下面的 CA。
- 每个 CA 都认证零个或多个直接连接在它下面的 CA。（注意：在一些认证机构的严格层次结构中，上层的 CA 既可以认证其他 CA 也可以认证终端实体。虽然在现有的 PKI 标准中并没有排除这一点，但是在文献中层次结构往往都是假设一个给定的 CA 要么认证终端实体要么认证其他 CA，但不能两者都认证。我们将遵循这个惯例，但不应该认为这是有限制的。）
- 倒数第二层的 CA 认证终端实体。

在认证机构的严格层次结构中，每个实体（包括中介 CA 和终端实体）都必须拥有根 CA 的公钥，该公钥的安装是在这个模型中为随后进行的所有通信进行证书处理的基础，因此，它必须通过一种安全的方式来完成。例如，一个实体可以通过物理途径，如信件或电话来取得这个密钥，也可以选择通过电子方式取得该密钥，然后再通过其他机制来确认它，如将密钥的散列结果（有时被称为密钥的"指纹"）用信件发送、公布在报纸上或者通过电话告之。

值得注意的是，在一个多层的严格层次结构中，终端实体直接被其上层的 CA 认证（也就是颁发证书），但是它们的信任锚是另一个不同的 CA（根 CA）。如果是没有子 CA 的浅层次结构，则对所有终端实体来说，根和证书颁发者是相同的。这种层次结构被称为可信颁发者层次结构（Trusted Issuer Hierarchies）。

这里有一个例子，可以说明在认证机构的严格层次结构模型中进行认证的过程。一个持有根 CA 公钥的终端实体 A 可以通过下述方法检验另一个终端实体 B 的证书。假设 B 的证书是由 CA2 签发的，而 CA2 的证书是由 CAl 签发的，CAl 的证书又是由根 CA 签发的。A（拥有根 CA 的公钥 KR）能够验证 CAl 的公钥 K1，因此它可以提取出可信的 CAl 的公钥。然后，这个公钥可以被用做验证 CA2 的公钥，类似地就可以得到 CA2 的可信公钥 K2。公钥 K2 能够被用来验证 B 的证书，从而得到 B 的可信公钥 KB。A 现在就可以根据密钥的类型来使用密钥 KB，如对发给 B 的消息加密或者用来验证据称是 B 的数字签名，从而实现 A 和 B 之间的安全通信。

2. 分布式信任结构模型

与在 PKI 系统中的所有实体都信任唯一 CA 的严格层次结构相反，分布式信任结构把信任分散在两个或多个 CA 上。也就是说，A 把 CAl 作为他的信任锚，而 B 可以把 CA2 作为他的信任锚。

因为这些 CA 都作为信任锚，因此相应的 CA 必须是整个 PKI 系统的一个子集所构成的严格层次结构的根 CA（CAl 是包括 A 在内的严格层次结构的根，CA2 是包括 B 在内的严格层次结构的根）。

如果这些严格层次结构都是可信颁发者层次结构，那么该总体结构被称为完全同位体结构（Fully Peered Architecture），因为所有的 CA 实际上都是相互独立的同位体（在这个结构中没有子 CA）。另一方面，如果所有的严格层次结构都是多层结构（Multi Level Hierarchy），那么最终的结构就被叫做满树结构（Fully Freed Architecture）。（注意，根 CA 之间是同位体，但是每个根又是一个或多个子 CA 的上级）。混合结构（Hybrid Treed Architecture）也是可能的（具有若干个可信颁发者层次结构和若干个多层树形结构）。一般说来，完全同位体结构部署在某个组织内部，而满树结构和混合结构则是在原来相互独立的 PKI 系统之间进行互连的结果。尽管“PKI 网络”一词用得越来越多（特别是对满树结构和混合结构），但是同位体根 CA（Peer Root CA）的互连过程通常被称为交叉认证（Cross Certification）。

3. Web 模型

Web 模型是在万维网（World Wide Web）上诞生的，而且依赖于流行的浏览器，如 Netscape 公司的 Navigator 和 Microsoft 公司的 Internet Explorer。在这种模型中，许多 CA 的公钥被预装在标准的浏览器上。这些公钥确定了一组浏览器用户最初信任的 CA。尽管这组根密钥可以被用户修改，然而几乎没有普通用户对于 PKI 和安全问题能精通到可以进行这种修改的程度。

初看之下，这种模型似乎与分布式信任结构模型相似，但从根本上讲，它更类似于认证机构的严格层次结构模型。因为在实际上，浏览器厂商起到了根 CA 的作用，而与被嵌入的密钥相对应的 CA 就是它所认证的 CA，当然这种认证并不是通过颁发证书实现的，而只是物理地把 CA 的密钥嵌入浏览器中。

Web 模型在方便性和简单互操作性方面有明显的优势，但是也存在许多安全隐患。例如，因为浏览器的用户自动地信任预安装的所有公钥，所以即使这些根 CA 中有一个是“坏的”（例如，该 CA 从没有认真核实被认证的实体），安全性将被完全破坏。A 将相信任何声称是 B 的证书都是 B 的合法证书，即使它实际上只是由其公钥嵌入浏览器中的 CAbad 签署的挂在 B 名下的 C 的公钥。所以，A 就可能无意间向 C 透露机密或接受 C 伪造的数字签名。这种假冒能够成功的原因是，A 一般不知道收到的证书是由哪一个根密钥验证的。在嵌入到其浏览器中的多个根密钥中，A 可能只认可所给出的一些 CA，但并不了解其他 CA。然而在 Web 模型中，A 的软件平等而无任何疑问地信任这些 CA，并接受它们中任何一个签署的证书。

当然，在其他信任模型中也可能出现类似情况。例如，在分布式信任结构模型中，A 或许不能认可一个特定的 CA，但是其软件在相关的交叉认证是有效的情况下，却会信任该 CA 所签署的证书。在分布式信任结构中，A 在 PKI 安全方面明确地相信其局部 CA“做正确的事”，例如，与可信的其他 CA 进行交叉认证等。而在 Web 模型中，A 通常是因为与安全无关的原因而取得浏览器的，因此，从他的安全观点来看，没有任何理由相信这个浏览器是在信任“正确的”CA。

另外一个潜在的安全隐患是没有实用的机制来撤销嵌入到浏览器中的根密钥。如果发现一个根密钥是“坏的”（就像前面所讨论的那样）或者与根的公钥相应的私钥被泄密了，那么要使全世界数百万个浏览器都自动地废止该密钥的使用是不可能的，这是因为无法保证通报的报文能到达所有的浏览器，而且即使报文到达了浏览器，浏览器也没有处理该报文的功能。因此，从浏览器中去除坏密钥需要全世界的每个用户都同时采取明确的动作，否则，一些用户将是安全的而其他用户仍处于危险之中，但是这样一个全世界范围内的同时动作是不可能实现的。

最后，该模型还缺少有效的方法在 CA 和用户之间建立合法协议，该协议的目的是使 CA 和用户共同承担责任，因为浏览器可以自由地从不同站点下载，也可以预装在操作系统中，CA 不知道（也无法确定）它的用户是谁，并且一般用户对 PKI 也缺乏足够的了解，因此不会主动与 CA 直接接触。这样，所有的责任最终或许都会由用户承担。

4. 以用户为中心的信任模型

在以用户为中心的信任模型中，每个用户自己决定信任哪些证书。通常，用户的最初信任对象包括用户的朋友、家人或同事，但是否信任某证书则被许多因素所左右。

著名的安全软件 Pretty Good Privacy（PGP）最能说明以用户为中心的信任模型，在 PGP 中，一个用户通过担当 CA（签署其他实体的公钥）并使其公钥被其他人认证来建立（或参加）所谓的信任网（Web of Trust）。例如，当 Alice 收到一个据称是属于 Bob 的证书时，她将发现这个证书是由她不认识的 David 签署的，但是 David 的证书是由她认识并且信任的 Catherine 签署的。在这种情况下，Alice 可以决定信任 Bob 的密钥（即信任从 Catherine 到 David 再到 Bob 的密钥链），也可以决定不信任 Bob 的密钥（认为"未知的"Bob 与"已知的"Catherine 之间的"距离太远"）。

因为要依赖于用户自身的行为和决策能力，因此以用户为中心的模型在技术水平较高和利害关系高度一致的群体中是可行的，但是在一般的群体（许多用户有极少或者没有安全和 PKI 的概念）中是不现实的。而且，这种模型一般不适合用在贸易、金融或政府环境中，因为在这些环境下，通常希望或需要对用户的信任实行某种控制，显然这样的信任策略在以用户为中心的模型中是不可能实现的。

12.2　PKI 的组成

PKI 是一种遵循标准的密钥管理平台，它能够为所有网络应用透明地提供采用加密和数字签名等密码服务所必需的密钥和证书管理。PKI 必须具有认证机关（CA）、证书库、密钥备份及恢复系统、证书作废处理系统、PKI 应用接口系统等基本系统，构建 PKI 也将围绕着这五大系统来构建。

12.2.1　认证机关

CA 是证书的签发机构，它是 PKI 的核心。众所周知，构建密码服务系统的核心是如何实现密钥管理。公钥体制涉及一对密钥，即私钥和公钥，私钥只由持有者秘密掌握，不需在网上传送，而公钥是公开的，需要在网上传送，故公钥体制的密钥管理主要是公钥的管理问题，目前较好的解决方案是引进证书（Certificate）机制。

证书是公钥体制的一种密钥管理媒介。它是一种权威性的电子文档，形同网络计算环境中的一种身份证，用于证明某一主体（如人、服务器等）的身份及其公钥的合法性。在使用公钥体制的网络环境中，必须向公钥的使用者证明公钥的真实合法性。因此，在公钥体制环境中，必须有一个可信的机构来对任何一个主体的公钥进行公证，证明主体的身份及他与公钥的匹配关系。CA 正是这样的机构，它的职责归纳起来有：

- 验证并标识证书申请者的身份。

• 确保 CA 用于签名证书的非对称密钥的质量。
• 确保整个签证过程的安全性，确保签名私钥的安全性。
• 证书材料信息（包括公钥证书序列号、CA 标识等）的管理。
• 确定并检查证书的有效期限。
• 确保证书主体标识的唯一性，防止重名。
• 发布并维护作废证书表。
• 对整个证书签发过程做日志记录。
• 向申请人发通知。

其中最为重要的是 CA 自己的一对密钥的管理，它必须确保其高度的机密性，防止他方伪造证书。CA 的公钥在网上公开，因此整个网络系统必须保证完整性。

证书的主要内容如表 12-2 所示。

表 12-2 证书的主要内容

字段	定义	举例
主题名称	唯一标识证书所有者的标识符	C=CN，O=CCB，OU=IT
签证机关名称（CA）	唯一标识证书签发者的标识符	C=CN，O=CCB，CN=CCB
主体的公钥	证书所有者的公钥	1024 位的 RSA 密钥
CA 的数字签名	CA 对证书的数字签名，保证证书的权威性	用 MD5 压缩过的 RSA 加密
有效期	证书在该期间内有效	不早于 2000.1.1 19:00:00 不迟于 2002.1.1 19:00:00
序列号	CA 产生的唯一性数字，用于证书管理	01:09:00:08:00
用途	主体公钥的用途	验证数字签名

注：设为 X.400 的格式。

在表 12-2 中，CA 的数字签名保证了证书（实质是持有者的公钥）的合法性和权威性。主体（用户）的公钥可有两种产生方式：

• 用户自己生成密钥对，然后将公钥以安全的方式传送给 CA，该过程必须保证用户公钥的可验证性和完整性。
• CA 替用户生成密钥对，然后将其以安全的方式传送给用户，该过程必须确保密钥对的机密性、完整性和可验证性。该方式下由于用户的私钥为 CA，故对 CA 的可信性有更高的要求。

用户 A 可通过两种方式获取用户 B 的证书和公钥，一种是由 B 将证书随同发送的正文信息一起传送给 A，另一种是所有的证书集中存放于一个证书库中，用户 A 可从该地点取得 B 的证书。

CA 的公钥可以存放在所有结点处，方便用户使用。

表 12-2 中的“用途”是一项重要的内容，它规定了该证书所公证的公钥的用途。公钥必须按规定的用途来使用。一般地，公钥有两大类用途：

• 用于验证数字签名。消息接收者使用发送者的公钥对消息的数字签名进行验证。
• 用于加密信息。消息发送者使用接收者的公钥加密用于加密消息的密钥，进行数据加密密钥的传递。

相应地，系统中需要配置用于数字签名/验证的密钥对和用于数据加密/脱密的密钥对，这里分别称为签名密钥对和加密密钥对。这两对密钥对于密钥管理有不同的要求：

（1）签名密钥对

签名密钥对由签名私钥和验证公钥组成。签名私钥具有日常生活中公章、私章的效力，为保证其唯一性，签名私钥绝对不能够备份和存档，丢失后只需重新生成新的密钥对即可，原来的签名可以使用旧公钥的备份来验证。验证公钥需要存档，用于验证旧的数字签名。用做数字签名的这一对密钥一般可以有较长的生命期。

（2）加密密钥对

加密密钥对由加密公钥和脱密私钥组成。为防止密钥丢失时丢失数据，脱密私钥应该进行备份，同时还可能需要进行存档，以便能在任何时候脱密历史密文数据。加密公钥无需备份和存档，如果加密公钥丢失了，则只需重新产生密钥对即可。

加密密钥对通常用于分发会话密钥，这种密钥应该频繁更换，故加密密钥对的生命周期较短。

不难看出，这两对密钥的密钥管理要求存在互相冲突的地方，因此，系统必须针对不同的用途使用不同的密钥对。尽管有的公钥体制算法，如目前使用广泛的RSA，既可以用于加密，又可以用于签名，但在使用中仍然必须为用户配置两对密钥、两张证书，其一用于数字签名，另一用于加密。

数字证书注册审批机构RA（Registration Authority）系统是CA的证书发放、管理的延伸。它负责证书申请者的信息录入、审核及证书发放等工作，同时，对发放的证书完成相应的管理功能。发放的数字证书可以存放于IC卡、硬盘或软盘等介质中。RA系统是整个CA中心得以正常运营不可缺少的一部分。

RA提供CA和用户之间的界面，它捕获和确认用户身份并提交证书请求给CA，决定信任级别的确认过程的质量可以存放在证书中。证书依靠PKI环境的结构可以通过几个途径进行分发，例如，通过用户自身，或者通过目录服务。一个目录服务器可能已经存在于组织中或者可能被PKI解决方案所支持。

所有PKI的组件都是可互操作的，这一点非常重要，因为它们未必来自同一供应商。例如，CA可能面对现存的系统，那些已经安装了目录服务器的组织，PKI应该使用开放标准的接口，如LDAP和X.500（DAP），以保证它可以和遵循标准的目录服务器一起工作。

此外，很多组织更喜欢智能卡和硬件安全模块（HSM）的提供者。同样，通过使用开放标准的接口，如PKCS#11，PKI就拥有足够的灵活性与多种安全令牌一起工作。

在很多PKI系统中，要求面对面的注册提供必需的信任级别。然而这并不总是适宜的，所以远程注册也可能需要。PKI允许用户通过电子邮件、普通网络浏览器或自动通过VPN网络通信服务来请求证书。

对一些大规模应用，可能需要自动地批量创建证书，例如对银行卡或身份证。在这些示例中，PKI需要连接到卡数据库的自动化RA过程具有灵活性。

尽管PKI系统上的规则很复杂，但它的管理却不应当如此。PKI必须能让非技术人员，如业务管理者充满信心地操作它。这些操作者不应当去处理复杂的密码算法、密钥或者签名。它应该像单击鼠标一样轻松，剩下的事由程序自动完成。界面应该是直观的图形界面，以便于管理任务而不是陷入复杂的数据库记录中。

灵活性和易用性会对 PKI 系统的投资回报有非常重要的影响，因为它们能对培训、维护、系统配置、集成还有未来用户的增长造成影响。这些问题能使 PKI 系统的运行费用远远高于初始实现，因此需要在评估协调中加以考虑。

PKI 正逐渐成为各组织的安全基础设施的中心，任何 CA 必须能够反映和实现组织的安全策略。为了确保证书管理过程准确地反映 CA 和 PA 操作者与证书使用者的角色，有一个策略驱动的 PKI 系统是很关键的。例如，CA 操作者可以将终端用户证书撤销权授给 RA 操作者，而保留 RA 操作者证书的撤销权利。

12.2.2 证书库

证书库是证书的集中存放地，它与网上"白页"类似，是网上的一种公共信息库，用户可以从此处获得其他用户的证书和公钥。

构造证书库的最佳方法是采用支持 LDAP 协议的目录系统，用户或相关的应用通过 LDAP 来访问证书库。系统必须确保证书库的完整性，防止伪造、篡改证书。

12.2.3 密钥备份及恢复系统

如果用户丢失了用于脱密数据的密钥，则密文数据将无法被脱密，从而造成数据丢失。为避免这种情况出现，PKI 应该提供备份与恢复脱密密钥的机制。

密钥的备份与恢复应该由可信的机构来完成，例如 CA 可以充当这一角色。值得强调的是，密钥备份与恢复只能针对脱密密钥，签名私钥不能够做备份。

12.2.4 证书作废处理系统

证书作废处理系统是 PKI 的一个重要组件。同日常生活中的各种证件一样，证书在 CA 为其签署的有效期以内也可能需要作废，例如，A 公司的职员 a 辞职离开公司，这就需要终止 a 证书的生命期。为实现这一点，PKI 必须提供作废证书的一系列机制。作废证书有如下三种策略：

- 作废一个或多个主体的证书。
- 作废由某一对密钥签发的所有证书。
- 作废由某 CA 签发的所有证书。

作废证书一般通过将证书列入作废证书表 CRL（Certificate Revocation List）来完成。通常，系统中由 CA 负责创建并维护一张及时更新的 CRL，而由用户在验证证书时负责检查该证书是否在 CRL 之列。CRL 一般存放在目录系统中。

证书的作废处理必须在安全及可验证的情况下进行，系统还必须保证 CRL 的完整性。

12.2.5 PKI 应用接口系统

PKI 的价值在于使用户能够方便地使用加密、数字签名等安全服务，因此一个完整的 PKI 必须提供良好的应用接口系统，使得各种各样的应用能够以安全、一致和可信的方式与 PKI 交互，确保所建立起来的网络环境的可信性，同时降低管理维护成本。

为了向应用系统屏蔽密钥管理的细节，PKI 应用接口系统需要实现如下的功能：

- 完成证书的验证工作，为所有应用以一致、可信的方式使用公钥证书提供支持。

- 以安全、一致的方式与 PKI 的密钥备份与恢复系统交互，为应用提供统一的密钥备份与恢复支持。
- 在所有应用系统中，确保用户的签名私钥始终只在用户本人的控制之下，阻止备份签名私钥的行为。
- 根据安全策略自动为用户更换密钥，实现密钥更换的自动、透明与一致。
- 为方便用户访问加密的历史数据，向应用提供历史密钥的安全管理服务。
- 为所有应用访问统一的公用证书库提供支持。
- 以可信、一致的方式与证书作废系统交互，向所有应用提供统一的证书作废处理服务。
- 完成交叉证书的验证工作，为所用应用提供统一模式的交叉验证支持。
- 支持多种密钥存放介质，包括 IC 卡、PC 卡和安全文件等。
- PKI 应用接口系统应该是跨平台的。

12.3　PKI 的功能和要求

PKI 体系为信息交互、在线交易和互联网上的各种活动提供完备的安全服务功能，是公钥基础设施最基本、最核心的功能。作为基础设施它要做到，遵循必要的原则，不同的实体可以方便地使用 PKI 安全基础设施提供的服务

12.3.1　证书、密钥对的自动更换

证书、密钥都有一定的生命期限。当用户的私钥泄露时，必须更换密钥对；另外，随着计算机的速度日益提高，密钥长度也必须相应地增长。因此，PKI 应该提供完全自动（无需用户干预）的密钥更换及新证书的分发工作。

12.3.2　交叉认证

每个 CA 只可能覆盖一定的作用范围，这个作用范围也即 CA 的域，例如，不同的企业往往有各自的 CA，它们颁发的证书都只在企业范围内有效。当隶属于不同 CA 的用户需要交换信息时，就需要引入交叉证书和交叉认证，这也是 PKI 必须完成的工作。

两个 CA 安全地交换密钥信息，这样每个 CA 都可以有效地验证另一方密钥的可信任性，我们称这样的过程为交叉认证。事实上，交叉认证是第三方信任的扩展，即一个 CA 的网络用户信任其他所有自己 CA 交叉认证的 CA 用户。

从技术的角度来看，交叉认证要制造两个 CA 之间的交叉证书。当 CA“甲”和 CA“乙”进行交叉认证时，CA“甲”制造一个证书并在上面签名，这个证书上包含有 CA“乙”的公钥，反之亦然。因此，不管用户属于哪一个 CA，都能保证每个 CA 信任另外一个。同样，在一个 CA 的用户通过第三方信任的扩展可以信任另一个 CA 的用户。

安全地交换密钥信息本身没有什么，其引发的技术处理细节远没有处理交叉认证的问题多。由于交叉认证是第三方信任的扩展，因此对每个 CA 来讲，最重要的事情是要能完全适应其他的安全策略。我们还是回头参考护照的情况，如果一个国家没有事先对另外一个国家的护照制造和发放的策略进行调查，就声称他信任这个国家的护照，这几乎是不可能的事情。例如，在建立信

任关系之前，每个国家都会希望了解其他国家在发放护照之前通过怎样的过程细节来验证一个所谓公民的身份。CA 的交叉认证也会产生同样的问题。例如，在交叉认证之前，两个 CA 都会去了解对方的安全策略，包括在 CA 内哪个人负责高层的安全职责。同时，还可能要两个 CA 的代表签署一个具有法律依据的协议。在这些协议中会陈述双方需要的安全策略，并签字保证这些策略要切实实施。

交叉认证扩展了 CA 域之间的第三方信任关系。例如，有两个贸易伙伴，每一个都有自己的 CA，他们想要验证由对方 CA 发的证书。或者，一个大的、分布式的组织可能在不同的地理区域需要不同的 CA。交叉认证允许不同的 CA 域之间建立并维持可信赖的电子关系。

交叉认证指两个操作。第一个操作是两个域之间信任关系的建立，这通常是一个一次性操作。在双边交叉认证的情况下，两个 CA 安全地交换他们的验证密钥。这些密钥用于验证他们在证书上的签名。为了完成这个操作，每个 CA 签发一张包含自己公钥（这个公钥用于对方验证自己的签名）的证书，该证书称为交叉证书。第二个操作由客户端软件来做。这个操作包含了验证由已经交叉认证的 CA 签发的用户证书的可信赖性，该操作需要经常执行。这个操作常常被称为跟踪信任链。链指的是交叉证书确认列表，沿着这个列表可以跟踪所有验证用户证书的 CA 密钥。

12.3.3 PKI 的其他一些功能

1. 加密密钥和签名密钥的分隔

如前所述，加密和签名密钥的密钥管理需求是相互抵触的，因此 PKI 应该支持加密和签名密钥的分隔使用。

2. 支持对数字签名的不可抵赖

任何类型的电子商务都离不开数字签名，因此 PKI 必须支持数字签名的不可抵赖性，而数字签名的不可抵赖性依赖于签名私钥的唯一性和机密性，为此，PKI 必须保证签名密钥与加密密钥的分隔使用。

3. 密钥历史的管理

每次更新加密密钥后，相应的解密密钥都应该存档，以便将来恢复用旧密钥加密的数据。每次更新签名密钥后，旧的签名私钥应该妥善销毁，防止破坏其唯一性；相应的旧验证公钥应该进行存档，以便将来用于验证旧的签名。这些工作都应该是 PKI 自动完成的。

12.3.4 对 PKI 的性能要求

1. 透明性和易用性

这是对 PKI 的最基本要求，PKI 必须尽可能地向上层应用屏蔽密码服务的实现细节，向用户屏蔽复杂的安全解决方案，使密码服务对用户而言简单易用，同时便于单位、企业完全控制其信息资源。

2. 可扩展性

证书库和 CRL 必须具有良好的可扩展性。

3. 互操作性

不同企业、单位的 PKI 实现可能是不同的，这就提出了互操作性要求。要保证 PKI 的互操作性，必须将 PKI 建立在标准之上，这些标准包括加密标准、数字签名标准、Hash 标准、密钥管理标准、证书格式、目录标准、文件信封格式、安全会话格式及安全应用程序接口规范等。

4. 支持多应用

PKI 应该面向广泛的网络应用，提供文件传送安全、文件存储安全、电子邮件安全、电子表单安全、Web 应用安全等保护。

5. 支持多平台

PKI 应该支持目前广泛使用的操作系统平台，包括 Windows、UNIX 及 Macintosh 等。

12.4　PKI 相关协议

从整个 PKI 体系建立与发展的历程来看，与 PKI 相关的标准协议主要包括以下一些。

12.4.1　X.500 目录服务

X.500 是一种 CCITT（ITU）针对已经被国际标准化组织（ISO）接受的目录服务系统的建议，它定义了一个机构如何在一个企业的全局范围内共享名字和与它们相关的对象。一个完整的 X.500 系统称为一个“目录”，而 X.500 已经被接受作为提供世界范围的目录服务的一种国际标准，它与 X.400 电子邮件标准密切相连。X.500 是层次性的，其中的管理域（机构、分支、部门和工作组）可以提供这些域内的用户和资源的信息，它被认为是实现一个目录服务的最好途径，但是实现需要很大投资，却没有其他方式的速度快。NetWare 目录服务（NDS）是 X.500 式实现的一个很好的例子。

X.500 目录服务是一种用于开发一个单位（或组织）内部人员目录的标准方法，这个目录可以成为全球目录的一部分，这样在世界任何一个角落，只要能和 Internet 相连的地方，任何人都可以查询这个单位中人员的信息，可以通过人名、部门、单位（或组织）来进行查询。许多公司或组织都提供 X.500 目录；这个目录像我们通常知道的目录一样有一个树形结构，它的结构如下：国家、单位（或组织）、部门和个人。有两个知名的 X.500 目录，也是最大的 X.500 目录，它们是用于管理域名注册的 InterNIC 和存储全美国家实验室的 Esnet。在 X.500 中每个本地目录叫做目录系统代理（DSA），一个 DSA 代表一个或多个单位（或组织），而 DSA 之间以目录信息树（DIT）连接。用于访问一个或多个 DSA 的用户程序称为 DUA，它包括 whois、finger 和其他用于提供图形用户界面的程序。X.500 在全球目录服务（GDS）中作为分布计算机环境的一部分实现。一些大学也以轻量级目录访问协议（LDAP）为基础使用 X.500 作为电子邮件服务和姓名查询的方法。

X.500 目录服务可以向需要访问网络任何地方资源的电子邮件系统和应用，或需要知道在网络上的实体名字和地点的管理系统提供信息。这个目录是一个数据库，或在 X.500 描述中称为目录信息数据库（DIB）。在数据库中的实体称为对象。例如，有用户对象和资源对象，例如打印机对象。对象包括描述这个对象的信息。

目录的每个分支代表一个分支机构和部门，它们实际上处在不同的地理区域。DIB 的主备份是存放在其中的单一地点的。虽然远程用户可以访问这个 DIB 的主备份，但是这在广域网环境是很低效的。因此，在这个目录树中这个 DIB 被分解成分区，并且这些分区存放在每个地点的服务器上。只有相关的分区被复制到每个地点。当用户需要对象的信息时，首先查询本地的分区。如果在本地分区不能获得所需的信息，就通过广域网来查询这个主 DIB。这种策略有助于降低长途费用，缩短访问时间，并且通过将 DIB 复制到其他地点间接地提供了一种备份效果。

12.4.2 X.509

在讨论和 CA 时，我们经常会接触到一个概念——X.509，它是一种行业标准或者行业解决方案，基于 X.509 的 PKI 架构模型如图 12-1 所示。

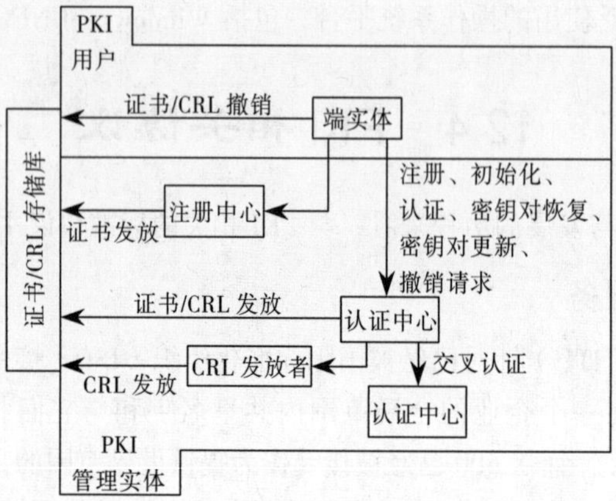

图 12-1 基于 X.509 的 PKI 架构模型

在 X.509 方案中，默认的加密体制是公钥密码体制。为进行身份认证，X.509 标准及公钥加密系统提供了数字签名的方案。用户可生成一段信息及其摘要（也称为信息"指纹"）。用户使用专用密钥对摘要加密以形成签名，接收者用发送者的公钥对签名解密，并将之与收到的信息"指纹"进行比较，以确定其真实性。

此问题的解决方案即为 X.509 标准与公钥证书。本质上，证书由公钥加密钥拥有者的用户标识组成，整个字块由可信赖的第三方签名。典型的第三方为大型用户群体（如政府机关或金融机构）所信赖的 CA。

此外，X.509 标准还提供了一种标准格式 CRL，下面来看一看 X.509 标准下的证书格式及其扩展。

目前 X.509 有不同的版本，例如 X.509 V2 和 X.509 V3 都是目前比较新的版本，但它们都是在原有版本（X.509 V1）的基础上进行功能的扩充，其中每一版本必须包含下列信息：

- 版本号。用来区分 X.509 的不同版本号。
- 序列号。由 CA 给每一个证书分配的唯一的数字型编号，当证书被取消时，实际上是将此证书的序列号放入由 CA 签发的 CRL 中，这也是序列号唯一的原因。
- 签名算法标识符。用来指定用 CA 签发证书时所使用的签名算法。算法标识符用来指定 CA 签发证书时所使用的公钥算法和 Hash 算法，需向国际指明标准组织（如 ISO）注册。
- 认证机构。即发出该证书的唯一 CA 的 X.500 名字。
- 有效期限。证书有效的时间包括两个日期：证书开始生效期和证书失效的日期和时间，证书在这两个时间之间有效。
- 主题信息。证书持有人的姓名、服务处所等信息。
- 认证机构的数字签名。它用以确保这个证书在发放之后没有被改过。

- 公钥信息。包括被证明有效的公钥值和使用这个公钥的方法名称。

X.509 标准第三版在 V2 的基础上进行了扩展，V3 引进一种机制。这种机制允许通过标准化和类的方式将证书进行扩展，以包括额外的信息，从而适应下面的一些要求：

- 一个证书主体可以有多个证书。
- 证书主体可以被多个组织或社团的其他用户识别。
- 可按特定的应用名（不是 X.500 名）识别用户，如将公钥同 E-mail 地址联系起来。
- 在不同证书政策和使用下会发放不同的证书，这就要求公钥用户要信赖证书。

12.4.3 公钥证书的标准扩展

公钥证书并不限于以下所列出的这些标准扩展，任何人都可以向适当的权力机构注册一种扩展。将来会有更多的适于应用的扩展列入标准扩展集中。值得注意的是，这种扩展机制应该是完全可以继承的。

每一种扩展包括 3 个域：类型、可否缺省、值类型字段定义了扩展值字段中的数据类型。这个类型可以是简单的字符串、数值、日期、图片或一个复杂的数据类型。为便于交互，所有的数据类型都应该在国际知名组织进行注册。可否缺省字段是一比特标识位。当一个扩展标识为不可缺省时，说明相应的扩展值重要，应用程序不能忽略这个信息。如果使用一份特殊证书的应用程序不能处理该字段的内容，就应该拒绝此证书。

扩展值字段包含了这个扩展实际的数据。

公钥证书的标准扩展可以分为以下几组：

- 密钥和政策信息，包括机构密钥识别符、主体密钥识别符、密钥用途（如数字签字、不可否认性、密钥加密、数据加密、密钥协商、证书签字及 CRL 签字等）和密钥使用期限等。
- 主体和发证人属性，包括主体代用名、发证者代用名、主体检索属性等。
- 证书通路约束，包括基本约束，指明是否可以做证书机构。
- 与 CRL 有关的补充。

12.4.4 LDAP 协议

LDAP 的英文全称是 Lightweight Directory Access Protocol，一般都简称为 LDAP。它基于 X.500 标准，但是比较简单，并且可以根据需要定制。与 X.500 不同，LDAP 支持 TCP/IP，这对访问 Internet 是必需的。LDAP 的核心规范在 RFC 中有定义，所有与 LDAP 相关的 RFC 都可以在 LDAPman RFC 网页中找到。LDAP 技术发展得很快，在企业范围内实现 LDAP 可以让运行在几乎所有计算机平台上的所有应用程序从 LDAP 目录中获取信息。LDAP 目录中可以存储各种类型的数据：如电子邮件地址、邮件路由信息、人力资源数据、公钥、联系人列表等。通过把 LDAP 目录作为系统集成中的一个重要环节，可以简化员工在企业内部查询信息的步骤，甚至连主要的数据源都可以放在任何地方。

如果需要开发一种提供公共信息查询的系统，一般的设计方法可能是采用基于 Web 的数据库设计方式，即前端使用浏览器而后端使用 Web 服务器加上关系数据库。后端在 Windows 的典型实现可能是 Windows NT+IIS+Access 数据库或者是 SQL 服务器、IIS 和数据库之间通过 ASP 技术使用 ODBC 进行连接，达到通过填写表单查询数据的功能；后端在 Linux 系统的典型实现可能是

Linux+Apache+postgresql，Apache 和数据库之间通过 PHP3 提供的函数进行连接。使用上述方法的缺点是后端关系数据库的引入导致系统整体的性能降低和系统的管理比较烦琐，因为需要不断地进行数据类型的验证和事务的完整性确认，并且前端用户对数据的控制不够灵活，因此用户权限的设置一般只能是设置在表一级而不是设置在记录一级。

目录服务的推出主要是解决上述数据库中存在的问题。目录与关系数据库相似，是指具有描述性的基于属性的记录集合，但它的数据类型主要是字符型，为了检索的需要添加了 BIN（二进制数据）、CIS（忽略大小写）、CES（大小写敏感）、TEL（电话型）等语法，而不是关系数据库提供的整数、浮点数、日期、货币等类型，同样也不提供像关系数据库中普遍包含的大量的函数，它主要面向数据的查询服务（查询和修改操作比一般大于 10：1），不提供事务的回滚机制，它的数据修改使用简单的锁定机制实现它的目标是快速响应和大容量查询并且提供多目录服务器的信息复制功能。

LDAP 的流行是很多因素共同作用的结果，它最大的优势大概是：可以在任何计算机平台上，用很容易获得的而且数目不断增加的 LDAP 的客户端程序访问 LDAP 目录，而且也很容易定制应用程序，为它加上 LDAP 的支持。

LDAP 协议是跨平台的和标准的协议，因此应用程序就不用为 LDAP 目录放在什么样的服务器上操心了。实际上，LDAP 得到了业界的广泛认可，因为它是 Internet 的标准。厂商都很愿意在产品中加入对 LDAP 的支持，因为他们根本不用考虑另一端（客户端或服务器端）是怎么样的。LDAP 服务器可以是任何一个开放源代码或商用的 LDAP 目录服务器（或者还可能是具有 LDAP 界面的关系型数据库），因为可以用同样的协议、客户端连接软件包和查询命令与 LDAP 服务器进行交互。与 LDAP 不同的是，如果软件商想在软件产品中集成对 DBMS 的支持，那么通常都要对每一个数据库服务器单独定制。不像很多商用的关系型数据库，用户不必为 LDAP 的每一个客户端连接或许可协议付费，大多数的 LDAP 服务器安装起来很简单，也容易维护和优化。

LDAP 服务器可以用“推”或“拉”的方法复制部分或全部数据，例如，可以把数据“推”到远程的办公室，以增加数据的安全性。复制技术是内置在 LDAP 服务器中的而且很容易配置。如果要在 DBMS 中使用相同的复制功能，数据库厂商就会要用户支付额外的费用，而且也很难管理。

LDAP 允许用户根据需要使用 ACI（一般都称为 ACL 或者访问控制列表）控制对数据读和写的权限。例如，设备管理员可以有权改变员工的工作地点和办公室号码，但是不允许改变记录中其他的域。ACI 可以根据谁访问数据、访问什么数据、数据存在什么地方及其他对数据进行访问控制。因为这些都是由 LDAP 目录服务器完成的，所以不用担心在客户端的应用程序上是否要进行安全检查。

LDAP 提供很复杂的不同层次的访问控制或者 ACI。因为这些访问可以在服务器端控制，所以这比用客户端的软件保证数据的安全要安全得多。

LDAP 目录以树状的层次结构来存储数据。如果用户对自顶向下的 DNS 树或 UNIX 文件的目录树比较熟悉，也就很容易掌握 LDAP 目录树这个概念了。就像 DNS 的主机名那样，LDAP 目录记录的标识名（Distinguished Name，DN）是用来读取单个记录及回溯到树的顶部的。

12.5 PKI 的产品、应用现状和前景

随着电子商务的日益兴旺，电子签名、数字证书已经在实际中得到了一定程度的应用。国外开

发 PKI 产品的公司也有很多，比较有影响力的有 Baltimore 和 Entrust，他们都推出了可以应用的产品。VeriSign 公司也已经开始提供 PKI 服务，Internet 上很多软件的签名认证都来自 VeriSign 公司。

12.5.1　PKI 的主要厂商和产品

1. VeriSign

VeriSign（www.verisign.com）是最大的公共 CA，也是最早广泛推广 PKI 并建立公共 CA 的公司之一。VeriSign 除了是公认的最可信公共 CA 之一外，还提供专用 PKI 工具，包括称为 OnSite 的证书颁发服务，这项服务充当了本地 CA，而且连接到了 VeriSign 的公共 CA。

2. Entrust 公司的 PKI 产品

Entrust 的 PKI 5.0 是 Entrust 公司的 PKI 产品。该公司总部设在美国得克萨斯州，其产品在电子商务安全产品市场中处于全球领先地位。最新的 IDC 调查报告表明，Entrust 公司在全球 PKI 市场中占据了 35%的份额。Entrust 的 PKI 5.0 充分体现了可管理性和安全性，获得了 Common Criteria Evaluation（CCE）EAL-3 和 FIPS 140-1 level 1 to 3 的安全认证。

Entrust 的 CA 具有良好的灵活性，它可以向各种设备或应用程序颁发数字证书，包括终端 PC 用户、Web 服务器、Web 浏览器、VPN 设备、SET 用户等。凡是支持 X.509 证书格式的设备或应用程序都可以获得数字证书，这样就最大限度地利用了 PKI 所能提供的功能。此外，Entrust 的 CA 的灵活性还表现在它可以针对个别特殊用户定制相应的特殊证书，并在这个特别证书里赋予该用户一些特殊权力。

Entrust 的 CA 有着较完善的 CA 数据库功能，包括数据库加密、完整性检验、CA 专有硬件和对敏感操作的分级权限设定等，它们充分保障了数据的安全性。

Entrust 的 RA 在用户登记方面既保证了安全性又保证了易用性。它将 RA 管理员角色从功能上划分为不同等级，不同等级的管理员具有不同的操作权限。此外，RA 不仅可以用于授权和撤销证书，还具有多项功能以支持整个 PKI 系统的安全性，如密钥备份、密钥恢复、更新用户注册信息、改变所属 CA 和自动更新证书等。

为了保障数据的安全性，对用户的签名私钥和解密私钥必须严格保密。为了让他人验证签名或发送密文，还要公开签名验证公钥和加密公钥，这些密钥对和相应的证书都需要定期更新，当然这也包括 CA 本身的根密钥对。其他 PKI 产品通常都需要用户手工更新密钥对和证书，这就需要用户掌握一定的证书知识，从而无形之中增加了系统使用的复杂度和使用成本。Entrust 的 PKI 5.0 产品在密钥和证书管理方面采用了自动更新用户和 CA 密钥对技术，保证系统在密钥对生命期终止之前可以自动、无缝且安全地更新密钥对，从而大大降低系统的使用成本。

PKI 5.0 也提供了较为完善的密钥备份和恢复系统。当因意外导致密钥丢失时，用户可以很方便地找回丢失的密钥。用户解密密钥的整个历史都可以安全地恢复，这样用户就可以在自己曾经拥有的解密密钥中自行选择恢复相应的密钥。

在证书撤销系统中，PKI 5.0 支持所有的证书撤销格式和标准，包括证书撤销列表 CRL、CRL 分布点及在线证书状态协议 OCSP（Online Certificate Status Protoco1）。它通过适时自动地发布证书撤销信息，保证被撤销证书的用户立即被隔离，并且不对其他正常用户造成不便。

为了确保公正性，PKI 5.0 提供了较好的签名密钥对和加解密密钥对管理。这两对密钥对是相互隔离的，并且系统不对签名密钥对做备份，只有用户本人才拥有签名密钥对，这就充分保证了加密信息的不可否认性。

在 PKI 的网络结构方面，Entrust 的 PKI 5.0 支持树状和网状两种结构。在树状结构中，顶层的根 CA 具有最大的管理权限；而在端到端的网状结构中，相邻的 CA 控制着各自的 CA 域，它很适合于彼此平等的不同组织。在目录服务方面，它支持任何兼容 LDAP 的目录，可最大限度地保证安全性和灵活性。

在一个 PKI 系统中，策略管理是非常重要的核心部分。策略制定得好坏很大程度上影响着整个 PKI 系统的性能。比如，用户什么情况下需要使用最强的加密算法，用户访问权限的设定及密钥属性的设定等。CA 的策略管理、RA 的策略管理、用户的策略管理、PKI 网络结构的策略管理等都需要根据整个 PKI 体系的性能并结合具体应用环境进行详细周密的考虑。PKI 5.0 产品充分考虑了各项策略的制定和实施，并且给用户提供了相当的选择自由。

在可扩展性方面，Entrust 的 PKI 5.0 做到了大容量、高可用性和高级网络带宽管理。大容量体现在每个 CA 最多可有一百万用户；高可用性表现在提供自动更新密钥和证书的功能，并且有多机备份以防止意外灾难性故障；高级网络带宽管理充分利用了高速缓存技术，减少了网络拥塞的机会。

在互用性方面，Entrust 的 PKI 5.0 支持国际上的各项标准，如 X.509 格式证书、CRL、OCSP、LDAP、PKIX、PKCS、IPSec 和 SSL 等。对其他安全产品也表现出了良好的兼容性，如支持 Baltimore、Verisign、Microsoft、Netscape 等。

3. Baltimore Technologies 公司

UniCERT 是 Baltimore Technologies 公司推出的 PKI 产品。这是一家跨国 IT 企业，总部设在爱尔兰首都都柏林，主要从事网络安全领域的产品开发。这些产品在管理多个 CA 之间的交互操作方面建立了良好的声誉，这使得它们特别适合于公共 CA 和非常大型的组织。UniCERT 是目前世界上最先进的 PKI 产品之一。

（1）UniCERT 的构成

由于可扩展性的需要，UniCERT 的部件分成 3 个层次：

- 核心部件：包括 CA、CAO、RA、RAO、UniCERT Gateway 和 Token Manager。CA 是整个 PKI 的核心，它的主要功能是颁布证书或证书撤销信息（如证书撤销列表）；而 CAO 则是 CA 的操作客户端，也可以说是 CA 的图形界面，另外，CAO 对整个 PKI 系统的管理员来说还是一个设计工具，管理员可以用 CAO 提供的编辑器来确定整个 PKI 系统的结构和安全策略。RA、RAO 和 UniCERT Gateway 一起构成了注册机构，而用户注册的工作在 RAO 或 UniCERT Gateway 完成，其中 RAO 用于面对面的注册，Gateway 用于远程注册。UniCERT Gateway 包括 Web Gateway、E-mail Gateway 和 VPN Gateway。相对而言，RA 模块最小，主要起通信作用，相当于 CA 和 RAO、Gateway 之间的路由器，每一个 RA 及与其相连的多个 RAO 或 Gateway 一起构成了一个操作域，这个域通过 RA 与 CA 相连。Token Manager 是一个独立的模块，用于管理令牌及硬件安全模块。
- 高级部件：包括 Archive Server、Advanced Registration Module（ARM）、WebRAO 和 WebRAO Server。Archive Server 是一个数据安全管理模块，可以用于存储用户的私钥、管理证书及证书撤信息。ARM 是为系统集成商、软件商及商业 CA 提供的用于开发 PKI 系统的应用。WebRAO 允许操作员通过浏览器来认可证书请求，而 WebRAO Server 则是 WebRAO 与 RA

之间的信息传递中介。

- 扩展部件：包括 Timestamp Server（TS）和 Attribute Certificate Server（ACS）。其中，TS 可验证交易中的时间戳，它提供对时间戳的认证、完整性及不可否认性要求的支持。ACS 是属性证书服务器。属性证书是另外一种形式的证书，它不同于普通的证书。

（2）UniCERT 的特点

总的来说，UniCERT 是一个策略驱动、模块化的 PKI。依靠 CAO 上的策略编辑，UniCERT 可以使整个 PKI 系统贯彻同一个安全策略；同时依靠模块化的设计，UniCERT 实现了高度的灵活性和可扩展性。其主要特点体现在以下方面：

- 灵活：UniCERT 可以有多种不同的注册方式，可以是面对面的，也可以是远程的，还可以是用户自定义的。它也支持多种格式的证书颁发和证书撤销机制，包括 CRL v2 和 OCSP。此外，它还支持第三方软件和加密硬件。
- 易用：全 GUI 界面，有 PKI 编辑器和策略编辑器。此外还有详细的报告、审计和备份机制。
- 策略支持：可以编辑整个 PKI 的安全策略，包括证书颁发条件、证书内容、证书目的及管理证书生命周期的机制等。支持证书扩展，还可以支持与证书相关但不放在证书里的敏感数据，并保证其安全性。
- 可扩展：UniCERT 是一个依规模划分的 PKI 系统，可以实现从小到大的扩展。它采用模块化的设计，并且能保证模块之间的通信是安全的。它也可以划分操作域，且操作域的大小只受数据库大小的限制。同时，它还支持无限的 CA 层次和任意的交叉认证，并支持 CA 克隆。
- 开放：支持所有相关的工业标准，实现了多数可行的商业协议，采用了多数流行的加密算法。
- 安全：支持硬件加密模块（HSM）、智能卡及令牌等；支持灾难恢复，有非常强大的密钥加密存储功能。

4．其他公司产品

RSA 是老牌的安全软件公司，后来又开始了不断的并购，如从 Security Dynamic 得到了 SecureID。RSA Keon 的理念相当先进，业界无出其右者。连 Openssl 的开发人 EricYoung 也被笼络到了 RSA 澳洲公司。

Microsoft 已经提供了一个证书管理服务作为 Windows NT 的一个附加件，并且现在已经把完整的 CA 功能都合并到了 Windows 2000 中。低成本（特别是对于那些拥有 Windows 2000 服务器的用户）使得它们的工具对于严格意义上的内部使用极具吸引力。

Thawte 是紧跟在 VeriSign 后的第二大公共 CA，并且它为内部的 PKI 管理提供了一个入门级 PKI 程序。

12.5.2　PKI 的应用现状和前景

PKI 在国外已经开始实际应用。在美国，随着电子商务的日益兴旺，电子签名、数字证书已经在实际中得到了一定程度的应用，就连某些法院都已经开始接受电子签名的档案。从发展趋势来看，随着 Internet 应用的不断普及和深入，政府部门需要 PKI 支持管理，商业企业内部、企业与企业之间、区域性服务网络、电子商务网站都需要 PKI 的技术和解决方案，大企业需要建立自己的 PKI 平台，小企业需要社会提供的商业性 PKI 服务。

此外，作为 PKI 的一种应用，基于 PKI 的虚拟专用网 VPN（Virtual Private Network）市场也

随着 B2B 电子商务的发展而迅速膨胀。据 Infonetics Research 的调查和估计，VPN 市场由 1997 年的 2.05 亿美元开始以 100%的增长率增长，到 2001 年达到 119 亿美元。

总的来看，PKI 的市场需求非常巨大，基于 PKI 的应用包括了许多内容，如 WWW 服务器和浏览器之间的通信、安全的电子邮件、电子数据交换、Internet 上的信用卡交易及 VPN 等。因此，PKI 具有非常广阔的市场应用前景。

PKI 技术正在不断发展中，按照国外一些调查公司的说法，目前的 PKI 系统仅仅还处于示范工程阶段，许多新技术正在不断涌现，CA 之间的信任模型、使用的加/解密算法及密钥管理的方案等也在不断变化之中。

特别是 Internet 网络的安全应用已经离不开 PKI 技术的支持了。网络应用中的机密性、真实性、完整性、不可否认性和存取控制等安全需求只有 PKI 技术才能满足。中国作为一个网络发展大国，发展自己的 PKI 技术是很有必要而且是非常迫切的。由于我们目前没有成熟的 PKI 解决方案，使得某些关键应用领域不得不采用国外的 PKI 产品。因此，研究和开发我国自主的、完整的 PKI 系统，以支持政府、银行和企业安全地使用信息资源和国家信息基础设施已是刻不容缓，这对于我国电子商务、电子政务、电子事务的发展将是非常关键和重要的。

12.6 PMI

PKI 的初衷是想成为应用于 Internet 的可以提供身份鉴别、信息加密和防止抵赖的应用方案。然而，事情的发展并不总是像人们期望的那样，PKI 的应用产生了很多问题。首先是实施的问题，PKI 的技术非常新，大多数用户都不了解。PKI 系统定义了严格的操作协议，有非常严格的信任层次关系。任何向 CA 申请数字证书的人必须经过线下的身份验证，这种身份验证工作很难扩展到整个 Internet 范围，通常只有小范围的实施。因此，现今构建的 PKI 系统都局限在一定范围内，这造成了 PKI 系统扩展的问题。

同时，为了解决每个独立的 PKI 系统之间的信任关系，出现了交叉认证、桥 CA（Bridge-CA）等方法。然而由于不同 PKI 系统都定义了各自的信任策略，因此它们在进行互相认证时，为了避免由于信任策略不同而产生的问题，普遍的做法是忽略信任策略。这样，本质上是管理 Internet 上的信任关系的 PKI 就仅仅起到身份验证的作用，至于这个身份有什么权限，可以做哪些事情，不可以做哪些事情，在经过了交叉认证以后就统统消失了。要实现策略只有通过其他的手段。

为了解决上述问题，PMI 出现了。

12.6.1 PMI 简介

PMI（Privilege Management Infrastructure），即授权管理基础设施，在 ANSI、ITUX.509 和 IETF PKIX 中都有定义。国际电联电信委员会(ITIU-T)2001 年发表的 X.509 的第四版首次将权限管理基础设旋（PMI）的证书完全标准化。X.509 的早期版本侧重于公钥基础设施（PKI）的证书标准化。

PMI 授权技术的基本思想是以资源管理为核心，将对资源的访问控制权统一交由授权机构进行管理，即由资源的所有者来进行访问控制管理。与 PKI 信任技术相比，两者的区别主要在于，PKI 证明用户是谁，并将用户的身份信息保存在用户的公钥证书中；而 PMI 证明这个用户有什么权限，有什么属性，能干什么，并将用户的属性信息保存在授权证书（又称管理证书）中。

图 12-2 显示了 PMI 服务系统的体系结构。从中可以看出，PMI 系统主要分为授权管理中心（又称 AA 中心）和资源管理中心（又称 RM 中心）两部分。授权服务平台是授权管理中心的主要设备，是实现 PMI 授权技术的核心部件，它主要为用户颁发 CA 授权证书。

PMI 使用了属性证书，这种数字证书只包含证书所有人 ID、发行证书 ID、签名算法、有效期、属性等信息。一般的属性证书的有效期都比较短。如果属性证书到了有效期的日期，则证书将会自动失效，从而避免了公钥证书在撤销时的种种弊端。属性一般由属性类别和属性值组成，也可以是多个属性类别和属性值的组合。这种证书利用属性来定义每个证书持有者的权限、角色等信息，从而可以解决 PKI 中的一部分问题，同时也能对信任进行一定程度的管理。

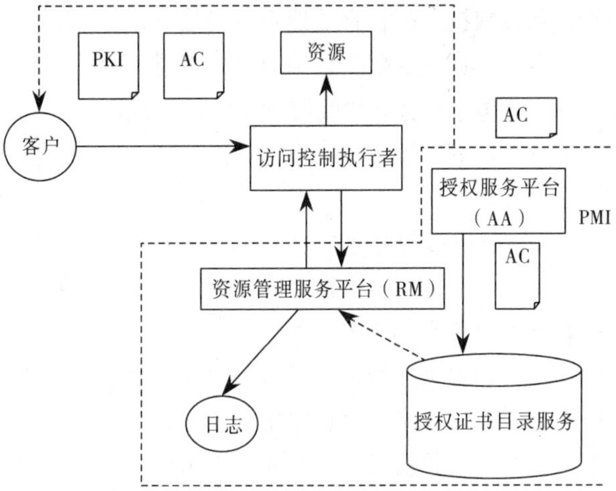

图 12-2　PMI 的体系结构

表 12-3 对 PKI 和 PMI 进行了比较。

表 12-3　PKI 和 PMI 的比较

概　　念	PKI 实体	PMI 实体
证书	公钥证书	属性证书
证书发布者	证书机构	属性机构
证书用户	主体	持有者
证书绑定关系	主体名和公钥	持有者名和权限属性
废除	证书废除列表（CRL）	属性证书废除列表（ACRL）
信任根源	证书机构根源或信任锚	机构源
子机构	子证书机构	属性机构

PMI 授权给 PKI，指定 PKI 可以鉴定的内容。因此，PKI 和 PMI 有很多相似之处，如表 12-3 所示。公钥证书用于维护用户名和用户公钥之间的牢固的绑定关系，而属性证书（AC）用于维护用户名和一个或多个属性权限之间的牢固的绑定关系。

在这方面，公钥证书可以看做是常规 AC 的特殊形式。给公钥证书进行数字签名的实体称为证书机构（CA），给属性证书（AC）进行签名的实体称为属性机构（AA）。PKI 的信任根源通常称为 CA 根源，而 PMI 的信任根源称为机构源（SOA）。CA 可以拥有它们信任的子 CA，并给它们指定鉴定和证明的权限。类似地，SOA 也可以给 AA 指定授权的权限。如果用户希望废除他或他的签名公钥，CA 将发布一个证书废除列表；同样，如果用户希望废除授权许可，AA 将发布一个属性证书废弃列表（ACRL）。

12.6.2 PERMIS 工程

PERMIS 是欧洲委员会投资的权限和角色管理基础设施标准确认工程，PERMIS 在建立 X.509 基于角色的 PMI 中遇到了挑战，即该 PMI 应该能用于 3 个欧洲城市的不同应用。这个工程的成员来自 Barchelona（西班牙）、Bologna（意大利）和 Salford（英国）。这三个中心具有运转 PKLs 的经验，为了完成强大的鉴定和授权链他们很自然地希望增加 PMI 的能力。3 个城市选择的应用显著不同，因此如果它同时满足 3 个城市的要求，则会是先进行 PMI 一般性的好的测试。

在 Barchelona，希望实现建筑师能够下载城市道路图，用他们构思的计划更新地图，并能够上传新的建筑计划和向关于城市规划的服务器发出建筑许可证的请求。这将显著提高当前系统的效率。

Barchelona 是一个主要的旅游城市和商业中心，它在整个城市和飞机场有很多汽车租用点。然而，在 Barchelona 停车有很大的限制，经常需要向租用的车辆发出停车罚票。而当车辆租用公司收到停车罚票时，租用者已经离开了这个国家。

这个计划用来向车辆租用公司提供在线访问城市停车罚票数据库的功能，以便汽车在租用结束后，公司能够及时地检测是否有这辆车的停车罚票。公司将把司机的详细情况发送给城市的相应部门，因而罚款也将发送给个人。数据保护法要求车辆租用公司只能访问发给属于该公司车辆的罚票而不能访问属于其他车辆租用公司的罚票，因此这需要严格控制授权。

PERMIS 工程的挑战性在于建立一个基于角色的 X.509 权限管理基础设施，这个基础设施能够满足这些不同的应用，并且这也意味着它能够用于更广泛的应用中。

12.6.3 PERMIS 的权限管理基础设施 (PMI) 的实现

PMI 实现有 3 个主要组成部分：授权策略、权限分配者（PA）和 PMI API。

1. 授权策略

授权策略指定在什么条件下，谁对某种客体具有何种访问权。基于域的策略授权比给每个客体配置各自独立的 ACL 更可行。后者很难管理，能使管理者的劳动加倍，因为对每个客体不得不重复任务，同时安全性更低，因为很难了解整个域的用户具有哪种访问权。

基于策略的授权在另一方面允许域管理者——SOA 给整个域指定授权策略，同时所有客体也将被一套相同的规则所控制。

PERMIS 工程很早就决定为指定的授权使用分层 RBAC。RBAC 在规模方面比 DAC 有优势，并且能处理大量的用户。一般情况下，角色比用户少得多。

PERMIS 工程希望能够用一种语言指定授权策略，这种语言要求能够很容易被电脑解析，同时 SOA 不用软件工具也能读取。各种以前存在的策略语言，例如，Ponder，接受测试，但没人认为它是理想的语言。XML 被认为是策略描述语言的合适候选。

首先，X.500 PMI RBAC 策略指定了文档类型定义（DTD），DTD 是一种标记语言，它包含了创建 XML 策略的规则。DTD 包含以下组成部分：

- 主体策略：指定主体域，例如只有来自主体域的用户可以被授权访问那些被策略覆盖的资源。
- 角色分层策略：指定不同的角色和他们彼此间的层次关系。
- SOA 策略：指定哪个 SOA 可以分配角色。
- 角色分配策略：指定哪种 SOA 可以将何种角色分配给哪种主体。
- 客体策略：指定策略覆盖范围内的客体域。
- 动作策略：指定客体所支持的动作或方法，以及传递给每种动作的参数。
- 客体访问策略：指定在什么条件下，哪种角色可以对哪种客体执行哪种动作。

SOA 可以用 XML 编辑工具为域建立授权策略，并把它存储在本地文件中以便可以为 PA 所用。

2. 权限分配者 (PA)

PA 是 SOA 或 AA 用来给用户分配权限的工具。由于 PERMIS 使用 RBAC，因此 SOA 指定角色 AC 的形式并用 PA 给用户分配角色。它将会给不同城市中的不同应用中的所有用户指定角色

一旦 PA 创建了角色分配 AC，就将它们存放到一个轻量级目录访问协议（LDAP）目录中。由于 AC 是由发布它们的 AA 进行数字签名的，因而可以防止被篡改。

PA 的另一个功能是创建授权策略，它作为一个策略 AC（policy AC）而被数字签名。策略 AC 是一个标准的 X.509 AC——持有者和发行者的名字相同。

3. PMI API

开放组织已经定义了标准授权 API（AZN API），并用 C 语言指定。它以 ISO10183-3 访问控制框架为基础，指定了访问控制执行函数（AEF）和访问控制决定函数（ADF）之间的接口。

PERMIS 在 JAVA 虚拟机中指定 PERMIS API，并假定客体和 AEF 能协同定位，或者能通过可信任的局域网相互进行通信，从而简化了 AZN API。

PERMIS API 包括 4 个简单的调用：initialise、get creds、decision 和 shutdown。这些调用的功能如下所述，调用 initialise 告诉 ADF 读取策略 AC，AEF 传递可信任 SOA 的名字和 LDAP URL 列表，从这里 ADF 可以取得策略 AC 及角色 AC。当 AEF 启动后就调用 initialise。在 initialise 调用成功以后，ADF 将会读取 XML 形式的策略，这个策略将会控制它将来做出的所有决定。

当用户开始对客体调用时，AEF 将鉴定用户并通过调用 get creds 把用户独一无二的 LDAP 名字（DN）传递给 ADF。

在 3 个城市中，将以不同方式鉴定用户。在 Salford，用户向 AEF 发送一封安全多用途互联网邮件扩展（S/MIME）邮件。在 Barcelona 和 Bologna，用户将打开一个安全套接字层（SSL）的连接。在这两种情况下，用户将对公开信息进行数字签名，对该签名的确认将产生用户的 DN。ADF 用这个 DN 取得来自 LDAP URL 列表的所有 AC，这个列表是在初始化的时候传递的。角色 AC 是否依赖于策略，例如，通过检查 DN 是否在有效的主体域中，以及检查 AC 是否在策略的有效时间内等。无效的角色 AC 将被丢弃，而来自有效 AC 的角色将提取出来保留给用户。

一旦用户被成功鉴定，他将尝试对客体执行某种动作。对每种尝试，AEF 通过调用 decision 向 ADF 传递客体名字和尝试的动作，以及它的参数。decision 将检查用户所拥有的角色是否允许这种动作，并充分考虑在客体访问策略中指定的所有条件。如果动作允许，结果返回为"true"，否则返回为"false"。用户可能对不同的客体尝试任意次数的动作，对每种尝试都将调用 decision。

为了防止用户长期打开一个连接，例如，直到用户的 AC 过期，PERMIS API 支持会话时间超时。一旦调用 get creds，AEF 指定在信任书更新前会话可以打开多长时间。如果会话时间超时，decision 将抛出异常，告诉 AEF 关闭用户的连接或者重新调用 getcreds。

AEF 可以在任何时候调用 shutdown，它的目的是结束 ADF 并废弃当前的策略。当应用友好关闭或 SOA 希望在域内动态地增加一种新的授权策略时将调用 shutdown。在关闭之后，AEF 可以调用 initialise，这样 ADF 将读到最新的授权策略并做出访问控制决定。

小　结

PKI 是一种遵循既定标准的密钥管理平台，它能够为所有网络应用提供加密和数字签名等密码服务及所必需的密钥和证书管理体系。

原有的单密钥加密技术采用特定的加密密钥加密数据，而解密时用于解密的密钥与加密密钥相同，这称之为对称型加密算法。采用此加密技术的加密方法如果用于网络传输数据的加密，则不可避免地会出现安全漏洞。因为在发送加密数据的同时，也需要将密钥通过网络传输给接收者，第三方在截获加密数据的同时，只需再截取相应密钥即可将数据解密以进行使用或非法篡改。PKI 不同于原有的单密钥加密技术，它采用非对称的加密算法，即由原文加密成密文的密钥不同于由密文解密为原文的密钥，以避免第三方获取密钥后将密文解密。

数字证书是公开密钥体系的一种密钥管理媒介，它是一种权威性的电子文档，形同网络计算环境中的一种身份证，用于证明某一主体（如人、服务器等）的身份及其公开密钥的合法性它。又称为数字 ID。数字证书由一对密钥及用户信息等数据共同组成，并写入一定的存储介质内，确保用户信息不被非法读取及篡改。

- 加密密钥对：发送者欲将加密数据发送给接收者，首先要获取接收者的公钥，并用此公钥加密要发送的数据，即可发送；接收者在收到数据后，只需使用自己的私钥即可将数据解密。在此过程中，假如发送的数据被非法截获，由于私钥并未上网传输，因此非法用户将无法将数据解密，更无法对文件做任何修改，从而确保了文件的机密性和完整性。
- 签名密钥对：此过程与加密过程对应。接收者收到数据后，使用私钥对其签名并通过网络传输给发送者，发送者用公钥解开签名，由于私钥具有唯一性，可证实此签名信息确实由接收者发出。在此过程中，任何人都没有私钥，因此无法伪造接收方的签名或对其做任何形式的篡改，从而达到数据真实性和不可抵赖性的要求。

完整的 PKI 系统必须具有权威认证机关（CA）、数字证书库、密钥备份及恢复系统、证书作废系统、应用接口等基本构成部分，构建 PKI 也将围绕着这五大系统来着手构建。

- 认证机关（CA）：即数字证书的申请及签发机关，CA 必须具备权威性的特征。
- 数字证书库：用于存储已签发的数字证书及公钥，用户可由此获得所需的其他用户的证书及公钥。
- 密钥备份及恢复系统：如果用户丢失了用于解密数据的密钥，则数据将无法被解密，这将造成合法数据丢失。为避免这种情况的出现，PKI 提供备份与恢复密钥的机制。

但需注意，密钥的备份与恢复必须由可信的机构来完成。并且，密钥备份与恢复只能针对解密密钥，签名私钥为确保其唯一性而不能够进行备份。

- 证书作废系统：证书作废处理系统是 PKI 的一个必备的组件。与日常生活中的各种身份证件一样，证书有效期以内也可能需要作废，原因可能是密钥介质丢失或用户身份变更等。为此，PKI 必须提供作废证书的一系列机制。
- 应用接口：PKI 的价值在于使用户能够方便地使用加密、数字签名等安全服务，因此一个完整的 PKI 必须提供良好的应用接口系统，使得各种各样的应用能够以安全、一致和可信的方式与 PKI 交互，确保安全网络环境的完整性和易用性。

PKI 技术可运用于众多领域，其中包括虚拟专用网络（VPN）、安全电子邮件、Web 交互安全及备受瞩目的电子商务安全领域。

基于网络环境的数据加密/签名的应用将越来越广泛，PKI 作为技术基础可以很好地实现通行于网络的统一标准的身份认证，其中既包含有线网络，也包含无线通信领域。因此我们可以预见，PKI 的应用前景将无比广阔。

思　考　题

1. 阐述信任关系与信任模型的定义，并列出目前常用的 4 种信任模型。
2. PKI 的组成分为哪几大部分？它们主要的功能各是什么？
3. 简述交叉认证的过程。
4. X.500、X.509 和 LDAP 三者之间有何区别和联系？
5. PKI 的主要厂商和产品有哪些？PKI 的应用现状和前景如何？
6. PERMIS 的权限管理基础设施（PMI）是怎样实现的？

第13章 信息隐藏技术

信息隐藏（Information Hinding，也称信息伪装）是一门近年来蓬勃发展并引起人们极大兴趣的学科。它集多学科理论和技术于一身，利用人类感觉器官对数字信号的感觉冗余，将一个消息（通常为秘密信息）伪装隐藏在另一个消息（通常为非机密的信息）之中，从而实现隐蔽通信或隐蔽标识。信息隐藏不同于传统的密码学技术，虽然两者都用于秘密通信，但它们有明显的区别。密码技术是通过特殊的编码将要传递的秘密信息转变成密文的形式，以对通信双方之外的第三者隐藏其信息的内容。显然，这些杂乱无章的密文，可能会引起公共网上拦截者的注意并激发他们破解机密资料的热情。而信息隐藏则是对第三者完全隐藏了秘密信息的存在，它们看起来与一般非机密资料没有两样，因而十分容易逃过拦截者的破解。其道理如同生物学上的保护色一样，它们巧妙地将自己伪装隐藏于环境中，免于被天敌发现而遭受攻击。

信息隐藏学是一门有趣的、古老的学问，从中国古代文人的藏头诗，到德国间谍的密写信，到现在的隐蔽信道通信，都无不闪耀着人类智慧的火花。今天，数字化技术、计算机技术和多媒体技术的飞速发展，又为信息隐藏学赋予了新的生命，为应用信息隐藏技术和信息隐藏科学的发展开辟了崭新的领域. 因此，数字信息隐藏技术已成为近些年来信息科学领域研究的一个热点。被隐藏的秘密信息可以是文字、密码、图像、图形或声音，而作为宿主的公开信息可以是一般的文本文件、数字图像、数字视频和数字音频等。

随着数字技术和网络技术的迅速发展，人们越来越多地采用多媒体信息来进行交流。但各种多媒体信息以数字形式存在，制作其完美复制品变得非常容易，从而可能会导致盗版、伪造和篡改等问题。作为信息隐藏领域的一个重要分支——数字水印就应运而生，它为知识产权保护和多媒体防伪提供了一种有效的手段，并拥有很大的、潜在的应用市场。

13.1 信息隐藏技术原理

信息隐藏技术涉及感知学、信息论及密码学等多个领域，它是利用人类感觉器官对数字信号的感觉冗余，将信息隐藏在普通信息中。隐藏后信息的外部表现只是普通信息的外部特征，它不改变普通信息的本质特征和使用价值。

13.1.1 信息隐藏模型

信息隐藏系统的模型可以用图 13-1 来表示。把待隐藏的信息称为秘密信息，它可以是版权信息或秘密数据，也可以是一个序列号；而公开信息则称为宿主信息，也称载体信息，如视频、音频片段等。这种信息隐藏过程一般由密钥来控制，即通过嵌入算法将秘密信息隐藏于公开信息中，而隐蔽宿主（隐藏有秘密信息的公开信息）则通过通信信道传递，然后对方的检测器利用密钥从隐蔽宿主中恢复/检测出秘密信息。

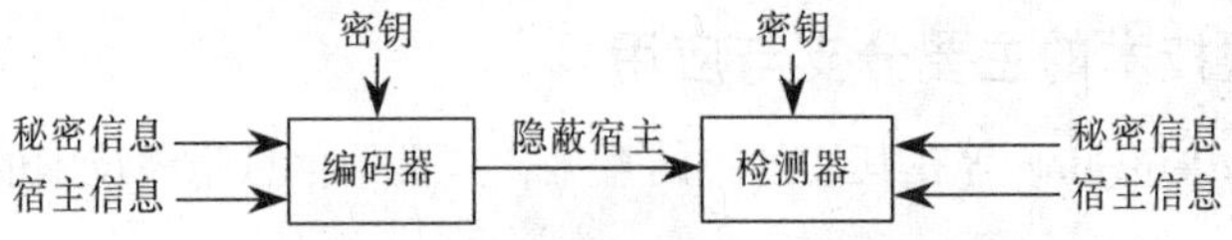

图 13-1　通常的信息隐藏系统模型

由此也可以看出，信息隐藏技术主要由下述两部分组成：

- 信息嵌入算法：利用密钥来实现秘密信息的隐藏。
- 隐蔽信息检测/提取算法（检测器）：利用密钥从隐蔽宿主中检测/恢复出秘密信息。在密钥未知的前提下，第三者很难从隐蔽宿主中得到或删除甚至发现秘密信息。

13.1.2　信息隐藏系统的特征

信息隐藏不同于传统的加密，因为其目的不在于限制正常的资料存取，而在于保证隐藏数据不被侵犯和发现。因此，信息隐藏技术必须考虑正常的信息操作所造成的威胁，即要使机密资料对正常的数据操作技术具有免疫能力。这种免疫力的关键是要使隐藏信息部分不易被正常的数据操作（如通常的信号变换操作或数据压缩）所破坏。 要求隐藏的数据量与隐藏的免疫力是一对矛盾体，不存在一种完全满足这两种要求的方法，通常只能根据需求的不同有所侧重，采取某种妥协。从这一点来看，实现真正有效的数据隐藏的难度很大，十分具有挑战性。

根据目的和技术要求，一个信息隐藏系统的特征如下：

（1）稳健性

稳健性指不因宿主文件的某种改动而导致隐藏信息丢失的能力。这里所谓“改动”包括传输过程中的信道噪声、滤波操作、重采样、有损编码压缩、D/A 或 A/D 转换等。

（2）不可检测性

不可检测性指隐蔽宿主与原始宿主具有一致的特性，如具有一致的统计噪声分布等，以便使非法拦截者无法判断是否有隐蔽信息。

（3）透明性

利用人类视觉系统或人类听觉系统属性，经过一系列隐藏处理，使目标数据没有明显的降质现象，而隐藏的数据却无法人为地看见或听见。

（4）安全性

安全性指隐藏算法有较强的抗攻击能力，即它必须能够承受一定程度的人为攻击，不使隐藏信息被破坏。

（5）自恢复性

由于经过一些操作或变换后，可能会使原图产生较大的破坏，如果只从留下的片段数据，仍能恢复隐藏信号，而且恢复过程不需要宿主信号，这就是所谓的自恢复性。这要求隐藏的数据必须具有某种自相似特性。

需要指出的是，以上这些特征会根据信息隐藏的目的与应用而有不同的侧重。例如，在隐写术中，最重要的是不可检测性和透明性，但稳健性就相对差一点；而用于版权保护的数字水印特别强调具有很强的对抗盗版者可能采取的恶意攻击的能力，即水印对各种有意的信号处理手段具有很强的稳健性。用于防伪的数字水印则非常强调水印的易碎性，能敏感地发现对数据文件的任何篡改和伪造等。

13.1.3 信息隐藏技术的主要分支与应用

按照 Fabien A.P.Petitcolas 等在其文献中的意见，广义的信息隐藏技术的主要分支如图 13-2 所示。

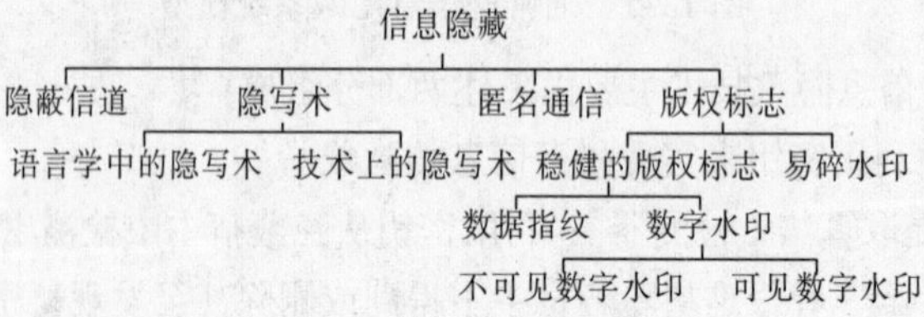

图 13-2 信息隐藏技术的主要分支

Lampson 对隐蔽信道的定义为，在多级安全水平的系统环境中（例如，军事计算机系统），那些既不是专门设计的也不打算用来传输信息的通信路径称为隐蔽信道。这些信道在为某一程序提供服务时，可以被一个不可信赖的程序用来向它们的操纵者泄露信息。例如，在互联网中，IP 包的时间戳就可以被人们利用来传输 1 位数据（偶时间增量发送的包表示逻辑 0，奇时间增量发送的包表示逻辑 1）。

匿名通信就是寻找各种途径来隐藏通信消息的主体，即消息的发送者和接收者。这方面的例子包括电子邮件匿名中继器，此外洋葱路由也是一种，其原理是：只要中间参与者不互相串通勾结，通过使用一组邮件中继器或路由器，人们可以将消息的踪迹隐蔽起来。根据谁被匿名（发送者、接收者，或两者），匿名通信又可分为几种不同的类型。Web 应用强调接收者的匿名性，而电子邮件用户更关心发送者的匿名性。

隐写术是信息隐藏学的一个重要分支。

版权标志包括易碎水印和稳健的版权标志。易碎水印的特点是脆弱性，通常用于防伪，检测是否被篡改或伪造。数字水印又分为可见水印和不可见水印。可见水印最常见的例子是有线电视频道上所特有的半透明标识，其主要目的在于明确标识版权，防止非法的使用，这虽然降低了资料的商业价值，却无损于所有者的使用。而不可见水印将水印隐藏，在视觉上不可见（严格说应是无法察觉），目的是为了将来起诉非法使用者，作为起诉的证据，以增加起诉非法使用者的成功率，保护原创造者和所有者的版权。不可见水印往往用在商业用的高质量图像上，而且往往配合数据解密技术一起使用。

13.2 数据隐写术

在过去的几年中，人们提出了许多不同的数据隐写术，其中大部分可以看做是替换系统，即尽量把信号的冗余部分替换成秘密信息，它们的主要缺点是对修改隐蔽宿主具有相当的脆弱性。

根据嵌入算法，可以大致把隐写术分成以下 6 类：

- 替换系统：用秘密信息替代隐蔽宿主的冗余部分。
- 变换域技术：在信号的变换域嵌入秘密信息（如在频域）。
- 扩展频谱技术：采用了扩频通信的思想。
- 统计方法：通过更改伪装载体的若干统计特性对信息进行编码，并在提取过程中采用假设检验方法。
- 失真技术：通过信号失真来保存信息，在解码时测量与原始载体的偏差。
- 载体生成方法：对信息进行编码以生成用于秘密通信的伪装载体。

在此我们主要介绍前 3 种技术，并给出一些较实用、常见的算法。需要指出的是，这些算法有些也适用于数字水印。

13.2.1　替换系统

1. 最低比特位替换 LSB

最低比特位替换（Least Significant Bit Embedding，LSB）是最早被开发出来的，也是使用最为广泛的替换技术。通常，黑白图像是用 8 位来表示每一个像素的明亮程度，即灰阶值。彩色图像则用 3 个字节来分别记录 RGB 三种颜色的亮度。将信息嵌入至最低位，对宿主图像的图像品质影响最小，其嵌入容量最多为图像文件大小的 1/8。当然，可以不只藏入 1 位，但相对地，嵌入后图像品质自然较差。

这里以 BMP 为例介绍一种实用的最低比特位替换法。

彩色图像的 BMP 图像文件是位图文件，位图表示的是将一幅图像分割成栅格，栅格的每一点称为像素，每一个像素具有自己的 RGB 值，即一幅图像是由一系列像素点构成的点阵。

BMP 图像文件格式，是微软公司为其 Windows 环境设置的标准图像格式，并且内含了一套图像处理的 API 函数。随着 Windows 在世界范围内的普及，BMP 文件格式越来越多地被各种应用软件所支持。24 位 BMP 图像文件的结构特点为：

- 每个文件只能非压缩地存放一幅彩色图像。
- 文件头由 54 字节的数据段组成，其中包含有该位图文件的类型、大小、图像尺寸及打印格式等。
- 从第 55 字节开始，是该文件的图像数据部分，数据的排列顺序以图像的左下角为起点，每连续 3 字节便描述图像一个像素点的颜色信息，这 3 字节分别代表蓝、绿、红三基色在此像素中的亮度，若连续 3 字节为 00H、00H 和 FFH，则表示该像素的颜色为纯红色。

一幅 24 位的 BMP 图像，由 54 字节的文件头和图像数据部分组成，其中文件头不能隐藏信息，从第 55 字节以后为图像数据部分，可以隐藏信息。图像数据部分由一系列的 8 位二进制数所组成，由于每个 8 位二进制数中“1”的个数为奇数或者为偶数，所以约定：若 1 字节中“1”的个数为奇数，则称该字节为奇性字节，用“1”表示；若 1 字节中“1”的个数为偶数，则称该字节为偶性字节，用“0”表示。每字节的奇偶性可用来表示隐藏的信息。

例如，设一段 24 位 BMP 文件的数据为 01100110，00111101，10001111，00011010，00000000，10101011，00111110，10110000，则其字节的奇偶排序为 0，1，1，1，0，1，1，1。现在需要隐藏信息 79，由于 79 转化为 8 位二进制为 01001111，将这两个数列相比较，发现第三、四、五位

不一致，于是对这段 24 位 BMP 文件数据的某些字节的奇偶性进行调制，使其与 79 转化的 8 位二进制相一致：

第三位：将 10001111 变为 10001110，则该字节由奇变为偶。

第四位：将 00011010 变为 00011011，则该字节由奇变为偶。

第五位：将 00000000 变为 00000001，则该字节由偶变为奇。

经过这样的调制，此 24 位 BMP 文件数据段字节的奇偶性便与 79 转化的 8 位二进制数完全相同，这样，8 字节便隐藏了 1 字节的信息。

综上所述，将信息嵌入 BMP 文件的步骤为

① 将待隐藏信息转化为二进制数据码流。

② 将 BMP 文件图像数据部分的每字节的奇偶性与上述二进制数码流进行比较。

③ 通过调整字节最低位的“0”或“1”，改变字节的奇偶性，使之与上述二进制数据流一致，即将信息嵌入到 24 位 BMP 图像中。

信息提取是把隐藏的信息从伪装媒体中读取出来，其过程和步骤正好与信息嵌入相反：

① 判断 BMP 文件图像数据部分每个字节的奇偶性，若字节中“1”的个数为偶数，则输出“0”；若字节中“1”的个数为奇数，则输出“1”。

② 每判断 8 字节，便将输出的 8 位数组成一个二进制数（先输出的为高位）。

③ 经过上述处理，得到一系列 8 位二进制数，便是隐藏信息的代码，将代码转换成文本、图像或声音，就是隐藏的信息。

由于原始 24 位 BMP 图像文件隐藏信息后，其字节数值最多变化 1（因为是在字节的最低位加“1”或减“1”），因此该字节代表的颜色浓度最多变化了 1/256，所以，已隐藏信息的 BMP 图像与未隐藏信息的 BMP 图像，用肉眼是看不出差别的；将信息直接嵌入像素 RGB 值中的优点是嵌入信息的容量与所选取的掩护图像的大小成正比。使用这种方法，一个大小为 32 KB 的 24 位 BMP 图像文件，可以隐藏约 32 KB/8=4KB 的信息（忽略文件头不能隐藏数据的 54 字节）。可见，该方法具有较高的信息隐藏率。

需要指出的是，以上我们其实是对彩色图像的每字节进行最低比特位替换，然而更为一般、更为通用的是对每个像素（像上面的 BMP 每个像素是 3 字节）进行最低比特位替换。

提高最低比特替换法的容量的方法有两种：第一种是固定增加每个像素的替换量。根据实验分析，一般的图像在每个像素都固定替换 3 位的信息时，人眼仍然很难察觉出异样。但当直接嵌入 4 位的信息量时，在图像灰阶值变化缓和的区域就会出现一些假轮廓，因此在嵌入时必须辅以一些其他技术才能增加其隐蔽性。图 13-3 所示为隐藏信息的图像，其中第一个是原图，而后演示了分别替换 1~8 位后的结果。第二种方法是先考虑每个像素本身的特性，再决定要在每个像素嵌入多少位的信息量。因此结合上述两种方法，在完全不考虑不可检测性及稳健性的需求下，一张图像的嵌入容量最高可以达到图像大小的 1/2 以上。若将不可检测性列入需求考虑时，嵌入容量则和每一张掩护图像本身内容息息相关，根据实验，嵌入容量平均为掩护图像的 1/3 左右。

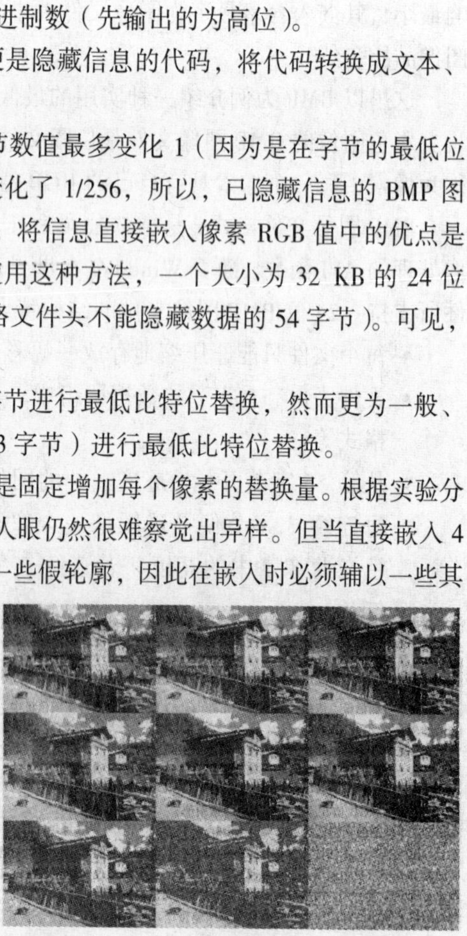

图 13-3 分别替换 1 ~ 8 位后的结果

2. 基于调色板的图像

对一幅彩色图像，为了节省存储空间，人们将图像中最具代表的颜色组选取出来，利用 3 个字节分别记录每个颜色的 RGB 值，并且将其存放在文件的头部，这就是调色板；然后针对图像中每个像素的 RGB 颜色值，在调色板中找到最接近的颜色，记录其索引值。调色板的颜色总数若为 256，则需要用 1 字节来记录每个颜色在调色板中的索引值（光是这点就可节省 2/3 的存储空间）；最后，这些索引值会再使用非失真压缩技术，如 LZW，经压缩后再存储在文件中。在网络上，这种类型的图像文件格式最具代表性的就是 CompuServ 公司开发出来的 GIF 格式文件。

早期，信息是被隐藏在彩色图像的这个调色板中，利用调色板中颜色排列的次序来表示嵌入的信息，由于这种方法并没有改变每个像素的颜色值，只是改变调色板中颜色的排列号，因此，嵌入信息后的伪装图像与原始图像是一模一样的。然而，这种方法嵌入的信息量很小，无论掩护图像的尺寸为多大，可供嵌入的信息最多为调色板颜色的总数。嵌入容量小是这个技术的缺点之一。加上有些图像处理软件在产生调色板时，为了减少搜寻调色板的平均时间，会根据图像本身的特性，去调整调色板颜色的排列次序。因此在嵌入信息时，改变调色板中颜色的次序，自然会暴露出嵌入的行为。后来开发出来的技术就不再将信息隐藏在调色板中，而是直接嵌入在每个像素的颜色值上（如前面在 LSB 中我们所介绍的例子），这样嵌入容量和图像大小成正比，而不再是仅仅局限在调色板的大小。

另一种嵌入的方法则是将信息嵌在每个像素所记录的索引值中。由于调色板中相邻颜色的差异可能很大，所以直接在某个像素的索引值的最低比特嵌入信息，虽然在索引值的误差仅仅为 1 的情况下，但是像素的颜色可能更改很大，使整张图像看起来极不自然，从而增加了暴露嵌入行为的风险。为了改善这项缺失，一种直觉的做法就是先将调色板中的颜色排序，使其相邻的颜色差异缩小。但是如同我们前面所提及的，更改调色板中颜色的次序，容易引起疑虑，并增加暴露嵌入行为的可能性。所以，Romana Machado 提出了另一种可行的方法，其嵌入步骤如下：

① 复制一份调色板，依颜色的亮度做排序，使得在新调色板中，相邻颜色之间的差异减到最小。

② 找出欲嵌入信息的像素颜色值在新调色板中的索引值。

③ 取出 1 位的信息，将其嵌入至新索引值的最低位（LSB）。

④ 取出嵌入信息后的索引值的颜色 RGB 值。

⑤ 找出这个 RGB 值在原始调色板中的索引值。

⑥ 将这个像素的索引值改成步骤⑤找到的索引值。

注意，这个嵌入的方法并没有改变原先的调色板，而且最后的索引值和原始的索引值之间的差异并不只是 1 而已。然而，这两个索引值所代表的颜色在新调色板中却是相邻的颜色，因此差异不大。当接收方收到图像时，取出信息的步骤如下：

① 复制一份调色板，并对其颜色根据亮度做排序。

② 取出一个像素，根据在旧调色板中的索引值，取出其颜色 RGB 值。

③ 找出这个 RGB 值在新调色板中的索引值。

④ 取出这个索引值的 LSB，即是所要的信息。

根据亮度来排序的缺点是，亮度相近的颜色，并不代表颜色看起来就相似。例如，RGB 值为

（6，98，233）的颜色，其亮度经公式计算为 0.299R + 0.587G+0.114B=85.882。RGB 值为（233，6，98）的颜色亮度则为 84.361。这两个颜色看起来完全不同，亮度差距却极为有限。因此，使用 Romana Machado 的 stego 在图像中嵌入信息，可能将原本像素颜色（6，98，233）改成（233，6，98）。这是因为每一个 RGB 颜色值都为三维空间上的一点，将其对应到一维的亮度上，自然无法反映出真正的色彩差距。为了改善这个缺点，Jiri Fridrich 根据 Romana Machado 的方法进行改进，提出一个隐蔽性更高的嵌入技术。首先，Fridrich 将嵌入的方法改成同位比特，即（R+G+B）mod 2，并定义两个颜色（R_1，G_1，B_1），（R_2，G_2，B_2）的距离 d 如下：

$$d=\sqrt{(R_1-R_2)^2+(G_1-G_2)^2+(B_1-B_2)^2}$$

利用随机数产生器选取一个像素，然后直接在调色板中找出一个颜色距离最小的，并且同位比特值与嵌入信息相同的颜色，然后将其索引值改成这个颜色的索引值。根据实验数据显示，使用这个改进的方法，伪装图像与掩护图像之间的平均差异或像素颜色的最大改变值都降低许多。

13.2.2 变换域技术

最低比特替换技术的缺点就是替换的信息完全没有稳健性，而变换域技术则相对比较强壮。它是在载体图像的显著区域隐藏信息，比 LSB 方法能够更好地抵抗攻击，例如压缩、裁减和一些图像处理。它们不仅能更好地抵抗各种信号处理，而且还保持了对人类器官的不可觉察性。目前，有许多变域的隐藏方法，一种方法是使用离散余弦变化（DCT）作为手段在图像中嵌入信息，还有使用小波变化的。下面将介绍一个基于 DCT 变换的 JPEG 图像文件信息隐藏的例子。

JPEG 图像压缩标准属于一种区块压缩技术，每个区块大小为 8×8 像素，由左而右、由上而下依序针对每个区块分别去做压缩。下面以灰阶图像模式为例，说明其压缩步骤：

① 将区块中每个像素灰阶值都减去 128。

② 将这些值利用 DCT 变换，得到 64 个系数。

③ 将这些系数分别除以量化表中相对应的值，并将结果四舍五入。

④ 将二维排列的 64 个量化值，使用 Zigzag 的次序（见表 13-1）转成一维的排序方式。

⑤ 将一串连续 0 配上一个非 0 量化值，当成一个符号，用 Huffman 码来编码。

表 13-1 Zigzag 次序表

0	1	5	6	14	15	27	28
2	4	7	13	16	26	29	42
3	8	12	17	25	30	41	43
9	11	18	24	31	40	44	53
10	19	23	32	39	45	52	54
20	22	33	38	46	51	55	60
21	34	37	47	50	56	59	61
35	36	48	49	57	58	62	63

在整个压缩过程中，会造成失真的部分主要是在步骤③。量化表中的值越大，则压缩倍率越大，相对地图像品质则越差。在 JPEG 标准规格书中，并没有强制限定量化表中的值为多少，只

是提供一个参考用的标准量化表（见表 13-2）。一般的图像软件，在压缩前，都会让使用者选定压缩品质等级，然后再根据下列公式计算出新的量化表。注意，下列公式只是其中的一种调整量化表的方法而已。

表 13-2　JPEG 标准量化表

16	11	10	16	24	40	51	61
12	12	14	19	26	58	60	55
14	13	16	24	40	57	69	56
14	17	22	29	51	87	80	62
18	22	37	56	68	109	103	77
24	35	55	64	81	104	113	92
49	64	78	87	103	121	120	101
72	92	95	98	112	110	103	99

$$\text{scale\_factor}=\begin{cases}5000/\text{quality}, & \text{if quality}\leqslant 50\\ 200-\text{quality}\times 2, & \text{if quality}>50\end{cases}$$

$$\text{quantization}[i,j]=(\text{std-quantization}[i,j]\times\text{scale\_factor}+50)/100$$

这里的 quality 代表的是使用者所设定的压缩品质等级，而 std-quantization[i，j]表示标准量化表中的第(i，j)个值，quantization[*i*，j]则是计算出来的新量化表。

为了确保嵌入的信息不会遭受量化的破坏，嵌入的动作必须在量化之后进行。如果直接将信息嵌入在四舍五入后的整数系数的最低位，那么嵌入所造成的最大可能误差为 1，加上四舍五入产生的最大可能误差，因此最大可能误差值可达 1.5。假设量化表中的值为 16，则量化后 1.5 的误差值，代表的是量化前误差达到 24。为了改善这项不足，Robert Tinsley 将四舍五入与嵌入两个动作合并改良，原先为实数的 DCT 系数转成整数时，不再按四舍五入的法则，而是取决于嵌入信息是什么，再决定将小数位进位或舍去。如此便可以将误差值限制在 1 的范围之内，从而减少了 1/3 的误差。

在嵌入信息前，JPEG 的量化四舍五入最大误差为 0.5，嵌入信息后，最大误差扩大为 1，相当于将量化表的值放大一倍再去压缩图像，换算成压缩品质则相当于从 quality =50 降到 25 的结果。值得注意的一点是，DCT 变换会将图像能量集中在低频部分，再经过量化之后，许多频率的系数均为零。以 Zigzag 的次序，将连续 0 集中，所以利用 Huffman 编码才会有较好的压缩效率。因此，在嵌入信息时，应该避免将信息嵌入到这些值为 0 的系数中。当然，越高频的系数越可能被量化成 0，自然较少有嵌入机会。此外，嵌入时也要特别注意避免使非 0 系数变成 0，以免嵌入的信息取不出来。

要将信息嵌入 JPEG 压缩文件并不容易，因为图像中许多容易嵌入信息的地方，都已经被压缩掉。压缩的倍率越高，嵌入越不容易，而且嵌入的资料越多，图像品质就越差。

13.2.3　扩展频谱

扩展频谱图像隐藏技术（SSIS）并不直接将二元的信息嵌入图像中，而是将其转换成用以建立杂讯（White Noise）模型的 Gaussian 变数，然后再将其嵌入伪装图像中。这是为了避免嵌入的信息引起别人的怀疑，特地将其转换成电子取像设备所造成的杂讯模型。

要嵌入的信息首先使用一个密钥对其加密，然后再经过错误更正码的编码，得到一个二元的串流 m，用+1 和-1 分别表示。此外，以另一个密钥当种子，放进用以模拟杂讯的 Gautssian 随机数产生器，产生一连串的实数随机数 n。将 m 与 n 做调制得出 s，之后利用第三个密钥把 s 的次序交错，最后再按掩护图像与人眼视觉的特性去放大缩小 s，然后嵌入于掩护图像，得到一张伪装图像。

由于在取出嵌入信息时，必须要用到原来的图像，这对秘密通信造成太大负担，因此 SSIS 系统利用图像处理的复原滤波器来从伪装图像中得到一张原始掩护图像的近似图。根据实验，alpha-trimmed mean filter 所设计出来的近似图，和其他的滤波器，如 mean filter、median filter、adaptive Wiener filter 等所产生的近似图比较，虽然与原始掩护图像之间有较大的误差，但对于嵌入信息的位错误率却最小。所以，SSIS 系统中复原滤波器即是利用一个 3×3 的视窗，将最大和最小的灰阶值去掉，然后算出其余的平均值。

由于复原滤波器所计算出的近似图和掩护图像不可能相同，因此 SSIS 系统使用一个错误更正码（ECC）来纠正这些错误。另外，为避免发生的错误集中在一起，使得某些区段发生的错误率超过错误更正码的纠错能力，SSIS 使用了一个交错器，将可能发生的错误打乱，使其平均发生于各个区段。这个交错器也提供了另一层的安全性，即在不知道交错器的密钥的情况下，便无法正确取出嵌入的信息。

此外，在 SSIS 系统中的嵌入强度，最好根据掩护图像的特性来调整，这样系统才会有最好的效能。例如，当在掩护图像中有大片平缓变化区域时，复原滤波器能得到较好的近似图，所以取出的错误率较低；若掩护图像中有较多变化较大的区域，则嵌入信息取出错误率较高，那么就必须增加嵌入强度。

SSIS 系统所嵌入的信息具备了抗杂讯与低阶的抗压缩能力。当然，在伪装图像中加入越多的杂讯，则需要越强大的错误更正码才能正确取出信息，相应地，系统在容量方面所付出的代价也越高。而压缩品质参数 quality 低到 80 时，在提取嵌入信息时的比特错误率，也就是 BER 值变成 0.300 1，这时就必须使用具有容错能力 BER=0.35 的 Reed Solomon 码来纠正因压缩所产生的错误。

13.2.4 对隐写术的一些攻击

还有一些隐写术，比如统计隐写术、变形技术及载体生成技术等限于篇幅就不在这里介绍了，读者有兴趣的话可以查阅其他相关资料。下面介绍一下对隐写术的一些攻击。对隐写术的攻击和分析有多种形式，如检测、提取和混淆破坏（攻击者在存在的隐藏信息上进行伪造与覆盖）等。

1. 检测隐藏信息

在伪装图像中检测隐藏信息存在性的一种方法是寻找明显的、重复的模式，它可能指示出伪装工具和隐藏消息的身份和特征。人眼可见的失真或模式是易于检测的。用于验证这些模式的一种方法是将原始载体和伪装图像进行比较，并注意视觉上的差别。如果无法获得原始载体，有时也可以利用那些已知的隐藏方法所具有的特征模式来识别隐藏消息的存在，并有可能识别出所用的嵌入工具。

2. 提取隐藏信息

这基本上取决于检测技术，只有对隐藏技术有深入的了解，能成功检测出隐藏信息的存在及所用的隐藏技术、工具，才能成功地提取信息。

3．破坏隐藏信息

很多时候破坏隐藏信息要比检测更困难，有时候我们需要让伪装对象在通信信道上通过，但是会破坏掉所嵌入的信息。对于以添加空格和“不可见”字符形式在文本中隐藏的信息，重新排版一下就很容易去掉。对于图像中的隐藏信息，可以采用多种图像处理技术来破坏，例如有损压缩、扭曲、旋转、缩放、模糊化等。对变换域隐藏的信息，破坏嵌入的信息需要实质性的处理，可以采用多种方法的组合。对于音频、视频等攻击可以采用加入噪声、滤波器去除噪声等信号操作。

如同密码学的编码与攻击分析一样，信息的伪装和攻击分析也在不断地对抗与相互发展之中。

13.3　数字水印

随着数字技术和互联网的发展，各种形式的多媒体数字作品（图像、视频和音频等）纷纷以网络形式发表，从而其版权保护成为一个迫切需要解决的问题。数字水印是近两年来出现的数字产品版权保护技术，其目的是鉴别出非法复制和盗用的数字产品。作为信息隐藏技术研究领域的重要分支，数字水印一经提出就迅速地成为了多媒体信息安全研究领域的一个热点问题，出现了许多数字水印方案，也有许多公司推出了数字水印产品。

13.3.1　数字水印的模型与特点

数字水印技术通过在原始数据中嵌入秘密信息——水印来证实该数据的所有权；而且并不影响宿主数据的可用性。被嵌入的水印可以是一段文字、标识或序列号等，而且这种水印通常是不可见或不可察觉的，它与原始数据（如图像、音频和视频数据）紧密结合并隐藏其中。数字水印的嵌入和检测过程如图 13-4 所示。

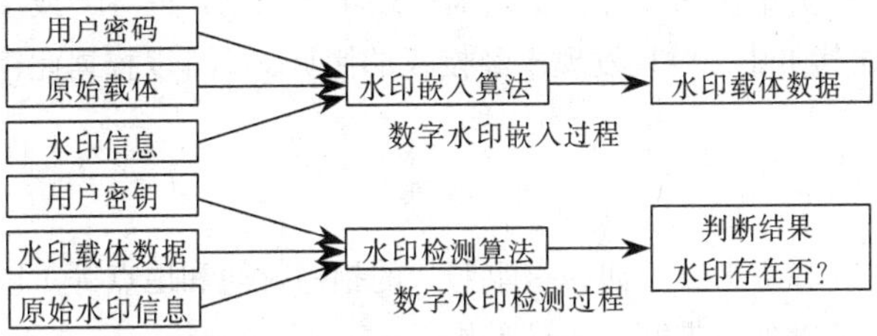

图 13-4　数字水印的嵌入和检测过程

不同的应用对数字水印的要求是不尽相同的，一般认为数字水印应具有如下特点：

1．安全性

数字水印的信息应该是安全的，它难以被篡改或伪造，同时有较低的错误检测率。

2．透明性

数字水印应是不可察觉的，即数字水印的存在不应明显干扰被保护的数据，不影响被保护数据的正常使用。

3．稳健性

数字水印必须难以（最好是不可能）被除去，如果只知道部分水印信息，那么试图除去或破坏水印应导致严重的降质而不可用。数字水印应在下列情况下具有稳健性。

- 一般的信号处理下的稳健性。即使有水印的数据经过了一些常用的信号处理，水印仍应能被检测到，这些处理包括 A/D 和 D/A 转换、重采样、重量化、滤波、平滑、有失真压缩等。
- 一般的几何变换（仅对图像和视频而言）下的稳健性。包括旋转、平移、缩放及分割等操作。
- 欺骗攻击（包括共谋攻击和伪造）下的稳健性。数字水印应对共谋攻击等欺骗攻击是稳健的，而且如果水印在法庭上用做证据，必须能抵抗有第三者合作的共谋攻击和伪造。

同一个数字水印算法应对图像、视频、音频 3 种媒体都适用，这有助于在多媒体数字产品中加上数字水印，并且有利于硬件实现水印算法。

4．确定性

水印所携带的所有者等信息能够唯一地被鉴别确定，而且在遭到攻击时，确认所有者等信息的精确度不会降低许多。

需要指出的是，由于对数字水印的定义尚未统一，因此许多文献中讨论的数字水印并不具备上述特点，或只具有部分上述特点。

13.3.2 数字水印的主要应用领域

1．版权保护

数字作品的所有者可用密钥产生一个水印，并将其嵌入原始数据中，然后公开发布他的水印版本作品。当该作品被盗版或出现版权纠纷时，所有者即可利用图 13-4 所示的方法从盗版作品或水印版作品中获取水印信号作为依据，从而保护所有者的权益。

2．加指纹

为避免未经授权的拷贝制作和发行，出品人可以将不同用户的 ID 或序列号作为不同的水印（指纹）嵌入作品的合法拷贝中。一旦发现未经授权的拷贝，就可以根据此拷贝所恢复出的指纹来确定它的来源。

3．标题与注释

即将作品的标题、注释等内容（如，一幅照片的拍摄时间和地点等）以水印形式嵌入该作品中，这种隐式注释不需要额外的带宽，并且不易丢失。

4．篡改提示

当数字作品被用于法庭、医学、新闻及商业时，常需要确定它们的内容是否被修改、伪造或特殊处理过。为实现该目的，通常可将原始图像分成多个独立块，再对每个块加入不同的水印。同时可通过检测每个数据块中的水印信号，来确定作品的完整性。与其他水印不同的是，这类水印必须是脆弱的，并且在检测水印信号时，不需要原始数据。

5．使用控制

这种应用的一个典型的例子是 DVD 防拷贝系统，即将水印信息加入 DVD 数据中，这样 DVD 播放机即可通过检测 DVD 数据中的水印信息而判断其合法性和可拷贝性，从而保护制造商的商业利益。

13.3.3　数字水印的一些分类

可以按照不同的标准对数字水印进行分类，如从水印的载体可以分为静止图像水印、视频水印、声音水印、文档水印和黑白二值图像水印；从外观上可分为可见水印和不可见水印（更准确地说应是可察觉水印和不可察觉水印）；从水印的使用目的可以分为基于数据源的水印（即水印用来识别所有者，主要应用于版权信息的鉴别和认证，用于认证及判断所收到的图像或其他电子数据是否曾经被篡改）和基于数据目的的水印（即水印用来确定每一份拷贝的买主或最终用户，主要用于追踪非法使用拷贝的最终用户）；从水印加载方法是否可逆上可分为可逆、非可逆、半可逆、非半可逆水印；根据所采用的用户密钥的不同可分为私钥水印和公钥水印等。

当然，最主要的分类方法也可以按数字水印的实现算法来分，下面来就介绍一下数字水印算法。

13.3.4　数字水印算法

近年来，数字水印技术研究取得了很大的进步，下面对一些典型的算法进行分析，除特别指明外，这些算法主要针对图像数据（某些算法也适合视频和音频数据）。

1．空域算法

该类算法中典型的水印算法是将信息嵌入到随机选择的图像点中最不重要的像素位（即 LSB）上，这可保证嵌入的水印是不可见的。但是由于使用了图像不重要的像素位，因此算法的稳健性差，水印信息很容易为滤波、图像量化、几何变形等操作破坏。另外一个常用方法是利用像素的统计特征将信息嵌入像素的亮度值中。Patchwork 算法是随机选择 N 对像素点(a_i, b_i)，然后将每个 a_i 点的亮度值加 1，每个 b_i 点的亮度值减 1，这样整个图像的平均亮度保持不变。适当地调整参数，Patchwork 方法对 JPEG 压缩、FIR 滤波及图像裁剪有一定的抵抗力，但该方法嵌入的信息量有限。为了嵌入更多的水印信息，可以将图像分块，然后对每一个图像块进行嵌入操作。

2．变换域算法

该类算法中，大部分水印算法采用了扩展频谱通信技术。算法的实现过程为：先计算图像的离散余弦变换（DCT），然后将水印叠加到 DCT 域中幅值最大的前 kT 系数上（不包括直流分量），通常为图像的低频分量。若 DCT 系数的前 k 个最大分量表示为 $D=\{d_i\}$，$i=1$，…，k，水印是服从高斯分布的随机实数序列 $W=\{\omega_i\}$，$i=1$，…，k，那么水印的嵌入算法为 $d_i = d_i(1+a\omega_i)$，其中常数 a 为尺度因子，控制水印添加的强度。然后用新的系数做反变换得到水印图像 I。解码函数则分别计算原始图像 I 和水印图像 I^*的离散余弦变换，并提取嵌入的水印 W^*，再做相关检验 $W\times W^*/\sqrt{W\cdot W^*}$ 以确定水印的存在与否。该方法即使当水印图像经过一些通用的几何变形和信号处理操作而产生比较明显的变形后，仍然能够提取出一个可信赖的水印拷贝。一个简单改进是不将水印嵌入到 DCT 域的低频分量上，而是嵌入到中频分量上以调节水印的稳健性与不可见性之间的矛盾。另外，还可以将数字图像的空间域数据通过离散傅里叶变换（DFT）或离散小波变换（DWT）转化为相应的频域系数；其次，根据待隐藏的信息类型，对其进行适当编码或变形；再次，根据隐藏信息量的大小和其相应的安全目标，选择某些类型的频域系数序列（如高频、中频或低频）；再者，确定某种规则或算法，用待隐藏的信息的相应数据去修改前面选定的频域系数序列；最后，将数字图像的频域系数经相应的反变换转化为空间域数据。该类算法隐藏和提取信息的操作复杂，因此隐藏信息量不能很大，但抗攻击能力强，很适合于在数字作品版权保护的数字水印技术中使用。

3. 压缩域算法

基于 JPEG、MPEG 标准的压缩域数字水印系统不仅节省了大量的完全解码和重新编码过程，而且在数字电视广播及视频点播技术（Video On Demand，VOD）中有很大的实用价值。相应地，水印检测与提取也可直接在压缩域数据中进行。下面介绍一种针对 MPEG-2 压缩视频数据流的数字水印方案。虽然 MPEG-2 数据流语法允许把用户数据加到数据流中，但是这种方案并不适合数字水印技术，因为用户数据可以简单地从数据流中去掉。同时，在 MPEG-2 编码视频数据流中增加用户数据会加大位率，使之不适于固定带宽的应用，所以关键是如何把水印信号加到数据信号中，即加入到表示视频帧的数据流中。对于输入的 MPEG-2 数据流而言，它可分为数据头信息、运动向量（用于运动补偿）和 DCT 编码信号块 3 部分。在方案中只有 MPEG-2 数据流最后一部分数据被改变，其原理是，首先对 DCT 编码数据块中每一个输入的 Huffman 码进行解码和逆量化，以得到当前数据块的一个 DCT 系数；其次，把相应水印信号块的变换系数与之相加，从而得到水印叠加的 DCT 系数，再重新进行量化和 Huffman 编码，最后对新的 Huffman 码字的位数 n_1 与原来的无水印系数的码字 n_0 进行比较，只在 n_1 不大于 n_0 时，才能传输水印码字，否则传输原码字，这就保证了不增加视频数据流位率。该方法有一个问题值得考虑，即水印信号的引入是一种引起降质的误差信号，而基于运动补偿的编码方案会将一个误差扩散和累积起来，为解决此问题，该算法采取了漂移补偿的方案来抵消因水印信号的引入所引起的视觉变形。

4. NEC 算法

该算法由 NEC 实验室的 Cox 等人提出，该算法在数字水印算法中占有重要地位，其实现方法是，首先，以密钥为种子来产生伪随机序列，该序列具有高斯 $N(0, 1)$分布，密钥一般由作者的标识码和图像的哈希值组成；其次，对图像做 DCT 变换，最后用伪随机高斯序列来调制（叠加）该图像除直流（DC）分量外的 1000 个最大的 DCT 系数。该算法具有较强的稳健性、安全性、透明性等。由于采用特殊的密钥，因此可防止 IBM 攻击，而且该算法还提出了增强水印稳健性和抗攻击的重要原则，即水印信号应该嵌入源数据中对人感觉最重要的部分，这种水印信号由独立同分布随机实数序列构成，且该实数序列应该具有高斯分布 $N(0, 1)$的特征。

5. 生理模型算法

人的生理模型包括人类视觉系统 HVS 和人类听觉系统 HAS。该模型不仅被多媒体数据压缩系统利用，同样可以供数字水印系统使用。视觉模型的基本思想均是使用从视觉模型导出的 JND（Just Noticeable Difference）描述来确定在图像的各个部分所能容忍的数字水印信号的最大强度，从而避免破坏视觉质量。也就是说，利用视觉模型来确定与图像相关的调制掩模，然后再利用其来插入水印。这一方法同时具有好的透明性和稳健性。

13.3.5 数字水印攻击分析

所谓数字水印攻击分析，就是对现有的数字水印系统进行攻击，以检验其稳健性。通过分析其弱点所在及其易受攻击的原因，以便在以后数字水印系统的设计中加以改进。攻击的目的在于使相应的数字水印系统的检测工具无法正确地恢复水印信号，或不能检测到水印信号的存在。这和传统密码学中的加密算法设计和密码分析是相对应的。

1. IBM 攻击

这是针对可逆、非盲水印算法而进行的攻击。其原理为设原始图像为 I，加入水印 WA 的图像为

IA=I+WA。攻击时，攻击者首先生成自己的水印 WF，然后创建一个伪造的原图 IF=IA−WF，即 IA=IF+WF；此后，攻击者可声称他拥有 IA 的版权，因为攻击者可利用其伪造原图 IF 从原图 I 中检测出其水印 WF，但原作者也能利用原图从伪造原图 IF 中检测出其水印 WA。这就产生了无法分辨与解释的情况。而防止这一攻击的有效办法就是研究不可逆水印嵌入算法，如哈希过程。

2．Stir Mark 攻击

Stir Mark 是英国剑桥大学开发的水印攻击软件，由于它是采用软件方法来实现对水印载体图像进行各种攻击，因而在水印载体图像中引入了一定的误差，但人们可以以水印检测器能否从遭受攻击的水印载体中提取或检测出水印信息来评定水印算法抗攻击的能力。如 Stir Mark 可对水印载体进行重采样攻击，它首先模拟图像用高质量打印机输出，然后再利用高质量扫描仪扫描，重新得到其图像在这一过程中引入的误差。另外，Stir Mark 还可对水印载体图像进行几何失真攻击，即它可以以几乎注意不到的轻微程度对图像进行拉伸、剪切、旋转等几何操作。Stir Mark 还通过应用一个传递函数，来模拟由非线性的 A/D 转换器的缺陷所带来的误差，这通常见于扫描仪或显示设备。

3．马赛克攻击

其攻击方法是首先把图像分割成为许多个小图像，然后将每个小图像放在 HTML 页面上拼凑成一个完整的图像。一般的 Web 浏览器在组织这些图像时，都可以在图像中间不留任何缝隙，并且使这些图像看起来和原图一模一样，从而使得探测器无法从中检测到侵权行为。这种攻击方法主要用于对付在 Internet 上开发的自动侵权探测器，该探测器包括一个数字水印系统和一个所谓的 Web 爬行者。但这一攻击方法的弱点在于，一旦当数字水印系统要求的图像最小尺寸较小时，则需要将图像分割成非常多的小图像，这样将使生成页面的工作非常烦琐。

4．共谋攻击

所谓共谋攻击就是利用同一原始多媒体数据集合的不同水印信号版本，来生成一个近似的多媒体数据集合，以此来逼近和恢复原始数据，其目的是使检测系统无法在这一近似的数据集合中，检测出水印信号的存在，其最简单的一种实现就是平均法。

5．跳跃攻击

跳跃攻击主要是用于对音频信号数字水印系统的攻击，其一般实现方法是，在音频信号上加入一个跳跃信号，即首先将信号数据分成 500 个采样点为一个单位的数据块。然后在每一数据块中随机复制或删除一个采样点，来得到 499 或 501 个采样点的数据块，接着再将数据块按原来顺序重新组合起来。实验表明，这种改变即使对古典音乐信号数据也几乎感觉不到。但是却可以非常有效地阻止水印信号的检测定位，以达到难以提取水印信号的目的。类似的方法也可以用来攻击图像数据的数字水印系统，其实现方法也非常简单，即只要随机地删除一定数量的像素列，然后用另外的像素列补齐即可。该方法虽然简单，但是仍然能有效破坏水印信号存在的检验。

13.3.6　数字水印的研究前景

数字水印是当前数字信号处理、图像处理、密码学应用、通信理论、算法设计等学科的交叉领域，是目前国际学术界的研究热点之一。国外许多著名的研究机构、公司和大学都投入了大量的人力和财力进行研究。这些研究小组及公司许多都有有关数字水印及信息隐藏方面的商业软件，也有一些软件和源代码可免费获得。

目前，从我们了解的情况和国内有关数字水印方面的文献来看，国内似乎尚无数字水印或信息隐藏的商业软件，可能的情况是，有一些单位有实验软件或演示软件。从理论和实际成果两方面来看，国内在数字水印方面的研究还处于刚起步阶段。

由于数字水印技术是近几年来国际学术界才兴起的一个前沿研究领域，处于迅速发展过程中，因此，掌握其发展方向对于指导数字水印的研究有着重要意义。我们认为今后的数字水印技术的研究将侧重于完善数字水印理论，提高数字水印算法的稳健性、安全性，以及其在实际网络中的应用和相关标准的建立等。

数字水印在理论方面的工作包括建立更好的模型、分析各种媒体中隐藏数字水印信息的容量（带宽）、分析算法抗攻击和稳健性等性能。同时，我们也应重视对数字水印攻击方法的研究，这有利于促进研制更好的数字水印算法。

许多应用对数字水印的稳健性要求很高，这需要有稳健性更好的数字水印算法，因此，研究稳健性更好的数字水印算法仍是数字水印的重点发展方向。但应当注意到，在提高算法稳健性的同时，应当结合 HVS 或 HAS 的特点，以保持较好的不可见性及有较大的信息容量。另外，应注意自适应思想及一些新的信号处理算法在数字水印算法中的应用，如分形编码、小波分析、混沌编码等在水印算法中也应有应用的场合。

数字水印在应用中的安全性自然是很重要的要求，但数字水印算法的安全性是不能靠保密算法得到的，这正如密码算法必须公开，必须经过公开的研究和攻击其安全性才能得到认可，数字水印算法也一样。因此数字水印算法必须能抵抗各种攻击，许多数字水印算法在这方面仍需改进和提高，研制更安全的数字水印算法仍是水印研究的重点之一。

对于实际网络环境下的数字水印应用，应重点研究数字水印的网络快速自动验证技术，这需要结合计算机网络技术和认证技术。

应该注意到，数字水印要得到更广泛的应用必须建立一系列的标准或协议，如加载或插入数字水印的标准、提取或检测数字水印的标准、数字水印认证的标准等都是急需的，因为不同的数字水印算法如果不具备兼容性，显然不利于推广数字水印的应用。在这方面需要政府部门和各大公司合作，如果等待市场上自然出现事实标准，会延缓数字水印的发展和应用。同时，需要建立一些测试标准，如 Stir Mark 几乎已成为事实上的测试标准软件，它用来衡量数字水印的稳健性和抗攻击能力。这些标准的建立将会大大促进数字水印技术的应用和发展。

在网络信息技术迅速发展的今天，数字水印技术的研究更具有明显的意义。数字水印技术将对保护各种形式的数字产品起到重要作用，但必须认识到数字水印技术并非是万能的，必须配合密码学技术及认证技术、数字签名或者数字信封等技术一起使用。一个实用的数字水印方案必须有这些技术的配合才能抵抗各种攻击，构成完整的数字产品版权保护解决方案。

小　结

信息隐藏技术是一个开放的研究领域，不同背景的研究人员，可从不同的介入点和不同的应用目的进行研究。相信随着信息时代和知识经济时代的发展，信息隐藏技术在理论体系方面会日臻完善。该项技术的应用必将会拥有十分广阔的市场。

隐写术是信息隐藏的重要分支之一，根据嵌入算法，可以大致把隐写术分成替换系统、变换系统、扩展频谱技术、统计方法、失真技术和载体生成方法 6 类，其中前 3 种是目前主要的方法。

数字水印的研究是基于计算机科学、密码学、通信理论、算法设计和信号处理等领域的思想和概念的。数字水印方案总是综合利用这些领域的最新技术，但也难以避免这些领域固有的一些缺点。可以说数字水印还处于发展阶段，从理论到实践都有许多问题有待于解决。

思　考　题

1. 信息隐藏技术与信息加密技术有什么异同点？
2. 信息隐藏技术有哪些分支？各自举例说明。
3. 有哪些数据隐写方法？编程实现书中介绍的 LSB 方法。
4. 数字水印技术有哪些分类方法？数字水印技术有什么特点？
5. 数字水印有哪些算法？如何对数字水印进行攻击？

第14章 信息系统安全法律与规范

社会信息化的飞速发展，产生了崭新的信息关系。信息系统的广泛应用，使得与此密切相关的信息关系成为广泛存在的社会客观现实。信息、信息系统对于国家安全、社会安定和经济建设起着至关重要的作用，因而信息关系的调整和规范，成为社会各界迫切要求解决的重大课题。全新的信息系统安全保护的法律、规范，必然应运而生，必将形成相应的法律、规范体系。这是本章的中心内容。

14.1 信息安全立法

人们的行为规则，也叫做行为规范。行为规范通常分为两大类：社会规范和技术规范。根据通常的概念，技术规范调整的是人与自然之间的行为规则，用以指导人们认识和运用自然，对自然界施加积极的影响，取得有益的社会效果。而社会规范是调整人与人之间的社会关系的行为规则，它包括了道德规范、乡规民约和风俗习惯等，法律规范是其中的一种。

14.1.1 信息社会中的信息关系

信息社会中的信息关系是琳琅满目的信息活动，由信息活动而产生了各种相应的社会关系，主要有信息采集关系、信息存储关系、信息处理关系、信息传播关系和信息运用关系。这些信息关系的调整与规范，是信息立法的基础依据。而信息法律规范的建立和完善，必将反过来促进社会信息化进程的健康发展。

我国的宪法，从根本上确立了社会主义法制原则，包括立法、执法、守法及法律的实施与监督等内容；它以有法可依、有法必依、执法必严、违法必究为主要特征。依法办事是社会主义法制的中心环节。

从传统的法学角度来看，在承认信息产权的前提下，这些信息关系又可大体上划分为信息占有关系、信息使用关系和信息处分关系。所谓信息占有，是指对信息的获取、持有和保留；信息使用，是指对于信息的加工处理和传播；信息处分，是指对于信息是否公开、保留或传播的决定。

然而，并非所有信息的所有信息关系都需要立法进行调整和规范。在信息活动中，所涉及的、需要信息立法予以调整和规范关系的“信息”，只能是具有特定意义和特定范围的信息，绝对不会包括所有的社会信息，更不会包罗一切自然信息。只有那些既能满足信息法主体的利益和需要，又能得到国家法律的确认和保护的信息关系，才是信息法律、规范所涉及的客体。而从法律事实的角度看，只有那些可以成为法律事实，能够引起信息法律关系的产生、变更和消灭的信息活动，才属于信息法规予以调整和规范的范围。或者说，不能成为法律事实的信息活动，就不属于信息法规调整和规范的范围。

值得注意的是，不同的国家、民族和社会，在伦理道德、观念意识及法律准则等方面是不尽相同的，于是，那些既能满足信息法主体的利益和需要，又能得到国家法律的确认和保护的信息关系，无论其内容或范围，显然都会有许多的差别。例如，所谓的“信息产权”的确认与法律事实的成立，在国际公认的信息法律规范正式签署、实施之前，是不能任由个别国家甚至个别人说了就算的，这显然是没有公认的法律规范依据的。

14.1.2　信息安全立法的基本作用

法律规范是社会实践的经验和教训的总结，它具有鲜明的时代特征。

当前由工业社会向信息社会的历史性的转变，是具有划时代意义的重大社会变迁，信息和信息活动，迅速地上升为社会活动的核心内容。作为客观反映社会生活实际的法律规范，必然要及时地体现适应性，它需要人们迅速转变观念，跟上时代的前进步伐，制定符合信息时代特征的法律规范，适应崭新的信息关系。或者说，社会的经济、政治、军事、科技等发展前进的活动因素和崭新的信息关系，对于法律规范体系的形成、发展和完善，有着决定性的巨大推动作用和深远影响。

1．法律规范的权威性和宏观性

在我国宪法的《总纲》里明确指出，社会主义法制具有不可侵犯的权威性，不允许“法出多门”，各行其是。

国家法律一经制定，便号令全国各地、各系统单位可据此制定相应的具体实施办法和规章制度，从而达到步调一致、统一管理。社会公众亦可据此统一认识，自觉地规范和约束自己的思想和行为。

2．法律规范的客观性和严密性

制定法规是相当严肃慎重的事情，它必须经过一定的法定程序。往往要经过许多的人，作大量的调查，反复研究，做到相对客观、全面、真实，而避免主观、盲目或个人意志，更不要漏洞百出，前后矛盾。

3．法律规范的稳定性

保持法律的稳定性和统一性，也是我国宪法所确立的重要基本原则。法规一经制定，不允许朝令夕改，这有利于统一思想，分清是非，有助于职业道德的培养和遵纪守法素质的提高，能最大限度地防止或减少危害事件的发生。

4．法律规范的强制性

法律是国家意志的体现，是由国家的强制力保证其实施的行为规则，这是法律最本质的特征，是法律与其他行为规则最重要的区别。

法律面前，人人平等，不允许任何人有超越法律的特权。不管是什么人，违法必究，都必须承担相应的法律责任，这也是法律的威慑作用。在信息系统保护领域，信息安全法律规范和安全技术规范标准，显然是实施综合性安全治理的权威性基础，是对居民系统安全治理的必需支持和有力保障。

14.2 国外信息安全立法概况

利弊总是形影相随，信息系统的推广应用与违法犯罪同样也是一对双胞胎。发达国家信息系统领先发展，注定了计算机违法犯罪的出现，信息安全立法，是这一客观实际的证明。前车之辙，后车之鉴。了解国外信息系统保护的立法简况，可引人深思、借鉴。

14.2.1 国外计算机犯罪与安全立法的演进

表 14–1 列举了国外在信息系统发展应用过程中所发生的一些安全立法的事件。

表 14–1 国外计算机犯罪和立法事件

时间	计算机犯罪或立法事件
1958 年	美国首次记录计算机滥用事件
1966 年	美国首次对篡改银行数据的犯罪案件提起诉讼
1971 年	美国正式开始研究计算机犯罪和计算机滥用
1973 年	美国召开了首届计算机安全与犯罪会议
1974 年	瑞典颁布了数据法，并设立国家计算机脆弱性委员会和脆弱性局和数据监察局
1977 年	美国国会提出《联邦计算机系统保护法案》提案
1978 年	美国佛罗里达州首立计算机犯罪法，随后 48 个州都相继立法
1983 年	国际信息处理联合会设立第 11 计算机技术安全委员会，负责计算机安全与犯罪研究

14.2.2 国外计算机安全立法概况

1．行政法

1987 年 1 月，美国推出《计算机安全法》，随后又推出《联邦资金转移法》《中小企业计算机安全、教育及培训法》《电子通信秘密法》。

日本也推出了《计算机系统安全措施基本要点草案》等。

2．刑法

自 1978 年以来，各发达国家针对计算机犯罪，纷纷修改刑法，增加计算机犯罪的惩治条款，或单独立法。

这些法规的内容大体相似，主要有：

- 侵犯国家、科学、公众、私人机密的。
- 有诈骗企图，非法更改、伪造、作假、删除或破坏数据资料的。
- 擅自非法操作计算机、网络，造成合法用户无法用机的。
- 破坏计算机系统及系统硬件设备、数据的。

由此而定的罪状有诈骗罪、侵犯计算机装置设备罪、侵犯计算机用户罪、侵犯知识产权罪等。

值得注意的是，国家主权、社会安定等国家利益始终被摆在重要的位置，对这类犯罪的判刑也最重。作为例子，看一下美国联邦计算机犯罪法和英国计算机滥用法的有关内容是有益的。

（1）美国联邦计算机犯罪法

《计算机诈骗和滥用法》规定，具有以下犯罪行为的分别处以罚款或者处十年以下监禁和五年以下监禁。

① 未经授权或越权访问计算机，并以此手段获取属于美国政府为国防或外交关系的利益防止非法泄露予以保护的信息，或者 1954 年原子能法第 10 章规定的数据，而且有理由认为获取这类信息并加以利用，会损害美国利益或有利于他国利益。

② 闯入计算机系统获取金融机构、信用卡发行机构或包括顾客信用报告的文件中的有关财务记录信息。正当信用报告法对此作出了规定。

③ 未经允许或越权闯入由政府控制或会影响政府应用的计算机系统。

④ 闯入与联邦利益有关的计算机系统，并企图诈骗获取任何除应用此计算机以外的有价值的东西。

⑤ 未经授权，故意访问涉及联邦利益的计算机，并有一个以上例子说明有更改、损害、毁灭这种计算机中的信息，或者阻碍对这种计算机或信息的合法使用的动机一致：

- 在任何一年期间总计造成损失 1000 美元。
- 篡改或损害医疗检查、诊断、治疗、保健数据。

⑥ 故意和有预谋地对美国州际、外贸或者政府用的计算机的口令进行诈骗。

（2）英国计算机滥用法

计算机滥用罪行如下：

① 未经授权存取计算机资料，判处六个月以下监禁或者处以罚款标准第五级的罚款数额或者并处。

② 企图进行进一步犯罪活动的未经授权的存取。

一个人在第一条的前提下有企图并实施犯罪行为的是犯罪。

- 实施本条适用的罪行。
- 促使进行犯罪（不论他本人进行还是由他人进行），并且企图实施的行为属于本条规定的进一步的犯罪。

对进一步的犯罪处以六个月以下监禁或者处以法定最高标准罚款数额或者并处。

③ 未经授权更改计算机资料。包括下列行为：

- 使任何计算机的内容未经授权而变更的。
- 犯罪行为发生时有一定的意图和意识；损害计算机的运行；妨碍、阻止正常存取计算机中的程序或数据；损害程序的运行或数据的可靠性。

以上行为可处以六个月以下监禁或处以法定最高标准的罚款数额或并处。经诉讼程序的判决，可判五年以下监禁或者罚款或者并处。

3．诉讼法

由计算机生成的文字资料能否作为控诉罪犯、揭露犯罪事实的证据是人们关心的问题之一。英国的《警察与犯罪证据条例》（1984 年）第 69 节指出只有系统管理员提出证言的下列证据才能提交法庭：

① 对于计算机生成的文字资料，若对方提不出正当理由说明该资料是由于使用计算机不当所产生，那么该资料可作为证据。

② 在产生文字资料期间，计算机运行正常，如不正常但在任何方面都不影响打印输出文件的生成或其准确性，那么该文字资料可作为证据；但若文件内容太少，则不能作为证据。

美国《联邦证据法》也对计算机证据做出相应的规定，该法还授权警察进入计算机犯罪现场搜索和取证。

14.3 我国计算机信息系统安全保护立法

信息系统深入广泛的发展与应用，使社会的信息环境出现了有别于传统社会关系的新型社会关系，即信息关系。信息对于社会各个领域、部门的巨大作用，信息和信息系统本身所具有的种种新颖特点，信息及相应的信息关系，其涉及的方面之广，层面之多，内容之新颖、丰富，深深地影响社会的发展前进。诸如此类的客观实际，使得传统的法律规范难以对它进行全面、有效地调整和规范，这与信息社会的发展前进要求和国家的政策目标，显得不相适应。促进围绕信息关系的调整和规范，及时地转变观念，尽快形成一个相对自成一体、结构严谨、内在和谐统一的信息法律规范体系，成为完整的法律体系中的一个重要的崭新分支。填补传统法律体系的这一空白或者不足，显然是迫切而富有时代意义的历史使命，也是社会发展前进到信息时代的一种必然结果。

在图 14–1 中，列出了我国已经颁布了的保障计算机信息系统健康应用发展的法律规范。

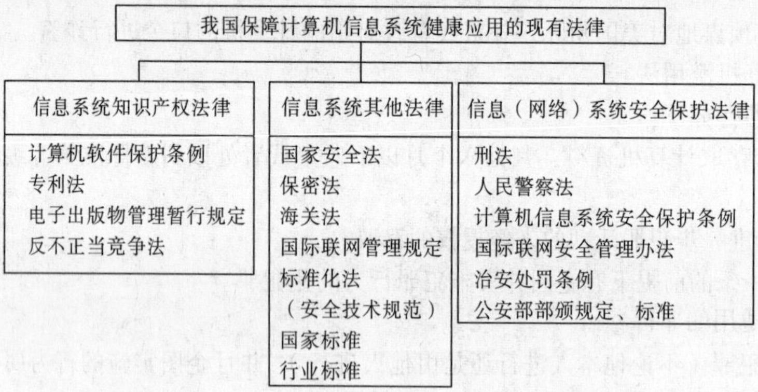

图 14–1 我国保障计算机信息系统健康应用的现有法律

在计算机信息安全技术规范标准方面，我国已颁布了一系列安全技术标准，例如《计算机场地安全要求》《计算机场地技术条件》等（详见《计算机信息系统法规汇编》（修订本）一书）。

14.3.1 《中华人民共和国计算机信息系统保护条例》

1994 年 2 月 18 日，我国颁布了《中华人民共和国计算机信息系统安全保护条例》（以下简称计算机信息系统安全保护条例），这是我国的第一个计算机安全法规，同时也是我国今后计算机安全工作的总纲。计算机信息系统安全保护条例的颁布，标志着我国计算机信息系统安全保护工作走上了规范化的法制轨道，揭开了我国计算机应用与发展的新篇章。

计算机安全保护的专业和工作面广、量大、复杂、多样，是一项规模宏大的高科技性质的社会性系统工程，只有运用系统工程的思想和方法，采取模块化的处理方式，才能有效地予以分析、分解和具体实施。计算机信息系统安全保护条例对于计算机信息系统安全保护的处理，无论就其基本思想，还是体系结构的构成等，都是运用系统工程思想方法的典范，充分反映了模块化处理的系统性、科学性、实用性和可扩充性等特色，并成为促进形成和完善计算机安全技术和管理的标准和法律规范体系的开端。其近期目标是，建立一系列符合实际、切实可行并确实有效的安全保护规范、标准和制度。计算机信息系统安全保护条例规定，要制定计算机及其信息安全等级保护制度、计算机国际联网备案制度、信息媒体进出境申报制度、案件报告制度、计算机病毒专管制度、计算机安全专用产品销售许可证制度等。在此基础上，还需要制定成套的安全技术标准、规范，例如，计算机安全操作系统、安全数据库管理系统、具有安全服务机构的网络系统，用户鉴别、访问控制、容错、加密、审计、防电磁泄露等。

1. 系统性

计算机信息系统的安全保护，内容繁多，纵横交融，然而又结构严谨有序，条理分明，相对独立，这在“安全矩阵”中表达得非常清楚。

作为我国第一部专门针对计算机信息系统安全保护管理的行政法规，以其条文内容的形式，系统地阐明了实施信息系统安全保护管理的基本宗旨、保护目标、工作重点、管理内容、职责分工、遵循规则和实施办法。尤其是通过制度化管理的实施办法，构成了计算机信息系统安全保护管理内容的有序框架结构，既反映了各个管理制度内容的相对独立，又鲜明突出地揭示了相互关联的整体系统特征。

计算机信息系统保护条例的第一条就开宗明义，该条例的制定，完全是“为了保护计算机信息系统的安全，促进计算机的应用和发展，保障社会主义现代化建设的顺利进行”。

第三条则进一步明确，计算机信息系统的安全保护目标是：“保障计算机及其相关和配套的设备、设施（含网络）的安全、运行环境的安全，保障计算机功能的正常发挥，以维护计算机信息系统的安全运行”。在此安全的前提下，显然就能充分发挥计算机信息系统应用的作用，产生更大的社会效益和经济效益。换言之，计算机信息系统安全保护条例的颁布，将有利于国民经济建设、国防建设和科学技术的发展，有利于计算机应用和信息产业的发展，有利于更多更高层次的计算机安全产品的发展。

在对计算机信息系统的安全保护方面，计算机信息系统安全保护条例清楚地表明，主要是采取制度性的保护措施，不仅要保障信息的完整性、可用性、保密性和可控性，还要保障信息系统的正常运行，能持续地为合法用户提供服务。对未来的高速信息国道，不仅要保障它营运得畅通正常，更要保障信息的安全流动。

计算机信息系统安全保护条例充分反映了国内外专家、学者及社会各界的共识。计算机信息系统的安全保护，不仅仅是技术问题，更重要的是人对信息价值的认识程度、观念，对信息所持的态度，还有社会的行为等。或者说，信息系统的可信与安全，不仅仅依靠于安全技术的保护，更有赖于对人的因素的重视，努力增强信息的安全意识和职业道德观念，提高思想业务素质，健全、严控系统的安全管理。任何功能强大的信息系统，皆为人所成，为人所害；形形色色的危害，亦为人所致，为人所治。人，是最活跃、最关键的因素。

从计算机信息系统安全保护条例文字表述的内容，可以清楚地看出，计算机危害的技术性质，决定了计算机安全法规必定是计算机安全技术和社会法制观念的结晶。尤其是参与了计算机信息系统保护条例制定的专家学者们，无不深深地感到，计算机信息系统安全保护条例有着严格的法制性、准确的技术性、周到的社会性和宏观的综合性。

为了更加清楚地理解计算机信息系统安全保护条例在实施安全保护管理方面的严谨的系统性特征，图 14-2 给出了该条例第 1 条～第 27 条的全部内容所构成的安全保护管理体系结构。

图 14-2 中所标明的数字，是计算机信息系统安全保护条例中相应条款的序号。

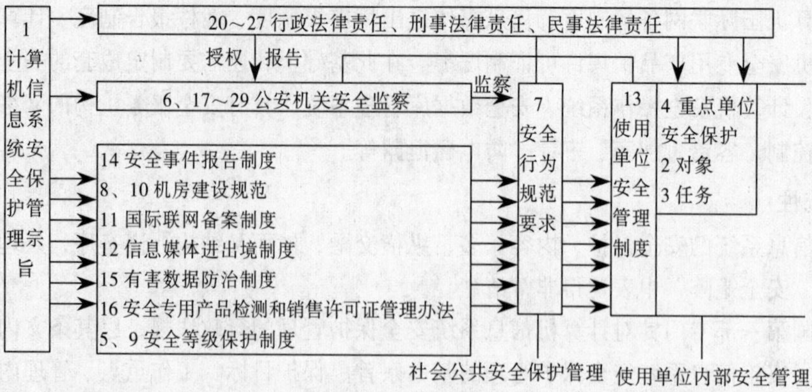

图 14-2 计算机信息系统安全保护条例安全保护管理体系结构

图 14-2 清楚地表明，整个安全保护管理体系所围绕的中心，是为了切实实现安全保护管理宗旨（国家利益）所规定的安全行为规范要求，它体现国家强制力的法律责任，任何机关、团体或者个人都必须严格遵守，不能违犯。

从功能模块的逻辑结构看，使用单位安全管理制度是沟通社会宏观管理（安全监察和安全管理规范）与使用单位内部管理的接口，安全行为规范要求是双方必须遵循（或一致）的接口规则。

在安全保护管理体系中，公安机关主管计算机信息安全保护工作，行使安全监察职权。由安全事件报告制度确定了安全保护管理信息的反馈机制，构成自适应子系统。反馈机制的主要作用是，快速反应和及时处理危害事件，抑制或制止事态或损失的扩大；另外，还有助于及时弥补或修正整个安全保护管理机制中的不足或不妥之处。

图 14-2 中所标明的使用单位，是泛指使用单位、研究开发单位、生产营销单位及个人等。

安全管理和监察是单向的，或者说，计算机信息系统使用单位，始终处于被管理的地位，单方面地承担可能会承担的行政法律责任；而公安机关履行监察管理的职责，是国家赋予的权利，或者说是对国家应尽的义务，这正是国家政权机关行政的法律特征。因此，图 14-2 中表示行政管理职能指向的“箭头”是单向的。

图 14-2 还清楚地显示，作为信息社会的宏观安全保护管理条例，它制定了切合社会的安全保护管理制度，从而实施规范的制度化管理。或者说，整个计算机信息系统安全保护条例的重心，是切合社会信息安全治理实际的一系列安全保护管理制度，安全保护宗旨的具体化依靠这些制度的实施，安全保护宗旨的最终实现，也是着力于这些制度的有效贯彻。其实，这正是制定计算机信息系统保护条例的重要基本指导思想之一，即“制度化管理”的思想，就是要具有良好的可操作性，其实质就是对于信息安全保护管理的规范化和具体化。作为计算机信息系统的使用单位，应当根据计算机信息系统安全保护条例的规定，结合本单位的实际情况，以单位内部安全管理制度的形式，贯彻落实国家的宏观安全管理要求，由一个个具体的单位安全，最终体现社会的宏观安全。

2. 科学性

科学性首先体现在内容方面。由图 14-2 可见，它包含了信息、计算机等现代高科学技术，同时还结合了法学和管理学科的内容，形成了崭新的高科技领域的行政法律规范。

其次，在功能逻辑结构方面，它充分体现了功能模块划分的科学性、规范及功能逻辑结构的严谨性和完整性。

另外，在确定宏观管理制度内容的思路上，在牢牢把握信息及其相应的软硬功能设备的生命周期的各个阶段的基础上，围绕着信息活动的根本方面，即信息的采集、存储、处理、传输和运用，紧紧地针对着有害信息的产生、扩散、入侵和危害的发生，以及对于信息的种种有害行为，构成了相对严密完整的安全保护治理体系，运用安全法规、安全技术和安全管理手段，有效地制约有害信息的产生、扩散和入侵，明确对于危害事件的处置，表达全方位地维护计算机信息系统安全的基本策略思想，表 14-2 简要地表达了计算机信息系统安全保护条例的这些功能作用。

3．实用性

计算机信息系统安全保护条例的功能配置，其逻辑结构严谨，环环紧扣，要求具体明确，充分体现了良好的可操作性。

表 14-2　计算机信息系统安全保护条例的安全保护管理制度体系

安全保护制度	主　要　作　用
《条例》第七条	规范思想行为，制约信息的有害扩散和有害信息的产生
安全等级保护制度	明确目标和重点，全面强化安全技术和安全管理措施
机房建设环境安全保护制度	制约信息的有害扩散和有害信息的入侵
使用单位安全管理制度	强化管理，制约信息有害扩散和有害信息的产生和入侵
有害数据防治研究的归口管理制度	制约有害信息产生，提供有效可信的安全技术保护手段
安全专用产品检测和销售许可证管理	提供有效可信的安全技术保护手段，制约有害信息入侵
计算机病毒防治管理办法	提供有效可信的安全技术保护手段，制约有害信息产生
计算机国际联网备案和安全保护制度	制约信息的有害扩散
计算机信息媒体进出境申报制度	制约信息的有害扩散
计算机信息系统危害案件报案制度	危害事件的处置
刑法惩治计算机犯罪的条款	危害事件的处置

计算机信息系统安全保护条例中各个管理制度本身，原本就是来自长期的大量社会实践，甚至是惨痛的教训，本来就是广大用户长期的紧迫呼吁。从这个意义上，这些信息安全保护管理制度的制定，只不过是顺应了社会的迫切需要。

4．可扩充性

信息化建设方兴未艾，社会的文明进步永无止境，信息危害当然也会形影相随。安全管理功能的可扩充性，就是这种“道高一尺，魔高一丈”的客观实际需要。可以这样认为，可扩充性本身，就是安全保护管理针对信息危害的一种有效对策，也是这种体系框架结构所具有的良好的实用性。

计算机信息系统安全保护条例安全保护功能的可扩充性，是由图 14-2 所表示的功能逻辑结构本身保证的。也就是说，根据社会发展前进的客观实际需要，在安全保护管理制度的功能部分，可以不断累加新的制度管理的子模块内容，体系结构的整体框架和其他部分的内容，一般不需要改动。

5．职能分解、工作落实、责任分明

再看图 14-2，透过一个个的功能模块，分明就是一张明确细致的职能、责任分工图。其上下

左右的衔接（接口）、界限和接口规则等都一清二楚。

（1）层次性职责分工

图 14-2 清楚地表明，维护计算机信息系统安全保护的宗旨；通过功能分解，形成一系列安全保护制度，经由接口，最后落实到最下层的计算机信息系统的使用单位。各功能模块形成有序的功能层次结构，每一层都是作为其上一层的工作基础，又是其下一层的工作支持和保障。或者说，各功能模块之间有着相辅相成的紧密关联；而每个功能模块又都有各自的职能及与此相关的责任，泾渭分明。

（2）信息安全保护管理工作的宏观划分

由接口规则把计算机安全保护管理工作宏观地分为两大部分：一是信息安全的社会公共保护管理，即公安机关的计算机安全监察；二是计算机信息系统使用单位内部的安全保护管理。与此相关的应当承担的责任，当然也就十分明确。

计算机信息系统保护条例第十三条明确了计算机信息系统使用的职能和责任："计算机信息系统使用单位应当建立健全安全管理制度，负责本单位计算机信息系统的安全保护工作"。就是计算机信息系统使用单位如何履行法定的应尽职责，建立、健全工作机制，建立、完善安全管理制度，实施严格的制度化管理，把计算机信息系统安全保护的工作、责任落实到人。

（3）计算机安全监察

计算机信息系统安全保护条例第六条规定："公安部主管全国计算机信息系统安全保护工作"。并以第十七条、第十八条和第十九条，规定了公安机关行使对于计算机信息系统的安全监察职权。其中包括，对于计算机信息系统安全保护工作的监督、检查和指导；对于危害计算机信息系统的违法犯罪案件的查处，对于信息安全隐患的通知排除；在紧急情况下，可以就涉及计算机信息系统安全的特定事项发布专项通令。

面向全社会的计算机安全监察工作，同样具有面宽、量大、繁杂、技术性强的特点。公安机关进行安全监督检查，当然要依法实施，保障安全，促进计算机信息系统的应用发展，必须确保国家秘密和商业秘密安全、个人隐私不被非法泄露。《条例》还特别指明，国家事务、国防建设、尖端科技和事关重要社会经济活动信息的计算机信息系统，是安全监督检查的重点。

公安机关计算机管理监察部门的这些职能工作，与广大计算机信息系统用户是密切相关的。广大的计算机信息系统用户，作为计算机安全监察的行政对象，有必要认真阅读有关计算机管理监察章节的内容，这对于信息安全保护管理工作的协同配合、群防群治的综合治理，显然是非常重要和必须的。

综上所述，《中华人民共和国计算机信息系统安全保护条例》确实是我国实施计算机信息系统安全保护管理的一个总纲，该条例严谨、周到，应当对其透彻地理解。

14.3.2 新《刑法》有关计算机犯罪的条款

《刑法》是用以追究刑事法律责任的法规。《刑法》所规定的相关的处罚，是最严厉的国家强制方法。它从制裁的角度，反映了这类危害事件的社会普遍性、危害的严重性。

我国新《刑法》的宗旨是惩罚犯罪，保护人民。我国《刑法》的任务，是用刑罚同一切犯罪行为作斗争，以保卫国家安全，保卫人民民主专政的政权和社会主义制度，保护国有财产和劳动群众集体所有的财产，保护公民私有的财产，保护公民的人身权利、民主权利和其他权利，维护社会秩序、经济秩序，保障社会主义建设事业的顺利进行。

我国新《刑法》补充了计算机犯罪条款，这标志着我国信息社会安全保护的规范化、法制化、科学化迈上了一个新的台阶。也从安全保护的角度，确认了计算机信息系统的应用发展在我国发展前进中的重大作用，反映并预示着我国计算机信息系统应用发展的蓬勃局面，以及计算机信息系统安全保护的重要地位。

在新《刑法》中，所列入的有关计算机犯罪的主要内容有：危害公共安全罪，妨害社会管理秩序罪，扰乱公共秩序罪，非法侵入国家重要计算机信息系统罪，故意破坏计算机信息系统功能罪，故意破坏计算机信息系统数据、应用程序罪，故意制作、传播破坏性程序罪，传授犯罪方法、破坏通信设备罪，利用计算机实施金融诈骗、盗窃、贪污、挪用公款、窃取国家机密等犯罪。其中最重的刑罚是死刑。

需要特别提醒的是，新《刑法》第十三条，述及犯罪和刑事责任时载明："一切危害国家主权、领土完整和安全，分裂国家、颠覆人民民主专政的政权和推翻社会主义制度，破坏社会秩序和经济秩序，侵犯国有财产或者劳动群众集体所有的财产，侵犯公民私人所有的财产，侵犯公民的人身权利、民主权利和其他权利，以及其他危害社会的行为，依照法律应当受刑法处罚的，都是犯罪，但是情节显著轻微危害不大的，不认为是犯罪"。这是有关刑事犯罪及其内容方面最权威的阈定。以此反观计算机信息系统广泛的应用领域，以及其中信息内容所涉及的工作业务范围，两相对照，实在是条条都有联系。

新《刑法》所列出的这些必须承担刑事法律责任的犯罪行为，除了新《刑法》中所明确的，大部分都和其他有关计算机信息系统安全保护的规范、条例、规定、办法等所规定的"刑事法律责任"密切相关。换句话说，新《刑法》以其特有的最严厉的国家强制力，使其他有关计算机信息系统的保护条例、规范等法律规范构成了疏而不漏的计算机信息系统安全保护的法网，这无疑是强化了其他有关计算机信息系统安全的保护条例、规范等的法治力度。

由此不难明了，新《刑法》对于我国信息化建设及实现四个现代化的宏图伟业的巨大作用。

小　　结

信息安全问题是在信息技术和网络技术飞速发展及信息社会、知识经济渐趋形成的大环境下产生的。近年来，信息安全问题已引起国家的重视和社会各界的关注，完善计算机信息网络安全体系，制定信息安全法的呼声也越来越高，我国的信息安全法律法规的数量也在不断增长。自 20 世纪 90 年代起，我国相继出台了一系列的有关信息安全的法律法规。包括公安部、信息产业部、新闻出版署、国家保密局、版权局、质量技术监督局等众多部门制定的规章及规范性文件，全国人大及常委会通过的有关信息安全的国家法律，以及国务院制定的行政法规，在数量上形成了一定的规模。然而我们也应看到，由于网络信息安全是新出现的问题，还需要在更高的高度上统筹考虑不断完善信息安全的法律法规。

生活在当今信息时代，人们在享受信息技术带来极大方便的同时，也面临着一个更为严重的信息安全问题。由于不同的人出于不同的目的，在各自的活动过程中常常会伴随着各种各样的问题的出现，如果单纯从技术角度对人们的行为规范进行限制，只能够解决一个方面的问题，而不能从长远角度和全面角度进行规范。只有通过法律法规，充分利用法律的规范性、稳定性、普遍性、强制性，才能有效地保护信息活动中当事人的合法权益，增强打击处罚力度。因此，如何安全规范地进行信息活动，不仅仅需要掌握技术层面的知识，还要了解在使用的网络过程中应该具备的道德规范，了解国内外在信息安全方面制定的法律法规的情况。

思 考 题

1. 简述行为规范与法律的概念。
2. 简述信息技术规范的基本法律特征。
3. 简述颁布实施《中华人民共和国计算机信息系统安全保护条例》的重大意义。
4.《中华人民共和国计算机信息系统安全保护条例》是如何规范信息活动中的行为的？
5. 在新《刑法》中列入了哪些有关计算机犯罪的内容？
6. 信息法律规范标准与计算机信息系统使用单位的规章制度有什么异同？

第15章 实验指导

实验1 密码系统

1. 实验目的与要求

① 掌握DES算法的基本原理。

② 掌握DES运算的基本原理。

③ 掌握AES算法的实现方法。

④ 掌握RSA算法的实现方法。

2. 实验环境

① 本实验需要密码实验系统的支持。

② 操作系统为Windows 2000及Windows XP。

3. 实验准备

① 了解DES算法的详细步骤。

② 了解DES运算的实现方法。

③ 了解AES算法的基本原理。

④ 了解RSA算法的基本原理。

⑤ 了解数字签名的基本原理。

4. 实验内容

(1) DES单步加密实验

通过本实验掌握DES算法的原理及过程，完成DES密钥扩展运算，完成DES数据加密运算。其实验步骤如下：

① 进入密码实验程序，掌握DES算法的加/解密原理。

② 打开“DES算法流程”，开始DES单步加密实验，如图T1-1所示。

③ 选择密钥的输入为ASCII码或十六进制码格式，输入密钥；若为ASCII码格式，则输入八个字符的ASCII码；若为十六进制码格式，则输入16个字符的十六进制码（0～9，a～f，A～F）。

④ 单击“比特流”按钮，将输入的密钥转化为64位比特流。

⑤ 单击“置换选择I”按钮，完成置换选择I运算，得到56位有效密钥位，并分为左右两部分，各28位。

⑥ 单击 C0 下的“循环左移”按钮，对 C0 进行循环左移运算。

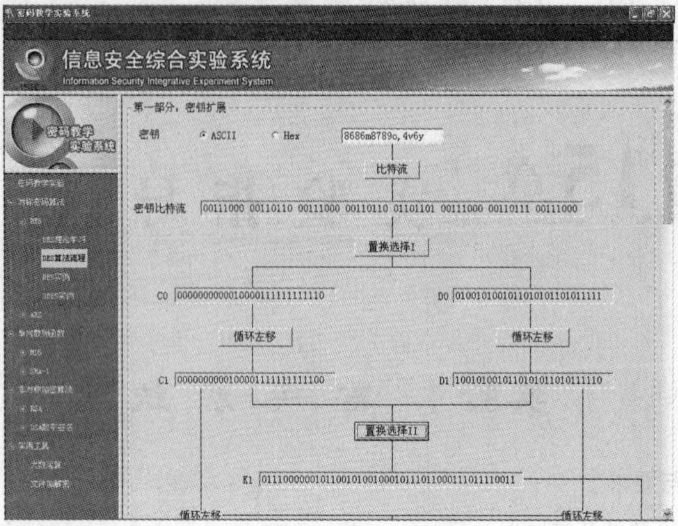

图 T1-1　DES 单步加密实验界面

⑦ 单击 D0 下的“循环左移”按钮，对 D0 进行循环左移运算。

⑧ 单击“置换选择 II”按钮，得到扩展子密钥 K1。

⑨ 进入第二部分——加密，选择加密的输入为 ASCII 码或十六进制码格式，输入明文；若为 ASCII 码格式，则输入 8 个字符的 ASCII 码；若为十六进制码格式，则输入 16 个字符的十六进制码（0～9，a～f，A～F）。

⑩ 单击“比特流”按钮，将输入明文转化为 64 位比特流；

⑪ 单击“初始 IP 置换”按钮，将 64 位明文进行 IP 置换运算，得到左右两部分，各 32 位。

⑫ 单击“选择运算 E”按钮，将右边 32 位扩展为 48 位。

⑬ 单击“异或运算”按钮，将扩展的 48 位与子密钥 K1 进行按位异或。

⑭ 依次单击 S1、S2、S3、S4、S5、S6、S7、S8 按钮，对中间结果分组后进行 S 盒运算。

⑮ 单击“置换运算 P”按钮，对 S 盒运算结果进行 P 置换运算。

⑯ 单击“异或运算”按钮，将 P 置换运算结果与 L0 进行按位异或，得到 R1。

⑰ 单击“逆初始置换 IP_1”按钮，得到最终的加密结果。

（2）DES 算法实验

通过本实验掌握 DES 算法的原理及过程，完成字符串数据的 DES 加密运算，完成字符串数据的 DES 解密运算。其实验步骤如下：

① 打开“DES 理论学习”，掌握 DES 算法的加解密原理。

② 打开“DES 实例”，进行字符串的加解密操作，如图 T1-2 所示。

③ 选择“工作模式”为 ECB、CBC、CFB 或 OFB。

④ 选择“填充模式”为 ISO_1、ISO_2 或 PAK_7。

⑤ 输入明文前选择 ASCII 码或十六进制码输入格式，然后在明文编辑框内输入待加密的字符串。

⑥ 输入密钥前选择ASCII码或十六进制码输入格式，然后在密钥编辑框内输入密钥；若为ASCII码格式，则输入不超过 8 个字符的 ASCII 码，不足部分将由系统以 0x00 补足；若为十六进制码格式，

则输入不超过 16 个字符的十六进制码（0～9，a～f，A～F），不足部分将由系统以 0x00 补足。

⑦ 单击“加密”按钮，进行加密操作，密钥扩展的结果将显示在列表框中，密文将显示在密文编辑框中。

⑧ 单击“解密”按钮，密文将被解密，显示在明文编辑框中，填充的字符将被自动除去。也可以修改密钥，再单击“解密”按钮，观察解密是否正确。

⑨ 单击“清空”按钮即可进行下次实验。

（3）AES 算法实验

通过本实验掌握 AES 算法的原理及过程，完成字符串数据的 AES 加密运算，完成字符串数据的 AES 解密运算。其实验步骤如下：

① 打开“AES 理论学习”，掌握 AES 加密标准的原理。

② 打开“AES 实例”，如图 T1-3 所示，进行字符串的加解密操作。

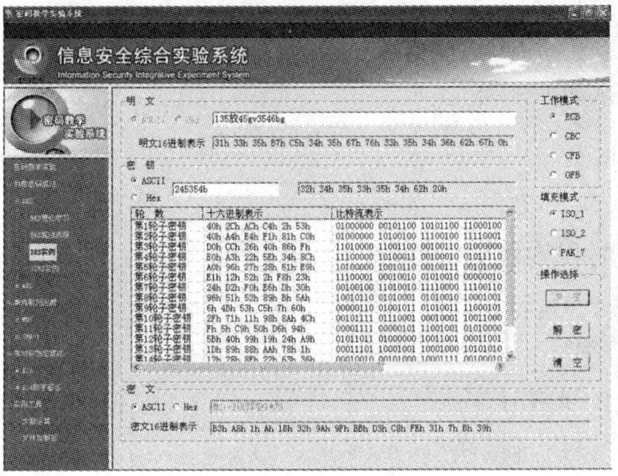

图 T1-2　DES 算法实验界面

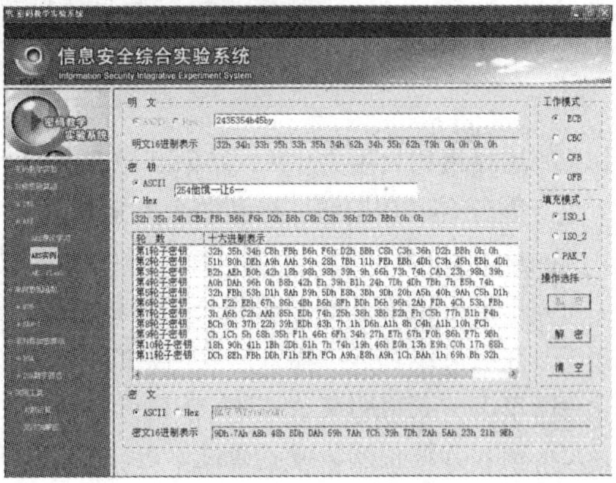

图 T1-3　AES 算法实验

③ 选择“工作模式”为 ECB、CBC、CFB 或 OFB。

④ 选择“填充模式”为 ISO_1、ISO_2 或 PAK_7。

⑤ 输入明文前选择 ASCII 码或十六进制码输入格式，然后在明文编辑框内输入待加密的字符串。

⑥ 输入密钥前选择 ASCII 码或十六进制码输入格式，然后在密钥编辑框内输入密钥；若为 ASCII 码格式，则输入不超过 16 个字符的 ASCII 码，不足部分将由系统以 0x00 补足；若为十六进制码格式，则输入不超过 32 个字符的十六进制码（0～9，a～f，A～F），不足部分将由系统以 0x00 补足。

⑦ 单击“加密”按钮，进行加密操作，密钥扩展的结果将显示在列表框中，密文将显示在密文编辑框中。

⑧ 单击“解密”按钮，密文将被解密，显示在明文编辑框中，填充的字符将被自动除去。也可以修改密钥，再单击“解密”按钮，观察解密是否正确。

⑨ 单击“清空”按钮即可进行下次实验。

（4）RSA 算法实验

本实验中自行取 2 位小素数为 p，q，公钥 e 为 3，构造一个小的 RSA 系统，对“1、2、3、4”这 4 个字母的 ASCII 码进行加密，解密，在密码教学系统中实现 RSA 运算的大素数、公钥、私钥的生成，明文加、解密，分块大小的选择，了解在不同分块大小的情况下，RSA 系统的密文长度也会有所变化，了解在不同参数的情况下，RSA 系统的性能变化。其实验步骤如下：

① 熟悉 RSA 运算原理。

② 打开“非对称加密算法”中“加密”选项下的 RSA，选择“RSA 实例”，如图 T1-4 所示。

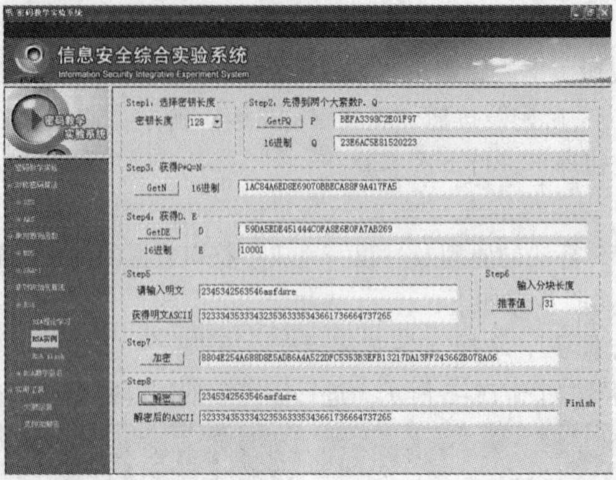

图 T1-4 RSA 算法实验

③ 选择密钥长度为 128、256、512 或 1024 bit。

④ 单击 GetPQ 按钮，得到两个大素数。

⑤ 单击 GetN 按钮，得到一个由两个大素数的积构成的大整数。

⑥ 单击 GetDE 按钮，得到公钥和私钥。

⑦ 在明文编辑框中输入需要加密的明文字符串。

⑧ 单击“获得明文 ASCII”按钮可得到明文的 ASCII 码。

⑨ 输入分块长度，或者通过单击“推荐值”按钮直接获得。

⑩ 单击“加密”按钮可获得加密后的密文，单击“解密”按钮可获得解密后的明文。

⑪ 反复使用 RSA 实例，通过输入不同大小的分片，了解密文长度的变化。

⑫ 反复使用 RSA 实例，通过输入不同安全参数，了解 RSA 密码系统的性能与参数关系。

⑬ 单击“签名并验证”框中的“验证”，系统显示签名验证值。

（5）实验思考题

① DES 算法中大量的置换运算的作用是什么？DES 算法中 S 盒变换的作用是什么？

② 在 DES 算法中有哪些是弱密钥？在 DES 算法中有哪些是半弱密钥？

③ 对于长度不足 16 B 整数倍的明文加密，除了填充法外，还有没有其他的方法？

④ 对于 128 位的 AES 算法，需要多少安全参数为多少的 RSA 系统与之相匹配？

实验 2 攻 防 系 统

1. 实验目的与要求

① 掌握端口扫描这种信息探测技术的原理。

② 掌握漏洞扫描这种信息探测技术的原理。

③ 掌握使用常见的密码破解工具。

④ 掌握远程控制攻击技术的原理。

⑤ 掌握远程控制攻击的防范措施。

2．实验环境

（1）网络

局域网环境。

（2）远程计算机

- 操作系统：Windows 2000 Server。
- 组件：IIS 5.0、终端服务组件。
- 服务：Web 服务、SMTP 服务、终端服务、NetBIOS 服务、DNS 服务等。

（3）本地计算机

- 操作系统：Windows 2000 主机。
- 软件：SuperScan 4、Xscan-gui、SAMInside（可自行下载相应程序运行）。

3．实验准备

① 了解各种常用服务所对应的端口号。

② 了解常见的漏洞扫描工具。

③ 了解 Windows 2000 系统密码的加密原理。

④ 了解 Windows 2000 系统密码的脆弱性。

⑤ 了解常见的远程控制工具。

4．实验内容

（1）端口扫描实验

端口扫描的实质是对目标系统的某个端口发送一个数据包，根据返回的结果，判断该端口是否打开并处于监听状态。至于具体发送什么数据包类型，则根据各种扫描技术的类型不同而有所不同。

通过本实验掌握常规的 TCP Connect 扫描、半开式的 TCP SYN 扫描、UDP 端口扫描，查看扫描报告并分析各种网络服务与端口号的对应关系。其实验步骤如下：

① 运行实验工具目录下的 SuperScan4.exe。

② 在 Hostname/IP 文本框中输入目标服务器的 IP 地址（如 192.168.33.×），也就是我们的扫描对象，并单击“->”按钮将其添加至右边的 IP 地址列表中，如图 T2-1 所示。

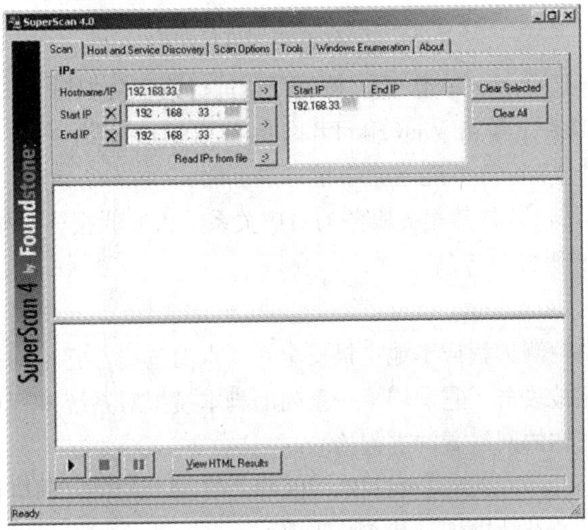

图 T2-1　输入目标服务器的 IP 地址

③ 切换至 Host and Service Discovery 选项卡，仅选中 TCP Port Scan 复选框，并将 Scan Type 设置为 Connect，见图 T2-2。

④ 切换至 Scan 选项卡，单击 ▶ 按钮开始进行第一次扫描，并大致记录至扫描完毕时需要花费的时间。

⑤ 第一次扫描完毕之后，单击 View Html Results 查看扫描报告。将这种扫描技术的名称及扫描的结果写入实验报告。

⑥ 再次切换至 Host and Service Discovery 选项卡，同样仅选中 TCP Port Scan 复选框，但将 Scan Type 设置为 SYN。

⑦ 再次切换至 Scan 选项卡，单击 ▶ 按钮开始进行第二次扫描，并大致记录至扫描完毕时需要花费的时间。

⑧ 第二次扫描完毕之后，单击 View Html Results 查看扫描报告。将这种扫描技术的名称以及扫描的结果写入实验报告。

⑨ 比较两次扫描所花费的时间。在实验报告中对此进行描述，并尝试对此进行解释。

⑩ 再次切换至 Host and Service Discovery 选项卡，仅选中 UDP Port Scan 复选框。

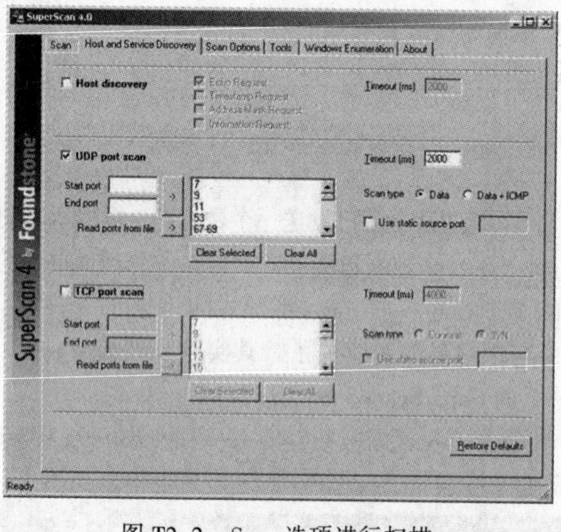

图 T2-2　Scan 选项进行扫描

⑪ 再次切换至 Scan 选项卡，单击 ▶ 按钮开始进行第三次扫描。

⑫ 第三次扫描完毕之后，单击 View Html Results 查看扫描报告。将这种扫描技术的名称以及扫描的结果写入实验报告。

⑬ 将三次扫描所得端口号与其相关服务的对应关系写入实验报告，格式如“80/TCP：HTTP 服务”、“53/UDP：DNS 服务”等。

（2）漏洞扫描实验

漏洞扫描，就是自动检测远程或本地主机安全性弱点的过程。它采用积极的、非破坏性的办法来检验系统是否有可能被攻击。它利用了一系列的脚本模拟对系统进行攻击的行为，然后对结果进行分析。它还针对已知的网络漏洞进行检验。

通过本实验掌握 NetBios 空会话漏洞扫描、IIS 和 CGI 漏洞扫描、弱口令漏洞扫描，查看漏洞扫描报告并分析各种漏洞的补救措施。其实验步骤如下：

① 运行实验工具目录下的 xscan-gui.exe。

② 单击 按钮，或者选择“设置”菜单项中的“扫描参数”，如图 T2-3 所示。

③ 在“基本设置”选项卡中输入目标服务器的 IP 地址（如 192.168.33.×），也就是漏洞扫描对象。

④ 在“高级设置”选项卡的“其他设置”中，选择“无条件扫描”。这是为了防止漏过无法 ping 通的目标主机。

⑤ 单击“确定”按钮，结束扫描参数的设置，回到 XScan 主界面。

⑥ 单击按钮，或者选择“设置”菜单项中的“扫描模块”。

⑦ 在“扫描模块”的左边列表中仅选中“NetBios 信息”。单击“确定”按钮结束“扫描模块”的设置，回到 XScan 主界面。

⑧ 单击 按钮，或者选择“文件”菜单项中的“开始扫描”进行 NetBios 空会话漏洞扫描。

⑨ 第一次扫描完毕之后，查看自动打开的扫描报告，见图 T2-4（也可通过“查看”菜单项中的“检测报告” 来查看扫描报告）。将扫描的结果写入实验报告。

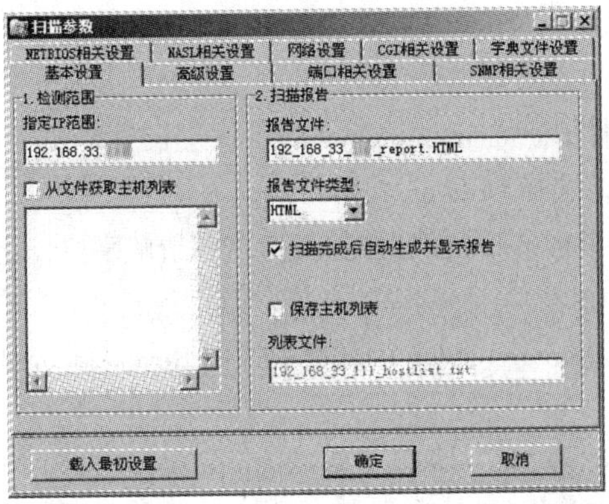

图 T2-3　设置扫描参数

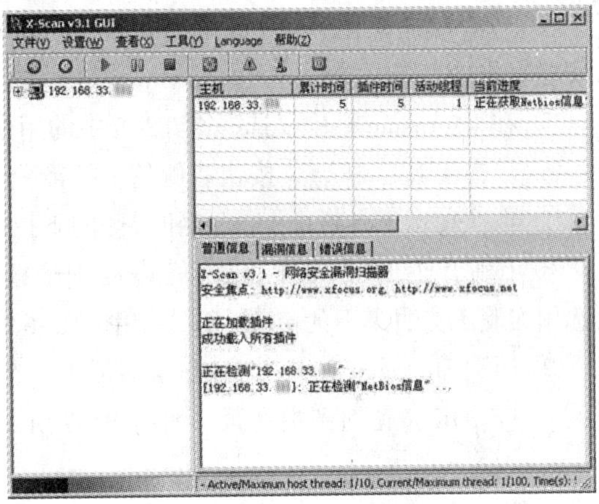

图 T2-4　查看扫描报告

⑩ 再次进入“扫描模块”设置界面，选中“NT-Server 弱口令”、“FTP 弱口令”、“Anonymous Pub”、“POP3 弱口令”、“SMTP 弱口令”、“SQL-Server 弱口令”。单击“确定”按钮回到 XScan 主界面。

⑪ 扫描完毕之后，查看自动打开的扫描报告。将扫描的结果写入实验报告。理解各种漏洞的形成原因，并分析相应的弥补、防御措施，并将其写入实验报告。

（3）Windows 口令破解实验

口令破解的方法主要是字典法，利用字典文件进行口令破解。常见的口令破解模式主要有：

- 字典模式。即使用指定的字典文件进行口令猜解。
- 混合模式。即指定字典规则，对字典条目进行某种形式的变化，增加字典内容，从而提高猜解的效率。
- 暴力模式。即遍历所有可能的密钥空间，进行口令猜解。

通过本实验掌握从 SAM 文件导入密码散列破解、字典模式破解、暴力模式破解，检测本地计算机的密码脆弱性。其实验步骤如下：

① 运行实验工具目录下的 SAMInside.exe。进入主界面，如图 T2-5 所示。

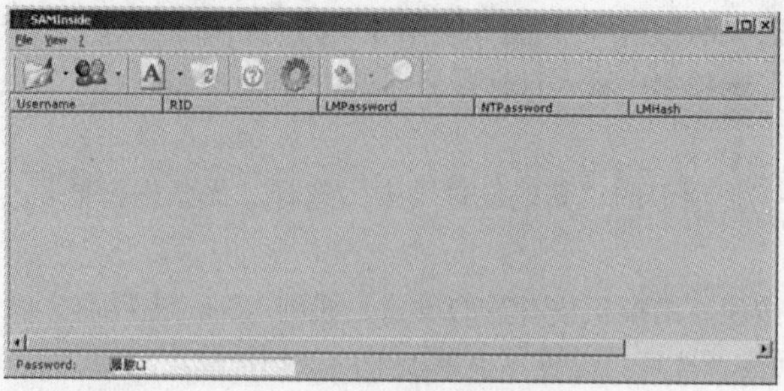

图 T2-5 SAMInside 主界面

② 单击工具栏中 按钮右侧的下拉箭头，选择 Imort PWDUMP-file...选项。

③ 在 Import PWDUMP-file 对话框中，选择实验工具目录下的文件 Pwdump_SAM.txt，单击“打开”按钮返回主界面。Pwdump_SAM.txt 是事先用 pwdump 工具从目标服务器上导出的 sam 文件，采用 pwdump 自定义的格式。

④ 马上即可查看到自动破解出来的用户弱密码。将这时查看到的用户名和所对应的密码写入实验报告中，统一采用 username：password 的格式。

⑤ 在 Username 栏中仅选择图 T2-5 中的用户。

⑥ 单击工具栏中 按钮右侧的下拉箭头，选择 Dictionary attack。

⑦ 再次单击工具栏中 按钮右侧的下拉箭头，选择 Options...。

⑧ 在弹出的 Dictionary attack settings 对话框中，单击 Add...按钮添加一个密钥猜解字典，这里选用实验工具目录下的 single.dic，如图 T2-6 所示。

⑨ 回到 Dictionary attack settings 对话框，在 Additionally check 组合框中选中 Reversed words 选项。单击 OK 按钮回到主界面，如图 T2-7 所示。

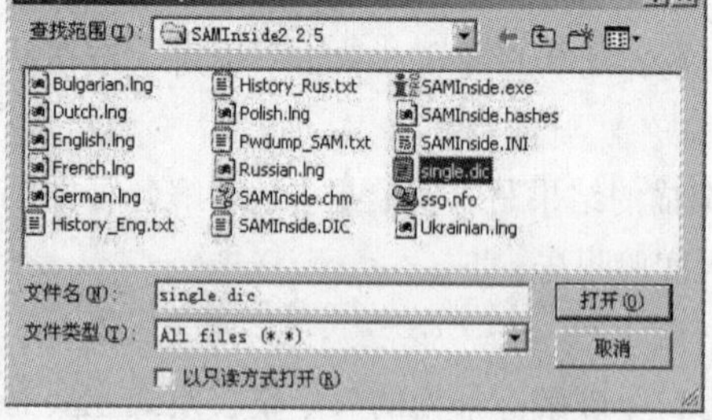

图 T2-6 打开文件目录

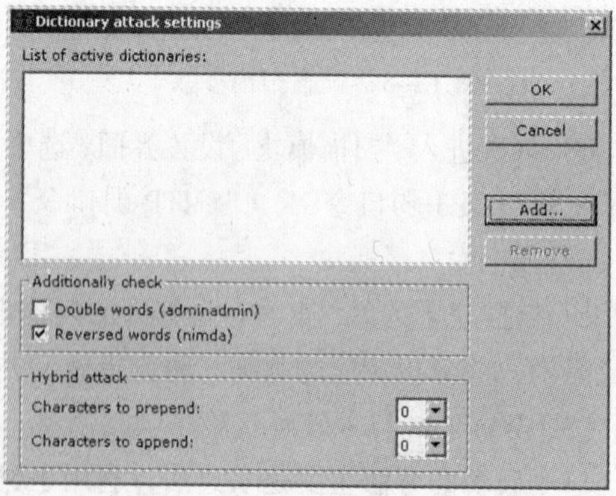

图 T2-7 选中 Additionally check 组合框中的选项

⑩ 单击工具栏中的 按钮，进行基于字典模式的破解。

⑪ 查看破解出来的用户弱密码。将这时查看到的用户名和所对应的密码写入实验报告中，统一采用 username:password 的格式。

⑫ 单击工具栏中 按钮右侧的下拉箭头，选择 Brute-force attack 选项。

⑬ 再次单击工具栏中 按钮右侧的下拉箭头，选择 Options...选项。

⑭ 在弹出的 Brute-force attack options 对话框中（见图 T2-8），选择暴力破解所包括的各种字符可能性(选择的字符越多,则需要猜解的时间也越多)，单击 OK 按钮回到主界面。建议一般情况下选择大写字母、小写字母和数字。

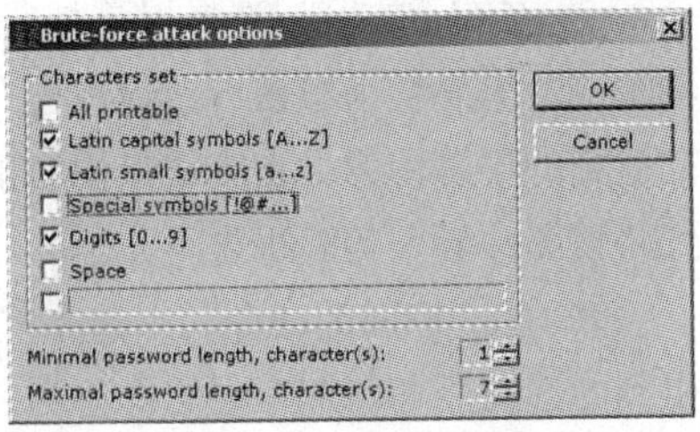

图 T2-8　暴力破解对话框

⑮ 单击工具栏中的 按钮，进行基于暴力模式的破解。

⑯ 观察状态栏中显示的破解速度，将该数值（包括单位）写入实验报告中。

⑰ 如果在一段时间内暴力破解成功，那么将这时查看到的用户名和所对应的密码写入实验报告中，统一采用 username:password 的格式；同时也将花费的时间写入实验报告中。

⑱ 回到主界面。单击工具栏中的 按钮，删除刚才从 pwdump-sam 文件中导入破解的用户。

⑲ 单击工具栏中 右侧的下拉箭头，选择 Import from local machine using LSASS。

⑳ 回到主界面，重复进行上述的自动模式破解、字典模式破解和暴力模式破解。将所有可能的结果写入实验报告中。

（4）远程控制实验

通过本实验掌握远程文件控制、远程屏幕查看、远程进程查看、远程网络信息查看、读取远端服务器配置的方法。其实验步骤如下：

① 运行实验工具目录下的 G_Client.exe（注意不是 G_Server.exe）。

② 单击 按钮，或者选择“文件”→“添加主机”命令，如图 T2-9 所示。

③ 在“显示名称”文本框中输入目标服务器的 IP 地址（如 192.168.33.×），也就是我们的远程控制对象；在“访问口令”输入框中输入连接口令，默认为空；在“监听端口”输入框中连接端口（即远程服务器监听的端口）号，默认为 7626。单击“确定”按钮返回主界面。

④ 在主界面“文件管理器”选项卡左侧的列表中单击选中所添加的目标主机（192.168.33.×）结点，如图 T2-10 所示。观察在右侧文件树中是否能够查看到目标服务器上的驱动器列表。

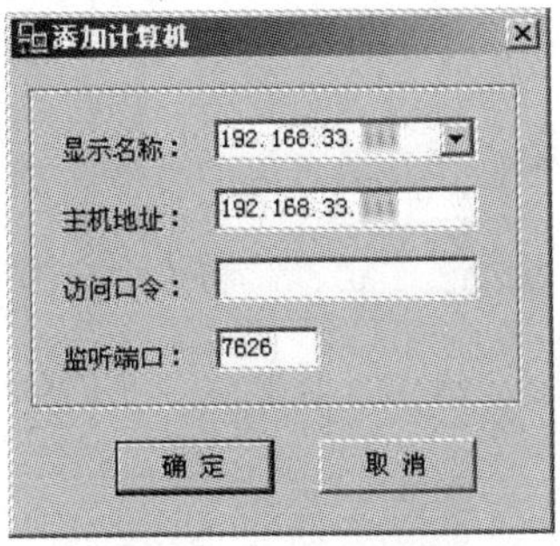

图 T2-9　添加计算机

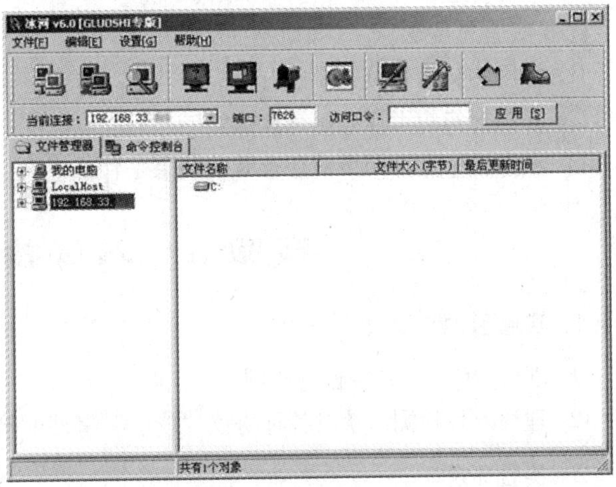

图 T2-10　文件管理器

⑤ 在“文件管理器”中展开目标服务器的结点，在右边的文件列表中找到文件 C:\ServerData\test.txt，将其下载到本地计算机。请将该文件的内容导入到实验报告中。

⑥ 切换到“命令控制台”选项卡，展开“控制类命令”→“捕获屏幕”结点。

⑦ 在右下方区域选择屏幕捕获的“捕获区域”参数为“全屏”，“色深”、“品质”、“传输格式”等参数为默认，然后单击“查看屏幕”按钮。在自动弹出的“图像显示”窗口中查看所捕获到的屏幕图像，在该窗口中右击鼠标选择“保存图像”命令将屏幕图片保存到本地计算机。并将该图片导入实验报告。

⑧ 在“控制类命令”中选中“进程管理”，在右下方区域中单击“查看进程”按钮。将所得到的远程服务器上存在的进程列表写入实验报告中，如图 T2-11 所示。

⑨ 在“网络类命令”中选中“网络信息”，在右下方区域中单击“查看共享”按钮。将所得到的远程服务器上所开放的文件共享列表写入实验报告中。

⑩ 在“网络类命令”中选中“网络信息”，在右下方区域中单击“查看连接”按钮。将所得到的远程服务器上的网络连接列表写入实验报告中，如图 T2-12 所示。

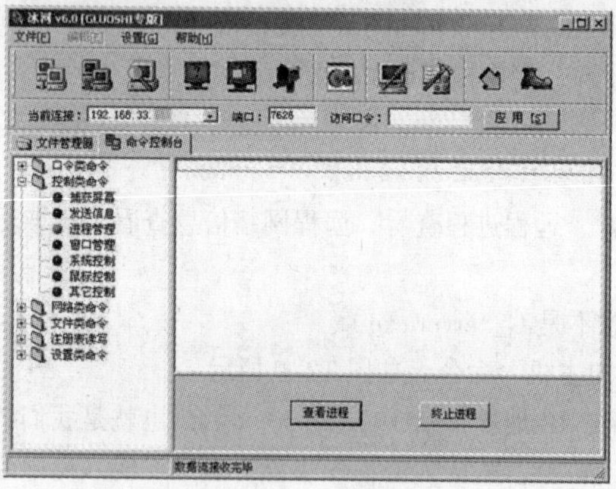

图 T2-11　查看进程

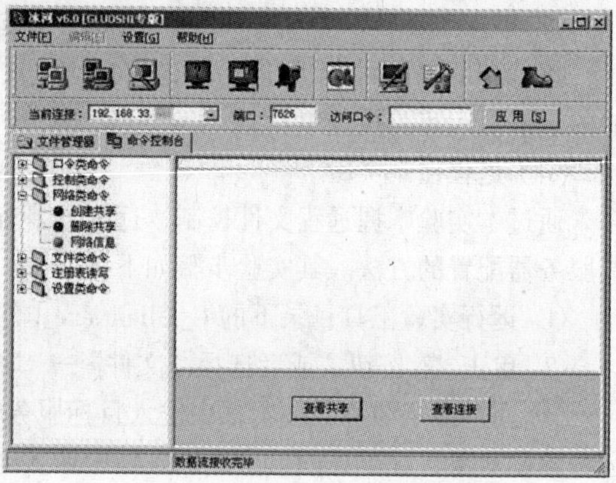

图 T2-12　查看连接

⑪ 在“设置类命令”中选中“服务器端配置”，在右下方区域中单击“读取服务器配置”按钮，将所得到的配置信息写入实验报告中。

（5）实验思考题

① 常用的扫描工具有哪些？

② 漏洞扫描的工作机制是什么？

③ 本实验中远程网络信息查看的结果是什么？

实验 3　入侵检测系统

1. 实验目的与要求

① 理解 NIDS 的异常检测原理。

② 理解入侵检测系统对各种协议“攻击”事件的检测原理。

2. 实验环境

① 本实验的网络拓扑如图 T3-1 所示。

② 学生机和中心服务器通过 Hub 相连。为保证各学生机 IP 不相互冲突，学生可以用学号的后 3 位来设置 IP 地址，例如，某学生的学号后 3 位为 001，则可设置其 IP 为 192.168.1.1，中心

服务器地址<IDServer IP Address>一般为 192.168.1.254。

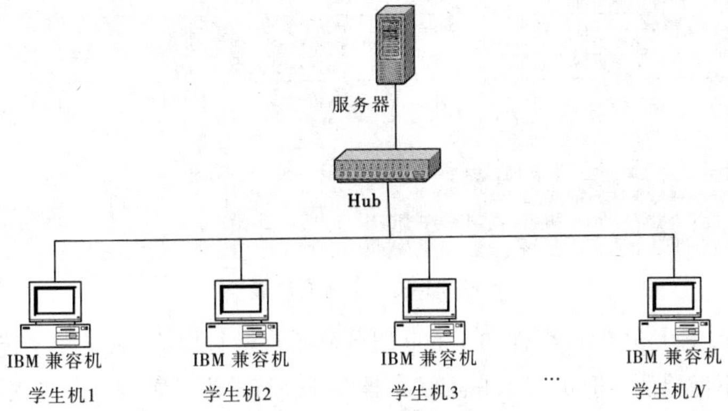

图 T3-1　入侵检测网络拓扑图

③ 学生机安装 Windows 操作系统并安装有 DOS 攻击工具，要求有 Web 浏览器，如 IE 等。

3. 实验准备

① 常用网络客户端的操作：IE 的使用、telnet 命令的使用和 ping 命令的使用。

② 入侵检测的基本概念及入侵检测系统的基本构成，如数据源、入侵分析和响应处理等。

③ 计算机网络的基础知识，如方向、协议、端口、地址等概念。

④ 常用网络协议（如 TCP、UDP、ICMP）的各字段含义。

4. 实验内容

通过本实验理解 NIDS 的异常检测原理，理解入侵检测系统对各种协议“攻击”事件的检测原理。

（1）模式匹配检测实验

在每次实验前，都要打开浏览器，输入地址 http://192.168.1.254/ids ，在打开的页面中输入用户名和密码，登录 IDS 实验系统。单击首页左侧“模式匹配”，进入实验指导界面。其实验步骤如下：

① 单击“模式匹配”→“典型网络事件”，进入实验界面，如图 T3-2 所示。

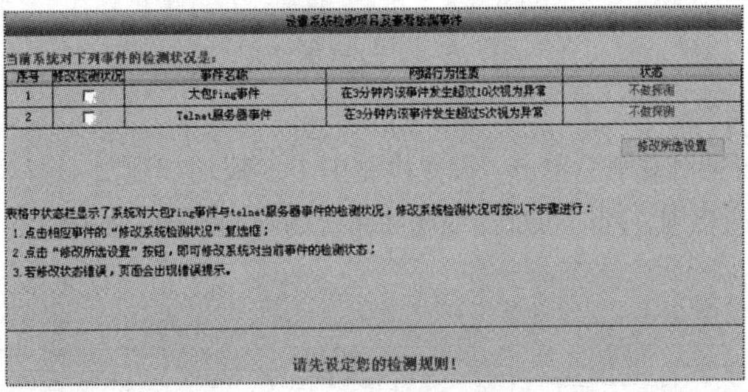

图 T3-2　典型网络事件实验

② 设置系统检测规则。在当前系统检测项目表中，可查看当前系统对事件的检测情况及事件异常判定，如图 T3-3 所示。

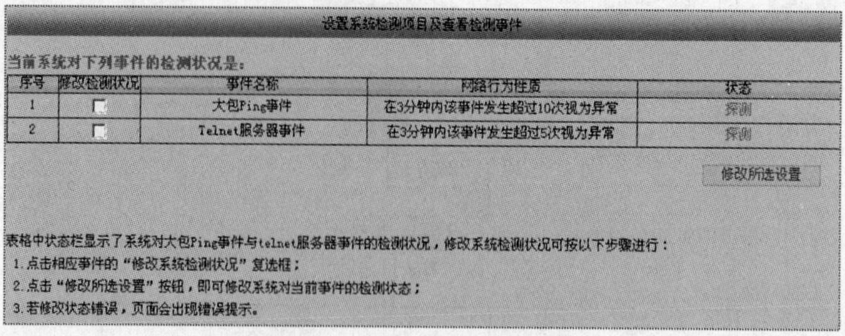

设置系统检测项目及查看检测事件

当前系统对下列事件的检测状况是：

序号	修改检测状况	事件名称	网络行为性质	状态
1	□	大包Ping事件	在3分钟内该事件发生超过10次视为异常	探测
2	□	Telnet服务器事件	在3分钟内该事件发生超过5次视为异常	探测

修改所选设置

表格中状态栏显示了系统对大包Ping事件与telnet服务器事件的检测状况，修改系统检测状况可按以下步骤进行：

1.点击相应事件的“修改系统检测状况”复选框；

2.点击“修改所选设置”按钮，即可修改系统对当前事件的检测状态；

3.若修改状态错误，页面会出现错误提示。

图 T3-3　检测项目表

例如，系统当前对大包 Ping 事件和 Telnet 服务器事件进行检测。若要使系统的检测规则变为：对大包 Ping 事件不做检测，但仍对 Telnet 服务器事件进行检测，则按以下步骤进行：先选中“大包 Ping 事件”的选框，再单击“修改所选设置”按钮，此时，可看出系统不对大包 Ping 事件检测，但对 Telnet 服务器事件进行检测。重复此步骤可设置不同的检测规则。

③ 启动入侵事件。启动大包 Ping 事件：单击计算机桌面左下方的“开始”按钮，再单击“运行”，在文本框中输入大包 Ping 命令，如 ping 192.168.1.254 –l 1200 –t。

启动 Telnet 服务器事件：单击计算机桌面左下方的“开始”按钮，再单击“运行”，在输入框中输入 telnet 命令，如 telnet 192.168.1.254。（一般情况下，出于服务器安全考虑，服务器操作系统已将 23 端口屏蔽，故无法进行 Telnet 为正常情况，但并不会影响实验进行。）

④ 查看入侵事件。在“当前系统检测到如下事件”列表中，即可看到系统所检测到的入侵事件。单击该页面中的按钮“删除已检测的入侵事件”，即可清空已检测到的入侵事件，如图 T3–4 所示。

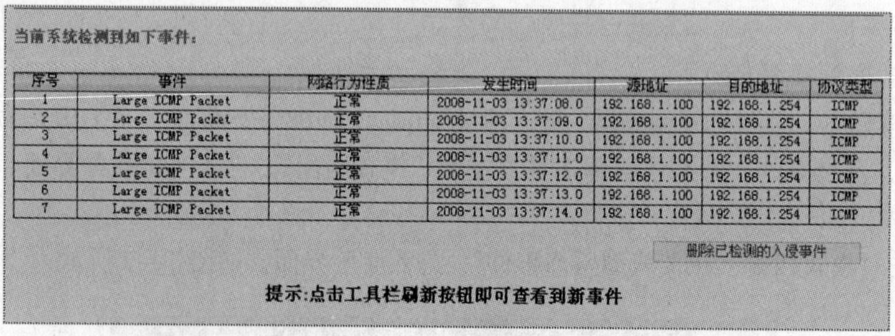

当前系统检测到如下事件：

序号	事件	网络行为性质	发生时间	源地址	目的地址	协议类型
1	Large ICMP Packet	正常	2008-11-03 13:37:08.0	192.168.1.100	192.168.1.254	ICMP
2	Large ICMP Packet	正常	2008-11-03 13:37:09.0	192.168.1.100	192.168.1.254	ICMP
3	Large ICMP Packet	正常	2008-11-03 13:37:10.0	192.168.1.100	192.168.1.254	ICMP
4	Large ICMP Packet	正常	2008-11-03 13:37:11.0	192.168.1.100	192.168.1.254	ICMP
5	Large ICMP Packet	正常	2008-11-03 13:37:12.0	192.168.1.100	192.168.1.254	ICMP
6	Large ICMP Packet	正常	2008-11-03 13:37:13.0	192.168.1.100	192.168.1.254	ICMP
7	Large ICMP Packet	正常	2008-11-03 13:37:14.0	192.168.1.100	192.168.1.254	ICMP

删除已检测的入侵事件

提示:点击工具栏刷新按钮即可查看到新事件

图 T3–4　检测事件表

（2）TCP 协议检测实验

① 设置 TCP 协议检测规则。单击“设置检测 TCP 协议的规则”，进入规则设置界面。在此，可查看当前系统的检测规则，同时可增加或删除系统的检测规则，如图 T3–5 所示。

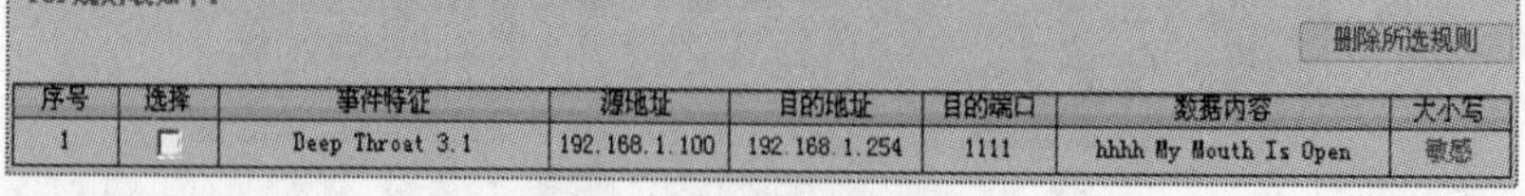

TCP规则表如下：

删除所选规则

序号	选择	事件特征	源地址	目的地址	目的端口	数据内容	大小写
1	□	Deep Throat 3.1	192.168.1.100	192.168.1.254	1111	hhhh My Mouth Is Open	敏感

图 T3–5　TCP 检测规则

下面对界面中的一些选项进行说明：

- “源地址”——指定数据发送的源地址，该内容为用户的 IP 地址，用户无权对该项进行更改；
- “目的地址”——指明数据发送的目的地址，该内容为服务器的 IP 地址，用户无权对该项进行更改；
- “目的端口”——指明数据发送的目的端口；
- “事件特征”——指定规则名称；
- “数据内容”——指定发送的数据内容；
- “大小写”——指定检测中是否对数据的大小写进行区分，如图 T3-6 所示。

② 利用数据包发生器发送数据包。打开“数据包发生器”程序，选择协议 TCP，确定好端口号、数据内容、发送次数后，单击“发送”按钮，即可向服务器某端口发送定制的数据包，如图 T3-7 所示。

图 T3-6 添加 TCP 检测规则

③ 查看入侵事件。进入 TCP 协议检测实验界面，单击“查看 TCP 规则的检测事件”，即可看到系统所检测到的入侵事件。单击该页面中的按钮“删除已检测的 TCP 事件”，即可将所检测到的入侵事件全部删除，如图 T3-8 所示。

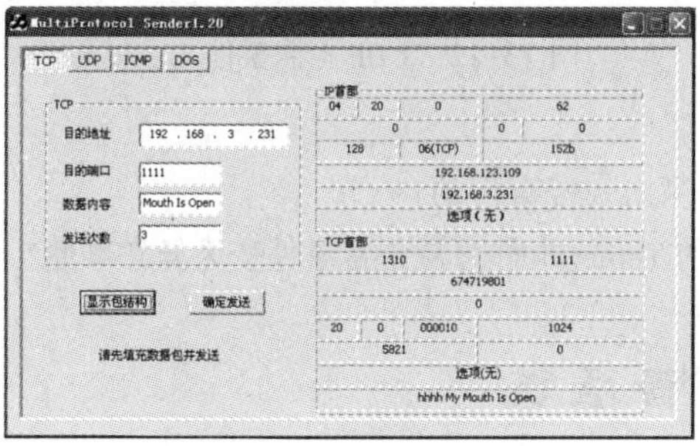

图 T3-7 数据包发送图

图 T3-8 TCP 检测事件表

(3) UDP 协议检测实验

单击“UDP”，进入 UDP 协议检测实验界面。

① 设置入侵检测规则。单击“设置检测 UDP 协议的规则”，进入规则设置界面。在此，可查看当前系统的检测规则同时可增加或删除系统的检测规则，如图 T3-9 所示。

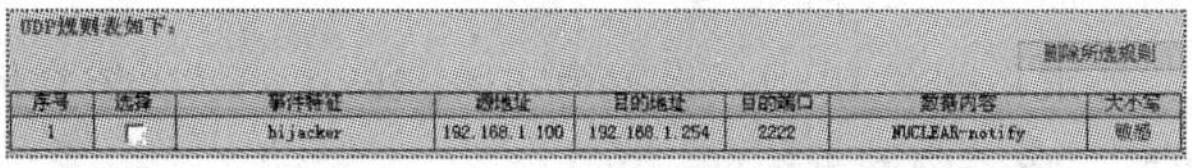

图 T3-9 UDP 检测规则

- 增加检测规则：单击规则设置界面的“增加一条规则”按钮，出现增加规则界面，如图 T3-10 所示。此界面中的一些选项详见 TCP 协议检测实验中的说明。

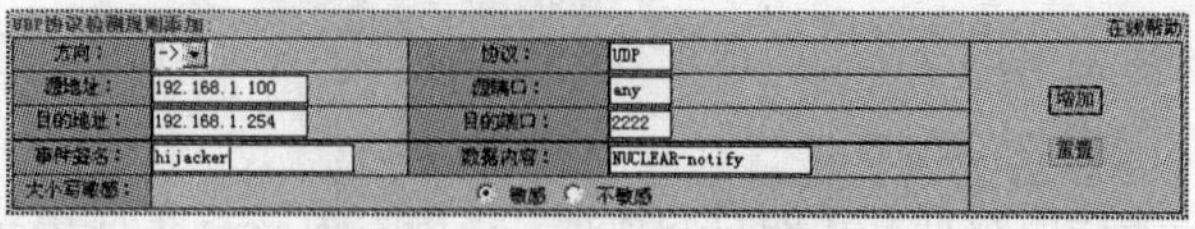

图 T3-10　增加 UDP 检测规则

• 删除检测规则：在规则设置界面中选中某一规则，单击“删除所选规则”即可。

② 利用数据包发生器发送数据包。打开“数据包发生器”程序，选择协议 UDP，确定好端口号、数据内容、发送次数后，单击“发送”按钮，即可向服务器某端口发送定制的数据包，如图 T3-11 所示。

③ 查看入侵事件。进入 UDP 协议检测实验界面，单击“查看 UDP 规则的检测事件”，即可看到系统所检测到的入侵事件。单击该页面中的按钮“删除已检测的 UDP 事件”，即可全部删除所检测到的入侵事件，如图 T3-12 所示。

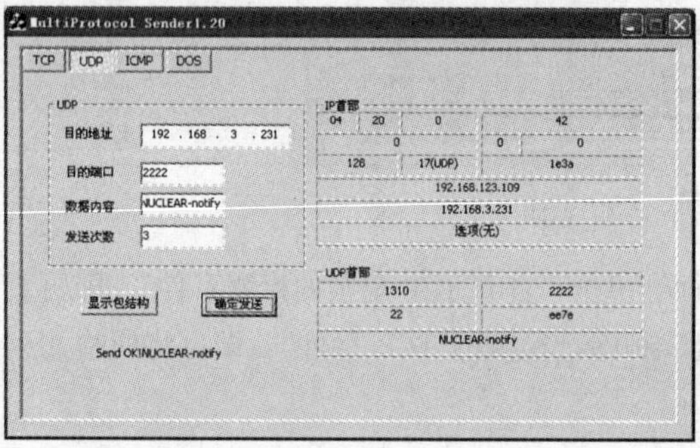

图 T3-11　数据包发送图

图 T3-12　UDP 检测事件

（4）实验思考题

① 根据实验过程及结果，分析检测模块是如何检测出入侵事件的？

② 根据实验过程及结果，分析为什么系统检测到的 Telnet 事件可从正常事件变为异常事件？

实验 4　防火墙系统

1. 实验目的与要求

① 掌握常用服务所对应的协议和端口，掌握防火墙动态包过滤机制的原理。

② 掌握配置防火墙代理级网关的方法。

2. 实验环境

① 本实验的网络拓扑如图 T4-1 所示。

② 实验小组的机器要求将网关 IP 地址设置为“192.168.1.254”（依具体实验部署情况，此处所设网关应与实验防火墙服务器内网卡地址一致）。

③ 实验小组机器要求有 Web 浏览器，如 Internet Explorer 等。

3. 实验准备

① 了解普通包过滤的基本概念和原理，如方向、协议、端口、源地址、目的地址等。

② 了解网络基础知识，如网络基本概念、网络基础设备、TCP/IP 协议、UDP 协议、ICMP 协议和 ARP 协议等。

③ 常用网络客户端的操作，如 IE 的使用、FTP 客户端的使用及 Ping 命令的使用等。

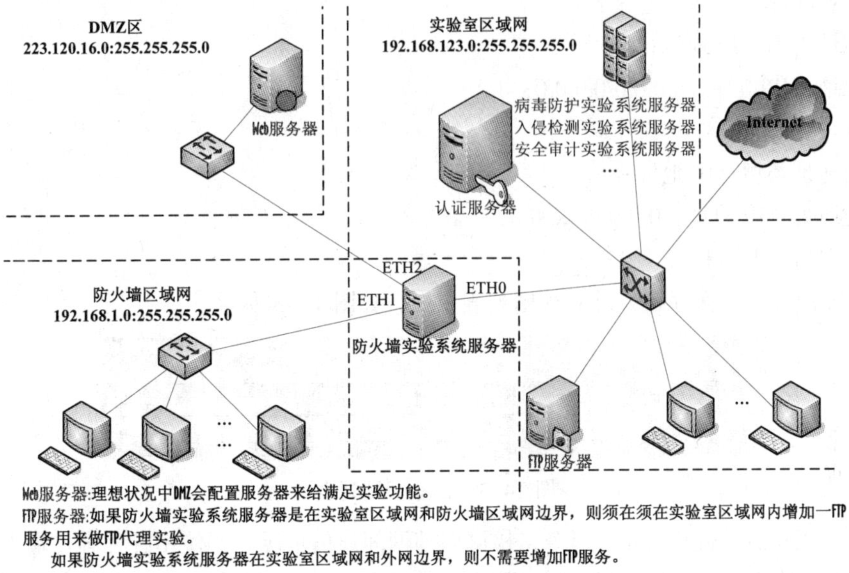

图 T4-1 防火墙网络拓扑图

4. 实验内容

通过本实验掌握常用服务所对应的协议和端口。同时，掌握在防火墙实验系统上配置过滤型及应用代理级防火墙的方法，学会判断规则是否生效。其实验步骤如下：

（1）普通包过滤实验

① 使用浏览器访问 URL“http:/192.168.1.254/firewall”，在登录页面输入用户名和密码，进入防火墙实验系统。

② 登录防火墙实验系统后，单击左侧导航栏的“包过滤防火墙”→“普通包过滤”，在右侧的界面中选择一个方向进入。（此处共有外网↔内网、外网↔DMZ 和内网↔DMZ 三个方向可供选择，若选择“外网↔内网”就能对内、外网间的普通包进行过滤规则的配置。）

③ 在“已有规则列表”中，如果已有任何规则存在，则单击“删除所有规则”按钮将以往规则清空。

④ 在“过滤规则添加”界面中，添加规则。

a. 设置一条规则，阻挡所有外网到内网的数据包并检测规则有效性。

在配置项中，选择或填写相应值，单击“增加”按钮，添加一条过滤规则，阻挡所有内网与外网之间的数据包。规则内容如图 T4-2 所示。

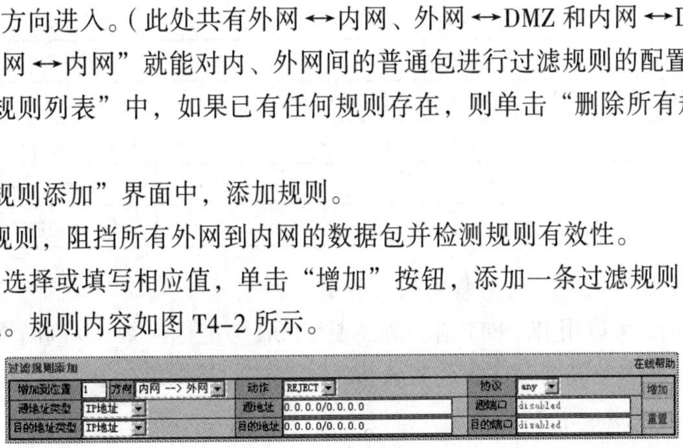

图 T4-2 设置过滤规则

- 增加到位置：1；
- 方向：“内网→外网”；
- 动作：REJECT；
- 协议：any；
- 源地址类型：IP 地址；
- 源地址：IP 地址，0.0.0.0/0.0.0.0；
- 源端口：disabled；
- 目的地址类型：IP 地址；
- 目的地址：IP 地址，0.0.0.0/0.0.0.0；
- 目的端口：disabled。

规则添加成功后，保存在“已有规则列表”中，如图 T4-3 所示。

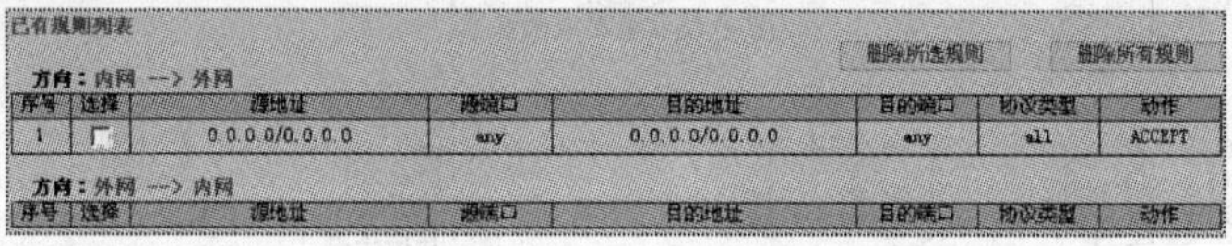

图 T4-3 已有规则列表

规则添加成功后，使用 Ping 指令，检测内外网间通信情况，并使用各种客户端工具，例如 IE、FTP 等进行检测，观察此规则起到了什么效果。

b. 设置多条规则，使本机只能访问外网中 www.sjtu.edu.cn 和 ftp.sjtu.edu.cn 提供的服务，检测规则组合的有效性。

多条规则的设置必须注意每一条规则增加到的位置（即规则的优先级），可以参考下表所列的规则组合增加多条规则。

方向：外→内	方向：外→内	方向：外→内
增加到位置：1	增加到位置：2	增加到位置：3
源地址类型：域名	源地址类型：域名	源地址类型：IP 地址
源地址：www.sjtu.edu.cn	源地址：ftp.sjtu.edu.cn	源地址：0.0.0.0/0.0.0.0
源端口：disabled	源端口：21	源端口：any
目的地址类型：IP 地址	目的地址类型：IP 地址	目的地址类型：IP 地址
目的地址：0.0.0.0/0.0.0.0	目的地址：0.0.0.0/0.0.0.0	目的地址：0.0.0.0/0.0.0.0
目的端口：disabled	目的端口：any	目的端口：any
协议类型：any	协议类型：TCP	协议类型：any
动作：ACCEPT	动作：ACCEPT	动作：REJECT

规则添加成功后，保存在“已有规则列表”中。

规则添加成功后，可以用 IE、FTP 客户端工具、Ping 等进行检测，以判断规则组合是否有效。

c. 将已经设置的多条规则顺序打乱，分析不同次序的规则组合会产生怎样的作用，并使用 IE、FTP 客户端工具、Ping 等进行验证。

（2）动态包过滤实验

① 在每次实验前，打开浏览器，输入地址 http://192.168.1.254/firewall ，在打开的页面中输

入用户名和密码，登录防火墙实验系统。

② 第一步：登录防火墙实验系统后，单击左侧导航栏的“普通包过滤”，在打开的页面中，如果有任何规则存在，单击“删除所有规则”按钮后开始设置新规则，实现与 ftp.sjtu.edu.cn 服务器之间的主动和被动数据传输方式。

• PORT（主动）模式：

a．正确设置好 FTP 工具 FlashFXP。打开 FlashFXP，单击“选项”→“参数选择”→“连接”→“代理”，在“选项”框中勾去“使用被动模式”一项，并确定。

b．选择正确的选项。单击“增加”按钮后，增加对应方向上的两条普通包过滤规则，阻挡所有内网到外网及外网到内网的 TCP 协议规则。可参考如下表所示规则设置：

方向：内→外	方向：外→内
增加到位置：1	增加到位置：1
源地址类型：IP 地址	源地址类型：IP 地址
源地址：0.0.0.0/0.0.0.0	源地址：0.0.0.0/0.0.0.0
源端口：disabled	源端口：disabled
目的地址类型：IP 地址	目的地址类型：IP 地址
目的地址：0.0.0.0/0.0.0.0	目的地址：0.0.0.0/0.0.0.0
目的端口：disabled	目的端口：disabled
协议类型：any	协议类型：any
动作：REJECT	动作：REJECT

增加对应方向上的两条过滤规则，允许开放 21 端口，连接 FTP 服务器域名为“ftp.sjtu.edu.cn”。可参考如下表所示规则设置：

方向：内→外	方向：外→内
增加到位置：1	增加到位置：1
源地址类型：IP 地址	源地址类型：域名
源地址：0.0.0.0/0.0.0.0	源地址：ftp.sjtu.edu.cn
源端口：any	源端口：21
目的地址类型：域名	目的地址类型：IP 地址
目的地址：ftp.sjtu.edu.cn	目的地址：0.0.0.0/0.0.0.0
目的端口：21	目的端口：any
协议类型：TCP	协议类型：TCP
动作：ACCEPT	动作：ACCEPT

规则添加成功后，打开 FTP 客户端，设置 FTP 客户端默认的传输模式为主动模式，即 PORT。匿名连接 ftp.sjtu.edu.cn，查看 FTP 客户端软件显示的连接信息。

c．完成上述步骤后，再增加两条普通包过滤规则，允许 FTP 控制连接。可参考如下表所示规则设置：

方向：内→外	方向：外→内
增加到位置：1	增加到位置：1
源地址类型：IP 地址	源地址类型：域名
源地址：0.0.0.0/0.0.0.0	源地址：ftp.sjtu.edu.cn
源端口：	源端口：21

目的地址类型：	目的地址类型：
目的地址：ftp.sjtu.edu.cn	目的地址：0.0.0.0/0.0.0.0
目的端口：21	目的端口：
协议类型：TCP	协议类型：TCP
动作：ACCEPT	动作：ACCEPT

规则添加成功后，打开 FTP 客户端，连接 ftp.sjtu.edu.cn，匿名查看 FTP 客户端软件显示的连接信息。

d．增加两条普通包过滤规则，允许 FTP 数据连接。可参考如下表所示规则设置：

方向：内→外	方向：外→内
增加到位置：1	增加到位置：1
源地址类型：IP 地址	源地址类型：域名
源地址：0.0.0.0/0.0.0.0	源地址：ftp.sjtu.edu.cn
源端口：ang	源端口：20
目的地址：ftp.sjtu.edu.cn	目的地址：0.0.0.0/0.0.0.0
目的端口：20	目的端口：ang
协议类型：TCP	协议类型：TCP
动作：ACCEPT	动作：ACCEPT

规则添加成功后，打开 FTP 客户端，连接 ftp.sjtu.edu.cn，匿名查看 FTP 客户端软件显示的连接信息。

- PASV（被动）模式：

a．正确设置好 FTP 工具 FlashFXP。打开 FlashFXP，单击“选项”→“参数选择”→“连接”→“代理”，在“选项”框中选中“使用被动模式”一项，并确定。

b．选择正确的选项。单击“增加”按钮后，增加两条普通包过滤规则，阻挡所有内网到外网及外网到内网的 TCP 协议规则。可参考如下表所示规则设置：

方向：内→外	方向：外→内
增加到位置：1	增加到位置：1
源地址类型：IP 地址	源地址类型：IP 地址
源地址：0.0.0.0/0.0.0.0	源地址：0.0.0.0/0.0.0.0
源端口：disabled	源端口：disabled
目的地址类型：IP 地址	目的地址类型：IP 地址
目的地址：0.0.0.0/0.0.0.0	目的地址：0.0.0.0/0.0.0.0
目的端口：disabled	目的端口：disabled
协议类型：any	协议类型：any
动作：REJECT	动作：REJECT

规则添加成功后，打开 FTP 客户端，设置 FTP 客户端默认的传输模式为被动模式，即 PASV。匿名连接 ftp.sjtu.edu.cn，查看 FTP 客户端软件显示的连接信息。

c．增加两条普通包过滤规则，允许 FTP 控制连接。

规则添加成功后，打开 FTP 客户端，连接 ftp.sjtu.edu.cn，匿名查看 FTP 客户端软件显示的连接信息。

d. 增加两条普通包过滤规则，允许 FTP 数据连接。可参考如下表所示规则设置：

方向：内→外	方向：外→内
增加到位置：1	增加到位置：1
源地址类型：IP 地址	源地址类型：域名
源地址：0.0.0.0/0.0.0.0	源地址：ftp.sjtu.edu.cn
源端口：ang	源端口：1024：65535
目的地址类型：域名	目的地址类型：IP 地址
目的地址：ftp.sjtu.edu.cn	目的地址：0.0.0.0/0.0.0.0
目的端口：1024：65535	目的端口：ang
协议类型：TCP	协议类型：TCP
动作：ACCEPT	动作：ACCEPT

规则添加成功后，打开 FTP 客户端，连接 ftp.sjtu.edu.cn，匿名查看 FTP 客户端软件显示的连接信息。

（3）应用代理实验

在每次实验前，都要打开浏览器，输入地址：http://192.168.1.254/firewall，在打开的页面中输入用户名和密码，登录防火墙实验系统。

① HTTP 代理实验。登录防火墙实验系统后，单击左侧导航栏的"应用代理防火墙"→"HTTP 代理"，在打开的页面中，如果有任何规则存在，将规则删除后再设置新规则。打开 IE 浏览器，配置 HTTP 代理。

• 设置 IE 的 HTTP 代理：

a. 执行 IE 菜单中的"工具"→"Internet 选项"命令，弹出"Internet 选项"对话框。

b. 在"Internet 选项"对话框中，单击"连接"选项卡，单击"局域网设置"按钮，弹出"局域网（LAN）设置"对话框。

c. 在"局域网（LAN）设置"对话框的"代理服务器"中勾选"为 LAN 使用代理服务器"选项，并输入"地址"为 192.168.1.254 及"端口"为 3128，勾选"对于本地地址不使用代理服务器"选项，单击"高级"按钮，进入"代理服务器设置"页面，在"例外"栏输入 192.168.1.254。

d. 依次按下"确定"按钮，退出设置页面。

• 设置 HTTP 代理规则，并验证规则有效性：

a. 以用户名和密码进入实验系统，单击左侧导航条的"应用代理防火墙"→"HTTP 代理"链接，进入"HTTP 应用代理实验"页面。

b. 清空"已有规则列表"中的规则，增加两条 HTTP 代理允许规则，允许访问 http://www.sjtu.edu.cn 和 http://www.baidu.com，可参考如下表所示规则设置：

插入位置：1	插入位置：1
源地址：*	源地址：*
目的地址：www.sjtu.edu.cn	目的地址：www.sina.com.cn
动作：allow	动作：allow

c．规则添加成功后，打开 IE 浏览器，访问 http://www.sjtu.edu.cn、http://mp3.baidu.com 和 http://www.baidu.com，观察网站是否能够访问，验证规则是否生效，尝试分析原因。

d．结合普通包过滤规则，进一步加深对 HTTP 代理作用的理解。清空普通包过滤和 HTTP 代理规则，分别添加一条普通包过滤拒绝所有数据包规则和一条 HTTP 代理允许规则。

注意，HTTP 代理实验完成以后，取消 IE 的 HTTP 代理服务器设置，以免影响其他实验内容。

② FTP 代理实验。登录防火墙实验系统后，单击左侧导航栏的“应用代理防火墙”→“FTP 代理”，在打开的页面中，如果有任何规则存在，将规则删除后再设置新规则。打开 FTP 客户端 FlashFXP，配置 FTP 代理。

• 设置 FlashFTP 的 FTP 代理：

a．执行 FlashFXP 菜单中的“选项”→“参数选择”命令，在弹出的“配置 FlashFXP”对话框中选择“连接”子项，单击“代理”按钮，出现代理设置对话框。

b．单击“添加”按钮，在弹出的“添加代理服务器配置文件”窗口中依次输入：

名称：proxy

类型：11 User ftp-user@ftp-host:ftp-port

主机：192.168.1.254，端口：2121

用户名及密码为空。

c．依次按下“确定”按钮，退出即可。

• 测试 FTP 代理的默认规则：打开 FlashFTP，在地址栏中输入 ftp.sjtu.edu.cn 或 ftp2.sjtu.edu.cn，观察能否连接，说明原因。

• 配置 FTP 代理规则，验证规则有效性。

a．以用户名和密码进入实验系统，单击左侧导航条的“FTP 代理”链接，显示“FTP 应用代理规则表”页面，单击“增加一条新规则”按钮后，增加一条 FTP 代理允许规则，允许任意源地址到任意目的地址的访问。再次连接上述 FTP 站点，观察能否访问。

b．增加一条 FTP 代理拒绝规则，拒绝访问 ftp.sjtu.edu.cn（IP 地址为 202.38.97.230），可参考如下表所示规则设置：

插入位置：1
源地址：*
目的地址：202.38.97.230
动作：deny

规则添加成功后，打开 flashFXP，访问 ftp.sjtu.edu.cn（IP 地址为 202.38.97.230）和 ftp2.sjtu.edu.cn（IP 地址为 202.120.58.162），观察能否访问。

c．清空规则，增加一条 FTP 代理允许规则，允许访问 ftp.sjtu.edu.cn（IP 地址为 202.38.97.230），可参考如下表所示规则设置：

插入位置：1
源地址：*
目的地址：202.38.97.230
动作：allow

规则添加成功后，打开 flashFTP，访问 ftp.sjtu.edu.cn 和 ftp2.sjtu.edu.cn ，观察能否访问。

d. 结合普通包过滤规则，进一步加深对 FTP 代理作用的理解。清空普通包过滤和 FTP 代理规则，分别添加一条普通包过滤拒绝所有数据包规则和一条 FTP 代理允许规则，可参考如下规则设置：

先添加普通包过滤规则：

- 方向："外网→内网"
- 增加到位置：1
- 协议：any
- 源地址：IP 地址，0.0.0.0/0.0.0.0
- 源端口：disabled（由于协议选择了 any，此处不用选择）
- 目的地址：IP 地址，0.0.0.0/0.0.0.0
- 目的端口：disabled（由于协议选择了 any，此处不用选择）
- 动作：REJECT。
- 取消 flashFTP 的 FTP 代理配置，连接 ftp.sjtu.edu.cn 站点 ，观察能否访问。

再添加 FTP 代理规则：

- 插入位置：1
- 协议：any
- 源地址：*
- 目的地址：*
- 动作：allow。

设置 flashFXP 的 FTP 代理配置，连接 ftp.sjtu.edu.cn 站点，观察能否访问。根据两次实验结果，分析使用 FTP 代理对普通包过滤规则的影响及原因。所有 FTP 实验结束以后，取消 flashFXP 的 FTP 代理。

③ Telnet 代理实验。登录防火墙实验系统后，单击左侧导航栏的"Telnet 代理"，在打开的页面中，如果有任何规则存在，将规则删除后再设置新规则。

- 测试 Telnet 代理的默认规则：

打开"开始"菜单的"运行"命令行工具 cmd.exe，先输入代理命令 telnet 192.168.1.254 2323，再输入命令 telnet bbs.sjtu.edu.cn，观察能否连接，说明原因。

- 配置 Telnet 代理规则，验证规则有效性：

a. 以用户名和密码进入实验系统，单击实验系统左侧导航条的"Telnet 代理"链接，显示"Telnet 应用代理规则表"页面，单击"增加一条新规则"按钮后，增加一条 Telnet 代理接受规则，允许任意源地址到任意目的地址的访问。使用命令行工具 cmd.exe，先输入代理命令 telnet 192.168.1.254 2323，再访问 bbs.sjtu.edu.cn，观察能否访问 bbs.sjtu.edu.cn。

b. 单击"增加一条新规则"按钮，增加一条 Telnet 代理拒绝规则，拒绝访问 bbs.sjtu.edu.cn（IP 地址为 202.120.58.161），可参考如下表所示规则设置：

插入位置：1
源地址：*

目的地址：202.120.58.161	
动作：deny	

添加规则成功后，使用命令行工具 cmd.exe，先输入代理命令 telnet 192.168.1.254 2323，再访问 bbs.sjtu.edu.cn，观察能否访问。

c. 清空规则，分别添加一条 Telnet 代理拒绝规则，拒绝访问 bbs.sjtu.edu.cn（IP 地址为 202.120.58.161）；一条 Telnet 代理接受规则，接受访问 bbs.sjtu.edu.cn（IP 地址为 202.120.58.161），可参考如下表所示规则设置：

插入位置：1	插入位置：1
源地址：*	源地址：*
目的地址：202.120.58.161	目的地址：202.120.58.161
动作：deny	动作：allow

添加规则成功后，使用命令行工具 cmd.exe，先输入代理命令 telnet 192.168.1.254 2323，再访问 bbs.sjtu.edu.cn，观察能否访问，说明原因。

d. 清空普通包过滤和 Telnet 代理规则，分别添加一条普通包过滤拒绝所有数据包规则和一条 TELNET 代理允许规则。

（4）实验思考题

① 某机构的网络可以接受来自 Internet 的访问。有只在端口 80 上提供服务的 Web 服务器；只在端口 25 上提供服务的邮件服务器（接收发来的所有邮件并发送所有要发出的邮件）；允许内部用户使用 Http、Https、Ftp、Telnet、Ssh 服务。指定合适的包过滤防火墙规则（要求以下表的形式给出，可以抽象表示 IP 地址，比如“源 IP”：内部网络）。

优先级别	源地址	源端口	目的地址	目的端口	协议	动作

② 分别用普通包过滤和状态检测设置规则，使 FTP 客户端仅仅可以下载站点 ftp://shuguang:shuguang@202.120.61.12:2121 的文件。

③ 应用代理有哪几种类型？说明各种类型的原理。

实验 5 VPN 系统

1. 实验目的与要求

① 能熟练配置各种类型的连接。

② 通过建立各种连接，然后抓包理解它们各自的特点，明白传输跟隧道两种模式的关键区别。

③ 熟悉抓包工具的使用。

2. 实验环境

① 实验拓扑图如图 T5-1 所示。

② 相应IP地址配置。

管理中心：192.168.1.220

VPN网关A。内网：192.168.1.253，外网：223.120.16.7

VPN网关B。内网：172.16.15.8，外网：223.120.16.8

对等客户端：172.16.15.0/24

学生端：192.168.1.133（学生机IP）/32

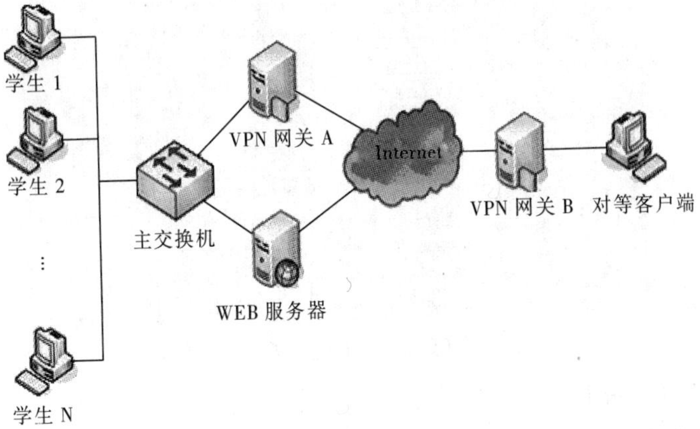

图T5-1 VPN实验拓扑图

③ 实验机器要求有IE或其他Web浏览器，并有CuteFtp、LeapFtp、FlashFXP或其他FTP客户端。

④ 对等客户端172.16.15.9上需要事先装好FTP服务器。

3. 实验准备

① 网络基础知识：网络基本概念、网络基础设备及TCP/IP协议等。

② 常用网络客户端的操作：IE的使用、Ping命令的使用等。

③ 从某主机到某目的机VPN隧道是否建立的判断方法。

4. 实验内容

通过本实验掌握PSK（预共享密钥）、RSA（非对称密钥）、证书3种配置，掌握VPN连接的4种工作模式：ESP传输模式和ESP隧道模式，AH传输模式和AH隧道模式，其实验步骤如下：

打开"信息安全综合实验系统"在右上角选择"实验导航"，双击"MPLS VPN实验系统"进入MPLS VPN教学实验系统登录界面，输入用户名和密码。进入MPLS VPN实验系统后，单击左侧的VPN模式比较实验，然后再单击下面的"ESP隧道模式实验"，其右侧出现"ESP隧道模式实验"的界面，如图T5-2所示。

（1）ESP隧道模式实验

① 填写需提交的配置表单。

a．网关A的IP一栏填写相应网络环境下跟多台学生机相连的网关机器的外网地址，比如223.120.16.7。

b．网关B的IP一栏填写相应网络环境下跟对等客户端相连的网关机器的外网地址，比如223.120.16.8。

c．网关 A 子网地址：学生机所在子网。

d．网关 B 子网地址：对等客户端所在子网。

e. 网关 A、B 的 Spi：Spi 值格式为 0x**1，**代表座位号。比如如果座位号是 02，则填写 0xa21；座位号是 03，则填写 0xa31，座位号是 13；则填写 0x131。

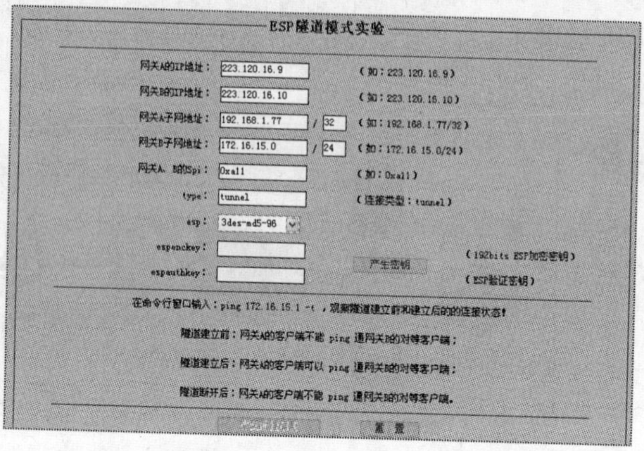

图 T5-2　ESP 隧道模式实验

f．type：默认值 tunnel。

g．esp：可选择 3DES－MD5－96 或 3DES－SHA1－96。

h．espenckey 和 espauthkey：单击“产生密钥”按钮，自动提取分配。

② 完成后单击“提交配置信息”按钮。

③ 在学生自己机器上 Ping172.16.15.9。

④ Ping 成功后等待反馈隧道建立成功页面，单击其上的“开始抓包”按钮。

⑤ 接着在本地执行“开始”→“运行”命令，Ping 对等客户端，就是 Ping 172.16.15.9。

⑥ 单击“停止抓包”按钮结束抓包，抓包信息会反馈到页面上。

注意，最后记得切断 VPN 隧道（如果忘了可到“网关管理”页面去切断隧道）

（2）ESP 传输模式实验

进入 MPLS VPN 实验系统后，单击左侧的 VPN 模式比较实验，然后再单击下面的“ESP 传输模式实验”，其右侧出现“ESP 传输模式实验”的界面，如图 T5-3 所示。

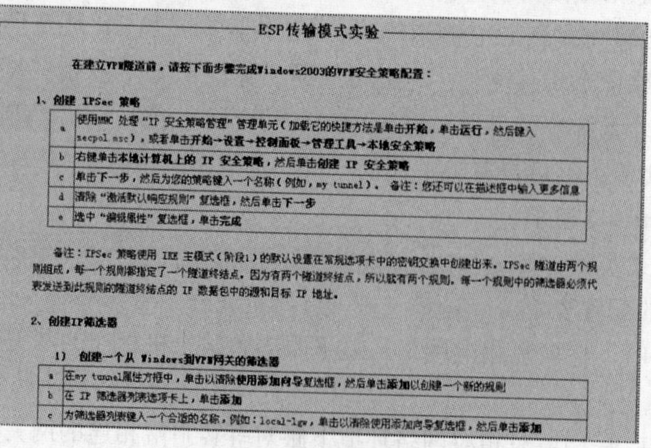

图 T5-3　ESP 传输模式实验

根据安全性实验中配置本地 Windows IP 安全策略的方法，重新建立一条本机到网关 B 的安全策略方案，然后启用该策略（其中只需要将安全性实验中的网关 A 的 IP 地址 192.168.1.253 都换成 223.120.16.8 即可）。

① 填写需提交的配置表单。

a．网关 A、B 的 PSK：采用默认值，不需要填写。

b．本机 A 地址一栏填写学生机本地地址。

c．网关 B 的 IP 一栏填写相应网络环境下跟对等客户端相连的网关机器的外网地址，比如 223.120.16.8 。

d．Leftnexthop：网关 A 的内网 IP，如 192.168.3.226。

e．Rightnexthop：网关 A 的外网 IP，如 223.120.16.7。

f．密钥交换方式：使用默认值 ike。

g．type：采用默认值 transport。

h．auth：采用默认值 esp。

i．keylife、keylifetime、keyingtries 根据挂号里的提示填写。

② 完成后单击“提交配置信息”按钮。

③ 在学生自己机器上 Ping223.120.16.8。

④ Ping 成功后等待反馈隧道建立成功页面，单击其上的“开始抓包”按钮。

⑤ 接着在本地单击“开始”→“运行”命令，Ping 网关 B 外网地址，就是 Ping223.120.16.8。

⑥ 单击“停止抓包”按钮结束抓包，抓包信息会反馈到页面上。

注意，最后记得切断 VPN 隧道（如果忘了可到“网关管理”页面去切断隧道）。

（3）AH 隧道模式实验

进入 MPLS VPN 实验系统后，单击左侧的 VPN 模式比较实验，然后再单击下面的“AH 隧道模式实验”，其右侧出现“AH 隧道模式实验”的界面，如图 T5-4 所示。

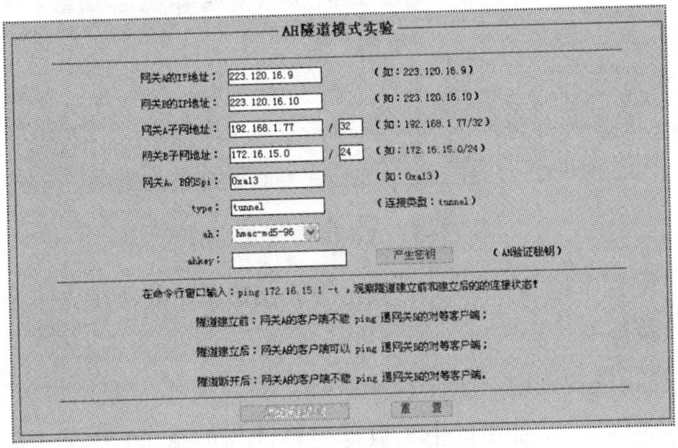

图 T5-4　AH 隧道模式实验

① 填写需提交的配置表单。

a．网关 A 的 IP 一栏填写相应网络环境下跟多台学生机相连的网关机器的外网地址，比如 223.120.16.7。

b．网关 B 的 IP 一栏填写相应网络环境下跟对等客户端相连的网关机器的外网地址，比如

223.120.16.8。

c．网关 A 子网地址：学生机所在子网。

d．网关 B 子网地址：对等客户端所在子网。

e. 网关 A、B 的 Spi：Spi 值格式为 0x**3，**代表座位号。比如如果座位号是 02，则填写 0xa23；座位号是 03，则填写 0xa33；座位号是 13，则填写 0x133。

f．type：为默认值 tunnel。

g．ah：可选择 HMAC－MD5－96 或 HMAC－SHA1－96。

h．ahkey 单击“产生密钥”按钮，自动提取分配。

② 完成后单击“提交配置信息”按钮。

③ 在学生自己机器上 Ping172.16.15.9。

④ Ping 成功后等待反馈隧道建立成功界面，单击“开始抓包”按钮。

⑤ 接着在本地单击“开始”→“运行”命令，Ping 对等客户端，就是 ping172.16.15.9。

⑥ 单击“停止抓包”按钮结束抓包，抓包信息会反馈到页面上。

注意，最后记得切断 VPN 隧道。

（4）AH 传输模式实验

进入 MPLS VPN 实验系统后，单击左侧的 VPN 模式比较实验，然后再单击下面的“AH 传输模式实验”，其右侧出现“AH 传输模式实验”的界面，如图 T5-5 所示。

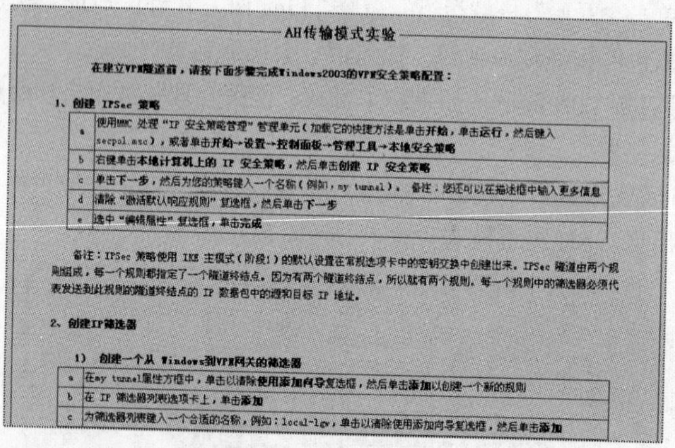

图 T5-5　AH 传输模式实验

根据安全性实验中配置本地 Windows IP 安全策略的方法，重新建立一条本机到网关 B 的安全策略方案，然后启用该策略。

在为 IP 筛选器配置隧道规则时，安全措施选择“自定义（专业用户）”，“自定义安全措施设置”中不仅如 ESP 传输模式一样需要选中“数据完整性与加密（ESP）”，数据和地址不加密的安全性（AH）也要选中。

① 填写需提交的配置表单。

a．网关 A、B 的 PSK 采用默认值，不需要填写。

b．本机 A 地址一栏填写学生机本地地址。

c．网关 B 的 IP 一栏填写相应网络环境下跟对等客户端相连的网关机器的外网地址，比如

223.120.16.8。

d. Leftnexthop：网关 A 的内网 IP，如 192.168.123.225。

e. Rightnexthop：网关 A 的外网 IP，如 223.120.16.7。

f. 密钥交换方式：使用默认值 ike。

g. type：采用默认值 transport。

h. auth：采用默认值 ah。

i. keylife、keylifetime、keyingtries 根据挂号里的提示填写。

② 完成后单击“提交配置信息”按钮。

③ 在学生自己机器上 Ping223.120.17.8。

④ Ping 成功后等待反馈隧道建立成功页面，单击其上的“开始抓包”按钮。

⑤ 接着在本地单击“开始”→“运行”命令，Ping 网关 B 外网地址，就是 ping　223.120.17.8。

⑥ 单击“停止抓包”按钮结束抓包，抓包信息会反馈到页面上。

注意，最后记得切断 VPN 隧道。

（5）实验思考题

① VPN 有哪些传输模式？传输模式和隧道模式的本质区别是什么？

② IPSec 中的 SA 起什么作用？

③ 简述模式比较实验结果。

实验 6　病 毒 系 统

1. 实验目的与要求

① 理解病毒的感染和传播机制，分析页面中列出的病毒代码和代码注释。

② 学习检测和防范病毒的方法，并根据自己的条件进行防范。

2. 实验环境

① 操作系统：Windows 2000/XP

② JDK 版本：Java Standard Edition 1.4.0 以上

③ 数据库：Mysql

④ 开发语言：JSP

⑤ Web 服务器:Tomacat

⑥ 浏览器 IE5.0、IE6.0

3. 实验准备

① 了解什么是恶意代码。

② 了解何谓网络炸弹。

③ 了解注册表。

4. 实验内容

通过本实验对病毒防范中的防范方法进行测试，分析病毒核心代码实现的语言，学习检测和防范脚本病毒的方法。其实验步骤如下：

（1）网络炸弹脚本病毒

打开“信息安全综合实验系统”，在右上角选择“实验导航”，双击“病毒实验系统”进入病毒实验系统登录界面，输入用户名和密码，如图 T6-1 所示。

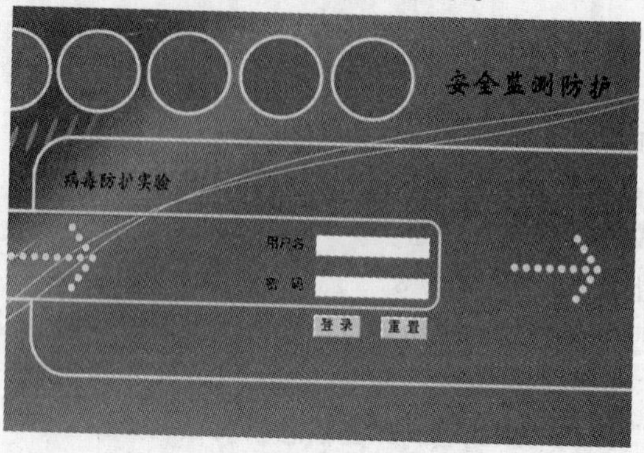

图 T6-1　病毒实验系统主界面

① 病毒感染实验。进入病毒防护教学实验后，单击左侧的“网络炸弹脚本病毒实验”，然后再单击下面的“病毒感染实验”，其右侧出现“病毒感染实验”的界面，如图 T6-2 所示。（注意：实验前先关闭所有杀毒软件。）

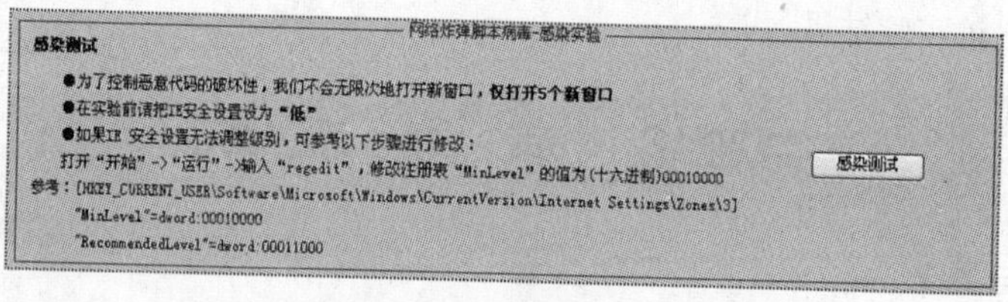

图 T6-2　感染实验

学习页面中列出的实验要点、恶意代码简介、病毒危害、感染现象中的内容。按照页面提示配置 IE 浏览器。单击此栏中的“感染测试”按钮，观察效果。分析产生这个现象的原因。

② 病毒代码分析。进入病毒防护实验后，单击左侧的“网络炸弹脚本病毒实验”，然后再单击下面的“病毒代码分析”。学习页面中列出的代码分析和代码注释，在“修改弹出窗口数目”文本框中输入 0～9 之间的数字（见图 T6-3），单击“确认”按钮后看看代码有何变化，单击“运行”按钮后看看分别有什么现象，写入实验报告中。

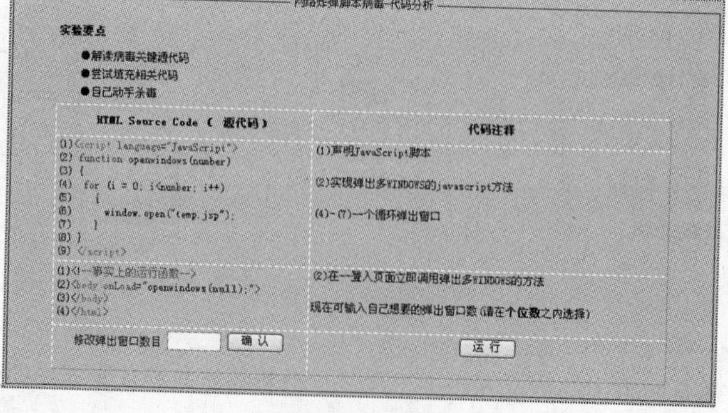

图 T6-3　代码分析

③ 病毒防护方法。进入病毒防护实验后，单击左侧的“网络炸弹脚本病毒实验”，然后再单击下面的“病毒防护方法”。学习页面中列出的病毒防范方法，并根据自己的条件进行防范，然后再次进行病毒实验并查看实验结果，写入实验报告中。

（2）万花谷脚本病毒

万花谷病毒实际上是一个含有恶意脚本代码的网页文件，其脚本代码具有恶意破坏能力，但并不含有传播性。实验病毒为模仿它所写成的类“万花谷”病毒，减轻了病毒危害。

打开“信息安全综合实验系统”，在右上角选择“实验导航”，双击“病毒实验系统”进入病毒实验系统登录面界，输入用户名和密码。（注意：实验前先关闭所有杀毒软件。）

① 病毒感染实验。进入病毒防护实验后，单击左侧的“万花谷脚本病毒实验”，然后再单击下面的“病毒感染实验”，其右侧出现“病毒感染实验”的界面（见图 T6-4）。学习页面中列出的实验要点、病毒简介、病毒危害、感染过程、感染现象中的内容。在“感染–杀毒”一栏中可以单击“运行病毒”按钮运行病毒，观察感染效果。

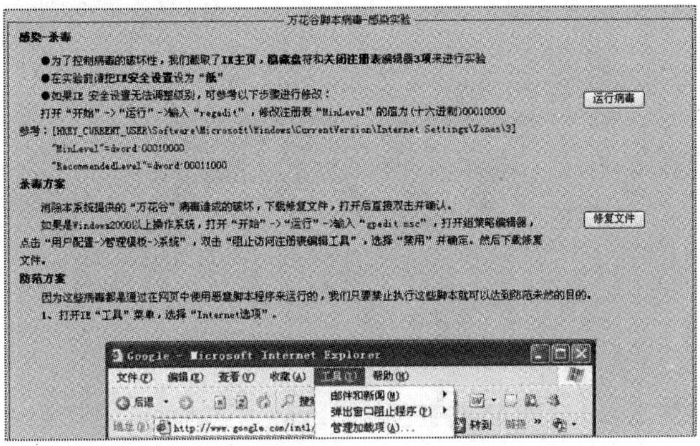

图 T6-4 感染实验

利用页面上的提示下载注册表恢复文件复原病毒造成的破坏。

② 病毒代码分析。进入病毒防护实验后，单击左侧的“万花谷脚本病毒实验”，然后再单击下面的“病毒代码分析”，可以查看该病毒的源代码及对应注释，随后单击“下一步”按钮进入源代码修改页面（见图 T6-5），修改“IE 起始页地址”文本框中输入的主页地址，然后单击“确定”按钮，并根据页面上的提示运行修改过的代码。

③ 病毒防护方法。进入病毒防护教学实验后，单击左侧的“万花谷脚本病毒实验”，然后再单击下面的“病毒防护方法”，根据页面提示制作注册表恢复文件，重新运行病毒，使用自己生成的注册表恢复文件恢复病毒所做的破坏。

（3）欢乐时光脚本病毒

欢乐时光病毒是采用 VBscript 编写的脚本病毒，内嵌于.html 和.vsb 脚本文件中，可运行于 IE6 及以下的 IE 版本。该病毒通过感染本地的脚本文件和 Outlook Express 的信纸模板进行传播，具有加密性和可变性。

打开“信息安全综合实验系统”，在右上角选择“实验导航”，双击“病毒实验系统”进入病毒实验系统登录界面，输入用户名和密码。（注意：实验前先关闭所有杀毒软件。）

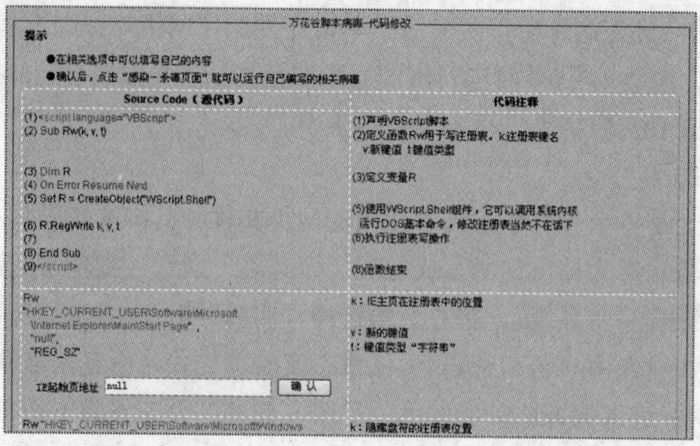

图 T6-5　代码分析

① 进入病毒防护实验后，单击左侧的"欢乐时光脚本病毒"，然后再单击下面的"病毒感染实验"，其右侧出现"感染实验"的界面（见图 T6-6）。仔细阅读病毒的简介与感染现象。

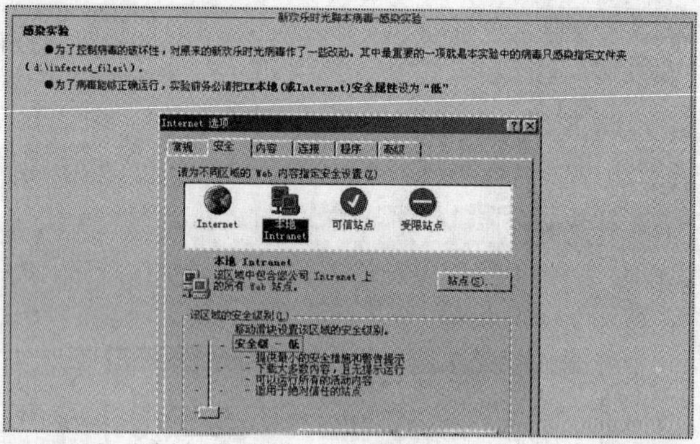

图 T6-6　感染实验

单击 infected_files.rar 将该文件下载到本地，保存至 D 盘根目录下，并解压。若实验时系统不能在该路径下找到此文件夹，将会报错。按照页面提示将 IE 安全级别设置为"低"。单击"运行病毒"按钮，开始病毒感染的演示实验（见图 T6-7）。

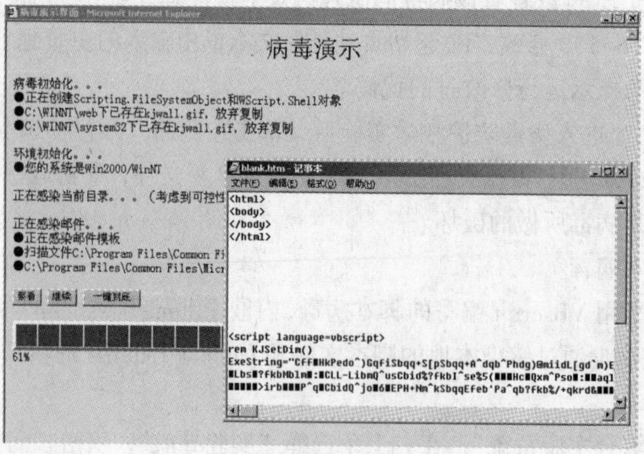

图 T6-7　病毒演示

病毒运行被分为若干个步骤，每完成一个动作，演示将发生停顿，用户可阅读病毒的运行信息，或单击“察看”按钮到系统的指定目录检验病毒感染的现象。

单击“继续”按钮可激活病毒进入下一个感染步骤。单击“一键到底”按钮，病毒演示将取消中间的停顿，连贯地执行到最后一步。

② 病毒代码分析。进入病毒防护教学实验后，单击左侧的“欢乐时光脚本病毒”，然后再单击下面的“病毒代码分析”。可以查看该病毒的源代码及对应注释。

③ 加密、解密实验。进入病毒防护教学实验后，单击左侧的“欢乐时光脚本病毒”，然后再单击下面的“加密解密实验”。

a. 阅读“解密部分”的代码，理解病毒的解密算法。并根据这一算法，推导出病毒的加密算法。

b. 在“加密部分”留出的空白处填上加密数组的值与加密表达式。然后单击“加密”按钮，系统将使用你设计的算法对病毒体加密，密文显示在文本框中。

c. 单击“解密”按钮，系统将使用病毒的解密算法对你生成的密文解密，明文显示在文本框中。若你设计的加密算法正确，明文将是可识别的病毒代码。

④ 病毒防护方法。进入病毒防护教学实验后，单击左侧的“欢乐时光脚本病毒”，然后再单击下面的“病毒防护方法”，学习防范脚本病毒的方法。

（4）实验思考题

① 在本实验环境中，进行病毒实验时，如果没有看到任何实验现象，那么会是什么原因呢？

② 在本实验中，核心代码是使用什么语言实现的？为什么能够实现？

③ 对病毒防范中的防范方法进行测试并思考，能否提出新的防范方法？

实验 7 PKI 系统

1. 实验目的与要求

① 证书是公钥体制的一种密钥管理媒介。它是一种权威性的电子文档，用于证明某一主体的身份及其公开密钥的合法性。该实验的主要目的是为了让用户对如何进行证书申请有一个感性的认识。

② 在 PKI 系统中，对用户证书的管理是通过 CA 实现的。CA（Certificate Authority），数字证书认证机构是 PKI 系统中的核心部分。该实验的主要目的是为了让用户对 CA 如何进行证书管理有一个感性的认识。

2. 实验环境

① 数据库服务器：MySQL。

② PKI 服务器：JBoss3.2.5。

③ 客户端硬件要求：Pentium Ⅱ 2 400MHz 以上、256MB 内存及与服务器的网络连接。

④ 客户端软件：Java Swing（Java 1.4 版本以上）。

3. 实验准备

① 了解 PKI 中通过对什么的管理来实现密钥管理？什么是数字证书？证书有哪些主要用

途？X.509标准中规范定义的证书包含哪些主要内容？

② PKI中公/私钥对是如何产生的？

③ 了解CA的职责有哪些，为什么要进行证书撤销？证书撤销的实现方法有哪两种？各有什么特点？

4. 实验内容

通过本实验掌握用户对证书的申请方法，了解CA如何进行证书管理，掌握对信任域的信任管理，以保证各CA及用户证书是可信的，同时如何通过设置信任策略来加强PKI的安全。其实验步骤如下：

（1）证书申请实验

① 确定实验参数是否正确，其中参数有两项，分别是：服务器IP、端口号（若是JBoss服务器，端口号为1099；若是WebLogic服务器，端口号为7001）。

② 打开提供的用于证书申请的界面（见图T7-1）。

③ 观察应用程序中出现的需要填写或选择的信息，分析哪些必须填写或选择，为什么？写入实验报告中。

④ 填写或选择相关信息，进行证书申请。在日志窗口中，记录下出现的正常、警告或错误信息，并分析原因。

（2）用户申请管理实验

① 确定实验参数是否正确，其中参数有两项，分别是服务器IP、端口号（若是JBoss服务器，端口号为1099；若是WebLogic服务器，端口号为7001）。

② 使用证书申请应用程序申请证书（见证书申请实验）。

③ 本实验提供的应用程序如图T7-2所示。

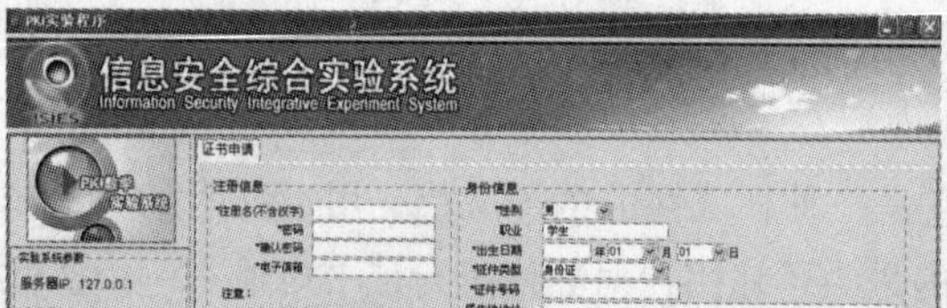

图T7-1 证书申请界面

图T7-2 证书申请管理程序的登录界面

④ 在进入程序之前要先进行登录（在证书申请实验时填入的用户名及密码），登录后只能管理自己账户的证书。登录后的界面如图T7-3所示。

⑤ 查找新注册的用户，观察其注册信息，然后根据注册信息的正确性选择“准予签发、“否决请求”或是“删除信息”操作。

⑥ 查找相关状态的用户，看操作是否成功。

⑦ 在上述过程中，观察并记录下日志信息框显示的相关的正常、警告或错误信息并进行分析。

（3）证书管理实验

① 确定实验参数是否正确，其中参数有两项，分别是：服务器 IP、端口号（若是 JBoss 服务器，端口号为 1099；若是 WebLogic 服务器，端口号为 7001）。

② 本实验提供的应用程序如图 T7-4 所示。

③ 执行下列操作：

a. 查找各种状态的证书。

b. 激活证书（刚签发的证书处于未激活状态，表示还未进入可使用状态）。

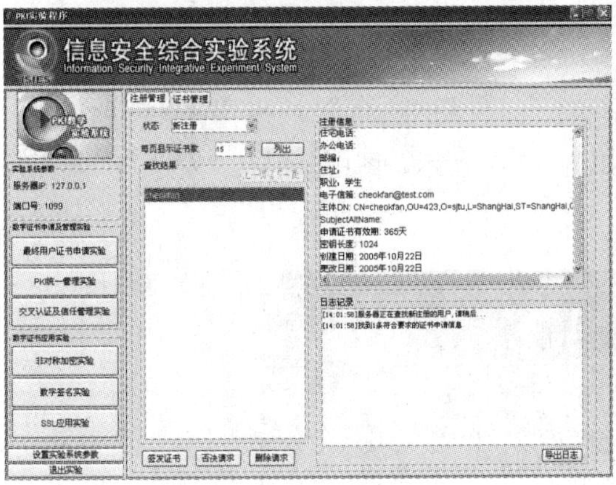

图 T7-3　证书申请管理程序

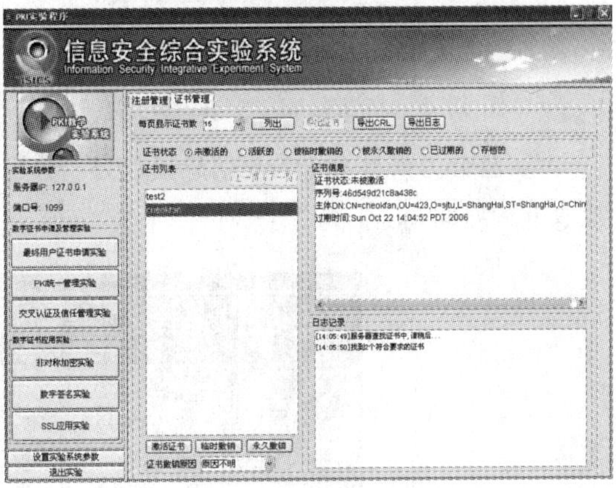

图 T7-4　证书管理页面

c. 临时（可重新激活）或是永久撤销证书。

d. 导出证书和对应私钥并封装成 PKCS12 证书保存到本地文件系统。

e. 创建 CRL，并导出最新生成的 CRL。

④ 在上述过程中，应保持日志窗口处于开启状态，观察并记录下相关的正常、警告或错误信息。

⑤ 将得到的 PKCS12 证书在 Windows 系统中打开（双击），输入申请时填写的保护私钥的密码后将证书和私钥导入证书库中。成功后，单击浏览器中的“工具”→“Internet 选项”→“内容”→“证书”选项（见图 T7-5），查找到导入的证书后，查看证书内容是否与申请时填写的身份信息一致。截下相关的图片及写下相关结论并放到实验报告中。

⑥ 将得到的 CRL 文件在 Windows 系统中打开（双击），如图 T7-6 所示。查看是否包含操作示例程序时撤销的证书的序列号及其他相关信息是否正确。截下相关的图片及写下相关结论并放到实验报告中。

（4）证书应用实验

① 对称加密实验。先申请两张证书作为本实验之用，所用的证书的扩展名分别为.p12 及.ce r，具体步骤可参见证书申请实验及证书管理实验。

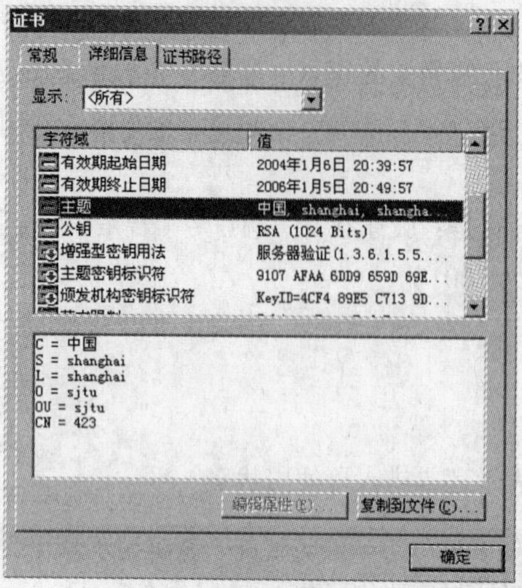

图 T7-5　在 Windows 中查看证书

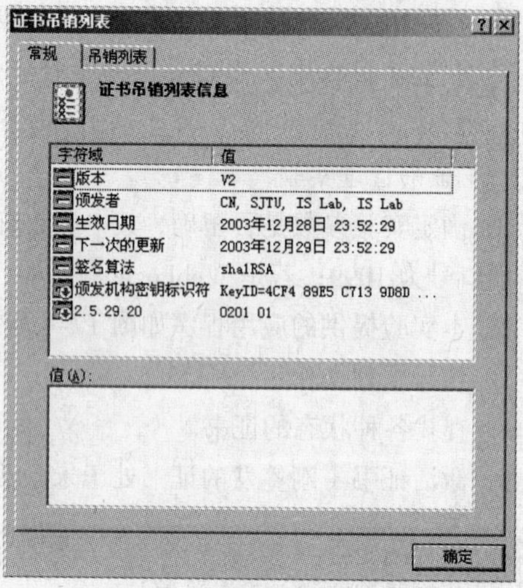

图 T7-6　在 Windows 中查看 CRL

本实验分为信息发送方及信息接收方。分别如图 T7-7 所示，图中分别有“发送方”界面及“接收方”界面。

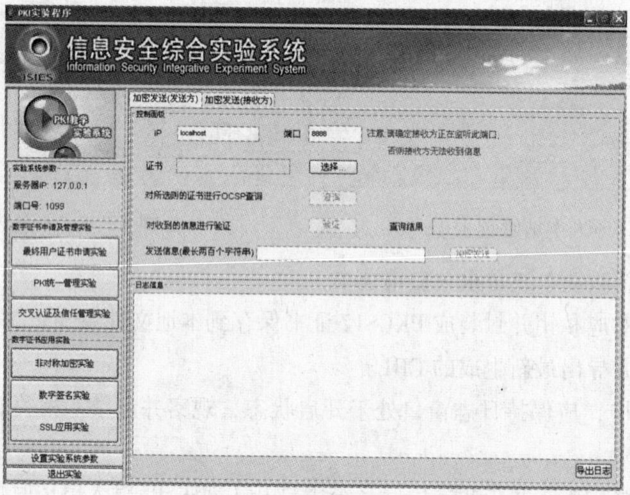

图 T7-7　对称加密实验界面

先设置好发送 IP 及端口号，确保发送方及接收方的端口号一致，并在接收方界面按下“开始监听端口”按钮，否则接收方将不能收到数据。

选择适当的证书作加密用，这里的证书就是所希望的接收方的公钥证书。这时我们要考虑到接受方的证书是否过期或者是否被撤销，即要通过 OCSP 及时查询该证书的存在状态，接着等待服务器返回查询结果。

收到返回信息后先验证信息是否真实有效，同时查看证书的状态，之后再根据需要，选择是否采用此证书来进行加密。记录日志信息并分析。

输入要发送的信息，选择适当的证书作加密用，之后发送数据。记录日志信息并分析。

接收方选择相应的证书以导出私钥进行解密，对比接收的信息与原来发送的信息，记录日志信息并分析。

接收方选择另外的证书进行解密，记录结果并分析。

② 数字签名实验。先申请两张证书作为本实验之用，也可以使用非对称加密实验的证书。

本实验分为信息发送方及信息接收方，分别如图 T7-8 所示，当中分别有“发送方”界面及“接收方”界面。

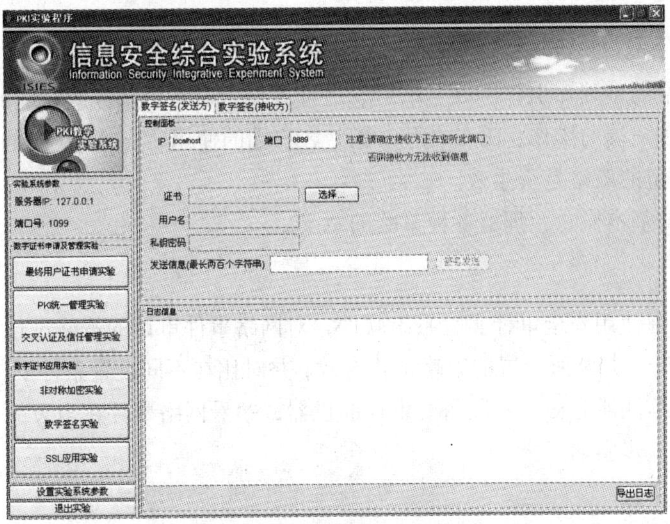

图 T7-8　数字签名实验界面

先设置好发送 IP 及端口号，确保发送方及接收方的端口号一致，并在接收方界面按下“开始监听端口”按钮，否则接收方不能收到数据。

输入要发送的信息，选择适当的证书作签名之用，之后发送数据。记录日志信息并分析。

接收方选择相应的证书以导出公钥进行身份认证，记录日志信息并分析。

接收方更改收到的信息，当做信息在发送中途被修改，重新进行身份认证，记录日志信息并分析。

接收方选择另外的证书进行身份认证，记录结果并分析。

（5）实验思考题

① 为什么要用会话密钥加密数据，而不直接用公钥加密信息？

② OCSP 的请求和响应是什么格式？怎样封装的？

③ 数字证书还会应用到什么地方？

实验 8　安全审计系统

1. 实验目的与要求

① 本实验旨在了解网络策略和网络审计的基本概念和原理，掌握常用服务所对应的协议和端口。同时，掌握在安全审计实验系统上配置网络策略的方法，学会判断所制定的策略是否生效。了解实验系统是如何对指定浏览器端进行内部网络实时监控及当天记录的查询的，学会判断所设置的策略是否生效。

② 掌握在安全审计实验系统中制定日志监测策略的配置方法，能对浏览器端进行内部网络实时监控及历史记录的查询，学会判断所设置的策略是否生效。

2．实验环境

① 本实验需要安全审计实验系统的支持。(或者自行下载相应程序运行。)

② 操作系统为 Windows 2000 及 Windows XP。

3．实验准备

① 计算机网络的基础知识，协议、端口、地址等概念及常用服务所对应的协议、端口。

② 常用网络客户端的操作：IE 的使用、FTP 客户端的使用、Telnet 命令的使用等，并通过这些操作，判断所制定的策略是否生效。

③ 日志监测的基本概念，理解各种策略的意义。

4．实验内容

通过本实验掌握使用安全审计实验系统软件，对网络事件审计的策略进行设置。通过一些常用的网络客户端操作，判断所设置的策略是否有效，并对比在不同设置条件下，产生的不同效果。通过使用监听功能监测所有在本网段需要审计的机器，察看网络事件在当天的指定设置下的记录及实时记录。其实验步骤如下：

(1) 网络审计实验

① 制定审计策略。

a．打开“信息安全综合实验系统”，在右上角选择“实验导航”，双击“安全审计实验系统”进入安全审计实验系统登录界面，输入用户名和密码。进入安全审计实验系统后，单击左侧的“网络审计实验”，然后再单击下面的“审计策略制定”，其右侧出现“网络审计策略制定”的界面，如图 T8-1 所示。

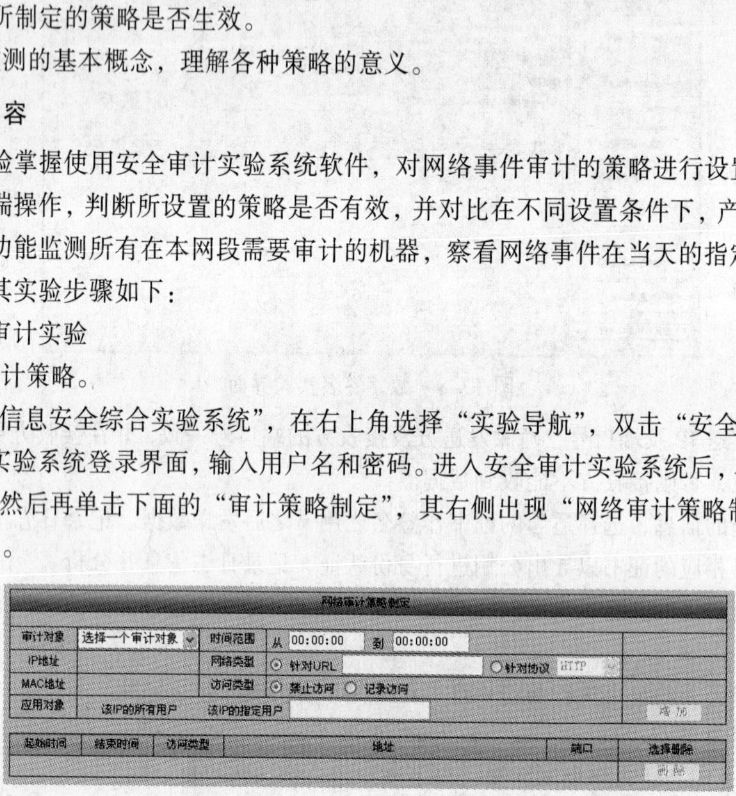

图 T8-1　审计策略制定的界面

右侧的界面中制定策略的各个选项的说明如下：

- 审计对象：用于选择所要监测计算机的 IP 地址，选择某一 IP 地址后，在其右侧会显示出此 IP 地址及其对应的 MAC 地址。
- 时间范围：用来指定所要监测的起始和结束时间，结束时间不能早于起始时间，否则会出错。
- 网络类型：“针对 URL”或“针对协议”，“针对协议”中包括 HTTP、FTP、Telnet，当选择“针对 URL”时，一定要从其右侧的框中输入一个网址，例如 www.sjtu.edu.cn、www.google.com 等网址。
- 访问类型：“禁止访问”或“记录访问”，用来禁止或记录指定对象的访问。

- 应用对象："该 IP 的所有用户"，"该 IP 的当前用户"，用来指定所要监测的用户。

b. 选定了审计对象中的某一 IP 后，选择时间范围从 10:00:00 到 20:00:00（注意：填入的时间一定要包含现在的时刻在内），选择监控类型："针对 URL"，在其右侧地址旁输入一个网址，单击"增加"按钮，这一设置条件禁止该 IP 的所有用户在 10:00:00 到 20:00:00 时间内访问网站 www.sjtu.edu.cn，选择访问类型为"禁止访问"，选择策略应用对象为"该 IP 的所有用户"。

c. 各个选项设置好后，单击"增加"按钮，则在下方的显示框中会显示出刚才增加的一行。如图 T8-2 所示。

需要注意的是，选择"禁止访问"后，可能过一会儿才能禁止访问。

图 T8-2　制定某一文件策略

注意：最好不要设置有冲突的策略，当几个策略之间发生冲突时，以后面制定的策略为准。

d. 选定某一监测 IP，如果有任何废弃的策略存在，则在显示框中选择要删除的行并在其左侧的方框内打勾后，单击"删除"按钮加以删除。

如果选择的是"记录访问"，则在单击了"增加"按钮将其添加到下面的显示框之后，再打开"审计事件查询"，通过对各项的设置可以查看"记录访问"在所设置的时间段内所进行的所有网络操作，并与实际所进行的网络操作进行比较看是否一致，以验证策略是否有效。

e. 如果对正在设置的条件不满意，再重新单击监控对象旁的下拉框选择要监控的计算机 IP 地址即可。

f. 完成条件设置和检测后，可以重复步骤②～④，重新设置不同的条件。

通过对条件设置界面中各选项不同的选择，可以写出很多不同效果的条件。举例如下：

- 时间范围：从 00:00:00 到 00:00:00，监控类型：针对协议，Telnet。这一设置条件的作用是记录选定 IP 中指定的用户在监测时间段内对 Telnet 的所有操作，访问类型：记录访问，应用对象：该 IP 当前用户：****。
- 监测时间范围：从 00:00:00 到 00:00:00，监控类型：针对协议，FTP，访问类型：禁止访问，应用对象：该 IP 所有用户。这一设置条件的作用是禁止该 IP 的所有用户在监测时间内访问 FTP。

② 审计事件查询。

a. 进入安全审计实验系统后，单击"审计事件查询"，其右侧的界面就是"网络审计事件查询"的界面，如图 T8-3 所示。

该界面中的各个选项说明如下：

- 时间范围——所有时间段：从制定策略时刻起的当天所有时间段，用于查询实时操作，自定义：在其下的第一个空白框中输入查询时间段的起始时间 00:00:00，第二个空白框中填入查询时间段的终止时间：00:00:00。(注意：自定义时间段的开始时间不可超过终止时间。)

- 协议——所有协议：查询所有的网络事件；自定义：包括 HTTP、FTP、Telnet，查询所选择的某一协议下的网络事件。
- 数据流向——进、出：按数据传输的方向进行查询，想要选择哪个则在其左侧的方框内打勾，可以多选，即可以选择只查询数据流出或流进，也可以选择查询所有的数据。

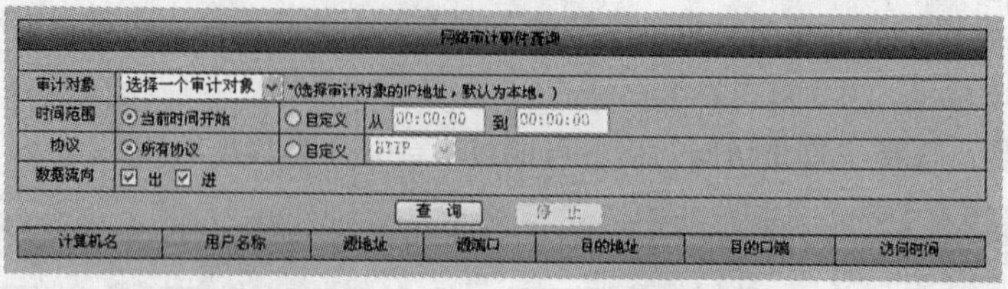

图 T8-3　审计事件查询界面

b. 时间范围：选择自定义时间段，从 11:00:00 至 22:00:00，协议：选择自定义协议 HTTP，数据流向：选择进和出，然后单击“查询”按钮，这一条件的作用是查询从 11:00:00 至 22:00:00 的时间段内 HTTP 协议下的所有数据流入和流出的网络操作。

c. 对各个选项都设置好之后，单击右侧“查询”按钮，即可查询指定条件下的网络操作记录。单击右侧“查询”按钮后，在左下方会出现“10 秒后重刷本页!”提示信息，在查询的时间内每 10 s 刷新一次页面，直至停止查询或者查询时间结束，如图 T8-4 所示。

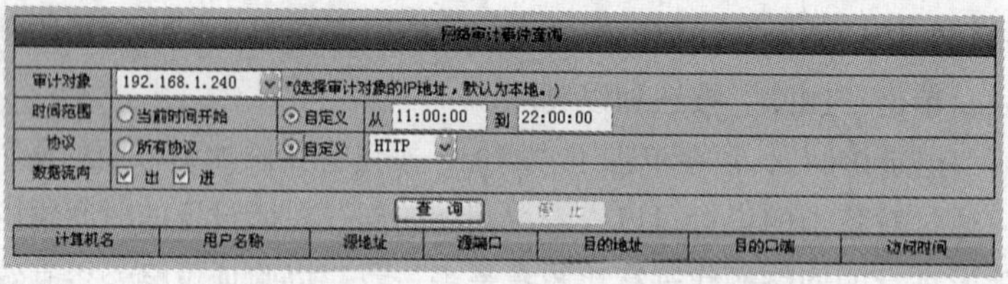

图 T8-4　审计事件查询设置

d. 如果对正在使用的查询条件不满意，则可以单击“停止”按钮，停止当前的查询，再重新设置其他的查询条件，然后单击“查询”按钮即可。

e. 如果直接单击“查询”按钮，表示查询所有 IP 中的所有用户在从当前时刻起的当天所有时间段内的数据流出的网络操作记录，即整个网段内的所有实时数据流出的网络操作记录。

f. 当完成指定设置的查询后，可以重复步骤②、③重新设置。

(2) 日志查询

在实验前应先删除系统中原有废弃的所有策略。

① 文件日志查询。

a. 打开“信息安全综合实验系统”，在右上角选择“实验导航”，双击“安全审计实验系统”进入安全审计实验系统登录界面，输入用户名和密码。进入安全审计教学实验系统后，单击左侧的“日志查询实验”，然后再单击下面的“文件日志查询”，其右侧出现“文件日志查询”的界面，如图 T8-5 所示。

b. 该界面中的一些选项说明如下：

- 监控对象——对哪个监控对象的历史操作进行查询。
- 发生时间——对指定时间段的历史操作进行查询，选择发生时间，在其下的第一个空白框中输入查询时间段的起始时间：0000-00-00，第二个空白框中输入查询时间段的终止时间：0000-00-00。注意，自定义时间段的开始时间不可超过终止时间。

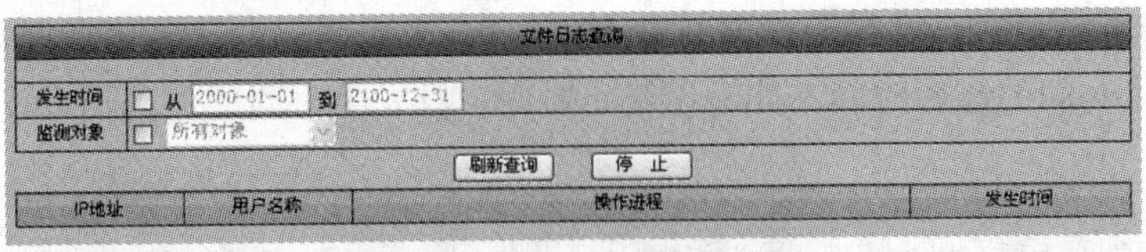

图 T8-5　文件日志查询界面

c．选择文件日志查询，选择要查询的 IP 地址为 0.0.0.0；并选择在所有的时间段内的历史记录，（注意：发生时间的起始时间不能晚于终止时间，且发生时间的上限不可设置得过高。）如图 T8-6 所示。

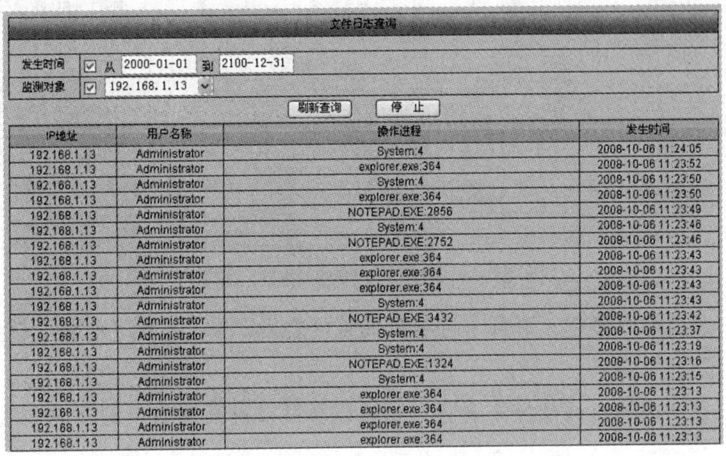

文件日志查询
发生时间
从 2000-01-01 到 2100-12-31
监测对象
192.168.1.13
刷新查询
停　止
IP地址 用户名称 操作进程 发生时间
192.168.1.13 Administrator System:4 2008-10-06 11:24:05
192.168.1.13 Administrator explorer.exe:364 2008-10-06 11:23:52
192.168.1.13 Administrator System:4 2008-10-06 11:23:50
192.168.1.13 Administrator explorer.exe:364 2008-10-06 11:23:50
192.168.1.13 Administrator NOTEPAD.EXE:2856 2008-10-06 11:23:49
192.168.1.13 Administrator System:4 2008-10-06 11:23:46
192.168.1.13 Administrator NOTEPAD.EXE:2752 2008-10-06 11:23:46
192.168.1.13 Administrator explorer.exe:364 2008-10-06 11:23:43
192.168.1.13 Administrator explorer.exe:364 2008-10-06 11:23:43
192.168.1.13 Administrator explorer.exe:364 2008-10-06 11:23:43
192.168.1.13 Administrator System:4 2008-10-06 11:23:43
192.168.1.13 Administrator NOTEPAD.EXE:3432 2008-10-06 11:23:42
192.168.1.13 Administrator System:4 2008-10-06 11:23:37
192.168.1.13 Administrator System:4 2008-10-06 11:23:19
192.168.1.13 Administrator NOTEPAD.EXE:1324 2008-10-06 11:23:16
192.168.1.13 Administrator System:4 2008-10-06 11:23:15
192.168.1.13 Administrator explorer.exe:364 2008-10-06 11:23:13
192.168.1.13 Administrator explorer.exe:364 2008-10-06 11:23:13
192.168.1.13 Administrator explorer.exe:364 2008-10-06 11:23:13
192.168.1.13 Administrator explorer.exe:364 2008-10-06 11:23:13

图 T8-6　指定用户的文件日志查询

d．以上各个选项可以多选，对各个选项都设置好之后，单击右侧“查询”按钮，即可查询指定条件下的历史记录。

e．如果对正在使用的查询条件不满意，则可以直接设置其他的查询条件，然后单击“查询”按钮即可。

f．完成指定设置的查询后，可以重复步骤②、③重新设置。

②　网络日志查询。

a．进入安全审计教学实验系统后，单击下面的“网络日志查询”，其右侧出现“网络日志查询”的界面，如图 T8-7 所示。

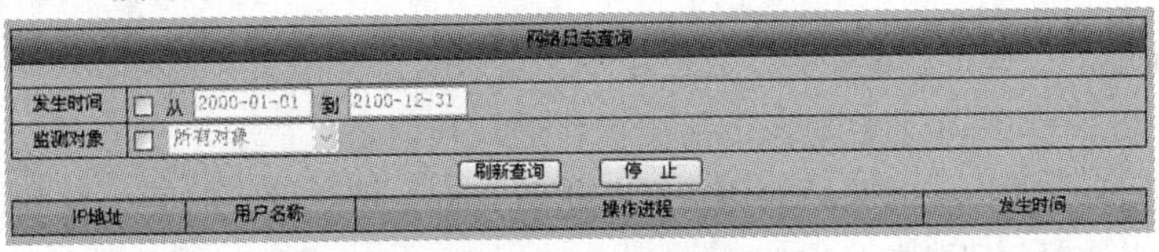

图 T8-7　网络日志查询界面

b．此界面中的一些选项说明如下：

- 监控对象——对哪个监控对象的历史操作进行查询。
- 发生时间——对指定时间段的历史操作进行查询，选择发生时间，在其下的第一个空白框中输入查询时间段的起始时间：0000-00-00，第二个空白框中输入查询时间段的终止时间：0000-00-00。注意：自定义时间段的开始时间不可超过终止时间。

c. 选择网络日志查询，选择要查询的 IP 地址：0.0.0.0；并选择在所有的时间段内的历史记录，（注意：发生时间的起始时间不能晚于终止时间，且发生时间的上限不可设置得过高。）如图 T8-8 所示。

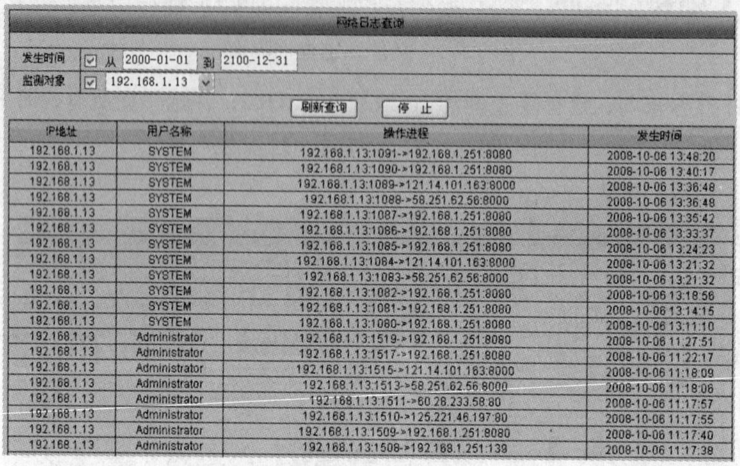

IP地址	用户名称	操作进程	发生时间
192.168.1.13	SYSTEM	192.168.1.13:1091->192.168.1.251:8080	2008-10-06 13:48:20
192.168.1.13	SYSTEM	192.168.1.13:1090->192.168.1.251:8080	2008-10-06 13:40:17
192.168.1.13	SYSTEM	192.168.1.13:1089->121.14.101.163:8000	2008-10-06 13:36:48
192.168.1.13	SYSTEM	192.168.1.13:1088->58.251.62.56:8000	2008-10-06 13:36:48
192.168.1.13	SYSTEM	192.168.1.13:1087->192.168.1.251:8080	2008-10-06 13:35:42
192.168.1.13	SYSTEM	192.168.1.13:1086->192.168.1.251:8080	2008-10-06 13:33:37
192.168.1.13	SYSTEM	192.168.1.13:1085->192.168.1.251:8080	2008-10-06 13:24:23
192.168.1.13	SYSTEM	192.168.1.13:1084->121.14.101.163:8000	2008-10-06 13:21:32
192.168.1.13	SYSTEM	192.168.1.13:1083->58.251.62.56:8000	2008-10-06 13:21:32
192.168.1.13	SYSTEM	192.168.1.13:1082->192.168.1.251:8080	2008-10-06 13:18:56
192.168.1.13	SYSTEM	192.168.1.13:1081->192.168.1.251:8080	2008-10-06 13:14:15
192.168.1.13	SYSTEM	192.168.1.13:1080->192.168.1.251:8080	2008-10-06 13:11:10
192.168.1.13	Administrator	192.168.1.13:1519->192.168.1.251:8080	2008-10-06 11:27:51
192.168.1.13	Administrator	192.168.1.13:1517->192.168.1.251:8080	2008-10-06 11:22:17
192.168.1.13	Administrator	192.168.1.13:1515->121.14.101.163:8000	2008-10-06 11:18:09
192.168.1.13	Administrator	192.168.1.13:1513->58.251.62.56:8000	2008-10-06 11:18:06
192.168.1.13	Administrator	192.168.1.13:1511->60.28.233.58:80	2008-10-06 11:17:57
192.168.1.13	Administrator	192.168.1.13:1510->125.221.46.197:80	2008-10-06 11:17:55
192.168.1.13	Administrator	192.168.1.13:1509->192.168.1.251:8080	2008-10-06 11:17:40
192.168.1.13	Administrator	192.168.1.13:1508->192.168.1.251:139	2008-10-06 11:17:38

图 T8-8　指定用户的网络日志查询

d. 以上各个选项可以多选，对各个选项都设置好之后，单击右侧“查询”按钮，即可查询指定条件下的历史记录。

e. 如果对正在使用的查询条件不满意，则可以直接设置其他的查询条件，然后单击“查询”按钮即可。

f. 完成指定设置的查询后，可以重复步骤②、③重新设置。

③ 打印日志查询。

a. 进入安全审计实验系统后，单击下面的“打印日志查询”，其右侧出现“网络日志查询”的界面，如图 T8-9 所示。

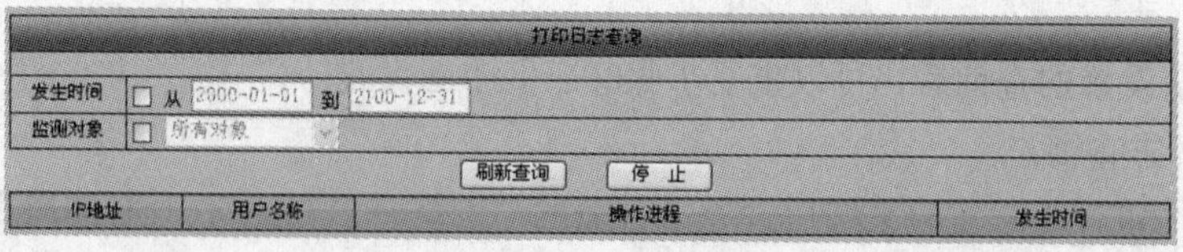

IP地址	用户名称	操作进程	发生时间

图 T8-9　打印日志查询界面

b. 此界面中的一些选项说明如下：

- 监控对象——对哪个监控对象的历史操作进行查询。
- 发生时间——对指定时间段的历史操作进行查询，选择发生时间，在其下的第一个空白框中输入查询时间段的起始时间：0000-00-00，第二个空白框中输入查询时间段的终止时间：0000-00-00。（注意：自定义时间段的开始时间不可超过终止时间。）

c. 选择打印日志查询，选择要查询的 IP 地址：0.0.0.0；并选择在所有的时间段内的历史记录，（注意：发生时间的起始时间不能晚于终止时间，且发生时间的上限不可设置得过高。）如图 T8-10 所示。

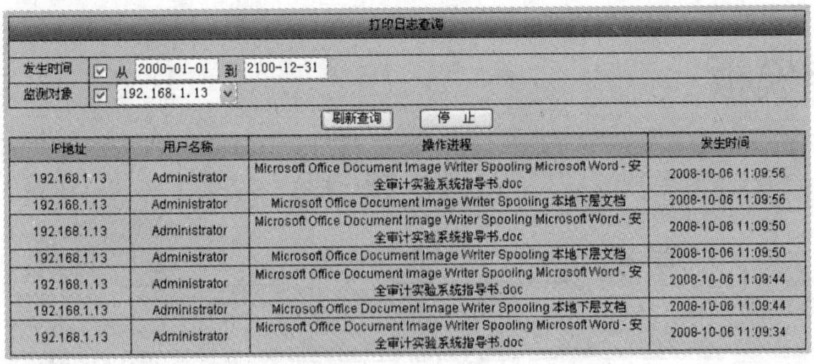

图 T8-10　指定用户的打印日志查询

d. 以上各个选项可以多选，对各个选项都设置好之后，单击右侧“查询”按钮，即可查询指定条件下的历史记录。

e. 如果对正在使用的查询条件不满意，则可以直接设置其他的查询条件，然后单击“查询”按钮即可。

f. 完成指定设置的查询后，可以重复步骤②、③重新设置。

（3）实验思考题

① 如果禁止 URL 地址为 http://<审计服务器 IP 地址>:8080，会出现什么情况？

② 为什么在禁止某一目录时，有时能直接禁止访问其目录下的文件子目录，而有时候能访问其目录下的文件子目录？

③ 如果“发生时间”中输入的起始日期和结束日期均为当前日期，能否实时查看当前的事件记录？

实验报告模板

实 验 报 告

姓名：________ 学号：__________ 班级：_________ 日期：__________

实 验 名 称

一、实验内容

二、实验涉及的相关概念或基本原理

三、实验步骤（提示：简单说明，体现实验完成过程思路）

四、实验过程（提示：重点内容，详细描述，配以适当图示或命令）

五、实验总结分析（提示：重点内容，详细描述。实验结果分析；实验最终达到的效果或自己的收获）

六、实验思考题（按要求回答）

参 考 文 献

[1] TANENBAUM A S. 计算机网络[M]. 潘爱民，译. 北京：清华大学出版社，2004.

[2] 克兰德. 挑战黑客：网络安全的最终解决方案[M]. 陈永剑，等译. 北京：电子工业出版社，2000.

[3] 谭伟贤，杨力平，等. 计算机网络安全教程[M]. 北京：国防工业出版社，2000.

[4] 祁明. 电子商务安全与保密[M]. 北京：高等教育出版社，2001.

[5] 贾晶，陈元，等. 信息系统的安全与保密[M]. 北京：清华大学出版社，1999.

[6] 陈爱民，于康友. 计算机的安全与保密[M]. 北京：电子工业出版社，1992.

[7] 精英科技. 系统安全与黑客防范手册[M]. 北京：中国电力出版社，2002.

[8] 温世让，等. 计算机网络信息安全认识与防范[M]. 广州：中山大学出版社，2000.

[9] 张世永. 网络安全原理[M]. 北京：科学出版社，2003.

[10] 刘晨、张滨. 黑客与网络安全[M]. 北京：航空工业出版社，1999.

[11] 李辉，等. 计算机安全学[M]. 北京：机械工业出版社，2005.

[12] 刘荫铭，等. 计算机安全技术[M]. 北京：清华大学出版社，2000.

[13] 刘渊，乐红兵，等. 因特网防火墙技术[M]. 北京：机械工业出版社，1998.

[14] 顾巧论，等. 计算机网络安全[M]. 北京：科学出版社，2003.

[15] 杨波. 网络安全理论与应用[M]. 北京：电子工业出版社，2001.

[16] 高传善，等. 数据通信与计算机网络[M]. 北京：高等教育出版社，2004.

[17] 印润远. 计算机信息安全[M]. 北京：中国铁道出版社，2006.